做最好的施工员系列丛书

做最好的园林绿化工程施工员

ZUOZUIHAODE
YUANLIN LVHUA GONGCHENG SHIGONGYUAN

张蓬蓬　主编

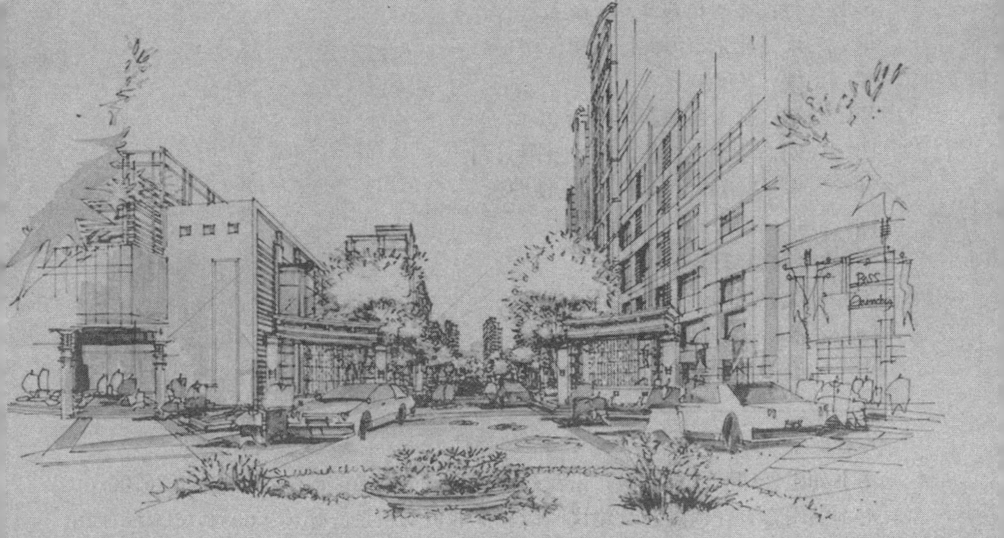

中国建材工业出版社

图书在版编目(CIP)数据

做最好的园林绿化工程施工员/张蓬蓬主编.—北京：中国建材工业出版社，2014.11(2019.6重印)
(做最好的施工员系列丛书)
ISBN 978-7-5160-1003-7

Ⅰ.①做… Ⅱ.①张… Ⅲ.①园林-绿化-工程施工 Ⅳ.①TU986.3

中国版本图书馆CIP数据核字(2014)第242537号

做最好的园林绿化工程施工员
张蓬蓬 主编

出版发行：中国建材工业出版社
地 址：北京市海淀区三里河路1号
邮 编：100044
经 销：全国各地新华书店
印 刷：河北鸿祥信彩印刷有限公司
开 本：850mm × 1168mm 1/32
印 张：17
字 数：473千字
版 次：2014年11月第1版
印 次：2019年6月第3次
定 价：53.00元

本社网址：www.jccbs.com.cn 微信公众号：zgjcgycbs
本书如出现印装质量问题，由我社营销部负责调换。电话：(010)88386906
对本书内容有任何疑问及建议，请与本书责编联系。邮箱：dayi51@sina.com

内容提要

本书紧扣“做最好的”编写理念，结合建筑工程最新施工规范及施工质量验收规范进行编写，详细介绍建筑工程施工员应知应会的各种基础理论和专业技术知识。全书主要内容包括园林工程概述、园林土方工程施工、园林给排水工程施工、园林假山石施工、园林水景施工、园路工程施工、绿化工程施工、园林供电施工、园林建筑小品施工、园林绿化工程施工管理等。

本书坚持理论性与实践性相结合，具有较强的知识性和可操作性，既可供建筑工程施工员工作时使用，也可作为建筑工程施工员岗位培训的教材及参考用书。

前言

建设工程施工员是指具备一定的土木建筑专业知识，深入建设工程施工现场，为工程建设施工队伍提供技术支持，并对建设工程质量进行复核监督的基层技术组织管理人员。其主要工作职责包括参与施工组织管理策划；参与制定管理制度；参与图纸会审、技术核定；负责施工作业班组的技术交底；负责组织测量放线、参与技术复核；参与制定并调整施工进度计划、施工资源需求计划，编制施工作业计划；参与做好施工现场组织协调工作，合理调配生产资源；落实施工作业计划；参与现场经济技术签证、成本控制及成本核算；负责施工平面布置的动态管理；参与质量、环境与职业健康安全的预控；负责施工作业的质量、环境与职业健康安全过程控制，参与隐蔽、分项、分部和单位工程的质量验收；参与质量、环境与职业健康安全问题的调查，提出整改措施并监督落实；负责编写施工日志、施工记录等相关施工资料；负责汇总、整理和移交施工资料等。

建设工程施工员作为工程建设施工任务的最基层的技术和组织管理人员，是施工现场生产一线的组织者和管理者，其重要性毋庸质疑。由于工程建设产品复杂多样，且大多体形庞大、价值较高，这决定了工程施工中需要投入大量人力、财力、物力、机具等，同时还需要根据施工对象的特点和规模、地质水文气候条件、工程图纸、施工合同及机械材料供应情况等，做好施工准备，确定施工技术工艺、施工方法方案等工作，以确保技术经济效果，避免出现事故，这就对工程建设施工管理技术人员提出了较高的要求。

为使广大建设工程施工员能更好地指挥、协调工程建设施工现场基层专业管理人员和劳务人员，并将参与施工的劳动力、机具、材料、构配件和采用的施工方法等科学地、有序地协调组织起来，实现在时间和空间上的最佳组合，从而保质保量保工期地完成施工生产任务，我们组织工程建设施工领域的专家学者，紧扣“做最好”的理念，编写了本套《做最好的施工员系列丛书》。丛书共包括《做最好的建筑工程施工员》、《做最好的装饰装修工程施工员》、《做最好的市政工程施工员》、《做最好的公路工程施工员》、《做最好的水利水电工程施工员》、《做最好的园林绿化工程施工员》等分册。

本套丛书以建设工程施工技术为重点，详细讲解了建设工程各分部分项工程的施工方法、施工工艺流程、施工要点、施工注意事项等知识，并囊括了工程施工图识读、测量操作、材料性能、机械使用、现场管理等基础知识，基本上可满足建设工程施工员现场管理工作的实际需要。丛书内容精练，并对部分重点内容及施工关键步骤进行了归纳总结，从而方便广大读者查阅和使用。

本套丛书在编写时坚持理论性与实践性相结合，并辅以必要的工程施工实践经验总结，具有较强的知识性和可操作性。在丛书编写过程中，为体现丛书内容的先进性和完整性，我们参考了国内同行的部分著作，部分专家学者还对我们的编写工作提出了很多宝贵意见，在此我们一并表示衷心地感谢！由于编写时间仓促，加之编者水平所限，丛书中不当之处在所难免，恳请广大读者批评指正！

编　者

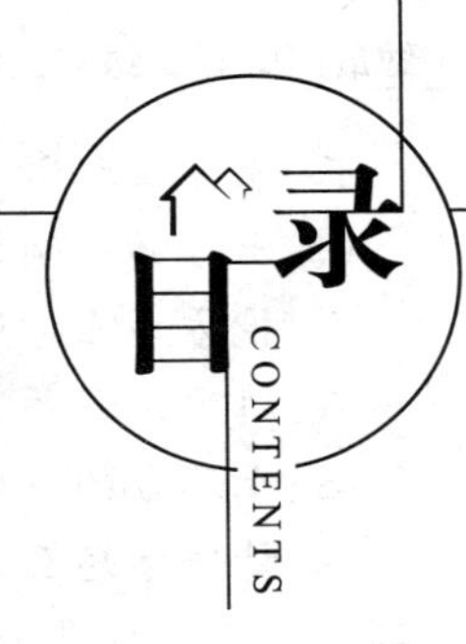
目录
CONTENTS

第一章　园林工程概述

第一节　园林工程

一、园林工程的概念

园林工程有广义和狭义之分，广义的园林工程是综合的景观建设工程，即由项目起始至设计、施工及后期养护的全过程；狭义的园林工程是指将园林工程视为以工程手段和艺术方法，通过对园林各个设计要素的现场施工，使目标林地成为优美景观区域的全过程。也就是在特定的范围内，通过人工手段（艺术的或技术的）将园林的多个设计要素（也称施工要素）进行工程处理，使目标园林达到一定的审美要求和艺术氛围，这一工程的实施过程就是园林工程。

园林在我国古代，称作园、囿、苑、庭院、别业、山庄等。

二、园林工程的特点

园林工程由于包含了一定的工程技术和艺术创造，是地形地物、植物花草、建筑小品、道路铺装等造园要素在特定地域内的艺术体现。因此，园林工程与其他工程相比有其鲜明的特点：

（1）艺术性。园林工程是一种综合景观工程，它不同于其他技术工程，而是一门艺术工程，如建筑艺术、雕塑艺术、造型艺术、语言艺术等。

(2)技术性。园林工程是一门技术性很强的综合性工程,它涉及土建施工、园路铺装、苗木种植、假山叠造以及装饰装修、油漆彩绘等诸多技术。

(3)综合性。园林作为综合艺术,在进行园林产品的创作时,所要求的技术无疑是复杂的。随着园林工程日趋大型化,协同作业、多方配合显得更为突出。新材料、新技术、新工艺、新方法应用广泛,园林各要素的施工更应注重技术的综合性。

(4)时空性。园林实际上是一种五维艺术,除了其空间特性外,还包含时间上的要求和造园人的思想情感。园林工程空间性的表现形式在不同的地域有所不同。因此,建设时重点要表现各要素在三维空间中的景观艺术性。园林工程的时间性则主要体现在植物景观上,即常说的生物性。因此,在造园时必须按各自的生态环境要求进行科学配植。

(5)安全性。园林创作的基本原则是“安全第一,景观第二”。园林作品是给人观赏体验的,是与人直接接触的,若工程中某些施工要素存在安全隐患,其后果将会不堪设想。在提倡以人为本的今天,重视园林工程的安全性是园林从业者必备的素质。因此,作为工程项目,在设计阶段就应关注其安全性,并把安全要求贯彻于整个项目施工之中。

(6)后续性。园林工程的后续性主要表现在两个方面:一是园林工程各施工要素有着极强的工序性,工序间要求有很好的链接关系,为便于后续作业的进行,应做好前道工序的检查验收工作;二是园林作品不是一朝一夕就可以完全体现景观设计最终理念的,必须经过较长时间才能展示其设计效果,因此,项目施工结束并不代表作品已经完成。

(7)体验性。提出园林工程的体验特点是时代性的要求,是欣赏主体——人的心理美感的要求,是现代园林工程以人为本最直接的体现。体验是一种特有的心理活动,实质上是将人融于园林作品之中,通过其自身的体验得到全面的心理感受。园林工程正是给人们提供了这种心理感受的场所,这种审美追求要求园林工作者对园林各个要素都应尽量做到完美无缺。

(8)生态性与可持续性。园林工程与景观生态环境密切相关。如果一个项目能按照生态环境学的理论和要求进行设计和施工,保证建成后各种设计要素对环境不造成破坏,能反映一定的生态景观,体现出可持续发展的理念,就是比较好的项目。为便于构建更符合时代要求的园林工程,进行植物种植、地形处理、景观创作等时,都必须切入这种生态观。

中国园林艺术的发展与影响

中国园林艺术是伴随着诗歌、绘画艺术而发展起来的,因而它表现出诗情画意的内涵,我国人民又有着崇尚自然、热爱山水的风尚,所以又具有师法自然的艺术特征。中国传统园林有独特的风格,有高度的文化艺术价值,它对外国造园也有一定的影响。

三、园林工程学与其他学科的关系

1. 园林景观规划设计

园林景观规划设计是园林景观的布局,起战略性的作用,布局合理与否影响全局。园林工程施工是实践设计意图的工程,园林建造师必须了解景观规划设计图的要求,知晓景观设计师的意图,通过利用构成园林的各种素材,对地形、地貌、园林建筑、假山水景、植被等精心加工制作,实现优美的园林景观。优秀的景观规划设计必须由高水平的施工队伍的精心制作才能实现,优秀的施工队伍在施工过程中还能对设计中的不足进行补充和完善。因此,两者之间相辅相成。

2. 园林各学科的研究方向

园林植物是园林景观的主要组成部分,是园林中具有生命的部分,通过明显的花色、叶色及季相变化赋予园林景观以不同的外貌和活力。园林树木学、花卉学、草坪学、园林苗圃学主要研究的是园林植物的形态特征、观赏特性、生态适应性、园林用途、繁殖及栽培、养护管理等方面的内容;园林植物遗传育种学则是研究新优园林植物种质资源、新优园林植物种及品种的引种、选种及育种。因此,这些学科是园林工程学的基础。

3. 园林景观与生态学的关系

随着工业化的不断发展和社会的不断进步,环境的污染、破坏日趋严重,人们越来越重视生态环境的改善,因此,在园林规划设计和园林景观建造的过程中引人生态学观点,即生态园林设计和建造生态园林景观。如果设计能含纳草地、森林和山,那么能占据的景观将富含原土地的奥妙。景观特征应被加强而不是被削弱,而最终和谐应存在于一个复合体上,这些人为化的景观是最动人、最可爱的,只要景观的结构和灵魂能被保留,人们就会感到快乐和兴奋。现在的园林景观工程应包含为满足大众需求的园林景观美化,生态环境的改善、修复与保护。

园林美学与园林艺术

要想创造优美的园林景观环境,给人以美的享受,首先必须要懂得什么是美。美是事物现象与本质的高度统一,或者说,美是形式与内容的高度统一,美是通过最佳形式将其的内容表现出来。美包括自然美、生活美和艺术美。

园林艺术利用植物的形态、色彩和芳香等作为园林造景的主题,利用植物的季相变化构成奇丽的景观。因而,园林艺术具有生命的特征,是有生命的艺术。

园林工程就是利用园林美学的观点,通过园林艺术的手法,包括园林作品的内容和形式、园林设计的艺术构思和总体布局、形式美的构图及其内涵美的各种原理在园林中的运用、园景创造的各种手法等,创造出优美的园林景观环境。

第二节 园林工程施工

一、园林工程施工的概念与作用

1. 园林工程施工的概念

园林工程施工是对已经完成计划、设计两个阶段的工程项目的具体实施；它是园林工程施工企业在获取建设工程项目以后，按照工程计划、设计和建设单位的要求，根据工程实施过程的要求，并结合施工企业自身条件和以往建设的经验，采取规范的实施程序、先进科学的工程实施技术和现代科学的管理手段，进行组织设计，做好准备工作，进行现场施工，竣工之后验收交付使用并对园林植物进行修剪、造型及养护管理等一系列工作的总称。

2. 园林工程施工的作用

园林工程建设主要通过新建、扩建、改建和重建等工程项目，特别是新建和扩建，以及与其有关的工作来实现的。随着社会经济的发展和科学技术的进步，人们对园林艺术品的要求日益提高，而园林艺术品的产生是靠园林工程建设完成的。园林工程施工是完成园林工程建设的重要活动，其作用可以概括为以下几个方面：

(1)园林工程建设计划和设计得以实施的根本保证。任何理想的园林工程建设项目计划、先进科学的园林工程建设设计，均需通过现代园林工程施工企业的科学实施，才能得以实现。

(2)园林工程建设理论水平得以不断提高的坚实基础。一切理论都来自于实践，来自于最广泛的生产实践活动。园林工程建设的理论自然源于工程建设施工的实践过程。而园林工程施工的实践过程，就是发现施工中的问题并解决这些问题，从而总结和提高园林工程施工水平的过程。

(3)创造园林艺术精品的必经之途。园林艺术的产生、发展和提高的过程，就是园林工程建设水平的不断发展和提高的过程。只有把经过学习、研究、发掘的历代园林艺匠的精湛施工技术及巧妙手工工艺，与现代科学技术和管理手段相结合，并在现代园林工程施工中充分发挥施工人员的智慧，才能创造出符合时代要求的现代园林艺术精品。

(4)锻炼、培养现代园林工程建设施工队伍的最好办法。无论是对理论人才的培养，还是对施工队伍的培养，都离不开园林工程建设施工的实践锻炼这一基础活动。只有通过这一基础性锻炼，才能培养出作风过硬、技艺精湛的园林工程施工人才和能适应走出国门要求的施工队伍。也只有力争走出国门，通过国外园林工程施工的实践，才能锻炼和培养出符合各国园林要求的园林工程建设施工队伍。

园林工程施工的任务

在园林工程施工中，一般建设的基本任务有以下内容：

(1)编制建设项目建议书。

(2)研究技术经济的可行性。

(3)落实年度基本建设计划。

(4)根据设计任务书进行设计。

(5)进行勘察设计并编制概(预)算。

(6)进行施工招标。

(7)中标施工企业进行施工。

(8)生产试运行。

(9)竣工验收，交付使用。

二、园林工程施工类型的划分

1. 园林土方工程施工

在园林工程建设中，首先是土方工程。凿池筑山，平整场地，挖沟埋管，开槽铺路，安装园林设施、构件，修建园林建筑等均需动用土方；为了避让而不得不动土都涉及土方工程施工。土方工程根据其使用期限和施工要求，可分为永久性和临时性两种，但无论哪种土方工程，都要求具有足够的稳定性和密实度。土方工程施工首先要求按土壤性质划分土壤工程类别，并在施工中遵守有关的技术规范和原设计的各项要求，然后做好土壤施工前的各项准备工作，再按原设计进行挖土、运土、填土、堆山、压实等工序施工。在施工中尽量相互利用，减少不必要的搬运以提高效率。

2. 给排水工程及防水工程施工

城市市政建设和园林工程建设施工中都有大量的给排水工程施工，而在任何一项建筑工程中都有防水的技术要求，因而，在与园林工程建设有关的基础性建设施工中就必定存在一种施工类型，即给排水工程的施工和需要防水的工程施工。

园林工程建设施工中的给排水工程施工就是通过一定的管线设施施工，将水的给、用、排三个环节按照一定的给、用、排水系统联系起来。园林工程建设给、用、排水工程是城市市政工程中给、用、排水工程的一部分，它们之间既有共同点，又有园林工程建设本身的具体要求，而防水工程则是各类工程建筑的共同施工要求。

园林工程建设产品大多是群众休息、游览、观赏，进行各类公益活动的公共场所，离不开水；同时，以植物为主体的特点又决定了其对水的需求量多的要求；在复杂地形及构件的高低形状各异的园林工程建设中，往往还有大量的造景用水、排水和自然水分的排除等问题。同时，还要注意地面及屋面的防水问题。这就决定了园林工程建设的给、用、排、防水成为各类园林工程建设的具有共性的基础性工程，只是在侧重点和形式上有所不同。

在给水、用水、排水、防水工程施工中，重点要解决的问题包括：自然水源的调查、选择，给、排水量计算，给水系统、用水系统、排水系统的布置与连接，自然降水与各类污水的排放等。防水工程能确保整个工程不被水侵蚀，其施工必须严格遵守有关操作规程，以保证其工程质量。防水工程包括：地面自然水的防冲刷、防侵蚀的措施，建筑物屋面的防渗、漏水，以及给水系统、用水系统、排水系统的管道渗漏水等。

3. 园林假山石工程施工

假山工程施工包括假山工程目的与意境的表现手法的确定、假山材料的选择与采运、假山工程的布置方案的确定、假山结构的设计与落实及假山和周围园林山水的自然结合等内容。

在假山工程施工中应始终遵循既要贯彻施工图设计又要有所创新、创造的原则，遵循工程结构基本原理，充分考虑安全耐久等因素，严格执行施工规范，确保工程质量。

置石工程施工包括置石目的、意境和表现手法的确定，置石材料的选用与采运，置石方式的确定，置石周围景、色、字、画的搭配等。

4. 园林水景工程施工

水景工程是各类园林工程建设中采用自然或人工方式而形成各类景观的相关工程的总称。其内容包括水系规划、小型水闸设计与建设、主要水景工程（驳岸、护坡和水池、喷泉、瀑布）的建造等。

水景工程施工中，既要充分利用自然山水资源，又不能造成大量水资源浪费；既要保证各类水景工程的综合利用，又要与自然地形景观相协调；既要符合一般工程中给、用、排水的施工规范，又要符合水利工程的施工要求。在整个施工过程中，还要高度重视防止水资源污染和水景工程完成后试用期间的安全等方面的问题。

5. 园林园路工程施工

园路与广场工程施工中一般包括放线、准备路槽、铺筑基层、铺筑结合层、铺筑路面和铺设道牙等施工工序。

6. 园林绿化工程施工

绿化工程就是按照设计要求，植树、栽花、铺（种）草坪使其成活，尽早达到表现效果。根据工程施工过程，可将绿化工程分为种植和养护管理两大部分。种植属短期施工队工程；养护管理则属于长期、周期性施工工程。

种植工程施工包括一般树木花卉的栽植、大树移植、草坪的铺设及播种草坪等内容。其施工工序包含如下几个方面：苗木、草皮的选择，包装，运输，贮藏，假植；树木、花卉的栽植（定点、放线、挖坑、匀苗、栽植、浇水、扶直支撑等）；辅助设施施工的完成以及种植；树木、花卉、草坪栽种后的修剪、防病虫害、灌溉、除草、施肥等。

7. 园林供电工程施工

园林供电工程施工主要包括电源的选择、设计和安装，照明用电的布置与安装，以及供电系统的安全技术措施的制定与落实等工作。在整个施工中始终要以安全、够用、节约为基本原则。在施工中要充分与园林工程建设中的路、景等公共场所紧密结合，既要满足用电的要求，又要使供电设施、装备与园路、广场及其他景观融为一体，以取得良好的艺术效果。

8. 园林建筑小品施工

园林中体量小巧，功能简明，造型别致，富有情趣，选址恰当的精美建筑物，称为园林建筑小品。园林中供休息、装饰、照明、展示和为园林管理及方便游人之用的小型建筑设施。一般没有内部空间，体量小巧，造型别致，富有特色，并讲究适得其所。这种建筑小品设置在城市街头、广场、绿地等室外环境中便称为城市建筑小品。园林建筑小品在园林中既能美化环境，丰富园趣，为游人提供文化休息和公共活动的方便，又能使游人从中获得美的感受和良好的效益。

知识链接

园林施工项目

通常将处于项目施工准备、施工规划、项目施工、项目竣工验收和养护阶段的园林建设工程，统称为园林施工项目。园林施工项目的管理主体是承包单位（园林施工企业），并为实现其经营目标而进行工作；它既可以是园林建设项目的施工、单项工程或单位工程的施工，也可以是分部工程或分项工程的施工。

三、园林工程施工的特点与程序

1. 园林工程施工的特点

（1）园林工程建设的施工准备工作比一般工程更为复杂多样。我国的园林大多建设在城镇或者在自然景色较好的山、水之间。由于城镇地理位置的特殊性且大多山、水地形复杂多变，给园林工程建设施工提出了更高的要求。特别是在施工准备中，要重视工程施工场地的科学布置，以便尽量减少工程施工用地，减少施工对周围居民生活、生产的影响；其他各项准备工作也要完全充分，才能确保各项施工手段得以顺利实施。

(2)园林工程建设的施工工艺要求严、标准高。要建成具有游览、观赏和游憩功能，既能改善人的生活环境，又能改善生态环境的精品园林工程，就必须通过高水平的施工工艺才能实现。因而，园林工程建设施工工艺总是比一般工程施工工艺复杂，标准更高，要求更严。

(3)园林工程建设施工技术复杂。园林工程尤其是仿古园林工程施工，其复杂性对施工人员的技术提出了很高的要求。作为艺术精品的园林，其工程建设施工人员不仅要有一般工程施工的技术水平，还要具有较高的艺术修养；以植物造景为主的园林，其施工人员更应掌握大量的树木、草坪、花卉的知识和施工技术。没有较高的施工技术水平，就很难达到园林工程建设的设计要求。

(4)园林工程建设施工的专业性强。园林工程建设的内容繁多，且各类工程的专业性极强，因而要求施工人员也要具有较强的专业性。不仅是园林工程建设建筑设施和构件中亭、榭、廊等建筑复杂各异，专业性强，而且现代园林工程建设中的各类小品的建筑施工也各自具有不同的专业要求，如常见的假山、置石、园路、水景、栽植播种等，其专业性也是很强的。这些都要求施工人员必须具备丰富的专业知识和独特的施工技艺。

(5)园林工程建设规模大、综合性强，要求各类型、各工种人员相互配合，密切协作。现代园林工程建设规模化发展的趋势和集园林绿化、生态、环境、社会、休闲、娱乐、游览于一体的综合性建设目标的要求，使得园林工程建设涉及众多的工程类别和工种技术。在同一工程项目施工过程中，往往要有多个施工单位和多个工种的技术人员相互配合、协作才能完成，而各个施工单位和各个工种的技术差异一般较大，相互配合、协作起来有一定的难度，这就要求园林工程施工人员不仅要掌握好自己的专门施工技术，还必须有相当高的配合、协作精神和方法，在同一工种内各工序施工人员高度统一协调，相互监督制约，才能保证施工正常进行。

2. 园林工程施工的程序

园林工程施工的程序是指园林工程建设进入实施阶段后，在施工过程中应遵循的先后顺序，它是施工管理的重要依据。一般可分为施工前准备阶段和现场施工阶段两大部分。

(1)施工前准备阶段。园林工程建设各工序、各工种在施工过程中，首先要有一个施工准备期。在施工准备期内，施工人员的主要任务是：领会图纸设计的意图，掌握工程特点，了解工程质量要求，熟悉施工现场，合理安排施工力量，为顺利完成现场各项施工任务做好准备工作。其内容一般可分为技术准备、生产准备、施工现场准备、后勤保障准备和文明施工准备五个方面。

1)技术准备。

①施工人员要认真读懂施工图，体会设计意图。

②查看施工现场状况，结合施工现场平面图充分了解施工工地的现状。

③学习掌握施工组织设计内容，了解技术交底和预算会审的核心内容，领会施工规范、安全措施、岗位职责和管理条例等。

④熟练掌握本工种施工中的技术要点，并了解技术改进方向。

2)生产准备。

①施工中所需的各种材料、构配件和施工机具等要按计划组织到位，并要做好验收、入库登记等工作。

②组织施工机械进场并进行安装调试工作，制定各类工程建设过程中所需物资的供应计划。

③根据工程规模、技术要求及施工期限等，合理组织施工队伍，选定劳动定额，落实岗位责任，建立劳动组织。

④做好劳动力调配计划安排工作，特别是在采用平行施工、交叉施工后季节性较强的集中性施工期间更应重视劳动力的配备计划，避免窝工浪费和耽误工期的现象发生。

3)施工现场准备。施工现场是施工的集中空间。合理、科学地布置有序的施工现场是保证施工顺利进行的重要条件，应予以足够的重视，其基本工作一般包括以下内容：

①界定施工范围，进行必要的管线改道，保护名木古树等。

②进行施工现场工程测量，设置工程的平面控制点和高程控制点。

③做好施工现场的“四通一平”（水通、路通、电通、信息通和场地平整）。市公用临时道路选线应以不妨碍工程施工为标准，结合设计园路、地质状况及运输荷载等因素综合确定；施工现场的给水排水、电力等应能满足工程施工的需要；场地平整时要与原设计图的土方平衡相结合，以减少工程浪费；做好季节性施工的准备；做好拆除清理地上、地下障碍物和建设用材料堆放点的设置安排等工作。

④搭设临时设施。主要包括工程施工用的仓库、办公室、食堂、宿舍及必要的附属设施，工程临时用地管线要铺设好。在修建临时设施时，应遵循节约够用、方便施工的原则。

4）后勤保障准备。后勤工作是保证一线施工顺利进行的重要环节，也是施工前准备工作的重要内容之一。施工现场应配有简易、必要的后勤设施。例如医疗点、安全值班室、文化娱乐室等。

5）文明施工。做好劳动保护工作，强化安全意识，搞好现场防火工作等。

（2）现场施工阶段。待园林工程各项准备工作就绪后，就可按计划正式开展施工，即进入现场施工阶段。在现场对各工种、各工序施工的要求各有不同，在现场施工中应注意如下事项：

1）严格按照施工组织设计和施工图进行施工安排，若有变化，须经计划、设计双方和有关部门共同研究讨论并以正式的施工文件形式决定后，方可实施变更。

2）为保证各工种技术措施的落实，应严格执行各有关工种的施工规程。不得随意改变，更不能混淆工种施工。

3）严格执行各工序间施工中的检查、验收、交接手续签字盖章的做要求，并将其作为现场施工的原始资料妥善保管，明确责任。

4）严格执行现场施工中的各类变更的请示、批准、验收、签字的规定，不得私自变更和未经甲方检查、验收、签字而进入下一道工序，并将有关文字材料妥善保管，作为竣工结算、决算的原始依据。

5)为避免造成大的损失，应严格执行施工的阶段性检查、验收的规定，尽早发现施工中的问题，并且及时纠正。

6)为确保各项措施在施工过程中得以贯彻落实，以防各类事故发生，应严格执行施工管理人员对进度、安全、质量的要求。

7)严格服从工程项目部的统一指挥、调配。

第三节　园林工程施工绘制与识读

一、园林工程制图基础

在园林工程中，图纸是重要的技术文件，是设计人员表达设计意图和思想的载体，是工程施工的依据，是所有参建单位和个人都必须遵守的准绳。图纸可分为总图、建筑图、结构图、施工图及各专业图纸。了解和掌握一定的制图知识，是对每一个施工人员的基本要求，是保证施工质量，提高施工水平的前提。

1. 图纸幅面和格式

(1)图纸幅面尺寸。图纸的幅面是指图纸的尺寸大小。制图标准对图纸幅面的尺寸大小作了统一规定，以便于图样的装订、管理和交流。图纸幅面及图框尺寸，应符合表1-1的规定。图框格式如图1-1所示，必要时，图纸的长边可加长，但应符合表1-2的规定。

表1-1　幅面及图框尺寸　mm

尺寸代号＼幅面代号	A0	A1	A2	A3	A4
$b\times l$	841×1189	594×841	420×594	297×420	210×297
c	10			5	
a	25				

注：表中b为幅面短边尺寸，l为幅面长边尺寸，c为图框线与幅面线间宽度，a为图框线与装订边间宽度。

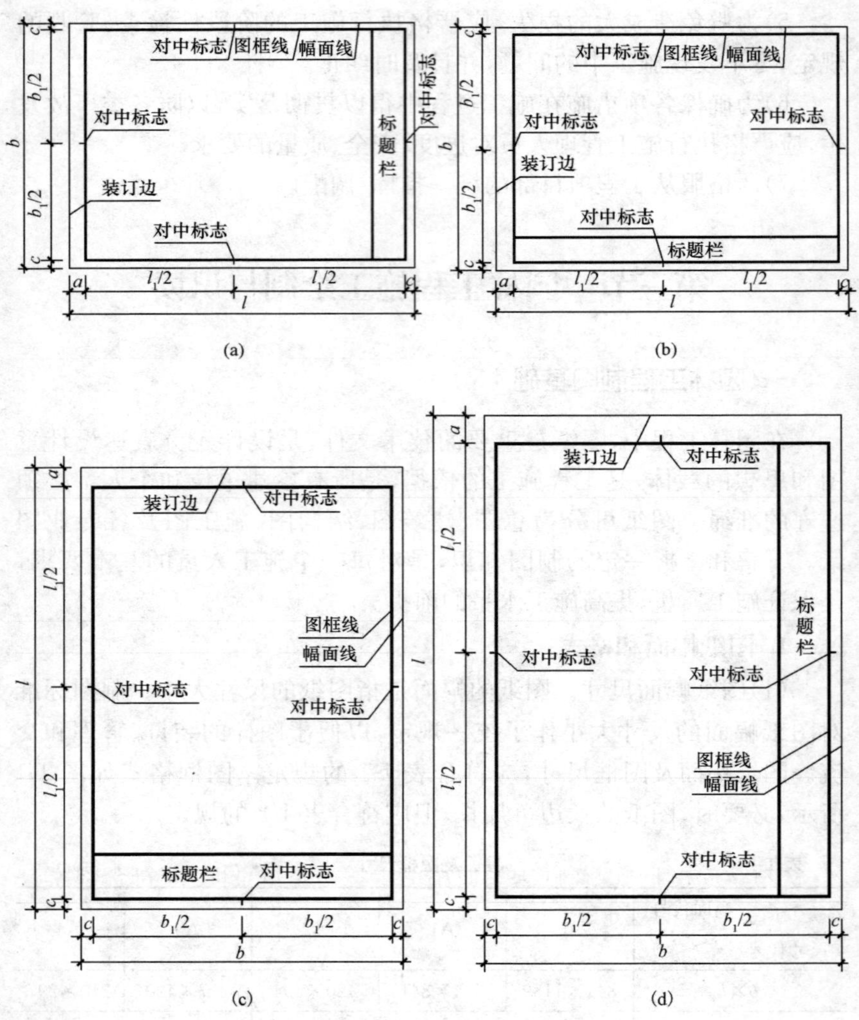

图 1-1　图框格式

(a)A0～A3 横式幅面(一);(b)A0～A3 横式幅面(二)

(c)A0～A4 立式幅面(一);(d)A0～A4 立式幅面(二)

表 1-2　　图纸长边加长尺寸　　mm

幅面代号	长边尺寸	长边加长后的尺寸
A0	1189	1486(A0+1/4l)　1635(A0+3/8l)　1783(A0+1/2l) 1932(A0+5/8l)　2080(A0+3/4l)　2230(A0+7/8l) 2378(A0+l)
A1	841	1051(A1+1/4l)　1261(A1+1/2l)　1471(A1+3/4l) 1682(A1+l)　1892(A1+5/4l)　2102(A1+3/2l)
A2	594	743(A2+1/4l)　891(A2+1/2l)　1041(A2+3/4l) 1189(A2+l)　1338(A2+5/4l)　1486(A2+3/2l) 1635(A2+7/4l)　1783(A2+2l)　1932(A2+9/4l) 2080(A2+5/2l)
A3	420	630(A3+1/2l)　841(A3+l)　1051(A3+3/2l) 1261(A3+2l)　1471(A3+5/2l)　1682(A3+3l) 1892(A3+7/2l)

注：有特殊需要的图纸，可采用 $b \times l$ 为 841mm×891mm 与 1189mm×1261mm 的幅面。

(2)标题栏和签字栏。如图 1-2 和图 1-3 所示。标题栏根据工程的需要选择确定其尺寸、格式及分区。签字栏应包括实名列和签名列，并应符合下列规定：

1)涉外工程的标题栏内，各项主要内容的中文下方应附有译文，设计单位的上方或左方，应加“中华人民共和国”字样。

2)在计算机制图文件中当使用电子签名与认证时，应符合国家有关电子签名法的规定。

2. 图线、比例

(1)图线。图线的宽度 b，宜从 1.4、1.0、0.7、0.5、0.35、0.25、0.18、0.13(mm)线宽系列中选取。图线宽度不应小于 0.1mm。每个图样，应根据复杂程度与比例大小，先选定基本线宽 b，再选用表 1-3 中相应的线宽组。工程建设制图中应选用表 1-4 中的图线，图纸的图框和标题栏线，应采用表 1-5 的线宽。

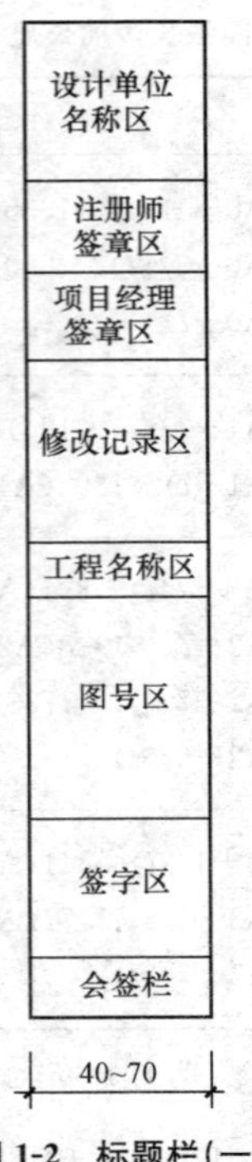

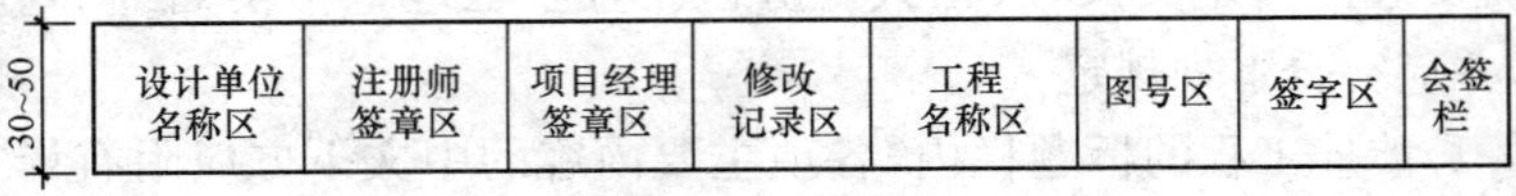

设计单位
名称区
注册师
签章区
项目经理
签章区
修改记录区
工程名称区
图号区
签字区
会签栏
40~70

图 1-2 标题栏(一)

30~50
设计单位
名称区
注册师
签章区
项目经理
签章区
修改
记录区
工程
名称区
图号区
签字区
会签
栏

图 1-3 标题栏(二)

表 1-3 线宽组 mm

线宽比	线宽组			
b	1.4	1.0	0.7	0.5
0.7b	1.0	0.7	0.5	0.35
0.5b	0.7	0.5	0.35	0.25
0.25b	0.35	0.25	0.18	0.13

注:1. 需要缩微的图纸,不宜采用 0.18mm 及更细的线宽。

2. 同一张图纸内,各不同线宽中的细线,可统一采用较细的线宽组的细线。

表 1-4　　图　　线

名称		线型	线宽	用途
实线	粗	——	b	主要可见轮廓线
	中粗	——	$0.7b$	可见轮廓线
	中	——	$0.5b$	可见轮廓线、尺寸线、变更云线
	细	——	$0.25b$	图例填充线、家具线
虚线	粗	— — —	b	见各有关专业制图标准
	中粗	— — —	$0.7b$	不可见轮廓线
	中	— — —	$0.5b$	不可见轮廓线、图例线
	细	— — —	$0.25b$	图例填充线、家具线
单点长画线	粗	—·—	b	见各有关专业制图标准
	中	—·—	$0.5b$	见各有关专业制图标准
	细	—·—	$0.25b$	中心线、对称线、轴线等
双点长画线	粗	—··—	b	见各有关专业制图标准
	中	—··—	$0.5b$	见各有关专业制图标准
	细	—··—	$0.25b$	假想轮廓线、成型前原始轮廓线
折断线	细	—\/—	$0.25b$	断开界线
波浪线	细	～～	$0.25b$	断开界线

表 1-5　　图框线、标题栏线的宽度　　mm

幅面代号	图框线	标题栏外框线	标题栏分格线
A0、A1	b	$0.5b$	$0.25b$
A2、A3、A4	b	$0.7b$	$0.35b$

(2)图样比例。图样的比例是指图形与实物相对应部分的线性尺寸之比,比例的大小是指其比值的大小,如 1∶100、1∶50。绘图所用的比例,应根据图样的用途与被绘对象的复杂程度,优先选用表 1-6 中常用的比例。

在园林设计中,无论绘图时选用何种比例,图样上标注的尺寸均为物体的实际尺寸。

表 1-6　　绘图所用的比例

常用比例	1∶1、1∶2、1∶5、1∶10、1∶20、1∶30、1∶50、1∶100、1∶150、1∶200、1∶500、1∶1000、1∶2000
可用比例	1∶3、1∶4、1∶6、1∶15、1∶25、1∶40、1∶60、1∶80、1∶250、1∶300、1∶400、1∶600、1∶5000、1∶10000、1∶20000、1∶50000、1∶100000、1∶200000

3. 字体

园林工程图样中书写的汉字、数字和符号都应做到：字体端正、表面清晰、排列整齐、间隔均匀、标点符号应正确清楚。文字的高度，应从如下示例中选用：3.5、5、7、10、14、20(mm)。如书写更大的字，其高度应按$\sqrt{2}$的比值递增。

(1)汉字。工程图中图样及说明中的汉字，应采用长仿宋体字，高度与宽度的关系应符合表 1-7 的规定。

表 1-7　　长仿宋体字高宽关系　　mm

字高	20	14	10	7	5	3.5
字宽	14	10	7	5	3.5	2.5

大标题、图册封面、地形图等的汉字，也可书写成其他字体，但应易于辨认。图样上常用的长仿宋字样，如图 1-4 所示。

园林制图

长仿宋体汉字书写要领

横平竖直　结构均匀　高三宽二　填满方格

图样中书写的汉字数字和字母必须做到

字体端正　笔画清晰　排列整齐　间隔均匀

图 1-4　汉字长仿宋体字例

(2)数字和外文字母。拉丁字母、阿拉伯数字与罗马数字的书写与排列,应符合表 1-8 的规定。

表 1-8　　拉丁字母、阿拉伯数字与罗马数字的书写规则

书写格式	字　体	窄字体
大写字母高度	h	h
小写字母高度(上下均无延伸)	$7/10h$	$10/14h$
小写字母伸出的头部或尾部	$3/10h$	$4/14h$
笔画宽度	$1/10h$	$1/14h$
字母间距	$2/10h$	$2/14h$
上下行基准线的最小间距	$15/10h$	$21/14h$
词间距	$6/10h$	$6/14h$

数字和外文字母一般书写成斜体字,其字头向右侧倾斜(与水平方向角度约成 75°)。数字和外文字母与汉字并列书写时,其字高应略小于汉字,如图 1-5 所示。

0123456789

ABCDEFGHIJKLMNOPQRSTUVWXYZ

abcdefghijklmnopqrstuvwxyz

图 1-5　数字和外文字母字例

4. 尺寸标注和标高

(1)尺寸标注。

1)图样上的尺寸,包括尺寸界线、尺寸线、尺寸起止符号和尺寸数字,如图 1-6 所示。

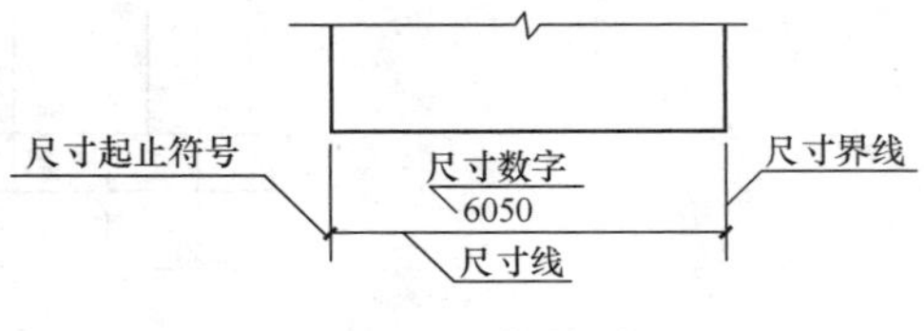

图 1-6　尺寸的组成

2)图样上的尺寸单位,除标高及总平面以“m”为单位外,其他必须以“mm”为单位。

3)半径、直径、角度的尺寸标注,如图 1-7 所示。

4)标注正方形的尺寸,可用“边长×边长”的形式,也可在边长数字前加正方形符号“□”,如图 1-8 所示。

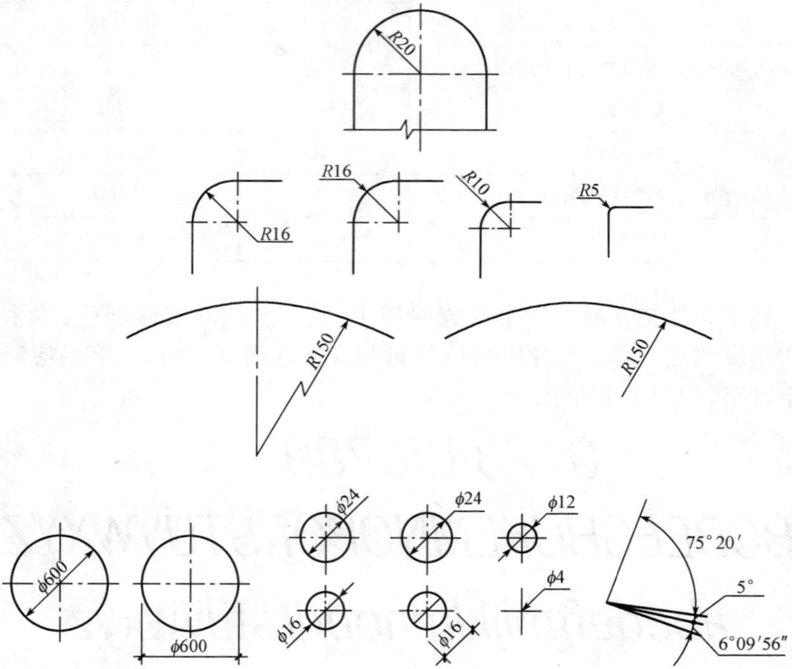

图 1-7　半径、直径及角度的标注方法

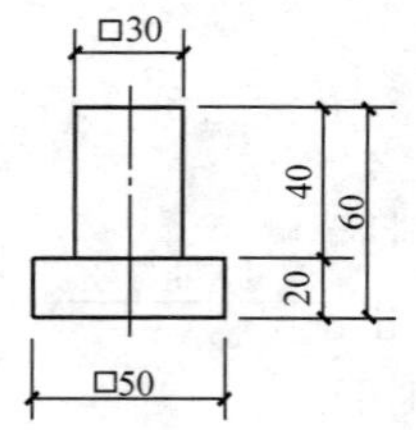

图 1-8　标注正方形尺寸

5)标注坡度时,单面箭头应指向下坡方向。坡度也可用直角三角形的形式标注,如图 1-9 所示。

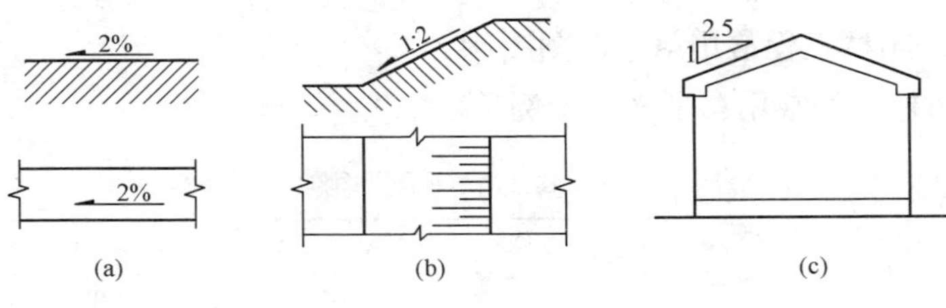

图 1-9　坡度标注方法

(2)标高。

1)标高符号用直角等腰三角形绘制,其尖端应指至所标注高度的部位,尖端既可朝上,也可朝下。如图 1-10 所示。

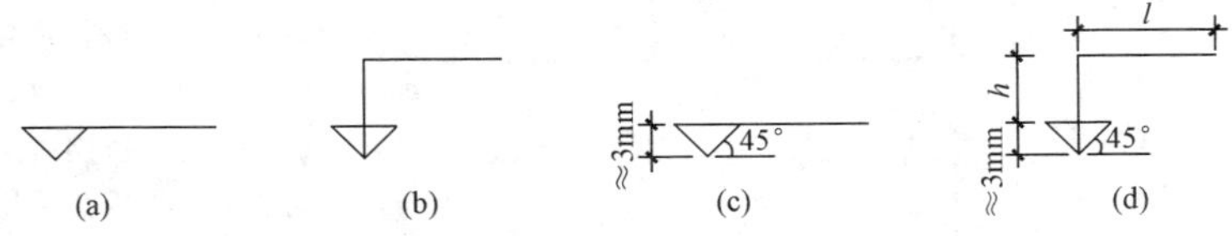

图 1-10　标高符号

l—取适当长度注写标高数字;h—根据需要取适当高度

(a)、(b)建筑物标高符号;(c)、(d)标高符号的画法

2)总平面图室外地评标高符号宜采用涂黑的三角形,具体画法如图 1-11 所示。

3)标高数字应以"m"为单位,注写到小数点以后第三位。在总平面图中,可注写到小数字点以后第二位。零点标高应注写成±0.000,正数标高不注"+",负数标高应注"—",在图样的同一位置需表示几个不同标高时,标高数字可按图 1-12 的形式注写。

图 1-11　总平面图标高符号　　　**图 1-12　同一位置注写多个标高数字**

二、园林工程常用图例

1. 园林工程常用总平面图图例

园林工程常用总平面图图例见表 1-9。

表 1-9　　园林工程常用总平面图图例

序号	名称	图　例	备　注
1	新建建筑物	X= Y= ① 12F/2D H=59.00m	新建建筑物以粗实线表示与室外地坪相接处±0.00 外墙定位轮廓线 建筑物一般以±0.00 高度处的外墙定位轴线交叉点坐标定位。轴线用细实线表示，并标明轴线号 根据不同设计阶段标注建筑编号，地上、地下层数，建筑高度，建筑出入口位置（两种表示方法均可，但同一图纸采用一种表示方法） 地下建筑物以粗虚线表示其轮廓 建筑上部（±0.00 以上）外挑建筑用细实线表示 建筑物上部连廊用细虚线表示并标注位置
2	原有建筑物		用细实线表示
3	计划扩建的预留地或建筑物		用中粗虚线表示
4	拆除的建筑物		用细实线表示

续一

序号	名称	图例	备注
5	建筑物下面的通道	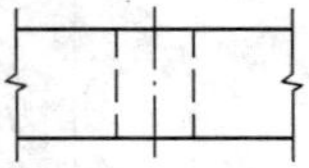	—
6	散状材料露天堆场	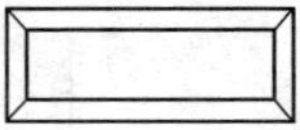	需要时可注明材料名称
7	其他材料露天堆场或露天作业场	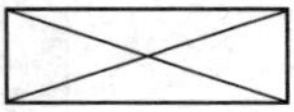	需要时可注明材料名称
8	铺砌场地	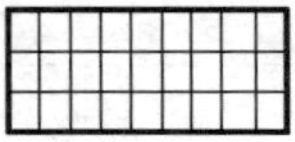	—
9	敞棚或敞廊	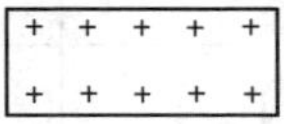 + + + + + + + + + +	—
10	高架式料仓	 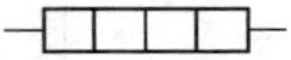	—
11	漏斗式贮仓		左、右图为底卸式 中图为侧卸式
12	冷却塔(池)		应注明冷却塔或冷却池
13	水塔、贮罐	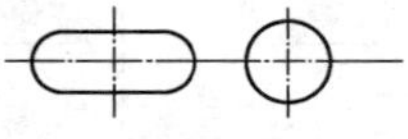	左图为卧式贮罐 右图为水塔或立式贮罐
14	水池、坑槽		也可以不涂黑
15	明溜矿槽(井)	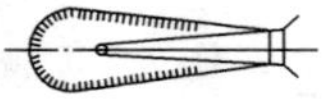	—
16	斜井或平硐	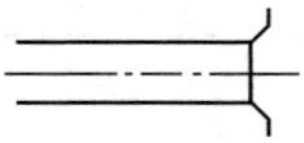	—

续二

序号	名称	图例	备注
17	烟囱		实线为烟囱下部直径，虚线为基础，必要时可注写烟囱高度和上、下口直径
18	围墙及大门	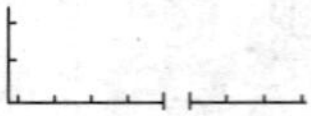	—
19	挡土墙	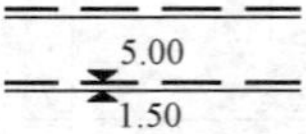 5.00 1.50	挡土墙根据不同设计阶段的需要标注 墙顶标高/墙底标高
20	挡土墙上设围墙		—
21	台阶及无障碍坡道	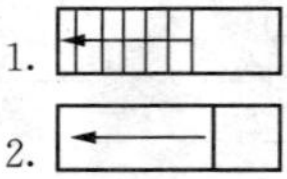 1. 2.	1. 表示台阶（级数仅为示意） 2. 表示无障碍坡道
22	露天桥式起重机	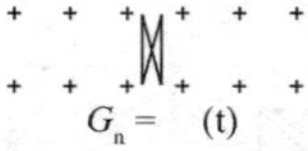 $G_n=$ (t)	起重机起重量 G_n，以吨计算 “+”为柱子位置
23	露天电动葫芦	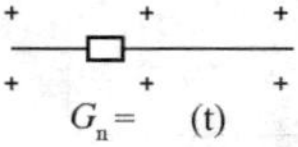 $G_n=$ (t)	起重机起重量 G_n，以吨计算 “+”为支架位置
24	门式起重机	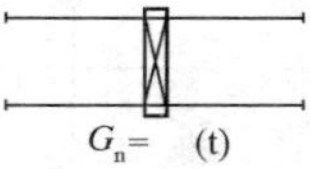 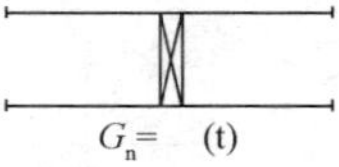 $G_n=$ (t) $G_n=$ (t)	起重机起重量 G_n，以吨计算 上图表示有外伸臂 下图表示无外伸臂
25	架空索道		“I”为支架位置

续三

序号	名称	图　　例	备　　注
26	斜坡 卷扬机道	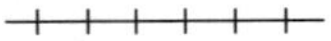	—
27	斜坡栈桥 （皮带廊等）	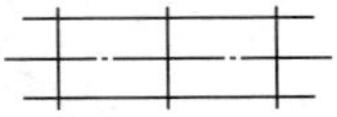	细实线表示支架中心线位置
28	坐标	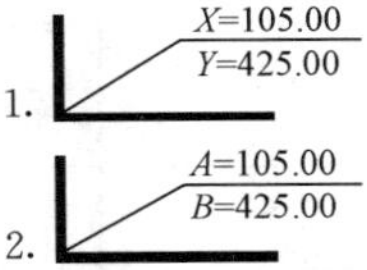 1. X=105.00 Y=425.00 2. A=105.00 B=425.00	1. 表示地形测量坐标系 2. 表示自设坐标系 坐标数字平行于建筑标注
29	方格网 交叉点标高	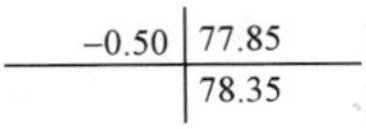 −0.50 ｜ 77.85 78.35	“78.35”为原地面标高 “77.85”为设计标高 “−0.50”为施工高度 “−”表示挖方（“+”表示填方）
30	填方区、 挖方区、 未整平区 及零线	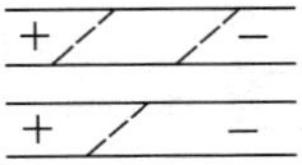 + − + −	“+”表示填方区 “−”表示挖方区 中间为未整平区 点画线为零点线
31	填挖边坡		—
32	分水脊线 与谷线	 	上图表示脊线 下图表示谷线
33	洪水淹没线		洪水最高水位以文字标注
34	地表 排水方向		—
35	截水沟	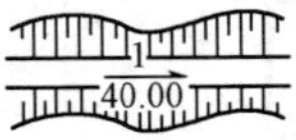 1 40.00	“1”表示1%的沟底纵向坡度，“40.00”表示变坡点间距离，箭头表示水流方向

续四

序号	名称	图　　例	备　　注
36	排水明沟	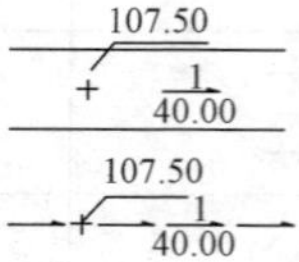 107.50 + 1 40.00 107.50 1 40.00	上图用于比例较大的图面 下图用于比例较小的图面 “1”表示1%的沟底纵向坡度，“40.00”表示变坡点间距离，箭头表示水流方向 “107.50”表示沟底变坡点标高(变坡点以“+”表示)
37	有盖板的排水沟	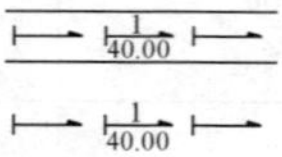 1 40.00 1 40.00	—
38	雨水口	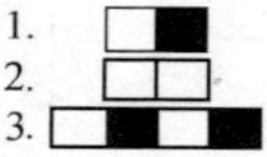 1. 2. 3.	1. 雨水口 2. 原有雨水口 3. 双落式雨水口
39	消火栓井		—
40	急流槽	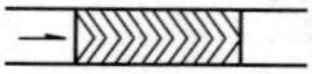	箭头表示水流方向
41	跌水		
42	拦水(闸)坝	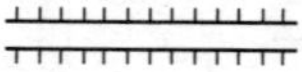	—
43	透水路堤		边坡较长时，可在一端或两端局部表示
44	过水路面	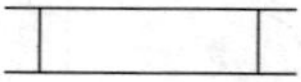	—
45	室内地坪标高	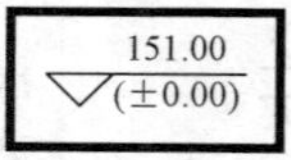 151.00 (±0.00)	数字平行于建筑物书写

续五

序号	名称	图　　例	备　　注
46	室外地坪标高	143.00	室外标高也可采用等高线
47	盲道		—
48	地下车库入口		机动车停车场
49	地面露天停车场		—
50	露天机械停车场		露天机械停车场

2. 园林工程各施工图常用图例

(1)园林景观绿化图例见表 1-10。

表 1-10　　园林景观绿化图例

序号	名称	图　　例	备　　注
1	常绿针叶乔木		—
2	落叶针叶乔木		—
3	常绿阔叶乔木		—
4	落叶阔叶乔木		—

续一

序号	名称	图 例	备 注
5	常绿阔叶灌木		—
6	落叶阔叶灌木		—
7	落叶阔叶乔木林		—
8	常绿阔叶乔木林		—
9	常绿针叶乔木林		—
10	落叶针叶乔木林		—
11	针阔混交林	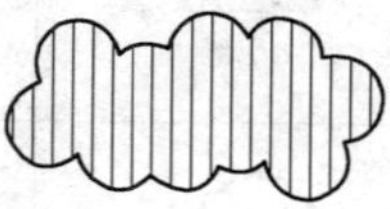	—
12	落叶灌木林	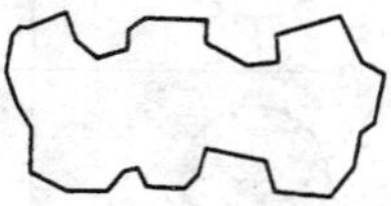	—
13	整形绿篱	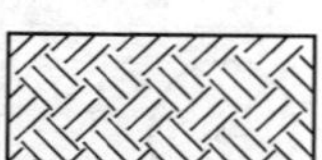	—

续二

序号	名称	图　例	备　注
14	草坪	1. 2. 3.	1. 草坪 2. 表示自然草坪 3. 表示人工草坪
15	花卉		—
16	竹丛		—
17	棕榈植物		—
18	水生植物		—
19	植草砖		—
20	土石假山		包括“土包石”、“石抱土”及假山

续三

序号	名称	图　　例	备　注
21	独立景石		—
22	自然水体		表示河流以箭头表示水流方向
23	人工水体		—
24	喷泉		—

(2)园林工程制图常用建筑小品图例,如图 1-14 所示。

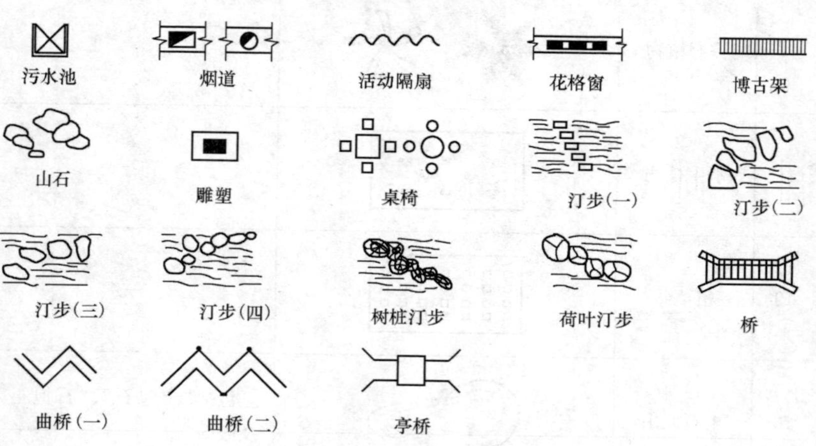

图 1-14　建筑小品图例

(3)园林工程中常用路面铺装图案，如图 1-15 所示。

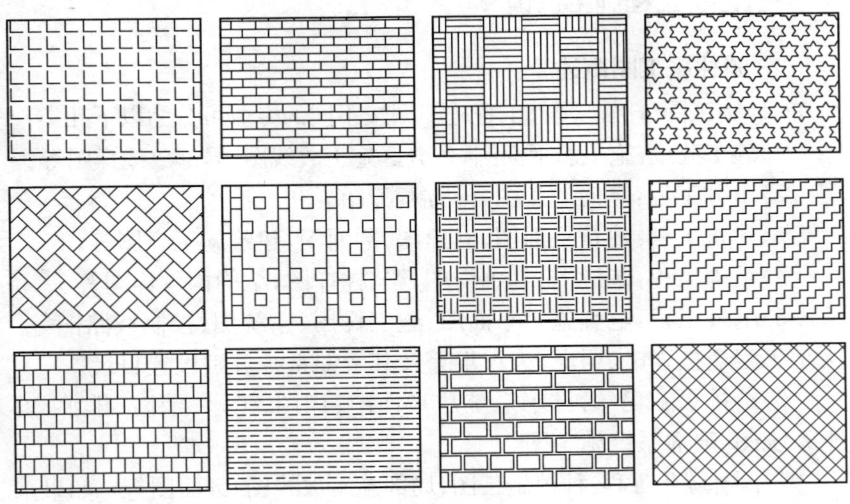

图 1-15　常用路面铺装图案

(4)园林工程中，常用游乐设施图例，如图 1-16 所示。

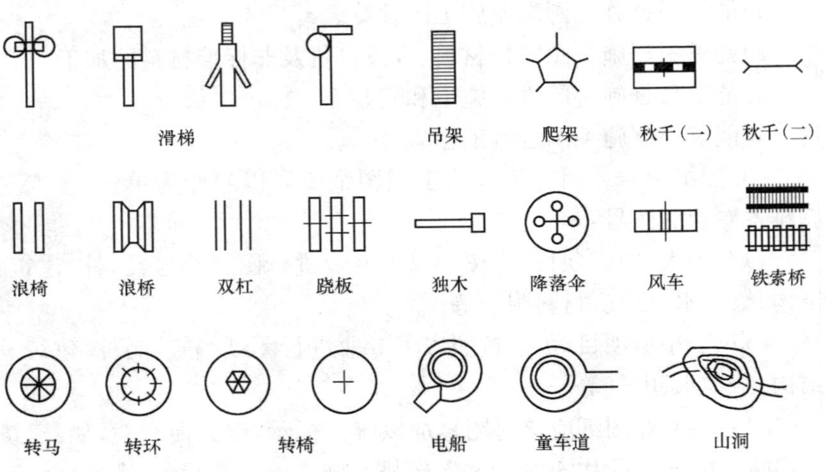

图 1-16　常用游乐设施图例

三、园林工程施工识读

1. 园林施工图概述

(1)施工图分类。园林工程施工图按不同的专业可分为以下几类:

1)施工放线:施工总平面图,各分区施工放线图,局部放线详图等。

2)土方工程:竖向施工图,土方调配图。

3)建筑工程:建筑平面图、立面图、剖面图,建筑施工详图等。

4)结构工程:基础图、基础详图,梁、柱详图,结构构件详图等。

5)电气工程:电气施工平面图、施工详图、系统图、控制线路图等。大型工程应按强电、弱电、火灾报警及其智能系统分别设置目录。

6)给排水工程:给排水系统总平面图、详图、给水、消防、排水、雨水系统图、喷灌系统施工图。

7)园林绿化工程:种植施工图、局部施工放线图、剖面图等。如果采用乔、灌、草多层组合,分层种植设计较为复杂,应该绘制分层种植施工图。

(2)施工图的设计深度。园林工程施工图的设计深度应符合下列要求:

1)能够根据施工图编制施工图预算。

2)能够根据施工图安排材料、设备订货及非标准材料的加工。

3)能够根据施工图进行施工和安装。

4)能够根据施工图进行工程验收。

(3)图纸编号。园林工程施工图图纸编号以专业为单位,各专业编排各专业的图号:

1)对于大、中型项目,应按照以下专业进行图纸编号:园林、建筑、结构、给排水、电气、材料附图等。

2)对于小型项目,可以按照以下专业进行图纸编号:园林、建筑及结构、给排水、电气等。

3)每一专业图纸应该对图号加以统一标示,以方便查找,如:建筑结构施工可以缩写为“建施(JS)”,给排水施工可以缩写为“水施(SS)”,种植施工图可以缩写为“绿施(LS)”。

2. 园林施工总平面图

园林施工总平面图主要反映的是园林工程的形状、所在位置、朝向及拟建建筑周围道路、地形、绿化等情况，以及该工程与周围环境的关系和相对位置等。

(1)总平面图包括的内容。

1)指北针(或风玫瑰图)，绘图比例(比例尺)，文字说明，景点、建筑物或者构筑物的名称标注，图例表等。

2)道路、铺装的位置、尺度，主要点的坐标、标高以及定位尺寸。

3)小品主要控制点坐标及小品的定位、定形尺寸。

4)地形、水体的主要控制点坐标、标高及控制尺寸。

5)植物种植区域轮廓。

6)对无法用标注尺寸准确定位的自由曲线园路、广场、水体等，应给出该部分局部放线详图，用放线网表示，并标注控制点坐标。

(2)绘制要求。

1)布局与比例。图纸应按上北下南方向绘制，根据场地形状或布局，可向左或向右偏转，但不宜超过45°。施工总平面图一般采用1∶500、1∶1000、1∶2000的比例绘制。

2)图例。《总图制图标准》(GB/T 50103—2010)中列出了建筑物、构筑物、道路、铁路以及植物等的图例，具体内容参见相应的制图标准。如果由于某些原因必须另行设定图例时，应该在总图上绘制专门的图例表进行说明。

3)图线。在绘制总图时应该根据具体内容采用不同的图线。

4)单位。施工总平面图中的坐标、标高、距离宜以“m”为单位，并应至少取至小数点后两位，不足时以“0”补齐。详图宜以“mm”为单位，如不以mm为单位，应另加说明。建筑物、构筑物、铁路、道路方位角(或方向角)和铁路、道路转向角的度数，宜注写到“秒”，特殊情况，应另加说明。道路纵坡度、场地平整坡度、排水沟沟底纵坡度宜以百分计，并应取至小数点后一位，不足时以“0”补齐。

5)坐标网络。坐标分为测量坐标和施工坐标。测量坐标为绝对坐标，测量坐标网应画成交叉十字线，坐标代号宜用“X、Y”表示。施工坐标为相对坐标，相对零点宜通常选用已有建筑物的交叉点或道路的交叉点，为区别于绝对坐标，施工坐标用大写英文字母 A、B 表示。

施工坐标网格应以细实线绘制，一般画成 100m×100m 或者 50m×50m 的方格网，也可以根据需要调整。

6）坐标标注。坐标宜直接标注在图上，如图面无足够位置，也可列表标注，如坐标数字的位数太多时，可将前面相同的位数省略，其省略位数应在附注中加以说明。

建筑物、构筑物、铁路、道路等应标注下列部位的坐标：建筑物、构筑物的定位轴线（或外墙线）或其交点；圆形建筑物、构筑物的中心；挡土墙墙顶外边缘线或转折点。表示建筑物、构筑物位置的坐标，宜注其三个角的坐标，如果建筑物、构筑物与坐标轴线平行，可注对角坐标。平面图上有测量和施工两种坐标系统时，应在附注中注明两种坐标系统的换算公式。

7）标注标高。施工图中标注的标高应为绝对标高，如标注相对标高，则应注明相对标高与绝对标高的关系。

建筑物、构筑物、铁路、道路等应按以下规定标注标高：建筑物室内地坪，标注图中±0.000 处的标高，对不同高度的地坪，分别标注其标高；建筑物室外散水，标注建筑物四周转角或两对角的散水坡脚处的标高；构筑物标注其有代表性的标高，并用文字注明标高所指的位置；道路标注路面中心交点及变坡点的标高；挡土墙标注墙顶和墙脚标高，路堤、边坡标注坡顶和坡脚标高，排水沟标注沟顶和沟底标高；场地平整标注其控制位置标高；铺砌场地标注其铺砌面标高。

（3）识读。园林工程识读主要有以下几个方面：

1）看图名、比例、设计说明、风玫瑰图、指北针。根据图名、设计说明、指北针、比例和风玫瑰，可了解到施工总平面图设计的意图和工程性质、设计范围、工程的面积和朝向等基本概况，为进一步地了解图纸做好准备。

2）看等高线和水位线。了解园林的地形和水体布置情况，从而对全园的地形骨架有一个基本的印象。

3）看图例和文字说明。明确新建景物的平面位置，了解总体布局情况。

4）看坐标或尺寸。根据坐标或尺寸查找施工放线的依据。

3. 园林施工放线图

(1)施工放线图的内容与作用。

1)园林工程施工放线图主要包括以下内容：

①道路、广场铺装、园林建筑小品放线网格(间距1m、5m或10m不等)。

②坐标原点、坐标轴、主要点的相对坐标。

③标高(等高线、铺装等)。

2)园林工程施工放线图主要有以下作用：

①现场施工放线。

②确定施工标高。

③测算工程量、计算施工图预算。

(2)施工放线图的注意事项。

1)坐标原点的选择。固定的建筑物构筑物角点，或者道路交点，或者水准点等。

2)网格的间距。根据实际面积的大小及其图形的复杂程度，不仅要对平面尺寸进行标注，同时还要对立面高程进行标注(高程、标高)。写清楚各个小品或铺装所对应的详图标号，对于面积较大的区域给出索引图(对应分区形式)。

4. 竖向设计施工图

竖向设计是指在一块场地中进行垂直于水平方向的布置和处理。

(1)竖向设计施工图的内容。园林工程竖向设计施工图一般包括以下内容：

1)指北针、图例、比例、文字说明、图名。文字说明中应该包括标注单位、绘图比例、高程系统的名称、补充图例等。

2)现状与原地形标高，地形等高线，设计等高线的等高距一般取0.25～0.5m，当地形较为复杂时，需要绘制地形等高线放样网格。

3)最高点或者某些特殊点的坐标及该点的标高。如：道路的起点、变坡点、转折点和终点等的设计标高(道路在路面中、阴沟在沟顶和沟底)、纵坡度、纵坡距、纵坡向、平曲线要素、竖曲线半径、关键点坐标；建筑物、构筑物室内外设计标高；挡土墙、护坡或土坡等构筑物的坡顶和坡脚的设计标高;水体驳岸、岸顶、岸底标高;池底标高;水面最低、最高及常水位。

4)地形的汇水线和分水线,或用坡向箭头标明设计地面坡向,指明地表排水的方向、排水的坡度等。

5)绘制重点地区、坡度变化复杂的地段的地形断面图,并标注标高、比例尺等。

当工程比较简单时,竖向设计施工平面图可与施工放线图合并。

(2)具体要求。

1)计量单位。通常标高的标注单位为“m”,如有特殊要求应该在设计说明中注明。

2)线型。竖向设计图中比较重要的是地形等高线,设计等高线用细实线绘制,原有地形等高线用细虚线绘制,汇水线和分水线用细单点长画线绘制。

3)坐标、网格及其标注。坐标、网格采用细实线绘制,网格间距取决于施工的需要以及图形的复杂程度,一般采用与施工放线相同的坐标网体系。对于局部的不规则等高线,或者单独做出施工放线图,或者在竖向设计图纸中局部缩小网格间距,提高放线精度。竖向设计图的标注方法同施工放线图,针对地形中最高点、建筑物角点或者特殊点进行标注。

4)地表排水方向和排水坡度。利用箭头表示排水方向,并在箭头上标注排水坡度。

(3)识读。

1)看图名、比例、指北针、文字说明,了解工程名称、设计内容、工程所处方位和设计范围。

2)看等高线的分布情况及高程标注,了解新设计地形的特点和原地形标高,了解地形高低变化及土方工程情况,并结合景观总体规划设计,分析竖向设计的合理性。并且根据新、旧地形高程变化,了解地形改造施工的基本要求和做法。

3)看建筑、山石和道路标高情况。

4)看排水方向。

5)看坐标确定施工放线依据。

第二章 园林土方工程施工

第一节 园林土方工程概述

一、园林土方工程的特点

(1)园林建设工程中在进行土方工程的同时,要考虑园林植物的生长。

(2)植物是构成风景的重要因素,现代园林一个重要特征是植物造景,植物生长所需要的多种生态环境对园林建设的土方工程提出了较高的要求。

(3)公园基地上也会保留一些有价值的老树,需要有效地保护好树木。

(4)通过土方工程,可以合理改良土壤的质地和性质,利于植物的生长。

知识链接

园林土方施工

任何园林建筑物、构筑物、道路及广场等工程的修建,地面上都要做一定的基础,挖掘基坑、路槽等,以及园林中地形的利用、改造或创造,如挖湖堆山、平整场地都要依靠土方工程来完成。一般来说,土方工程在园林建设中是一项大工程,而且在建园过程中又是先行的项目,它完成的速度和质量,直接影响着后继工程,所以土方工程与整个园林建设工程的进度关系密切。土方工程的工程量和投资一般都很大。

二、园林土方工程的内容

园林土方工程一般包括挖湖、堆山和各类建筑、构筑物的基坑、基槽和管沟的开挖，而各单位工程又可包括各分项工程，如图 2-1 所示。

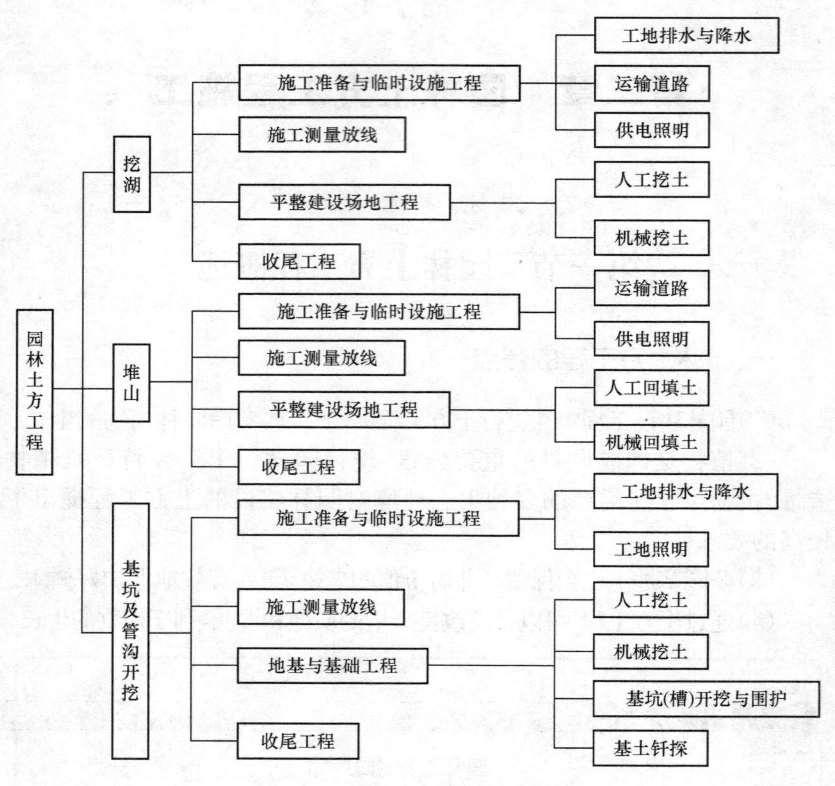

图 2-1　园林土方分项工程构成

第二节　园林土方工程量计算

一、土壤的分类与特性

1. 土壤的工程分类

土壤的分类按研究方法和适用目的的不同具有不同的划分方法，在土方工程和预算中，按开挖难易程度，可将土壤分为松土、半坚土、坚土三大类，见表 2-1。

表 2-1　　　　土壤的工程分类

土类	级别	编号	土壤的名称	天然含水量状态下土壤的平均密度/(kg/m³)	开挖方法及工具
松土	Ⅰ	1	砂	1500	用锹挖掘
		2	植物性土壤	1200	
		3	壤土	1600	
半坚土	Ⅱ	1	黄土类黏土	1600	用锹、镐挖掘，局部采用撬棍开挖
		2	15mm 以内的中小砾石	1700	
		3	砂质黏土	1650	
		4	混有碎石与卵石的腐殖土	1750	
	Ⅲ	1	稀软黏土	1800	
		2	15～50mm 的碎石及卵石	1750	
		3	干黄土	1800	
坚土	Ⅳ	1	重质黏土	1950	用锹、镐、撬棍、凿子、铁锤等开挖，或用爆破方法开挖
		2	含有 50kg 以下石块的黏土块石所占体积<10%	2000	
		3	含有 10kg 以下石块的粗卵石	1950	
	Ⅴ	1	密实黄土	1800	
		2	软泥灰岩	1900	
		3	各种不坚实的页岩	2000	
		4	石膏	2200	
	Ⅵ Ⅶ		均为岩石类，省略	2000～2900	爆破

2. 土壤的工程性质

土壤的工程性质与土方工程的稳定性、施工方法、工程量及工程投资等有很大关系，也涉及工程设计、施工技术和施工组织的安排。因此，必须研究和掌握土壤以下几种主要工程性质：

(1)土壤的表观密度。土壤表观密度是指单位体积内,天然状态下的土壤质量,单位为 kg/m^3。土壤表观密度的大小直接影响施工难易程度和开挖方式,密度越大,越难挖掘。

(2)土壤的相对密度。在填方工程中,土壤的相对密度是检查土壤施工中密实程度的标准。可以采用人力夯实或机械夯实,使土壤达到设计要求的密实度。一般采用机械压实,其密实度可达 95%,人力夯实在 87%左右。大面积填方如堆山等,通常不加夯压,而是借土壤的自重慢慢沉落,久而久之也可达到一定的密实度。

(3)土壤的含水量。土壤含水量是指土壤孔隙中的水重和土壤颗粒重的比值。土壤含水量在 5%以内称为干土,在 30%以内称为潮土,大于 30%称为湿土。土壤含水量的多少,对土方施工的难易程度也有直接的影响。土壤含水量过小,土质过于坚实,不易挖掘;土壤含水量过大,易出现泥泞,也不利于施工。

(4)土壤的渗透性。土壤渗透性是指土壤允许水透过的性能,土的渗透性与土壤的密实程度紧密相关。土壤中的空隙大,渗透系数就高。土壤渗透系数应按下式计算:

$$K=\frac{V}{i}$$

式中 V——渗透水流的速度,m/d;

K——渗透系数,m/d;

i——水的边坡度。

当 $i=1$ 时,$K=V$,即渗透水流速度与渗透系数相等。

(5)土壤的可松性。土壤可松性是指土壤经挖掘后,其原有紧密结构遭到破坏,土体松散而使体积增加的性质。这一性质与土方工程的挖土量和填土量的计算及运输有很大关系。土壤种类不同,可松性系数也不同。常见土壤的可松性系数,见表 2-2。

表 2-2　　常见土壤的可松性系数

土壤种类	K_1	K_2
砂土、轻粉质黏土、种植土、淤泥土	1.08～1.17	1.01～1.03
粉质黏土,潮湿黄土、砂土混碎(卵)石	1.14～1.28	1.02～1.05

续表

土壤种类	K_1	K_2
建筑土 重粉质黏土、干黄土、含碎(卵)石的粉质黏土	1.24～1.30	1.04～1.07
重黏土、含碎(卵)石的黏土 粗卵石，密实黄土	1.25～1.32	1.06～1.09
中等密实的页岩、泥炭岩 白垩土，软石灰岩	1.30～1.45	1.10～1.20

3. 土壤的现场鉴别方法

(1)碎石土、砂土的野外鉴别，见表2-3。

表2-3　碎石土、砂土的野外鉴别

土类	土名	鉴别特征			
		观察颗粒粗细	干燥的状态	湿润时用手拍后的状态	黏着程度
碎石土	卵石(碎石)	一半以上颗粒大小接近或超过干枣大小(20mm)	颗粒完全分散	表面无变化	无黏着感
	圆砾(角砾)	一半以上颗粒大小接近或超过荞麦或高粱粒大小(约2mm)	颗粒完全分散	表面无变化	无黏着感
砂性土	砾砂	约有1/4以上颗粒比荞麦或高粱粒(2mm)大	颗粒完全分散	表面无变化	无黏着感
	粗砂	约有一半以上颗粒比小米粒(0.5mm)大	颗粒完全分散(个别胶结)	表面无变化	无黏着感

续表

土类	土名	鉴别特征			
		观察颗粒粗细	干燥的状态	湿润时用手拍后的状态	黏着程度
砂性土	中砂	约有一半以上颗粒与砂糖或白菜籽(>0.25mm)近似	颗粒基本分散,部分胶结,胶结部分一碰即散	表面偶有水印	无黏着感
	细砂	大部分颗粒与粗玉米粉(>0.1mm)近似	颗粒大部分分散,少量胶结,胶结部分稍加碰撞即散	表面有水印(翻浆)	偶有轻微黏着感
	粉砂	大部分颗粒与小米粉(<0.1mm)近似	颗粒少部分分散,大部分胶结,稍加压即能分散	表面有显著翻浆现象	有轻微黏着感

(2)碎石土密度野外鉴别方法,见表2-4。

表2-4　　碎石土密度野外鉴别方法

密实度	骨架颗粒含量和排列	可挖性	可钻性
密实	骨架颗粒含量大于全重的70%,呈交错排列,连续接触	锹镐挖掘困难,用撬棍方能松动,井壁一般较稳定	钻进极困难;冲击钻探时,钻杆、吊锤跳动剧烈;孔壁较稳定
中密	骨架颗粒含量大于全重的60%～70%,呈交错排列,大部分接触	锹镐可挖掘:井壁有掉块现象;从井壁取出大颗粒处,能保持颗粒凹面形状	钻进困难;冲击钻探时,钻杆、吊锤跳动不剧烈;孔壁有坍塌现象
稍密	骨架颗粒含量小于全重的60%,排列混乱,大部分不接触	锹可以挖掘;井壁易坍塌;从井壁取出大颗粒后,砂性土立即坍落	钻进较容易;冲击钻探时,钻杆稍有跳动;孔壁易坍塌

注:碎石土的密度应按表列各项特征综合确定。

(3)黏性土的现场鉴别方法,见表2-5。

表 2-5　　黏性土的现场鉴别方法

土的名称	湿润时用刀切	湿土用手捻摸时的感觉	土的状态		湿土搓条情况
			干土	湿土	
黏土	切面光滑，有黏刀阻力	有滑腻感，感觉不到有砂粒，水分较大，很黏手	土块坚硬，用锤才能打碎	易黏着物体，干燥后不易剥去	塑性大，能搓成直径小于 0.5mm 的长条（长度不短于手掌），手持一端不易断裂
粉质黏土	稍有光滑面，切面平整	稍有滑腻感，有黏滞感，感觉到有少量砂粒	土块用力可压碎	能黏着物体，干燥后较易剥去	有塑性，能搓成直径为 2～3mm 的土条
粉土	无光滑面，切面稍粗糙	有轻微黏滞感或无黏滞感，感觉到有砂粒较多、粗糙	土块用手捏或抛扔时易碎	不易黏着物体，干燥后一碰就掉	塑性小，能搓成直径为 2～3mm 的短条
砂土	无光滑面，切面粗糙	无黏滞感，感觉到全是砂粒、粗糙	松散	不能黏着物体	无塑性，不能搓成土条

（4）膨胀土、红黏土、泥炭、黄土、淤泥的鉴别方法，见表 2-6。

表 2-6　　膨胀土、红黏土、泥炭、黄土、淤泥的鉴别方法

土的名称	观察颜色	夹杂物质	形状（构造）	浸入水中的现象	湿土搓条情况
膨胀土	灰白、灰褐、黄褐、红蓝、棕蓝色	成分以 SiO_2、Al_2O_3、Fe_2O_3 为主，并含大量的蒙脱石和高岭土	黏土颗粒含量高，塑性指数大，结构强度高，多为中等压缩性	水浸湿后，即使在一定荷载作用下，土的体积仍能膨胀，土被浮湿后，裂隙可以回缩	一般可以搓条，相当于黏土或粉质黏土

续表

土的名称	观察颜色	夹杂物质	形状(构造)	浸入水中的现象	湿土搓条情况
红黏土	红褐色	主要矿物成分为伊利石、蒙脱石,具有中等程度的亲水性、膨胀性和可塑性	土体被多方向的裂隙分割,裂隙面一般较光滑并呈波状弯曲。裂隙常被次生黏土充填,时有锰铁质胶膜附着	吸水膨胀软化,使土体结构破坏,以至崩解。易产生堆陷、溜塌和滑坡	可以搓条
泥炭	深灰色或黑色	有未腐朽的动植物遗骸,其含量超过60%	夹杂物有时可见,构造无规律	极易崩碎,变为稀软淤泥,其余部分为植物根,动物残体渣滓浮于水中	一般能搓成1~3m土条。但残渣较多时,能搓成3mm以上的土条
黄土	黄褐混合色	有白色粉末出现在纹理之中	夹杂物质常清晰可见,构造上有垂直大孔	崩散成散的颗粒团,在水面上出现很多白色液体	有塑性,能搓成直径为0.5~2mm的土条
淤泥	灰黑色、有臭味	沼泽中有半腐朽的细小动植物遗体,如小螺壳、植物根	仔细观察可以发现构造常呈层状,但有时不很明显	外观无显著变化,水面易出现气泡	一般能搓成3mm的土条,长则可达3cm以上,但容易断裂

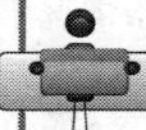

知识链接

土方工程的分类

土方工程根据其使用期限和施工要求,可分为永久性和临时性两种,但不论是永久性还是临时性的土方工程,都要求具有足够的稳定性和密实度,使工程质量和艺术造型都符合原设计的要求。同时,在施工中还要遵守有关的技术规范和原设计的各项要求,以保证工程的稳定和持久。

二、土方施工准备

1. 研究和审查图纸

检查图纸和资料是否齐全，核对平面尺寸和标高，图纸相互间有无错误和矛盾；掌握设计内容及各项技术要求，了解工程规模、特点、工程量和质量要求；熟悉土层地质、水文勘察资料；会审图纸，搞清构筑物与周围地下设施管线的关系，图纸相互间有无错误和冲突；研究好开挖程序，明确各专业工序间的配合关系、施工工期要求；并向参加施工人员层层进行技术交底。

2. 勘察施工现场

为便于施工规划和准备提供可靠的资料和数据，应摸清工程场地情况，收集施工需要的各项资料，包括施工场地地形、地貌、地质水文、河流、气象、运输道路、植被、邻近建筑物、地下基础、管线、电缆坑基、防空洞、地面上施工范围内的障碍物和堆积物状况，供水、供电、通信情况，防洪排水系统等。

3. 编制施工方案

(1)研究制定现场场地平整、土方开挖施工方案。

(2)绘制施工总平面布置图和土方开挖图，确定开挖路线、顺序、范围、底板标高、边坡坡度、排水沟水平位置，以及挖去的土方堆放地点。

(3)提出需用施工机具、劳力、推广新技术计划。

(4)深开挖还应提出支护、边坡保护和降水方案。

4. 平整清理施工场地

按设计或施工要求范围和标高平整场地，将土方弃到规定弃土区。凡在施工区域内，影响工程质量的软弱土层、淤泥、腐殖土、大卵石、孤石、垃圾、树根、草皮以及不宜做填土和回填土料的稻田湿土，应分情况采取全部挖除或设排水沟疏干、抛填块石、砂砾等方法进行妥善处理。

有一些土方施工工地可能残留了少量待拆除的建筑物或地下构筑物，在施工前要拆除掉。拆除时，应根据其结构特点，并遵循现行

《建筑拆除工程安全技术规范》(JGJ 147—2004)的规定进行操作。操作时可以用镐、铁锤,也可用推土机、挖土机等设备。

施工现场残留一些影响施工并经有关部门审查同意砍伐的树木,要进行伐除工作。凡土方挖深度不大于 50cm,或填方高度较小的土方施工,其施工现场及排水沟中的树木,都必须连根拔除。清理树蔸除用人工挖掘外,直径在 50cm 以上的大树蔸还可用推土机铲除或用爆破法清除。大树一般不允许伐除,如果现场的大树古树很有保留价值,则要提请建设单位或设计单位对设计进行修改。因此,大树的伐除要慎重,凡能保留的要尽量设法保留。

5. 施工排水

在施工前,应设法将施工场地范围内的积水或过高的地下水排走,因为场地积水不仅有碍于施工,而且也影响工程质量。在施工区域内设置临时性或永久性排水沟,将地面水排走或排到低洼处,再用水泵排走或疏通原有排水泄洪系统;排水沟的纵向坡度一般不小于 2%;山坡地区,在离边坡上沿 5～6m 处,设置截水沟、排洪沟,阻止坡顶雨水流入开挖基坑区域内,或在需要的地段修筑挡水堤坝阻水。

> 排水沟可一次挖掘到底,也可依施工情况分层下挖,采用的挖掘方式可根据出土方向决定。

(1)排除地面积水。在施工前,应根据施工区地形特点,在场地周围挖好排水沟(在山地施工为防山洪,在山坡上应做截洪沟),使场地内排水通畅,场外的水也不致流入。

(2)地下水的排除。排除地下水的方法很多,多采用明沟将水引至集水井,并用水泵排出。一般按排水面积和地下水位的高低来安排排水系统时,先定出主干渠和集水井的位置,再定支渠的位置和数目。土壤的含水量大且要求排水迅速的,支渠应密些分布,其间距约为 1.5m,反之可疏些。在挖湖施工中应先挖排水沟,排水沟应比水体挖深一些。

6. 定点放线

在清场之后,为了确定施工范围及挖土或填土的标高,应按设计图纸要求，用测量仪器在施工现场进行定点放线工作。为使施工充分表达设计意图，测设时应尽量精确。

(1)平整场地的放线。用经纬仪将图纸上的方格测设到地面上，并在每个交点处立桩木，边界上的桩木应按图纸要求设置。

桩木的规格及标记方法：为便于打入土中，应侧面平滑，下端削尖，桩上应表示出桩号（施工图上方格网的编号）和施工标高（挖土用“＋”，填土用“－”）。

(2)自然地形的放线。挖湖堆山，首先确定堆山或挖湖的边界线。在缺乏永久性地面物的空旷地上时，应先在施工图上画方格网，再把方格网放大到地面上，然后将方格网和设计地形等高线的交点一一标到地面上并打桩，桩木上也要标明桩号及施工标高。由于堆山时土层不断升高，桩木可能被土埋没，所以，桩的长度应大于每层的标高，一种方法可用不同颜色标志不同层，以便识别。另一种方法是分层放线、分层设置标高桩，这种方法适用于较高的山体。

挖湖工程的放线工作和山体的放线基本相同，但由于水体挖深一般较一致，且池底常年在水下，放线可以粗放些，但水体底部应尽可能整平，不留土墩，这对养鱼、捕鱼有利。岸线和岸坡的定点放线应该准确，因为它是水上部分而影响造景，且和水体岸坡的稳定有很大关系。为精确施工，可用边坡样板来控制边坡坡度。

开挖沟槽时，用打桩放线的方法，在施工中桩木容易被移动甚至被破坏，进而影响校核工作，故应使用龙门板。龙门板的构造简单，使用方便。每隔 30～100m 设一块龙门板（其间距视沟渠纵坡的变化情况而定）。板上应标明沟渠中心线位置和沟上口、沟底的宽度等。为控制沟渠纵坡，板上还要设坡度板。

7. 修建临时设施及道路

根据土方和基础工程规模、工期长短、施工力量安排等修建简易的临时性生产和生活设施（如工具库、材料库、机具库、油库、修理棚、休息棚、茶炉棚等），同时敷设现场供水、供电、供压缩空气（爆破石方用）管线路，并进行试水、试电、试气。

修筑施工场地内机械运行的道路，主要临时运输道路宜结合永久性道路的布置修筑。道路的坡度、转弯半径应符合安全要求，两侧设排水沟。

狭长地形放线方法

狭长地形，如园路、沟渠、土堤等，其土方的放线包括以下内容：

(1)打中心桩，定出中心线。这是第一步工作，可利用水准仪和经纬仪，按照设计的要求定出中心桩(桩距 20～50m 不等)，视地形而定。每个桩号应标明桩距和施工标高，桩号可用罗马字母，也可用阿拉伯数字编定。距离用千米＋米来表示。

(2)打边桩，定边线。一般来说，中心桩定下后，可依此定边桩，用皮尺就可以拉出。但较困难的是弯道放线，为使施工尽量精确，在弯道地段应加密桩距。

三、土方工程量计算

土方量的计算一般是根据附有原地形等高线的设计地形来进行的。根据精确程度要求，可分为估算和计算。在规划阶段，土方量的计算无需太过精细，粗细估计即可。而在作施工图时，土方工程量则要求精确计算。

1. 估算法

体积公式估算法就是把设计的地形近似地假定为锥体、棱台等几何形体的地形单体，这些地形单体可用相近的几何体体积公式来计算，见表 2-7。该方法简便、快捷，但精度不高。

表 2-7　　体积公式估算土方工程量

序号	几何体名称	几何体形状	体积公式
1	圆锥	h S r	$V=\frac{1}{3}\pi r^2 h$

续表

序号	几何体名称	几何体形状	体积公式
2	圆台		$V=\frac{1}{3}\pi h({r_1}^2+{r_2}^2+r_1r_2)$
3	棱锥		$V=\frac{1}{3}S\times h$
4	棱台		$V=\frac{1}{3}h(S_1+S_2+\sqrt{S_1S_2})$
5	球锥		$V=\frac{\pi h}{6}(h^2+3r^2)$

注：V—体积；r—半径；S—底面积；h—高；r_1、r_2—分别为上、下底半径；S_1、S_2—分别为上、下底面积。

2. 断面法

断面法是以一组等距（或不等距）的相互平行的截面将拟计算的地块、地形单体（如山、溪涧、池、岛等）和土方工程（如堤、沟渠、路堑、路槽等）分截成“段”，分别计算这些“段”的体积，再将各段体积累加，以求得该计算对象的总土方量。用此方法计算土方量时，精度取决于截取的断面数量，多则较精确，少则较粗略。

断面法可分为垂直断面法、等高面法与水平面成一定角度的成角断面法。

（1）垂直断面法。垂直断面法多用于园林地形纵横坡度有规律变化地段的土方工程量计算，计算较为方便。其计算方法如下：

1）用一组相互平行的垂直截断面，将要计算的地形截成多“段”，相邻两断面之间间距一般用 10m 或 20m，平坦地区可大些，但不得大于 100m。如图 2-2 所示。

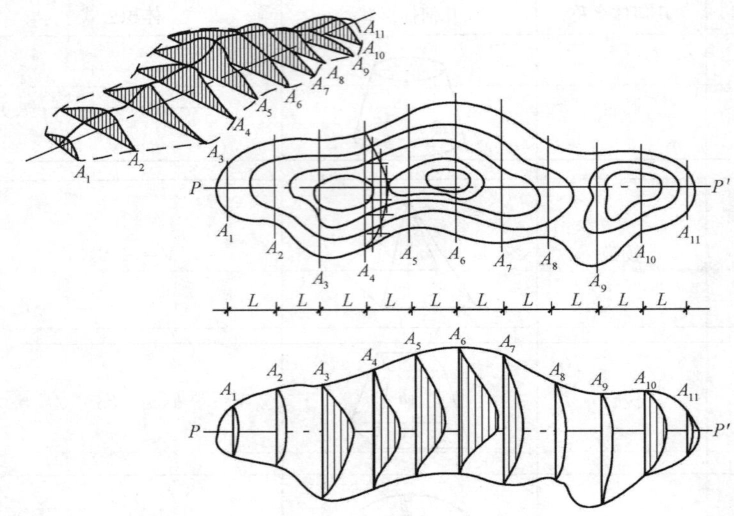

图 2-2　带状土山垂直断面取法

2)分别计算每个“段”的体积,把各“段”的体积相加,即得总土方量。其计算公式为:

$$V=\frac{A_1+A_2}{2}L$$

式中　V——相邻两断面的土方量,m^3;

A_1,A_2——相邻两横断面的挖(或填)方断面面积,m^2;

L——相邻两横断面的间距,m。

(2)等高面法。等高面法是沿等高线取断面,等高距即为两相邻断面的高差,计算方法同断面法。其体积计算公式如下:

$$V=\frac{A_1+A_2}{2}\cdot h+\frac{A_2+A_3}{2}\cdot h+\frac{A_3+A_4}{2}\cdot h+\cdots+\frac{A_{n-1}+A_n}{2}\cdot h+\frac{A_n}{3}\cdot h$$

$$=\left(\frac{A_1+A_n}{2}+A_2+A_3+A_4+\cdots+A_{n-1}+\frac{A_n}{3}\right)\cdot h$$

式中　V——土方体积，m^3；

　　A——各层断面面积，m^2；

　　h——等高距，m。

此方法适用于大面积自然山水地形的土方计算。我国园林崇尚自然，园林中山水的布局讲究地形起伏多变，挖湖堆山的工程多是在原有的崎岖不平的地面上进行的。因此，计算土方时必须考虑到原有地形的影响，而由于园林设计图纸上的原地形和设计地形均用等高线表示，因而采用等高面法进行计算最为便利。

3. 方格网法

方格网法是把平整场地的设计工作与土方量计算工作结合在一起进行的，用方格网计算土方量相对比较精确，一般用于平整场地，其基本工作程序如下：

(1)划分方格网。根据已有地形图将场地划分成若干个方格网，尽量与测量的纵、横坐标网对应，将相应设计标高和自然地面标高分别标注在方格点的右上角和右下角。将自然地面标高与设计地面标高的差值，即各角点的施工高度（挖或填）填在方格网的左上角，挖方为（＋），填方为（－）。用插入法求得原地形标高，如图 2-3 所示。

零点的位置按下式计算：

$$x_1=\frac{h_1}{h_1+h_3}\times a$$

$$x_2=\frac{h_3}{h_1+h_3}\times a$$

式中　x_1、x_2——角点至零点的距离，m；

　　h_1、h_3——相邻两角点的施工高度（均用绝对值），m；

　　a——方格网的边长，m。

(3)土方量计算。根据方格网中各个方格的填挖情况，分别计算出每一方格的土方量，几种相应的计算图和计算公式，见表 2-8。算出每个方格的土方工程量后，即对每个网格的挖方、填方量进行合计，算出填、挖方总量。

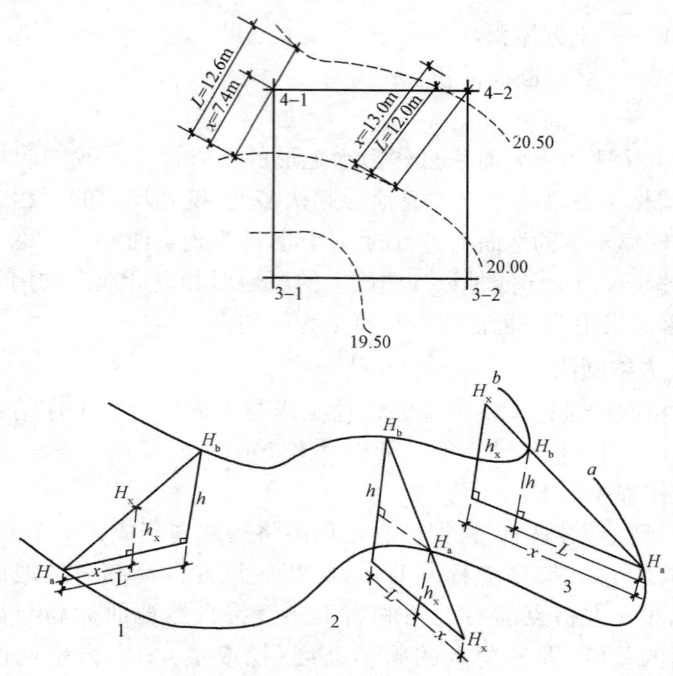

图 2-3　插入法求任意点高程(单位:m)

表 2-8　　方格网计算图及计算公式

挖填情况	平面图式	立体图式	计算公式
四点全为填方（或挖方）时	h_1 h_2 V a h_3 h_4 a	h_1 h_2 h_3 h_4	$\pm V=\frac{a^2\times\sum h}{4}$
两点填方两点挖方时	$+h_1$ $+h_2$ b $+V$ c o o $-V$ $-h_3$ $-h_4$ a	$+h_1$ $+h_2$ o o $-h_3$ $-h_4$	$\pm V=\frac{a(b+c)\times\sum h}{8}$

续表

挖填情况	平面图式	立体图式	计算公式
三点填方(或挖方),一点挖方(或填方)时	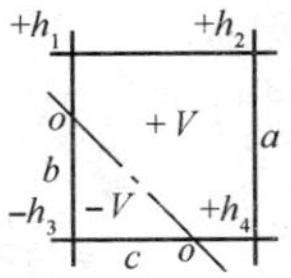 $+h_1$ $+h_2$ o $+V$ a b $-h_3$ $-V$ $+h_4$ c o	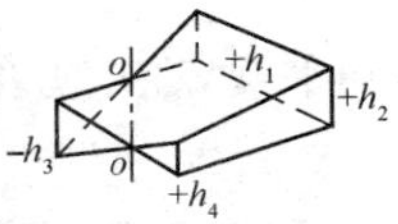 o $+h_1$ $+h_2$ $-h_3$ o $+h_4$	$\pm V=\frac{(b\times c)\times\sum h}{6}$ $\pm V=\frac{(2a^2-b\times c)\times\sum h}{10}$
相对两点为填方(或挖方)余两点为挖方(或填方)时	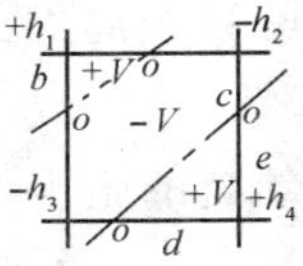 $+h_1$ $-h_2$ b $+V$ o c o o $-V$ e $-h_3$ $+V$ $+h_4$ o d	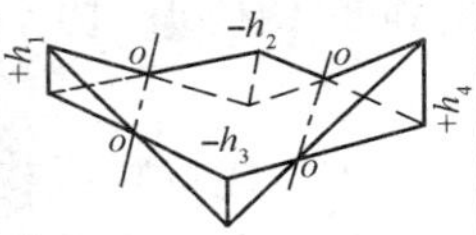 $+h_1$ $-h_2$ o o $+h_4$ o $-h_3$ o	$\pm V=\frac{b\times c\times\sum h}{6}$ $\pm V=\frac{d\times e\times\sum h}{6}$ $\pm V=\frac{(2a^2-b\times c-d\times e)\times\sum h}{12}$

注:计算公式中的"+"表示挖方,"−"表示填方。

知识链接

等高线的特点

将地面上高程相等的相邻点连接而成的直线或曲线称为等高线。等高线是假想的"线",是地形与一个有一定高程的水平面相交后投影在平面上的迹线。等高线是地形图表示地貌变化状况的专用符号,有以下特点:

(1)同一等高线上各点高程相同,每一条等高线总是一条闭合曲线。

(2)等高线间距相同时,表示地面坡度相等。等高线密则陡,疏则缓。

(3)山谷线的等高线,是凸向山谷线标高升高的方向。山脊线的等高线,是凸向山脊线标高降低的方向。两者方向相反。

(4)一条等高线的两侧必为一高一低,不能同为高或同为低。谷底与山顶的标高用点标高表示,不能用一条两侧均高或均低的等高线表示。

(5)等高线一般不交叉、不重叠,一旦出现重叠情形则为悬崖、峭壁、陡坎或阶梯处。

四、土方的平衡与调配

1. 土方的平衡与调配原则

(1)挖方与填方基本达到平衡,在挖方的同时进行填方,尽量减少重复倒运。

(2)挖(填)方量与运距的乘积之和尽可能最小,使总土方运输量或运输费用最小。

(3)分区调配应与全场调配相协调,切不可只顾局部的平衡而妨碍全局。

(4)土方调配应尽可能与地下建筑物或构筑物的施工相结合。

(5)为便于机械化施工,应选择恰当的调配方向、运输路线、施工顺序,避免土方运输出现对流和乱流现象。

(6)当工程分期分批施工时,先期工程的土方余额应结合后期工程需要,考虑其利用的数量和堆放位置,以便就近调配。

2. 土方的平衡与调配步骤与方法

(1)划分调配区。在平面图上先画出挖填区的分界线,然后在挖方区和填方区适当划分出若干调配区,最后确定调配区的大小和位置。划分时应注意以下几点:

1)划分应与房屋和构筑物的平面位置相协调,并考虑开工和分期施工顺序。

2)调配区大小应满足土方施工用主导机械的行驶操作尺寸的要求。

3)调配区范围应和土方工程量计算用的方格网相协调,通常可由若干个方格组成一个调配区。

4)当土方运距较大或场地范围内土方的调配不能达到平衡时,可就近借土或弃土,一个借土区或一个弃土区可作为一个独立的调配区。

(2)计算各调配区的土方量并在图上标明。

(3)计算各挖、填方调配区之间的平均运距,即挖方区土方重心至填方区土方重心的距离,取场地或方格网中的纵横两边为坐标轴,以一个角作为坐标原点，如图 2-4 所示，按下式求出各挖方或填方调配区土方重心坐标 x_0 及 y_0：

$$x_0=\frac{\sum(x_iV_i)}{\sum V_i};y_0=\frac{\sum(y_iV_i)}{\sum V_i}$$

式中　x_0、y_0——i 块方格的重心坐标；

V_i——i 块方格的土方量。

填、挖方区之间的平均运距 L_0 为：

$$L_0=\sqrt{(x_{0T}-y_{0W})^2+(-)2}$$

式中　x_{0T}、y_{0T}——填方区的重心坐标；

x_{0W}、y_{0W}——挖方区的重心坐标。

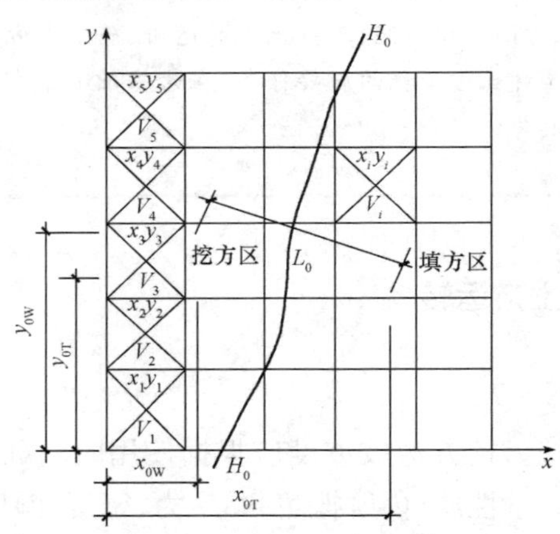

图 2-4　土方调配区间的平均运距

当填、挖方调配区之间的距离较远，采用自行式铲运机或其他运输工具沿现场道路或规定路线运土时，其运距应按实际情况计算。

(4)确定土方最优调配方案。对于线性规划中的运输问题，可以用“表上作业法”来求解，使总土方运输量为最小值，即为最优调配方案。总土方运输量公式：

$$W=\sum_{i=1}^{n}\sum_{j=1}^{n}L_{ij}\cdot X_{ij}$$

式中 L_{ij}——各调配区之间的平均运距，m；

X_{ij}——各调配区的土方量，m^3。

(5)绘出土方调配图。根据上述计算，标出调配方向和土方数量及运距(平均运距再加施工机械前进、倒退和转弯必需的最短长度)。

土方平衡与调配注意事项

进行土方平衡与调配，必须综合考虑工程和现场情况、进度要求、土方施工方法以及分期分批施工工程的土方堆方和调运问题。经过全面研究，确定平衡调配的原则之后，才可着手进行土方调配工作，如划分土方调配区、计算土方的平均运距、单位土方的运价、确定土方的最优调配方案。这是进行园林土方工程的首要任务，在此基础上才有施工准备和施工组织设计与具体施工。

五、挖方与土方运转

1. 一般规定

(1)场地开挖。挖方边坡坡度应根据使用时间(临时或永久性)、土的种类、物理力学性质(内摩擦角、黏聚力、密度、湿度)、水文情况等确定。对于永久性场地，挖方边坡坡度应按设计要求放坡。如设计无规定，应根据工程地质和边坡高度，结合当地实践经验确定。

为防止在影响边坡稳定的范围内积水，对软土土坡或极易风化的软质岩石边坡，应对坡脚、坡面采取喷浆、抹面、嵌补、砌石等保护措施，并做好坡顶、坡脚排水。

挖方上缘至土堆坡脚的距离，应根据挖方深度、边坡高度和土的类别确定。当土质干燥、密实时，不得小于 3m；当土质松软时，不得小于 5m。在挖方下侧弃土时，为避免雨水排入挖方场地应将弃土堆表面整平并低于挖方场地标高且向外倾斜，或在弃土堆与挖方场地之间设置排水沟。

(2)边坡开挖。场地边坡开挖应采取沿等高线自上而下,分层、分段依次进行。在边坡上采取多台阶同时开挖时,为防止塌方,上台阶比下台阶开挖进深应不少于30m。

为利于泄水边坡台阶开挖,应做成一定坡势,边坡下部没有护脚及排水沟时,在边坡修完后,应立即处理台阶的反向排水坡,进行护脚矮墙和排水沟的砌筑和疏通,以保证坡面不被冲刷和在影响边坡稳定的范围内不积水,否则应采取临时性排水措施。

2. 人工挖方

(1)挖方施工中一般不垂直向下挖得很深,要有合理的边坡,并要根据土质的疏松和密实情况确定边坡坡度的大小。必须垂直向下挖土的,则在松软土情况下挖深不超过0.7m,中密度土质的挖深不超过1.25m,硬土情况下不超过2m深。

(2)对岩石地面进行挖方施工,一般要先行爆破,将地表一定厚度的岩石层炸裂为碎块,再进行挖方施工。爆破施工时,要先打好炮眼,装上炸药雷管,待清理施工现场及其周围地带,确认爆破区无人滞留之后,方可点火爆破。爆破施工的最重要的问题是要确保人员安全。

(3)相邻场地、基坑开挖时,应遵循先深后浅或同时进行的施工程序。挖土应自上而下水平分段分层进行,每层0.3m左右。边挖边检查坑底宽度及坡度,不合格时应及时修整,每3m左右修一次坡,至设计标高,再统一进行一次修坡清底,检查坑底宽和标高,要求坑底凹凸不超过1.5cm。在已有建筑物侧挖基坑(槽)应间隔分段进行,每段不超过2m,相邻段开挖应待已挖好的槽段基础完成并回填夯实后进行。

(4)基坑开挖应尽量避免对地基土的扰动。采用人工挖土时,基坑挖好后不能立即进行下道工序时,应预留15～30cm一层土不挖,待下道工序开始再挖至设计标高。

(5)在地下水位以下挖土,为利于挖方的进行,应在基坑(槽)四侧或两侧挖好临时排水沟和集水井,将水位降低至坑槽底以下500mm,

降水工作应持续到施工完成。

3. 机械挖方

(1)在进行机械挖方之前,技术人员应向机械操作员进行技术交底,使其了解施工场地的情况和施工技术要求,并对施工场地中的定点放线情况进行深入了解,熟悉桩位和施工标高等,对土方施工做到心中有数。

(2)施工现场布置的桩点和施工放线要明显。应适当加高桩木的高度,在桩木上做出醒目的标志或将桩木漆成显眼的颜色。在施工期间,为避免挖错位置,施工技术人员应与推土司机密切配合,随时随地用测量仪器检查桩点和放线情况。

(3)在挖湖工程中,一定要保护好施工坐标和标高桩。挖湖的土方工程因湖水深度变化比较一致,而且放水后水面以下部分不会暴露,所以在湖底部分的挖土作业可以比较粗放,只有挖到设计标高处,并将湖底地面推平即可。但对湖岸线和岸坡坡度要求很准确的地方,可以用边坡样板来控制边坡坡度的施工,以确保施工精度。

(4)挖土工程中对原地面表土要注意保护。因表土的土质疏松肥沃,适于种植园林植物。因此,对地面 50cm 厚的表土层挖方时,要先用推土机将施工地段的这一层表面熟土推到施工场地外围,待地形整理停当,再把表土推回铺好。

4. 土方运转

在土方调配图中,一般都按照就近挖方、就近填方的原则,采取土石方就地平衡的方式。土石方就地平衡可以极大地减小土方的搬运距离,从而能节省人力,降低施工费用。土方转运分为人工转运和机械转运。

(1)人工转运。人工转运土方一般为短途的小搬运。搬运方式有人力车拉、用手推车推或由人力肩挑背扛等。这种转运方式在有些园林局部或小型工程施工中常被采用。

(2)机械转运。机械转运土方通常为长距离运土或工程量很大时的运土,运输工具主要是装载机和汽车。根据工程施工特点和工程量大小的不同,还可采用半机械化和人工相结合的方式转运土方。另外，在土方转运过程中，应充分考虑运输路线的安排、组织，尽量使路线最短，以节省运力。为避免混乱和窝工，土方的装卸应有专人指挥，要做到卸土位置准确，运土路线顺畅。汽车长距离转运土方需要经过城市街道时，车厢不能装得太满，在驶出工地之前应当将车轮粘上的泥土全部扫掉，不允许在街道上撒落泥土和污染环境。

5. 安全措施

(1)开挖时，两人操作间距应大于 2.5m。多台机械开挖，挖土机间距应大于 10m。在挖土机工作范围内，不许进行其他作业。挖土应由上而下，逐层进行，不得先挖坡脚或逆坡挖土。

(2)挖方不得在危岩、孤石的下边或贴近未加固的危险建筑物的下面进行。

(3)放坡时应严格要求。操作时应随时注意土壁的变动情况，如发现有裂纹或部分坍塌现象，应及时进行支撑或放坡，并注意支撑的稳固和土壁的变化。当采取不放坡开挖时，应设置临时支护，各种支护应根据土质及深度经计算后确定。

(4)机械多台阶同时开挖，为防止塌方，造成翻机事故，应验算边坡的稳定性，挖土机离边坡应有一定的安全距离。

(5)深基坑上下应先挖好阶梯、支撑靠梯或开斜坡道，并需采取防滑措施，不得踩踏支撑上下。基坑四周应设安全栏杆。

(6)人工吊运土方时，应检查起吊工具绳索是否牢靠；吊斗下面禁止站人，卸土堆应离开坑边一定距离。

(7)用手推车运土时，应先平整好道路，卸土回填，不得放手让车自动翻转。用翻斗汽车运土时，运输道路的坡度、转弯半径应符合有关安全规定。

(8)重物距土坡安全距离：汽车不小于 3m；马车不小于 2m；起重机不小于 4m。土方堆放不少于 1m；堆土高不超过 1.5m；材料堆放应不小于 1m。

(9)当基坑较深或晾槽时间很长时，应采用边坡保护方法，以防止边坡失水松散或地面水冲刷、浸润影响边坡稳定。

(10)爆破土石方时应遵守爆破作业安全有关规定。

知识链接

挖方中常见问题及处理方法

(1)基底超挖。开挖基坑(槽)或管沟均不得超过设计基底标高,如果超过应会同设计单位共同协商解决,不得私自处理。

(2)桩基产生位移。一般出现于软土区域。碰到此类土基挖方,应在打桩完成后,先间隔一段时间再对称挖土,并要制定相应的技术措施。

(3)基底未加保护。基坑(槽)开挖后未进行后续基础施工,应注意在基底标高以上留出0.3m厚的土层,待基础施工时再挖去。

(4)施工顺序不合理。土方开挖应从低处开始,分层分段依次进行,并形成一定坡度,以利于排水。

(5)开挖尺寸不足,基底、边坡不平。开挖时没有加上应增加的开挖面积使挖方尺寸不足。故施工放线要严格,应充分考虑增加的面积,对于基底和边坡应加强检查并随时校正。

(6)施工机械下沉。采用机械挖方,必须掌握现场土质条件和地下水位情况,针对不同的施工条件采取相应的措施。一般推土机、铲运机需要在地下水位0.5m以上推铲土时,挖土机则要求在地下水位0.8m以上挖土。

六、填方工程施工

1. 一般要求

(1)土料要求。为保证填方的强度和稳定性,填方土料应符合设计要求,如设计无要求,应符合下列规定:

1)碎石类土、砂土和爆破石渣(粒径不大于每层铺厚的2/3。当用振动碾压时,不超过3/4)可用于表层下的填料。

2)含水量符合压实要求的黏性土,可作为各层填料。

3)碎块草皮和有机质含量大于8%的土仅用于无压实要求的填方。

4)淤泥和淤泥质土一般不能用作填料,但在软土或沼泽地区,经过处理含水量符合压实要求的,可用于填方中的次要部位。

5)含盐量符合规定的盐渍土一般可用作填料,但土中不得含有盐晶、盐块或含盐植物根茎。

(2)基底处理。

1)场地回填应先清除基底的草皮、树根及坑穴中的积水、淤泥和杂物,并采取措施防止地表滞水流入填方区,浸泡地基,造成基土下陷。

2)当填方基底为耕植土或松土时,应将基底充分夯实或碾压密实。

3)当填方位于水田、沟渠、池塘或含水量很大的松软土地段,应根据具体情况采取排水疏干,或将淤泥全部挖出换土、抛填片石、填砂砾石、翻松掺石灰等措施进行处理。

4)为利于接合和防止滑动,当填土场地地面坡度大于 1/5 时,应先将斜坡挖成阶梯形,阶高 0.2～0.3m,阶宽大于 1m,然后分层填土。

(3)填土含水量。

1)含水量的大小会直接影响夯实质量,为得到符合密实度要求条件下的最优含水量和最少夯实遍数,在夯实(碾压)前应先试验,含水量过小,会导致夯压不实;含水量过大,则易成为橡皮土。各种土的最优含水量和最大密实度参考数值,见表 2-9。

表 2-9　　　土的最优含水量和最大干密度参考表

项次	土的种类	变动范围	
		最优含水量(质量比)/(%)	最大干密度/(t/m^3)
1	砂土	8～12	1.80～1.88
2	黏土	19～23	1.58～1.70
3	粉质黏土	12～15	1.85～1.95
4	粉土	16～22	1.61～1.80

注:1. 表中土的最大干密度应以现场实际达到的数字为准。

2. 一般性的回填,可不作此项测定。

2)遇到黏性土或排水不良的砂土时,其最优含水量与相应的最大干密度,应用击实试验测定。

3)土料含水量一般以手握成团、落地开花为宜。当含水量过大时,应采取翻松、晾干、风干、换土回填、掺入干土或其他吸水性材料等措施;如土料过干,则应预先洒水润湿,亦可采取增加压实遍数或使用大功能压实机械等措施。

在气候干燥时,必须采取加速挖土、运土、平土和碾压过程,以减少土的水分散失。当填料为碎石类土(充填物为砂土)时,为提高压实效果,碾压前应充分洒水湿透。

(4)填土边坡。填方的边坡坡度应根据填方高度、土的种类和其重要性在设计中加以规定,当设计无规定时,可查询和参考相关行业标准。

2. 人工填土方法

(1)用手推车送土,用铁锹、耙、锄等工具进行人工回填土。

(2)从场地最低部分开始,由一端向另一端自下而上分层铺填。每层虚铺厚度:用人工木夯夯实时,砂质土不大于 30cm,黏性土为 20cm;用打夯机械夯实时不大于 30cm。

(3)深浅坑相连时,应先填深坑,与浅坑相平后全面分层夯填。如采取分段填筑,交接处应填成阶梯形。墙基及管道回填为防止墙基及管道中心线移位,应在两侧用细土同时均匀回填夯实。

(4)人工夯填土时,用 60~80kg 的木夯或铁夯、石夯,由 4~8 人拉绳,二人扶夯,举高不小于 0.5m,一夯压半夯,按次序进行。

(5)较大面积人工回填用打夯机夯实时,两机平行间距不得小于 3m,在同一夯打路线上的前后间距不得小于 10m。

3. 机械填土方法

(1)推土机填土。填土应由下而上分层铺填,每层虚铺厚度不宜大于 30cm。大坡度堆填土不得居高临下,不分层次,一次堆填。为减少运土漏失量,推土机运土回填可采取分堆集中、一次运送的方法,分段距离为 10~15m,土方推至填方部位时,应提起一次铲刀,成堆卸土,并向前行驶 0.5~1.0m,利用推土机后退时将土刮平。用推土机来回行驶进行碾压,履带应重叠一半。填土程序宜采用纵向铺填顺序,从挖土区段至填土区段,以 40~60m 距离为宜。

(2)铲运机填土。铲运机铺土时,铺填土区段长度不宜小于 20m,宽度不宜小于 8m。铺土应分层进行,每次铺土厚度不大于 30~50cm(视所用压实机械的要求而定),每层铺土后,利用空车返回时将地表面刮平。为利于行驶时初步压实,填土程序一般尽量采取横向或纵向分层卸土。

(3)汽车填土。自卸汽车为成堆卸土,应配以推土机推土、摊平。每层的铺土厚度不大于 30~50cm。填土可利用汽车行驶做部分压实工作,行车路线必须均匀分布于填土层上。汽车不得在虚土上行驶,卸土推平和压实工作必须采取分段交叉进行。

4. 填埋顺序

(1)先填石方,后填土方。土、石混合填方时,或施工现场有需要处理的建筑渣土而填方区又比较深时,应先将石块、渣土或粗粒废土填在底层,并紧紧地筑实;然后将壤土或细土在上层填实。

(2)先填底土,后填表土。在挖方中挖出的原地面表土,应暂时堆在一旁;而要将挖出的底土先填入到填方区底层;待底土填好后,才将肥沃表土回填到填方区作面层。

(3)先填近处,后填远处。近处的填方区应先填,待近处填好后再逐渐填向远处。但每填一处,还是要分层填实。

5. 填土压实

(1)一般要求。

1)密实度要求。填方的密实度要求和质量指标通常以压实系数来表示。压实系数为土的控制(实际)干土密度与最大干土密度的比值。最大干土密度是当其处于最优含水量时,通过标准的击实方法确定的。

2)铺土厚度和压实遍数。填土每层铺土厚度和压实遍数视土的性质、设计要求的压实系数和使用的压(夯)实机具性能而定,一般应进行现场碾(夯)压试验确定。一般填方每层铺土厚度和每层压实遍数见表 2-10。利用运土工具的行驶来压实时,每层铺土厚度不得超过表 2-11 规定的数值。

表 2-10　　填方每层铺土厚度和每层压实遍数

压实机具	每层铺土厚度/mm	每层压实遍数/遍
平　碾	200～300	6～8
羊足碾	200～350	8～16
蛙式打夯机	200～250	3～4
振动碾	60～130	6～8
振动压路机	120～150	10
推土机	200～300	6～8
拖拉机	200～300	8～16
人工打夯	不大于 200	3～4

注：人工打夯时土块粒径不应大于 5cm。

表 2-11　　利用运土工具压实填方时，每层铺土的最大厚度　　m

序号	填土方法和采用的运土工具	土的名称		
		粉质黏土和黏土	粉土	砂土
1	拖拉机拖车和其他填土方法并用机械平土	0.7	1.0	1.5
2	汽车和轮式铲运机	0.5	0.8	1.2
3	人推小车和马车运土	0.3	0.6	1.0

注：平整场地和公路的填方，每层填土的厚度，当用火车运土时不得大于 1m，当用汽车和铲运机运土时不得大于 0.7m。

(2)填土压(夯)实方法。填土压(夯)实方法也有人工压实和机械压实两种方法。

1)人工压实方法。人工打夯前应将填土初步整平，打夯要按一定方向进行，一夯压半夯，夯夯相接，行行相连，两遍纵横交叉，分层打夯。夯实基槽及地坪时，行夯路线应由四边开始，然后夯向中间。

用蛙式打夯机等小型机具夯实时，一般填土厚度不宜大于 25cm，打夯之前对填土应初步平整，打夯机依次夯打，均匀分布，不得留有间隙。

基坑(槽)回填应在相对两侧或四周同时进行回填与夯实。回填管沟时，应用人工先在管子周围填土夯实，并应从管道两边同时进行，直至管顶 0.5m 以上。在不损坏管道的情况下，方可采用机械填土回填夯实。

2)机械压实方法。在机械碾压之前,宜先用轻型推土机、拖拉机推平,低速预压4～5遍,使表面平实,以保证填土压实的均匀性及密实度,避免碾轮下陷,提高碾压效率,采用振动平碾压实爆破石渣或碎石类土,应先静压,后振压。

碾压机械压实填方时,应控制行驶速度,平碾、振动碾一般不超过2km/h;羊足碾不超过3km/h;并要控制压实遍数。为防止将基础或管道压坏或移位,碾压机械与基础或管道应保持一定的距离。

用压路机进行填方压实时,应采用"薄填、慢驶、多次"的方法,填土厚度不应超过25～30cm;为防止压漏碾压方向应从两边逐渐向中间,碾轮每次重叠宽度15～25cm,为避免发生溜坡倾倒,运行中碾轮边距填方边缘应大于500mm,边角、边坡、边缘压实不到之处,应辅以人力夯或小型夯实机具夯实。压实密实度以压至轮子下沉量不超过1～2cm为度。每碾压完一层后,应用人工或机械(推土机)将表面拉毛以利接合。

平碾碾压完一层后,应用人工或推土机将表面拉毛。土层表面太干时,为保证上、下层接合良好,应洒水湿润,再继续回填。

用羊足碾碾压时,填土厚度不宜大于50cm,碾压方向应从填土区的两侧逐渐压向中心。每次碾压重叠宽度为15～20cm,并随时清除黏着于羊足之间的土料。羊足碾压过后,宜辅以拖式平碾或压路机补充压平、压实以提高上部土层密实度。

用铲运机及运土工具进行压实,铲运机及运土工具的移动须均匀分布于填筑层的全面,逐次卸土碾压。

(4)填压方成品保护措施。

1)填运土方时不得碰撞定位标准桩、轴线控制桩、标准水准点和桩木等,并应定期复测检查这些标准桩是否正确。

2)凡夜间施工的应配足照明设备,防止铺填超厚,严禁用汽车将土直接倒入基坑(槽)内。

3)应在基础或管沟的现浇混凝土达到一定强度,不致因填土而受到破坏时,回填土方。

4)管沟中的管线或从建筑物伸出的各种管线，都应按规定严格保护，然后才能填土。

知识链接

填压方的经验总结

(1)未按规定测定干密度。回填土每层都必须测定夯实后的干密度，待符合要求后才能进行上一层的填土。测定土壤种类、试验方法和结论等资料均应标明并签字，凡达不到测定要求的填方部位要及时提出处理意见。

(2)回填土下沉。由于虚铺土超厚或冬季施工时遇到较大的冻土块或夯实遍数不够、漏夯、回填土所含杂物超标等，都会导致回填土下沉。碰到这些情况时应检查并制定相应的技术措施进行处理。

(3)管道下部夯填不实。这主要是施工时没有按施工标准回填打夯，出现漏夯或密实度不够，导致管道下方回填空虚。

(4)回填土夯压不密。如果回填土含水量过大或过于，都可能导致土方填压不密。此时，对于过干的土壤要先洒水润湿后再铺；过湿的土壤应先摊铺晾干，待符合标准后方可作为回填土。

(5)管道中心线产生位移或遭到损坏。这是在用机械填压时不注意施工规程造成的。因此，施工时应先人工把管子周围填土夯实，并要求从管道两侧同时进行，直到管顶 0.5m 以上，在保证管道安全的情况下可用机械回填和压实。

七、土石方的放坡处理

在挖方工程和填方工程中，常常需对边坡进行处理，使之达到安全、合理的施工目的。土方施工所造成的土坡，都应当是稳定的，是不会发生坍塌现象的，而要达到这个要求，对边坡的坡度处理就非常重要。不同土质、不同疏松程度的土方在做边坡时，能够达到的稳定性是不同的。

1. 挖方边坡

受土壤性质、土壤密实度和坡面高度等因素的制约，用地的自然放坡有一定限制，其挖方和填方的边坡做法各不相同，即使是岩石边坡的挖、填方做坡，也有所不同。挖方工程的放坡做法，见表 2-12、表 2-13。岩石边坡的坡度允许值(高宽比)受石质类别、石质风化程度以及坡面高度三方面因素的影响，见表 2-14。

表 2-12　　不同的土质自然放坡坡度允许值

土质类别	密实度或黏性土状态	坡度允许值(高宽比)	
		坡高在 5m 以下	坡高 5～10m
碎石类土	密　实	1∶0.35～1∶0.50	1∶0.50～1∶0.75
	中密实	1∶0.50～1∶0.75	1∶0.75～1∶1.00
	稍密实	1∶0.75～1∶1.00	1∶1.00～1∶1.25
老黏性土	坚　硬	1∶0.35～1∶0.50	1∶0.50～1∶0.75
	硬　塑	1∶0.50～1∶0.75	1∶0.75～1∶1.00
一般黏性土	坚　硬	1∶0.75～1∶1.00	1∶1.00～1∶1.25
	硬　塑	1∶1.00～1∶1.25	1∶1.25～1∶1.50

表 2-13　　一般土壤自然放坡坡度允许值

土壤类别	坡度允许值(高宽比)
黏土、粉质黏土、粉质砂土、砂土(不包括细砂、粉砂)，深度不超过 3m	1∶1.00～1∶1.25
土质同上，深度 3～12m	1∶1.25～1∶1.50
干燥黄土、类黄土，深度不超过 5m	1∶1.00～1∶1.25

表 2-14　　岩石边坡坡度允许值

石质类别	风化程度	坡度允许值(高宽比)	
		坡高在 8m 以内	坡高 8～15m
硬质岩石	微风化	1∶0.10～1∶0.20	1∶0.20～1∶0.35
	中等风化	1∶0.20～1∶0.35	1∶0.35～1∶0.50
	强风化	1∶0.35～1∶0.50	1∶0.50～1∶0.75
软质岩石	微风化	1∶0.35～1∶0.50	1∶0.50～1∶0.75
	中等风化	1∶0.50～1∶0.75	1∶0.75～1∶1.00
	强风化	1∶0.75～1∶1.00	1∶1.00～1∶1.25

2. 填方边坡

填方的边坡坡度应根据填方高度、土的种类和其重要性在设计中加以规定。当设计无规定时，可按表 2-15 选用。若用黄土或类黄土填筑重要的填方时，其边坡坡度应符合表 2-16 的规定。

表 2-15　　永久性填方边坡的高度限值

土的种类	填方高度/m	边坡坡度
黏土类土、黄土、类黄土	6	1∶1.50
粉质黏土、泥灰岩土	6～7	1∶1.50
中砂或粗砂	10	1∶1.50
砾石和碎石土	10～12	1∶1.50
易风化的岩土	12	1∶1.50
轻微风化、尺寸 25cm 内的石料	6 以内	1∶1.33
	6～12	1∶1.50
轻微风化、尺寸大于 25cm 的石料，边坡用最大石块、分排整齐铺砌	12 以内	1∶1.50～1∶0.75
轻微风化、尺寸大于 40cm 的石料，其边坡分排整齐	5 以内	1∶0.50
	5～10	1∶0.65
	>10	1∶1.00

注：1. 当填方高度超过本表规定限值时，其边坡可做成折线形，填方下部的边坡坡度应为 1∶1.75～1∶2.00。

2. 凡永久性填方，土的种类未列入本表者，其边坡坡度不得大于 $\varphi+(45°/2)$，φ 为土的自然倾斜角。

表 2-16　　黄土或类黄土填筑重要填方的边坡坡度

填土高度/m	自地面起高度/m	边坡坡度
6～9	0～3	1∶1.75
	3～9	1∶1.50
9～12	0～3	1∶2.00
	3～6	1∶1.75
	6～12	1∶1.50

利用填土做地基时，填方的压实系数、边坡坡度应符合表 2-17 的规定。

表 2-17　　填土地基承载力和边坡坡度值

填土类别	压实系数 λ_e	承载力 f_k /kPa	边坡坡度允许值(高宽比)	
			坡度在 8m 以内	坡度 8～15m
碎石、卵石	0.94～0.97	200～300	1∶1.50～1∶1.25	1∶1.75～1∶1.50
砂夹石(其中碎石、卵石占全重 30%～50%)		200～250	1∶1.50～1∶1.25	1∶1.75～1∶1.50
土夹石(其中碎石、卵石占全重 30%～50%)		150～200	1∶1.50～1∶1.25	1∶2.00～1∶1.50
黏性土($10<I_p<14$)		130～180	1∶1.75～1∶1.50	1∶2.25～1∶1.75

注：I_p 为塑性指数。

知识链接

土壤的自然倾斜角

土壤在自然堆积条件下，经过自然沉降稳定后的坡面与地平面之间所形成的夹角，叫作土壤的安息角，即土壤的自然倾斜角，以 φ 表示，如图 2-5 所示。一般的土坡坡度夹角小于土壤安息角时，土坡是相对稳定的，不会发生自然滑坡和坍塌现象。

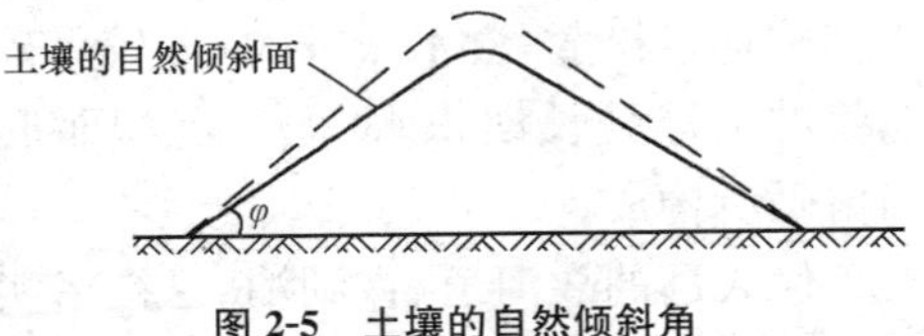

图 2-5　土壤的自然倾斜角

八、特殊问题及表土处理

1. 土洞处理

在黄土层或岩溶地层，由于地表水的冲蚀或地下水的潜蚀作用形成的土洞、落水洞往往发育良好，常成为排汇地表径流的暗道，影响边坡或场地的稳定，必须进行处理，避免继续扩大，造成边坡塌方或地基塌陷。

处理方法是将土洞（落水洞）上部挖开，清除软土，分层回填好土（灰土或砂卵石）并夯实，面层用黏土夯填并比周围地表高些，同时做好地表水的截流，将地表径流引到附近排水沟中，防止下渗；对地下水可采用截流改道的办法，如用作地基的深埋土洞，宜用砂、砾石、片石或混凝土填灌密实，或用灌浆挤压法加固。对地下形成的土洞和陷穴，除先挖除软土抛填块石外，还应做反滤层，面层用黏土夯实。

2. 冲沟处理

对边坡上不深的冲沟，可用好土或3∶7灰土逐层回填夯实，或用浆砌块石填至与坡面相平，并在坡顶设置排水沟及反水坡，以阻截地表雨水冲刷坡面；对地面冲沟用土层夯填，因其土质结构松散，承载力低，可采取加宽基础的处理方法。

冲沟多由于暴雨冲刷剥蚀坡面，先在低凹处蚀成小穴，逐渐扩大成浅沟，以后进一步冲刷而形成。黄土地区常大量出现冲沟，有的深达5～6m，表层土松散。

3. 故河道、古湖泊处理

故河道、古湖泊的成因不同：有的年代久远，经大气降水及自然沉实，土质较为均匀，密实含水量为20%左右，含杂质较少；有的年代近，土质结构均较松散，含水量较大，含较多碎块、有机物。这些都是由天然地貌的低洼处长期积水、泥砂沉积而形成，土层由黏性土、细砂、卵石和角砾所构成。

年代久远的故河道、古湖泊，已被密实的沉积物填满，底部尚有砂卵石层，一般土的含水量小于20%，且无被水冲蚀的可能性，土的承载力不低于相接天然土的，可不处理；对年代近的故河道、古湖泊，土质较均匀，含有少量杂质，含水量大于20%，如沉积物填充密实，承载力不低于同一地区的天然土，亦可不处理；如为松软含水量大的土，应挖除后用好土分层夯实，或采用地基加固措施，用作地基部位应用灰土分层夯实，与河、湖边坡接触部位做成阶梯形接槎，阶宽不小于1m，接槎处应仔细夯实，回填应按先深后浅的顺序进行。

4. 滑坡、塌方处理

(1)产生的原因。

1)斜坡土(岩)体本身存在倾向相近、层理发达、破碎严重的裂隙，或内部夹有易滑动的软弱带，如软泥、黏土质岩层，受水浸后易滑动或塌落。

2)土层下有倾斜度较大的岩层，或软弱土夹层，或土层下的岩层虽近于水平，但距边坡过近，边坡倾度过大，在堆土或堆置材料、建筑物荷重或地表水作用下，增加了土体的负担，降低了土与土、土体与岩面之间的抗剪强度，从而易引起滑坡或塌方。

3)边坡坡度不够，倾角过大，土体因雨水或地下水侵入，剪切应力增大，黏聚力减弱，使土体失稳而滑动。

4)开堑挖方，切割坡脚不合理；坡脚被地表、地下水掏空；斜坡地段下部被冲沟所切，地表、地下水浸入坡体；开坡放炮、坡脚松动等原因，使坡体坡度加大，破坏了土(岩)体的内力平衡，使上部土(岩)体失去稳定而滑动。

5)在坡体上不适当地堆土、填土，或设置建筑物，或土工构筑物(如路堤、土坝)设置在尚未稳定的古(老)滑坡上或设置在易滑动的坡积土层上，填土或建筑物增荷后，重心改变，坡体在外力(堆载振动、地震等)和地表水、地下水双重作用下失去平衡或触发古(老)滑坡复活，从而产生滑坡。

(2)处理的措施。

1)加强工程地质勘察。对拟建场地(包括边坡)的稳定性进行认真分析和评价；工程和线路一定要选在边坡稳定的地段，一般不选具备滑坡形成条件的或存在古(老)滑坡的地段作为建筑场地，或对其采取必要的措施加以预防。

2)做好泄洪系统。在滑坡范围外设置多道环形截水沟来拦截附近的地表水，在滑坡区内，为防止地表水、地下水渗入滑体，应修设或疏通原排水系统来疏导。主排水沟宜与滑坡滑动方向一致，支排水沟与滑坡方向成30°～45°斜角，防止冲刷坡脚。

3)处理好滑坡区域附近的生活及生产用水,防止浸入滑坡地段。

4)如因地下水活动有可能形成山坡浅层滑坡时,可设置支撑盲沟、渗水沟,排除地下水。盲沟应布置在平行于滑坡坡动方向有地下水露头处。

5)保持边坡有足够的坡度,避免随意切割坡脚。土体尽量削成较平缓的坡度,或做成台阶状,使中间有1～2个平台,以增加稳定;土质不同时,视情况削成2～3种坡度。在坡脚处有弃土条件时,将土石方填至坡脚,使其起反压作用。修筑挡土堆或修筑台地,避免在滑坡地段切去坡脚或深挖方。如平整场地必须切割坡脚,且不设挡土墙时,应按切割深度将坡脚随原自然坡度由上而下削坡,逐渐挖至要求的坡脚深度。

6)尽量避免在坡脚处取土,在坡肩上设置弃土或建筑物。在斜坡地段挖方时,应遵守由上而下分层的开挖程序。在斜坡上填方时,应遵守由下往上分层填压的施工程序,避免在斜坡上集中弃土,同时,避免对滑坡体的各种振动作用。

7)对可能出现的浅层滑坡,如滑坡土方量不大时,最好将滑坡体全部挖除;如土方量较大,不能全部挖除,且表层破碎含有滑坡夹层时,可对滑坡体采取深翻、推压、打乱滑坡夹层、表面压实等措施,减少滑坡因素。

8)对于滑坡体的主滑地段可采取挖方卸荷,拆除已有建筑物等减重辅助措施,对抗滑地段可采取堆方加重等辅助措施。

9)滑坡面土质松散或具有大量裂缝时,应进行填平、夯填、防止地表水下渗;在滑坡面采取植树、种草皮、浆砌片石等保护措施。

已经形成的滑坡,应该在土壤稳定后采取设置混凝土锚固排桩、挡土墙、抗滑明洞、抗滑锚杆或混凝土墩与挡土墙相结合的方法加固坡脚,并在下段设截水沟、排水沟,陡坝部分采取去土减重,保持适当坡度的方法。

10)倾斜表层下有裂隙滑动面的,可在基础下设置混凝土锚桩(墩)。土层下有倾斜岩层,将基础设置在基岩上用锚铨固定或做成阶梯形或采用灌注桩基减轻土体负担。

5. 表土处理

(1)表土的采取与复原。为了防止重型机械进入现场压实土壤，使土壤的团粒结构遭到破坏，最好使用倒退铲车掘取表土，并按照一个方向进行。表土最好复原，直接平铺在预定栽植的场地，不要临时堆放，防止地表固结。平铺表土同样要使用倒退铲车的施工方法，现场无法使用倒退铲车时，可以利用接地压强小的适合沼泽地作业的推土机。另外，掘取、平铺表土作业不能在雨后进行，施工时的地面应该十分干燥，机械不得反复碾压。为了避免在复原的地面形成滞水层，平铺时要很好地耕耘，必要时需铺设碎石暗渠和透水管等，以利排水。

(2)表土的临时堆放。应选择排水性能良好的平坦地面临时堆放表土，长时间(6 个月以上)堆放时，应在临时堆放表土的地面上铺设碎石暗渠等，以利排水。堆积高度最好在 1.5m 以下，不要用重型机械压实。不得已时，堆积高度也应在 2.5m 以下。这是因为过分密实会破坏土壤最下部的团粒结构，造成板结。板结的土壤不得复原利用。

6. 流砂处理

(1)流砂。当基坑(槽)开挖深于地下水位 0.5m 以下，采取坑内抽水时，坑(槽)底下砌的土产生流动状态随地下水一起涌进坑内，边挖边冒，无法挖深的现象称为流砂。

发生流砂时，土完全失去承载力，不但使施工条件恶化，而且流砂严重会引起基础边坡塌方，附近建筑物会因地基被掏空而下沉、倾斜，甚至倒塌。

(2)流砂形成的原因。

1)当坑外水位高于坑内抽水后的水位，坑外水压向坑内流动的动水压等于或大于颗粒的浸水密度，使土粒悬浮失去稳定变成流动状态，随水从坑底或四周流入坑内，如施工时采取强挖，抽水愈深，动水压就愈大，流砂就愈严重。

2)由于土颗粒周围附着亲水胶体颗粒，饱和时胶体颗粒吸水膨胀，使土粒密度减小，因而在不大的水冲力下能悬浮流动。

3)饱和砂土在振动作用下，结构被破坏，使土颗粒悬浮于水中并随水流动。

(3)流砂处理的原则。流砂处理的原则主要是减小或平衡动水压力或使动水压力向下,使坑底土粒稳定,不受水压干扰。

(4)流砂的处理方法。

1)安排在全年最低水位季节施工,使基坑内动水压减小。

2)采取水下挖土(不抽水或少抽水),使坑内水压与坑外地下水压相平衡或缩小水头差。

3)采用井点降水,使水位降至基坑底0.5m以下,使动水压力方向朝下,坑底土面保持无水状态。

4)沿基坑外围四周打板桩,深入坑底下面一定深度,增加地下水从坑外流入坑内的渗流路线和渗水量,减小动水压力。

5)采用化学压力注浆或高压水泥注浆,固结基坑周围砂层使形成防渗帷幕。

6)往坑底抛大石块,增加土的压重和减小动水压力,同时组织快速施工。

7)当基坑面积较小时,也可在四周设钢板扩筒,随着挖土不断加深,直到穿过流砂层。

7. 橡皮土处理

(1)橡皮土。当地基为黏性土且含水量很大、趋于饱和时,夯(拍)打后,地基土变成踩上去有一种颤动感觉的土,称为橡皮土。

(2)橡皮土形成的原因。在含水量很大的黏土、粉质黏土、淤泥质土、腐殖土等原状土上进行夯(压)实或回填土,或采用这类土进行回填土工程时,由于原状被扰动,颗粒之间的毛细孔遭到破坏,水分不易渗透和散发,当气温较高时,对其进行夯击或碾压,特别是用光面碾(夯锤)滚压(或夯实),表面形成硬壳,进一步阻止了水分的渗透和散发,形成软塑状的橡皮土。埋藏深的土水散发慢,往往长时间不易消失。

(3)橡皮土的处理方法。

1)暂停一段时间施工,避免再直接拍打,使橡皮土含水量逐渐降低,或将土层翻起进行晾晒。

2)如地基已成橡皮土,可在上面铺一层碎石或碎砖后进行夯击,将表土层挤紧。

3)橡皮土较严重的,可将土层翻起并搅拌均匀,掺加石灰吸收水分水化,同时改变原土结构成为灰土,使之有一定强度和水稳性。

4)如用作荷载大的房屋地基,可打石桩,将毛石(块度为 20～30cm)依次打入土中,或垂直打入 M10 机砖,纵距 26cm,横距 30cm,直至打不下去为止,最后在上面满铺厚 50mm 的碎石后再夯实。

5)采取换土法,挖去橡皮土,重新填好土或级配砂石夯实。

知识链接

易产生流砂的原因

(1)水力坡度较大、流速大。当动水压力超过土粒质量,达到能使土粒悬浮时即会产生流砂,其临界水力坡度可按下式计算:

$$I=(p-1)(1-n)$$

式中　I——临界水力坡度;

p——土粒的密度;

n——土的孔隙率,以小数计。

(2)土层中有厚度大于 250mm 的粉砂土层。

(3)土的含水率大于 30%以上或孔隙率大于 43%。

(4)土的颗粒组成中黏土颗粒含量小于 10%,粉砂粒含量大于 75%。

(5)砂土的渗透系数很小,排水性能很差。

第三节　园林地形设计

一、园林地形的分类

1. 平地

(1)在现实世界的外部环境中,绝对平坦的地形是不存在的,所有的地面都有不同程度甚至是难以察觉的坡度,因此,这里的“平地”指的是那些总体看来是“水平”的地面,更为确切地描述是指园林地形中坡度小于 4%的较平坦用地。平地对于任何种类的密集活动都是适用的。

特别提示

种植与铺装平地

种植平地，坡度宜为1%～3%，便于游人散步，因此草坪的坡度可大些，以求快速排水，便于安排各项活动和设施。铺装平地，宜在0.3%～1.0%之间，坡度可小些，但排水坡面应尽可能多向，以加快地表排水速度，如广场、建筑物周围、平台等。

(2)由于排水的需要，园林中完全水平的平地是没有意义的。因此，园林中的平地是具有一定坡度的相对平整的地面。为避免水土流失及提高景观效果，单一坡度的地面不宜延续过长，应有小的起伏或施工成多个坡面。平地坡度的大小，可视植被和铺装情况以及排水要求而定。

(3)园林中，平地适于建造建筑，铺设广场、停车场、道路、草坪草地，建设游乐场、苗圃等。因此，现代公共园林中必须设有一定比例的平地以供人流集散以及交通、游览使用。

(4)平地可以开辟大面积水体以及作为各种场地用地，可以自由布置建筑、道路、铺装广场及园林构筑物等景观元素，亦可以对这些景观元素按设计需求适当组合、搭配，以创造出丰富的空间层次。

(5)园林中对平地应适当加以地形调整，一览无余的平地不加处理容易平淡，适当地对平地形挖低堆高，造成地形高低变化，或结合这些高地变化设计台阶、挡墙，并通过景墙、植物等景观元素对平地进行分隔与遮挡，可以创造出不同层次的园林空间。

2. 坡地

(1)坡地一般与山地、丘陵或水体并存，其坡向和坡度视土壤、植被、铺装、工程设施、使用性质以及其他地形地物因素而定。坡地的高程变化和明显的方向性(朝向)使其在造园用地中具有广泛的用途和施工灵活性。如用于种植，提供界面、视线和视点，塑造多级平台、围合空间等。但坡地坡角超过土壤的自然安息角时，为保持土体稳定，应当采取护坡措施，如砌挡土墙、种植地被植物及堆叠自然山石等。

(2)园林中可以结合地形进行改造，使地面产生明显的起伏变化，增加园林艺术空间的生动性。坡地地表径流速度快，不会产生积水，但是若地形起伏过大或坡度不大但同一坡度的坡面延伸过长，则容易产生滑坡现象，因此，地形起伏要适度，坡长应适中。坡地按照其倾斜度的大小可以分为缓坡、中坡、陡坡、急坡和悬崖、陡坎五种类型。

1)缓坡。缓坡坡度为4%～10%，适宜于运动和非正规的活动，一般布置道路和建筑基本不受地形限制。缓坡地可以修建为活动场地、游憩草坪、疏林草地等。缓坡地不宜开辟面积较大的水体。

2)中坡。中坡坡度为10%～25%，只有山地运动或自由游乐才能积极加以利用，在中坡地上爬上爬下显然很费劲。在这种地形中，建筑和道路的布置会受到限制。垂直于等高线的道路要做成梯道，建筑一般要顺着等高线布置并结合现状进行地形改造才能修建，并且占地面积不宜过大。对于水体布置而言，除溪流外不宜开辟河湖等较大面积的水体。中坡地植物种植基本不受限制。

3)陡坡。陡坡坡度为25%～50%。陡坡的稳定性较差，容易造成滑坡，甚至塌方，因此，在陡坡地段的地形改造一般要考虑加固措施，如建造护坡、挡墙等。陡坡上布置较大规模建筑会受到很大限制，并且土方工程量很大。如布置道路，一般要做成较陡的梯道；如要通车，则要顺应地形起伏做成盘山道。陡坡地形更难设计较大面积水体，只能布置小型水池。陡坡地上土层较薄，水土流失严重，植物生根困难，因此陡坡地种植树木较困难。如要对陡坡进行绿化，可以先对地形进行改造，改造成小块平整土地，或在岩石缝隙中种植树木，必要时可以对岩石打眼处理，留出种植穴并覆土种植。

4)急坡、悬崖、陡坎。急坡的坡度是土壤自然安息角的极值范围；悬崖、陡坎的坡度大于100%，坡角在45°以上，已超出土壤的自然安息角：一般位于土石山或石山，种植需采取特殊措施保持水土、涵养水分。道路及梯道布置均困难，工程投资大。

> 急坡地多位于土石结合的山地，一般用作种植林坡。道路一般需曲折盘旋而上，梯道需与等高线成斜角布置，建筑需做特殊处理。

3. 山地

山地是地貌施工的核心，它直接影响空间的组织、景物的安排、天际线的变化和土方工程量等。由于山地尤其是石山地的坡度较大,因此在园林地形中往往能表现出奇、险、雄等效果。山地上不宜布置较大建筑,只能通过地形改造点缀亭、廊等单体建筑。

(1)未山先麓,陡缓相间。山脚应缓慢升高,坡度要陡缓相同,山体表面呈凹凸不平状,变化自然。

(2)歪走斜伸,逶迤连绵。山脊线呈之字形走向,曲折有致,起伏有度,逶迤连绵顺乎自然。

(3)主次分明,互相呼应。主山宜高耸、盘厚,体量较大,变化较多;客山则奔趋、拱状,呈余脉延伸之势。先立主位,后布辅从,比例应协调,关系要呼应,注意整体组合。忌孤山一座。

(4)左急右缓,勒放自如。山体坡面应有急有缓,等高线有疏密变化。一般朝阳和面向园内的坡面较缓,地形较为复杂;朝阴和面向园外的坡面较陡,地形较为简单。

(5)丘壑相伴,虚实相生。山脚轮廓线应曲折圆润,柔顺自然。山臃必虚其腹,谷壑最宜幽深,虚实相生,空间丰富生动。

4. 丘陵

丘陵的坡度一般在10%~25%之间,在土壤的自然安息角以内不需要工程措施,高度也多在1~3m变化,在人的视平线高度上下浮动。丘陵在地形施工中可视作土山的余脉、主山的配景、平地的外缘。

知识链接

理　水

理水是地形施工的主要内容,水体施工应选择低或靠近水源的地方,因地制宜,因势利导。山水结合,相映成趣。在自然山水园林中,应呈山环水抱之势,动静交呈,相得益彰。配合运用园桥、汀步、堤、岛等工程措施,使水体有聚散、开合、曲直、断续等变化。水体的进水口、排水口、溢水口及闸门的标高,应满足功能的需要并与市政工程相协调。汀步,无护栏的园桥附近2m范围内的水深应不大于0.5m;护岸顶与常水位的高差要兼顾景观、安全、游人近水心理和防止岸体冲刷等要求合理确定。

二、园林地形处理与作用

1. 园林地形处理

(1)园林的功能要求。园林中各项功能要求决定了地形处理的必要性,不同功能分区及景点设施对于地形的要求也有所不同。如文化娱乐、体育活动、儿童游戏区要求场地平坦,而游览观赏区最好要有起伏的地形及空间的分隔,水上娱乐区应有满足不同需要的水面等。

(2)城市环境的要求。园林景观是城市面貌的组成部分,城市格局当然就会对园林地形的处理产生影响。如风景区或分园出入口的设计,就取决于周围地形环境因素和公园内外联系的需要。由于周围环境是一个定值,因此园林出入口的位置、集散广场、停车场的布置要根据环境的变化进行处理。

(3)园林造景的需要。园林造景要根据园林用地的具体条件及中国传统的造园手法,通过地形改造构成不同的空间。如要突出立面景观,就得使地形的起伏度、坡度较大;若要创设开朗风景,则可利用开阔的地段形成开敞的空间,地形的坡度要小。

(4)植物种植方面的要求。植物有多种不同的生态习性,要想形成生物多样、生态稳定的植物群落景观,就必须对地形进行改造和处理,从而为各种植物创造出适宜的种植环境。这样既可丰富植物景观,又可保证植物有较好的生态条件。

(5)园林工程技术的要求。在园林工程措施中,要考虑地形与园内排水的关系。地形不能造成积水和涝害,要有利于排水。同时,也要考虑排水对地形坡面稳定性的影响,进行有目的的护坡、护岸处理。在坡地设置建筑,需要对地形进行整平改造;在洼地

土地的现状不一定能满足设计的需要,必须在改造处理之后,才能为园林建设所用。如由于一些大城市纷纷建起了高层建筑,其周围的地上、地下管线星罗棋布,挤占或破坏了绿化用地,如果不进行改土换土,就不能栽种植物,因此也需要根据地形状况进行必要的处理。

开辟水体，也要改变原地形，挖湖堆山，降低和抬高一部分地面的高程。即使是一般的建筑修建，也需要破土挖槽，做好基础工程。所以，地形处理也是园林工程技术的要求。

2. 园林地形的作用

在城市园林绿地规划中，地形是构成整个园林景观的骨架。地形以其极富变化的表现力，赋予园林景观以生机和多样性，使之产生丰富多彩的景观效应。

园林地形的作用是多方面的，在造园过程中，主要体现在骨架作用、空间作用、造景作用、背景作用、观景作用和工程作用六个主要方面。

(1)地形的骨架作用。地形是构成城市景观的基本骨架。建筑、植物、落水等景观都以地形为依托，使视线在水平和垂直方向上有所变化。由于园林景观的形成在不同程度上都与地面相接触，因此地形便成了环境景观不可缺少的基础成分和依赖成分。地形是连接景观中所有因素和空间的主线，它的结构作用可以一直延续到地平线的尽头或水体的边缘。因此，地形对景观的决定作用和骨架作用是不言而喻的。

(2)地形的空间作用。园林空间的形成往往是受地形因素直接制约的。不同的地形具有构成不同形状、不同特点园林空间的作用。因此，地形对园林空间的形状起决定作用。地形能影响人们对户外空间范围和气氛的感受。要形成好的园林景观，就必须处理好由地形要素组成的园林空间的界面，即水平界面、垂直界面和依坡就势的斜界面。

(3)地形的造景作用。虽然地形始终在造景中起着类似骨架的作用，但地形本身的造景作用也可以在适当的条件下发挥出来。若将地形做成诸如圆台、半圆环体等规则的几何形体或相对自然的曲面体，可以形成别具一格的形象。

(4)地形的背景作用。园林中的景物具有前景、中景和背景的特征。一般着力表现的主景皆需良好的背景来衬托。凹凸地形的坡面均可作为景物的背景，但应该处理好地形、景物和视距之间的关系，尽量通过视距的控制来保证景物和作为背景的地形之间有较好的构图关系。

(5)地形的观景作用。园林地形还可为人们提供观景的位置和条件，它在游览观景中的重要性是非常明显的，如坡地、山顶能让人登高望远，观赏辽阔无边的原野景致；草地、广场、湖池等平坦地形，可以使园林内部的立面景观集中地显露出来，让人们直接观赏到园林整体的艺术形象；在湖边的凸形岸段，能够观赏到湖周的大部分景观，观景条件良好；而狭长的谷地地形，则能引导视线集中投向谷地的端头，使端头处的景物显得最突出、最醒目。

(6)地形的工程作用。地形在园林的给排水工程、绿化工程、环境生态工程和建筑工程中都起着重要的作用。地形过于平坦，不利于排水，容易积涝；但是地形坡度太陡，径流量就比较大，径流速度也太快，易引起地面冲刷和水土流失。因此，创造一定的地形起伏，合理安排地形的分水和汇水线，使地形具有较好的自然排水条件，是充分发挥地形排水工程作用的有效措施。

地形条件对山地造林、湿地植树、坡面种草和一般植物的生长等园林绿化方面有明显影响作用。同时，地形因素对园林管线工程的布置、施工和对建筑、道路的基础施工都存在着有利和不利的影响作用。地形还可以改善局部地区的小气候条件，如光照、风向及降雨量等。

三、园林地形设计的内容

1. 园林地形设计原则

不同的园林地形、地貌，反映出不同的景观特征，它影响园林布局和园林风格，对园林地形工程设计有很大的制约性。只有具有良好的地形地貌，才有可能产生良好的景观效果。因此，园林地形工程设计应遵循以下原则：

(1)园林用地功能划分原则。园林空间是一个综合性的环境空间，它既是一个艺术空间，同时也是一个生活空间，而可行、可赏、可游、可居是园林设计所追求的基本思想。因此，在建园时，对园林地形的改造需要考虑构园要素中的水体、建筑、道路、植物在地形骨架上的合理布局及其比例关系。因此，对园林中的各类要素大致有如下要求：植物约占60%以上，水体占20%～25%，建筑为3%～5%，道路为5%～8%。在具体的设计中，其各部分比例可酌减，但植物不得少于60%。

(2)"因地制宜"的原则。在进行园林工程地形设计时，为达到用地功能、园林意境、原地形特点三者之间的有机统一，应在充分利用原有地形地貌的基础上，加以适当的地形改造，公园地形设计时，应顺应自然，充分利用原地形，宜水则水、宜山则山，布景做到因地制宜，得景随形。这样有利于减少土方工程量，从而节约劳动力，降低基建费用。

(3)"边坡稳定性"的原则。在地表塑造时，地形起伏应适度，坡长应适中。通常，坡度小于1%的地形易积水、地表不稳定；坡度介于1%～5%的地形排水较理想，适合于大多数活动内容的安排；但当同一坡面过长时，显得较单调，易形成地表径流。坡度介于5%～10%之间的地形排水良好，而且具有起伏感，坡度大于10%的地形只能局部小范围加以利用。

(4)为植物栽培创造良好的生长条件。城市园林中的用地，由于受城市建筑、城市垃圾等因素的影响，土质极为恶劣，对植物生长极不利。因此，在进行园林设计时，要通过利用和改造地形，为植物生长发育创造良好的环境条件。城市中较低凹的地形可挖湖，并用挖的土在园中堆山；为适宜多数乔木生长，可抬高地面；利用地形坡面，创造一个相对温暖的小气候条件，满足喜温植物的生长等。利用地形的高低起伏改变光照条件为不同的需光植物创造适生条件。

2. 地形平面设计

(1)地形平面布局设计的概念。平面布局设计是指各类园林地形在设计区的平面位置安排及所占平面面积的比例大小。

(2)地形平面布局应考虑的因素。

1)因地制宜地满足园林风格、园林性质的需要。也就是在平面布局上，必须根据园林风格和园林性质的要求来确定地形的类型及布局方式。而无论怎样布局，都必须满足园林的性质和风格要求，还要考虑民族文化的传统习俗。

2)必须充分考虑所容纳的游人量的因素。园林的主要功能是为游人服务的，理想的园林地形布局应是水面占25%～33%，陆地占67%～75%。

3)要统筹安排、主次分明。在地形工程设计时，也必须做到意在笔先，即在心中要有一个大的地形骨架，统筹考虑各部分，并对不同部分的地形在位置、体量等方面都有一个总要求，在设计过程中分清主次，使地形在平面布局上自然和谐。

4)充分运用园林造景艺术手法。即在地形平面布局中要因地制宜、巧于“因借”，并结合立面设计注意三远变化，创造出开朗或封闭的地形景观。

3. 地形竖向设计

(1)竖向设计的原则。竖向设计是直接塑造园林立面形象的重要工作。其设计质量的好坏、设计所定各项技术经济指标的高低以及设计的艺术水平如何，都将对园林建设的全局造成影响。因此，在设计中不仅要反复比较、深入研究、审慎落笔之外，还要遵循以下几方面的设计原则：

1)功能优先，造景并重。

2)利用为主，改造为辅。

3)因地制宜，顺应自然。

4)就地取材，就近施工。

5)填挖结合，土方平衡。

(2)竖向设计的方法。竖向设计的表达方法有多种，一般有等高线法、断面法和模型法三种。

1)等高线法。等高线法是园林地形设计中最常用的方法。由于在绘有原地形等高线的底图上用设计等高线进行设计，所以在同一张图纸上便可表达原有地形、设计地形、平面布置及各部分的高程关系，能极大地方便设计。

等高线，就是绘制在平面图上的线条，将所有高于或低于水平面、具有相等垂直距离的各点连接成线。等高线也可以理解为一组垂直间距相等、平行于水平面的假想面与自然地形相交切所得到的交线在平面上的投影。等高线表现了地形的轮廓，它仅是一种象征地形的假想线，在实际中并不存在。等高线法中还有一个需要了解的相关术语，就是等高距。等高距是一个常数，它指在一个已知平面上任何两条相邻等高线之间的垂直距离。

用设计等高线进行竖向设计时一般经常用到两个公式：一是用插入法求两相邻等高线之间任一点的公式；二是坡度公式。

①插入法。例如图 2-6 所示为一地形图局部，求 A 点的高程。

B 点高程为 65m，A 点位于两条等高线之间，通过 A 点画一条大致垂直于等高线的线段 mn，则可确定 nA 点占 mn 的几分之几，从而可确定 A 点高程。

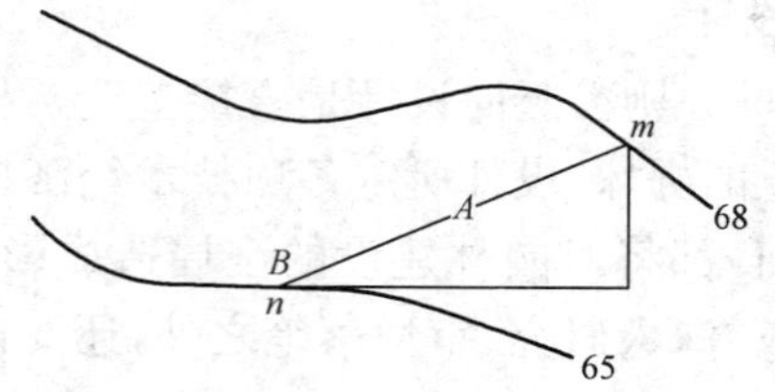

图 2-6 地形图局部

（用插入法求 A 点高程，单位：m）

$$H_A = H_B + nA/mn \times (68-65)$$
$$= 67.1\text{m}$$

地形改造设计是指通过对地面不同坡度的连续变化处理，创造出丰富的地表特征，从而进行空间的初步围合与划分。

②坡度公式。

$$I = h/L$$

式中 I——坡度，%；

h——高差，m；

L——水平间距，m。

2）断面法。用许多断面表示原有地形和设计地形的状况的方法，这种方法便于土方量计算，但需要较精确的地形图。断面的取法可沿所选定的轴线取设计地段的横断面，断面间距根据所需精度而定。也可在地形图上绘制方格网，方格边长可依据设计精度确定。设计方法是在每一方格角点上求出原地形标高，再根据设计意图求取该点的设计标高。

3)模型法。用制作模型的方法进行的地形设计方法，其优点是直观形象；缺点是费工、费时、费料且投资大。制作材料有陶土、土板、泡沫板等。

第三章 园林给排水工程施工

第一节 园林给水工程施工

一、水源与水质

1. 水源

一般水的来源：地下水、地表水和自来水。

(1)地下水。地下水是由大气降水渗入地层，或者河水通过河床渗入地下而形成的。地下水一般水质澄清、无色无味、水温稳定、分布面广，并且不易受到污染，水质较好。通常可直接使用，即使用作生活用水也仅需做一些必要的消毒，不再需要净化处理。

(2)地表水。来源于大气降水，包括江、河、湖水。由于地表水直接与大气相接触，长期暴露在地面上，易受周围环境污染，在各种因素的作用下，一般浑浊度较高，细菌含量大，因此水质较差。但地表水水量充沛，取用较方便。地表水如比较清洁或受污染较轻可直接用于植物养护或水景水体用水。作为生活用水则需净化消毒处理。

园林生活用水可取用地下水或泉水，其他养护用水可从江、河、湖等水源中直接取用。位于城区的园林绿地，通常是从城市给水管网就近接入，远离城区的需因地制宜解决。

(3)自来水。城市给水管网中的水已经过净化消毒，一般能满足各类用水对水质的要求。自来水中的余氯若浓度较高，则需放置2～3天或进行除氯措施处理，尤其是对氯敏感的植物养护更需注意。

2. 水质

园林用水的水质要求，可因其用途不同分别处理。养护用水只要无害于动植物，不污染环境即可。但生活用水（特别是饮用水）则必须经过严格净化消毒，水质须符合国家的卫生标准。生活用的净化基本方法包括混凝沉淀、过滤和消毒三个步骤。

(1)混凝沉淀。混凝剂应结合原水水质及用水对象的特点来考虑，其种类和投加量，如较混浊水质，用硫酸铝作为混凝剂，每吨水中加入粗制硫酸铝20～50g，经搅拌后，悬浮物即可絮凝沉淀至水底，色度可降低，细菌亦可减少，但杀菌效果不理想，还须另行消毒。

(2)过滤。将经过混凝沉淀并澄清的水送入过滤池，通过多层过滤沙，除去杂质，从而进一步使水质达标。

(3)消毒。水过滤后，再通过杀菌消毒处理，可使水净化到符合使用要求。通常采用加氯法，这是目前最基本的方法。

知识链接

水源的选择

(1)园林中的生活用水要优先选用城市给水系统提供的水源，其次是地下水。

(2)造景用水、植物栽培用水等应优先选用河流、湖泊中符合地面水环境质量标准的水源。

(3)风景区内如果必须筑坝蓄水作为水源，应尽可能结合水力发电、防洪、林地灌溉及园艺生产等多方面用水的需要，做到通盘考虑，统筹安排，综合利用。

(4)在水资源比较缺乏的地区，可以通过收集园林中使用过后的生活用水，经过初步的净化处理，作为苗圃、林地等灌溉用的二次水源。

(5)各项园林用水水源都要符合相应的水质标准。

(6)在地方性甲状腺肿高发地区及高氟地区，应选用含碘量、含氟量适宜的水源。

二、园林给水的分类与特点

1. 园林给水的分类

公园和其他公共绿地不仅是群众休息和游览、活动的场所，还是花草树木、各种鸟兽比较集中的地方。由于游人活动的需要、动植物养护管理及水景用水的补充等，园林绿地用水量很大。水是园林生态系统中不可缺少的要素。因此，解决好园林的用水问题是一项十分重要的工作。园林用水的类型大致可分为以下几个方面：

(1)生活用水。餐厅、内部食堂、茶室、小卖部、消毒饮水器及卫生设备等的用水。生活饮用水对水质要求较高，必须经过严格的净化和消毒，符合国家现行的水质标准。

(2)养护用水。包括植物灌溉、动物笼舍的冲洗及夏季广场道路喷洒用水等。养护用水对水质要求不高，有条件时可直接从园内或附近的河湖、池塘中抽取。

(3)造景用水。各种水体包括溪流、湖池、喷泉、瀑布、跌水等的用水。对水质的要求与养护用水基本相同，通常采用循环供水。

(4)游乐用水。“激流探险”、“碰碰船”、滑水池、戏水池、休闲娱乐的游泳池等，游乐项目平常都要用大量的水，而且水质要求比较高。

(5)消防用水。园林中为防火灾而准备的水源。公园中的古建筑或主要建筑物的周围应设置消防栓。

2. 园林给水的特点

总的来说用水量不大，但用水点较分散，而且由于各用水点在高程上随公园地形起伏，它们所要求的水头(即水压)也很不同，在用水情况、给水设施布置等方面都有自己的特点，其主要的给水特点如下：

(1)生活用水较少，其他用水较多。除了休闲、疗养性质的园林绿地之外，一般园林中的主要用水是植物灌溉、湖池水补充和喷泉、瀑布等生产及造景用水，而生活用水一般很少，只有园内的餐饮、卫生设施等属于生活用水。

知识链接

与园林有关的项目用水量标准

用水标准是国家根据我国各地区城镇的性质、生活水平和习惯、气候、房屋设备及生产性质等的不同情况而制定的用水数量标准，是进行给水管段计算的重要依据之一，通常以一年中用水最高的那一天的用水量来表示。与园林有关的项目见表 3-1，其中茶室、小卖部为不完全统计数据，非国家标准，仅供参考。

表 3-1　　用水量标准及小时变化系数

名　称	单　位	用水量标准/L	小时变化系数	备　注
餐厅	每顾客每次	15～30	2.0～1.5	仅包括食品加工、餐具洗涤清洁用水，工作人员、顾客的生活用水
内部食堂	每人每次	10～15	2.0～1.5	
茶室	每顾客每次	5～10	2.0～1.5	
小卖部	每顾客每次	3～5	2.0～1.5	
剧院	每观众每场	10～20	2.5～2.0	1)附设有厕所和饮水设备的露天或室内文娱活动的场所，都可以按电影院或剧场的用水量标准选用 2)俱乐部、音乐厅和杂技场可按剧场标准；影剧院用水量标准介于电影院与剧场之间
电影院	每观众每场	3～8	2.5～2.0	
大型喷泉	每小时	10000 以上	—	应考虑水的循环使用
中型喷泉	每小时	2000		
小型喷泉	每小时	1000		
柏油路面(洒水)	每次每平方米	0.2～0.5	—	≤3 次/月
石子路面(洒水)	每次每平方米	0.4～0.7		≤4 次/月
庭园及草地(洒水)	每次每平方米	1.0～1.5		≤2 次/月
花园(浇水)	每日每平方米	4～8	—	结合当地气候、土质等实际情况取用
苗(花)圃(浇水)	每日每亩	500～1000		
公共厕所	每小时	100	—	—
办公楼	每人每班	10～25	2.5～2.0	包括饮用和清洁、冲洗用水

(2)园林中用水点较分散。由于园林内多数功能点都不是密集布置的,在各功能点之间通常有较宽的植物种植区,因此用水点也必然很分散,不会像住宅、公共建筑那样密集。在植物种植区内所设的用水点也是分散的。由于用水点分散,给水管道的密度就不太大,但一般管段的长度却比较长。

(3)用水点水头变化大。喷泉、喷灌设施等用水点的水头与园林内餐饮、鱼池等用水点的水头有很大变化。

(4)用水高峰时间可以错开。园林中灌溉用水、娱乐用水、造景用水等的具体时间都是可以自由确定的,也就是说,园林中可以做到用水均匀,不出现用水高峰。

(5)饮用水的水质要求较高,一般以水质好的山泉为最佳。

三、园林给水管网布置

园林给水管网的布置除要了解园内用水特点外,园林四周的给水情况也很重要,往往影响管网的布置方式。一般小型园林的给水可由一点引入。但对于较大型的园林,特别是地形较复杂的园林,有条件的最好多点引水,以节约管材,减少水头损失。

1. 布置要求

(1)按照规划平面图布置管网,布置时应考虑给水系统分期建设的可能,并留有充分发展的余地。

(2)管网布置必须保证供水安全可靠,当局部管网发生事故时,断水范围应降低到最小。

(3)管线遍布在整个给水区内,以保证用户有足够的水量和水压。

(4)为降低管网造价和供水能量费用,力求以最短距离敷设管线。

2. 布置形式

给水管网的基本布置形式有树枝式管网和环状管网两种,如图 3-1 所示。

(1)树枝式管网。树枝式管网一般适用于用水点较分散的地区,对分期发展的园林有利。但由于管网中任一段管线损坏时,在该管段

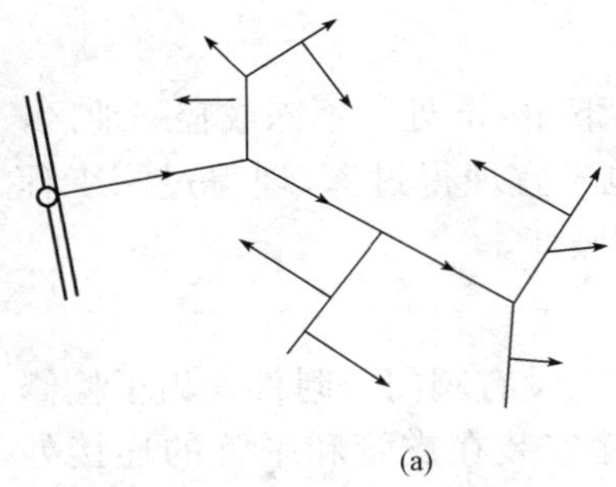

(a)

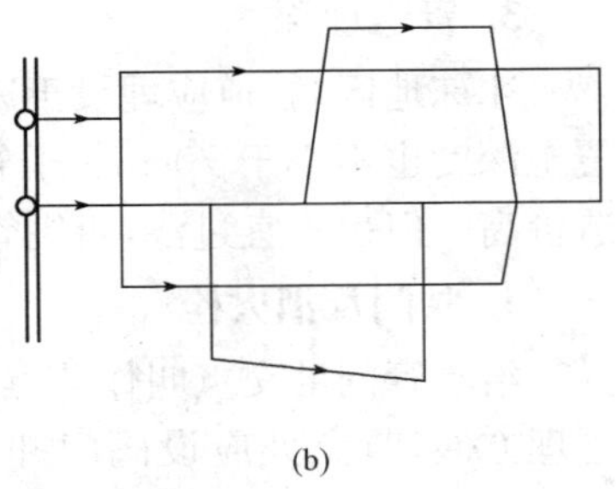

(b)

图 3-1　给水管网布置的基本形式

(a)树枝式管网;(b)环状管网

以后的所有管线就会断水,因此,树枝式管网供水可靠性较差。一旦管网出现问题或需维修时,影响用水面较大。

(2)环状管网。环状管网是把供水管网闭合成环,使管网供水能互相调剂。当管网中某一段管线损坏时,可以关闭附近的阀门使损坏管线和其余管线隔开,然后进行检修,水还可从另外管线供应用户,不致影响供水从而供水可靠性增加。这种方式浪费管材,投资较大。

知识链接

管道布置要求

(1)干管要靠近主要供水点。

(2)干管应靠近调节设施。

(3)为减少土石方工程量,在保证不受冻的情况下,干管宜随地形起伏辐射,避开复杂地形和难于施工的地段。

(4)管网布置应力求经济,并满足最佳水力条件。

(5)管网布置应能够便于检修维护。

(6)为避免穿越或设于园路,干管应尽量埋设于绿地下。

(7)管网布置应保证使用安全,按规定与其他管道保持一定的距离。

3. 管道埋深

冰冻地区，管道应埋设于冰冻线以下40cm处。不冻或轻冻地区，覆土深度也不小于70cm。干管管道也不宜埋得过深，埋得过深工程造价高。但也不宜过浅，否则管道易遭破坏。

4. 阀门及消火栓

给水管网的交点叫作节点，在节点上设有阀门等附件。为了检修管理方便，节点处应设阀门井。阀门除安装在支管和平管的连接处外，还应每500m直线距离设一个阀门井，以便于检修养护。

配水管上要安装消火栓，按规定其间距通常为12m，且其位置距离建筑物不得少于5m，为了便于消防车补给水，离车行道不大于2m。

四、园林给水管网施工

1. 施工准备

施工准备工作需要注意对管线的平面布局、管段的节点位置、不同管段的管径、管底标高、阀门井与其他设施的位置进行复核，以及是否符合给水接入点等情况。

2. 给水管网定线

给水管网定线是指在用水区域的地面上确定各条配水管线的走向、路径和位置，设计时一般只限于管网的干管以及支干管，不包括接入用水点的进水管。干管管径较大，用以输水到各区。支干管的作用是从干管取水供给用水点和消火栓，其管径较小。

管网定线取决于道路网的平面布置、用水点的地形和水源，以及园林里主要的用水点等。给水管线一般平行于道路中线，敷设在道路下，两侧可分出支管向就近的用水点配水，所以，配水管网的形状常与园林总体规划道路网的形态一致。但由于园林工程的特殊性，给水管网也常设在绿地草坪或地被植物下，尽量

> 管线在平面的位置和埋深的高程，应符合特定部门对地下管线综合设计的要求。具体执行标准可参照《室外给水设计规范》（GB 50013—2006）的有关规定。

避开高大树木，避免在线路维修时出现不必要的浪费。

定线时，干管多平行于规划道路中线定线，但应尽量避免在园内主干道和人流较多的道路下穿过。干管延伸方向应和园内大用水点的水流方向一致，循水流方向以最短的距离布置一条或数条干管，干管位置应从用水量较大的区域通过。干管的间距，根据实际情况可采用 500～800m。从经济角度来说，给水管网的布置采用一条干管接出许多支管形成树枝状网，费用最省，但从供水可靠性考虑，特殊地点以布置几条接近平行的干管并形成环状网为宜。

管网中还需安排其他一些管线和附属设备，例如在供水范围内的支路下需敷设支管，以便把干管的水送到各个用水点。

3. 沟槽开挖

沟槽开挖的断面应具有一定强度和稳定性，应考虑管道的施工方便，确保工程质量和安全，同时，也应考虑少挖方、少占地、经济合理的原则。常采用的沟槽断面形式有直槽、梯形槽、混合槽等，如图 3-2 所示。当有两条或多条管道共同埋设时，还需采用联合槽。

图 3-2　常见沟槽断面示意图

(a)直槽；(b)梯形槽；(c)、(d)混合槽

(1)沟槽堆土。在沟槽开挖之前，应根据施工环境、施工季节和作业方式，制定安全、易行、经济合理的堆土、弃土、回运土的施工方案及措施。

1)沟槽上堆土(一般土质)的坡脚距槽边 1m 以外，留出运输道路、水管暂时放置位置，隔一定距离要留出运输交通路口，堆土高度不宜超过 2m，堆土坡度不陡于该土壤的自然倾斜角。

2)堆土时，弃土和回运土分开堆放，好土回运，便于装车运行。

堆土注意事项

雨期堆土，不得切断或堵塞原有排水路线；防止外侧水进入沟槽，堆土缺口应加垒闭合防汛埂；向槽一面的堆土面应铲平拍实，避免被水冲塌；在暴雨季节堆土，内侧应挖排水沟，汇集雨水引向槽外；雨期施工不宜靠近房屋和靠近墙壁堆土。冬期堆土，应大堆堆放在干燥地面处，这样有利于防风、防冻、保温，且应从向阳面取土。

(2)沟槽开挖施工方法。沟槽开挖有人工和机械两种施工方法。在管线管径较小，土方量少或施工现场狭窄，地下障碍物多，底槽需支撑时，不宜采用机械挖土，应采用人工挖土。相反则宜采用机械挖槽。在挖槽时应保证槽底土壤不被扰动和破坏。一般来说，机械挖槽不可能准确地将槽底按规定高程整平，所以，在挖至设计槽底以上 20cm 左右时停止机械作业，而用人工进行清挖。

(3)沟槽的支撑。当沟槽开挖较深、土质不好或受场地限制开梯形槽有困难而开直槽时，加支撑是保证施工安全的必要措施。支撑形式根据土质、地下水、沟深等条件确定，常分为横板一般支撑、立板支撑和打桩支撑等，其适用条件见表 3-2。

表 3-2　　支撑适应条件

形式 适用条件	打桩支撑	横板一般支撑	立板支撑
槽深/m	>4.0	<3.5	3～4
槽宽/m	不限	<1	<4
挖土方式	机挖	人工	人工
有较厚流水层	宜	差	不明
排水方法	强制式	明排	强制，明排均可

施工注意事项如下：

1)撑板与沟壁必须贴紧，撑杠要平直，立木垂直，且要排列整齐，便于拆撑。

2)木撑杠要用扒钉钉牢,金属撑杠下部要钉托木,两端同时旋紧,上下杠松紧一致。在土质良好时一般可随填随拆,如有塌方危险地段可先回土,再起出支撑。

3)管径不大时,可采用人工和机械混合开挖沟槽、直槽,不设支撑。

4. 管道基础施工

采用管径200～300mm的PVC管时,在不扰动原土的地基上可以不做基础,否则要做基础。如果采用其他材质,视地基及材质特点而定。承插式钢筋混凝土管敷设时,如地基良好,也可不做基础;如地基较差,则需做砂基础或混凝土基础。砂基础厚度不少于150～200mm,并应夯实。采用混凝土基础时,一般可用垫块法施工,管子下到沟槽后用混凝土块垫起,达到符合设计高程时进行接口,接口完毕经水压试验合格后再浇筑整段混凝土基础。若为柔性接口,每隔一段距离应留出600～800mm范围不浇筑混凝土而填砂,使柔性接口可以自由伸缩。

铸铁管及钢管埋设,在一般情况下可不做基础,将天然地基整平,管道铺设在未经扰动的原土上;如在地基较差或在含岩石地区埋管时,可采用砂基础。砂基础厚度不小于100mm,并应夯实。

5. 管道下管与安装

下管前应对管沟进行检查,检查管沟底是否有杂物,地基土是否被扰动并进行处理,管沟底高程及宽度是否符合标准,检查管沟两边土方是否有裂缝及坍塌的危险。另外,下管前应对管材、管件及配件等的规格、质量进行检查,合格者方可使用。采用PVC(硬聚氯乙烯)管材,下面将这种管材的施工工艺详细叙述。在吊装及运输时,如果是预应力混凝土管或者金属管,应对法兰盘面、预应力钢筋混凝土管承插口密封工作面及金属管的绝缘防腐层等处采取必要的保护措施,避免损伤。采用吊机下管时,应事先与起重人员或吊机司机一起勘察现场,根据管沟深度、土质、附近的建筑物、架空电线及设施等情况,确定吊车距沟边距离、进出路线及有关事宜。绑扎套管应找好重心,使起吊平稳,起吊速度均匀,回转应平稳,下管应低速轻放。人工下管是采用压绳下管的方法，下管的大绳应紧固，不断股、不腐烂。

6. 管道附属构筑物

阀门井、水表井要便于阀门管理人员从地面上进行操作，井内净尺寸要便于检修人员对阀杆密封填料的更换，并且能在不破坏井壁结构的情况下（有时需要揭开面板）更换阀杆、阀杆螺母、阀门螺栓。水表井是保护水表的设施，起到方便抄表与水表维修的作用。其砌筑方法大致与阀门井要求相同。

(1)阀门井的砌筑。

1)准确地测定井的位置。

2)砌筑时认真操作，管理人员严格检查。选用同厂同规格的合格砖，砌体上下错缝，内外搭砌，灰缝均匀一致，水平灰缝为凹面灰缝，灰缝宽度宜取 5～8mm，井里口竖向灰缝宽度不小于 5mm，边铺浆边上砖，一揉一挤，使竖缝进浆。收口时，层层用尺测量，每层收进尺寸，四面收口时不大于 3cm，三面收口时不大于 4cm，保证收口质量。

3)安装井圈时，井墙必须清理干净，湿润后，在井圈与井墙之间摊铺水泥浆，然后稳井圈，露出地面部分的检查井，周围浇筑混凝土，压实抹光。

(2)阀门检验。

1)阀门的型号、规格符合设计，外形无损伤，配件完整。

2)对所选用每批阀门，按总数的 10%且不少于 1 个进行壳体压力试验和密封试验。当不合格时，加倍抽检，仍不合格时，此批阀门不得使用。

3)壳体的强度试验压力：当试验 $p_n \leqslant 1.0$MPa 的阀门时，试验压力为 1.0×1.5＝1.5MPa，试验时间为 8min，以壳体无渗漏为合格。检验合格的阀门挂上标志编号，并按设计图位号进行安装。

(3)阀门的安装。

1)阀门安装时应处于关闭位置。

2)阀门与法兰临时加螺栓连接。

3)法兰与管道焊接位置，做到阀门内无杂物堵塞，手轮处于便于操作的位置，安装的阀门应整洁美观。

4)将法兰、阀门和管线调整同轴，法兰与管道连接处处于自由受力状态时进行法兰焊接、螺栓紧固。

5)阀门安装后,做空载启闭试验,做到启闭灵活、关闭严密。

(4)管道支墩、挡墩。在给水管道中,特别在三通、弯管、虹吸管或倒虹吸管等部位,为避免在供水运行以及做水压试验时,所产生的外推力造成承插口松脱,需要设置支墩、挡墩。

水平支墩

水平支墩,是为管道承插口克服来自水平推力而设置的,包括各种曲率的弯管支墩、管道分支处的三叉支墩、管道末端的塞头支墩。垂直弯管支墩,包括向上弯管支墩和向下弯管支墩两种,分别是为克服水流通过向上弯管和向下弯管时所产生的外推力而设置的。

7. 试压

园林里可以用简单的试压方式,就是等管道全部安装完毕后,各用水点全部打开水龙头,等所有水龙头都出水且无气泡出现后,关闭水龙头,缓慢升压,到指定压力后,停止打压,看压力表是否稳压。压力表稳定两小时即为合格。园林里很少出现所有用水点同时用水,所以这种方法比较保险。

特别提示

试压检验

每500m进行一次打压试验,压力为设计使用压力的1.5倍,但与环境温度有关。国标要求标准温度为20℃,环境温度越高,管道的承压能力越低。具体的操作方法是:将管道掩埋,但要留出接口部位,将管道终端用管堵封死,在管道的最高处安装排气阀,打开排气阀,向管道缓慢注水,待排气阀出水,无气泡出现时,关闭排气阀(或使用自动排气阀),继续缓慢注水,缓慢升压,每升一个压力要停顿一段时间,待升到要求的压力后要停止打压,看压力是否迅速下降,如迅速下降,可能就有爆管或未连接好的地方,反之就是合格。

8. 管内防腐

给水管材中铸铁管要进行管内防腐。常用管材的防腐可以按下面的方法和标准进行。

(1)管内防腐多采用水泥砂浆内喷涂的方法。给水管道内喷涂防腐主要采用以下两种方法:

1)地面离心法,即管道埋设前在地面上进行离心喷射。

2)地下喷涂法,即管道埋设地下后,无论新管或旧管,用机械进入管道进行喷射。

(2)管内防腐必须在水压试验,土方回填验收合格,管道变形基本稳定后进行。防腐前,管道内壁需清扫干净,去除疏松的氧化铁皮、浮锈、泥土、油脂、焊渣等杂物。

(3)管内防腐所用水泥的强度等级为32.5或42.5,所用砂的颗粒要坚硬、洁净、级配良好,水泥砂浆抗压强度不得低于30MPa,管段里水泥砂浆防腐层达到终凝后,必须立即进行浇水养护或在管段内注水养护,管内湿润状态保持7天以上。

9. 冲洗和消毒

给水管道的冲洗消毒是给水工程的最后一道工序,是保证工程质量的重要环节,给水管道在安装、试压合格后,必须进行冲洗消毒,使管内的水符合用水卫生标准。

管道冲洗,就是把管内的污泥、脏水、杂物全部冲洗干净。管道的冲洗消毒要求冲洗水的流速最好不小于1～1.5m/s,否则不易把管内杂物冲排掉,因此,最好选择从高处向低处、从大口径管道向小口径管道的方向冲洗。排水口宜选在下水管道通畅或有沟、渠、河流的地方。进水口按冲洗水量考虑一个或两个以上。当排水口设在管道中段时,应从两端分别冲洗;当管道分布较复杂或管线很长时,应设置多个入水口或多个排水口,以达到最佳冲洗效果。在管线较短时,在入口处设一个投药口便可满足需要,当管线较长、管网较复杂时,则应分段设置,以保障全线管道投药的均匀性。投药口的位置宜选在管线上的排气阀或消火栓处,避免在管道上。另外,开口投药方式应根据投药口所在位置的高低来决定:若在高处,一般采用自然加入法;若在低处,可以采用电动泵或手摇泵加入。

知识链接

管沟的土方回填

(1)管沟的土方回填应按要求进行,管顶以上500mm处均使用人工回填夯实。在管顶以上500mm到设计标高可使用机械回填和夯实。检查井周围500mm内作为特夯区,回填时,人工用木夯或铁夯仔细夯实,每层厚度控制在10cm内。严禁回填建筑垃圾和腐殖土,防止路面成型后产生沉陷。

(2)回填土的铺土厚度根据夯实机具体确定。人工使用的木夯、铁夯,每层夯实厚度小于200mm;机械夯,每层夯实厚度为250mm。夯填土一直回填到设计地平,管顶以上埋深不小于设计埋深。

第二节 园林排水工程施工

一、园林排水分类与特点

1. 园林排水分类

从需要排除的水的种类而言,园林绿地所排放的主要是雨雪水,生产废水、游乐废水和一些生活污水。这些废、污水所含有害污染物质很少,主要含有一些泥砂和有机物,净化处理也比较容易。

(1)天然降水。园林排水管网要收集、输送和排除雨水及融化的冰、雪水。排除雨水或雪水应尽可能利用地面坡度,通过谷、涧、山道,就近排入园中或园外的水体,或附近的城市雨水管渠。这项工程一般在竖向设计时应该综合考虑。除利用地面坡度外,主要靠明渠排水,埋设管道只是局部的、辅助性的。这样既经济实用,又便于维修。明渠可以结

天然的降水,在落到地面前后,受到空气污染物和地面泥砂等污染,但污染程度不高,一般可以直接向园林水体如湖、池、河流中排放。

合地形、道路、做成一种浅沟式的排水渠，沟中可任植物生长，不仅不影响园林景观，而且不妨碍雨天排水。在人流较集中的活动场所，明渠应局部加盖以确保安全。

(2)生产废水。盆栽植物浇水时多浇的水，鱼池、喷泉池、睡莲池等较小的水景池排放的水，都属于园林生产废水。这类废水一般也可直接向河流等流动水体排放。面积较大的水景池，其水体已具有一定的自净能力，因此，可常不换水，当然也就不排出废水。

(3)生活污水。园林中的生活污水主要来自餐厅、茶室、小卖部、厕所、宿舍等处。这些污水中所含有机污染物较多，一般不能直接向园林水体中排放，而要经过除油池、沉淀池、化粪池等进行处理后才能排放。在排放污水的水体中，最好种植根系发达的漂浮植物及其他水生植物。

粪便污水处理应用化粪池，经沉淀、发酵、沉渣、流体、再发酵澄清后，再排入城市污水管，少量的直接排入偏僻的园内水体中，这些水体也应种植水生植物及养鱼，化粪池中的沉渣定期处理，作为肥料。如经物理方法处理的污水无法排入城市污水系统，可将处理后的水再以生化池分解处理后，直接排入附近自然水体。

(4)游乐废水。游乐设施中的水体一般面积都不大，因此，积水太久会使水质变坏，所以每隔一定时间就要换水。游乐废水中所含污染物不算多，可以酌情向园林湖池中排放。

2. 园林排水特点

根据园林环境、地形和内部功能等方面与一般城市给水工程情况的不同，可以看出其排水工程具有以下几个主要方面的特点：

(1)地形变化大，适宜利用地形排水。园林绿地中既有平地，又有坡地，甚至还有山地。地面起伏度大，就有利于组织地面排水。利用低地汇集雨、雪水到一处，使地面水集中排除比较方便，也比较容易进行净化处理。地面水的排除可以不进地下管网，而利用倾斜的地面和少数排水明渠直接排入园林水体中。这样，可以在很大程度上简化园林地下管网系统。

(2)与园林用水点分散的给水特点不同，园林排水管网的布置却较为集中。排水管网主要集中布置在人流活动频繁、建筑物密集、功

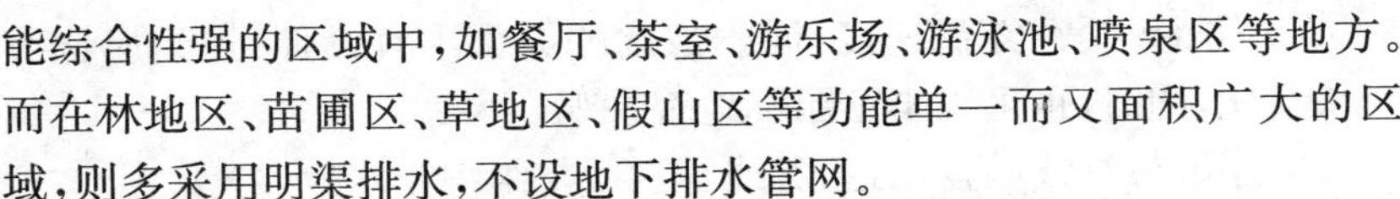

能综合性强的区域中，如餐厅、茶室、游乐场、游泳池、喷泉区等地方。而在林地区、苗圃区、草地区、假山区等功能单一而又面积广大的区域，则多采用明渠排水，不设地下排水管网。

(3)管网系统中雨水管多，污水管少。相对而言，园林排水管网中的雨水管数量明显地多于污水管。这主要是因为园林产生污水比较少的缘故。

(4)园林排水成分中，污水少，雨、雪水和废水多。园林内所产生的污水，主要是餐厅、宿舍、厕所等的生活污水，基本上没有其他污水源。污水的排放量只占园林总排水量的很小一部分。占排水量大部分的是污染程度很轻的雨、雪水和各处水体排放的生产废水和游乐废水。这些地面水通常不需进行处理而可直接排放；或者仅作简单处理后再排除或再重新利用。

(5)园林排水的重复使用可能性很大。由于园林内大部分排水的污染程度不严重，因而基本上都可以在经过简单的混凝澄清、除去杂质后，用于植物灌溉、湖池水源补给等方面，水的重复使用效率比较高。一些喷泉池、瀑布池等，还可以安装水泵，直接从池中汲水，并在池中使用，实现池水的循环利用。

二、园林排水方式

1. 地面排水

园林排水中最常用的排水方式是地面排水，即利用地面坡度使雨水汇集，再通过沟谷、涧、山道等加以组织引导，就近排入附近水体或城市雨水管渠。这也是我国大部分公园绿地主要采用的一种方法。此方法经济适用，便于维修，而且景观自然。

雨水径流对地表的冲刷，是地面排水所面临的主要问题。必须进行合理地安排，采取有效措施防止地表径流冲刷地面，保持水土，维护园林景观。通常可从以下三个方面着手：

(1)地形设计时充分考虑排水要求。

1)为减少水土流失，应注意控制地面坡度，使之不至于过陡。

2)为阻碍缓冲经流速度,同一坡度的坡面不宜延伸过长,应该有起伏变化,同时,也可以丰富园林地貌景观。

3)用顺等高线的盘山道、谷线等拦截与组织排水。

(2)发挥地被植物的护坡作用。地被植物具有对地表径流加以阻碍、吸收以及固土等作用,因而通过加强绿化、合理种植、用植被覆盖地面是防止地表水土流失的有效措施与合理选择。

(3)采取工程措施。在较长(或纵坡较大)的汇水线上以及较陡的出水口处,地表径流速度很大,需利用工程措施进行护坡,常用的措施有以下两种:

1)"谷方"、"挡水石"。地表径流在谷线或山洼处汇集,形成大流速径流,可在汇水线上布置一些山石,借以减缓水流冲力降低流速,以避免其对地表的冲刷,起到保护地表的作用,这些山石就叫"谷方",需深埋浅露加以稳固;"挡水石"则是布置在山道边沟坡度较大处,作用和布置方式同"谷方"相近。

2)出水口处理。园林中利用地面或明渠排水,在排入园内水体时,出水口应做适当处理以保护岸坡。

2. 沟渠排水

沟渠排水是指利用明沟、盲沟等设施进行的排水方式。

(1)明沟排水。明沟的优点是工程费用较少,造价较低,但明沟容易淤积,滋生蚊蝇,影响环境卫生。因此,在建筑物密度较高、交通繁忙的地区,可采用加盖明沟。

公园排水用的明沟大多是土质明沟,其断面为钉梯形、三角形或自然式浅沟等形式,通常采用梯形断面。沟内可植草种花,也可任其生长杂草。在某些地段根据需要也可砌砖、石或混凝土明沟,断面常采用梯形或矩形。

(2)盲沟排水。盲沟是一种地下排水渠道,又叫暗沟、盲渠。其主要用于排除地下水,降低地下水位。一般适用于一些要求排水良好的全天候的体育活动场地、儿童游戏场地等或地下水位高的地区以及某些不耐水的园林植物生长区等。盲沟排水具有取材方便,可废物利用,造价低廉,不需附加雨水口、检查井等构筑物,地面不留"痕迹"等优点，从而保持了园林绿地草坪及其他活动场地的完整性。对公园草坪的排水尤为适用。

常见的布置形式有自然式（树枝式）、截流式、篦式（鱼骨式）和耙式四种，如图 3-3 所示。自然式适用于周边高中间低的山坞状园址地形；截流式适用于四周或一侧较高的园址地形情况；篦式适用于谷地或低洼积水较多处；耙式适用于一面坡的情况。

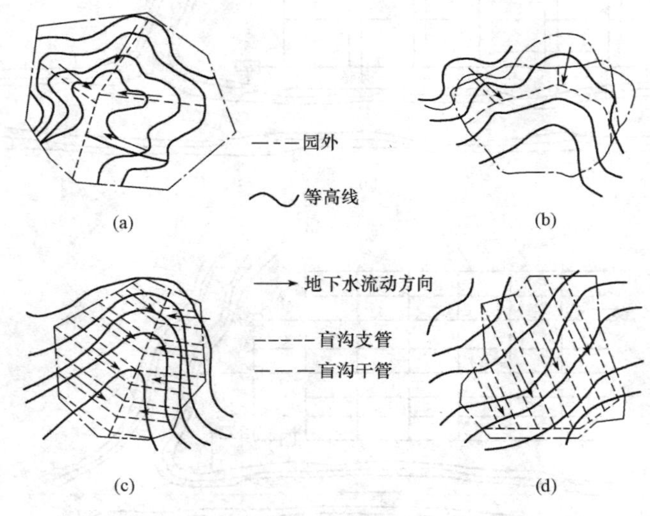

图 3-3　盲沟的布置形式

(a)自然式；(b)截流式；(c)篦式；(d)耙式

3. 管道排水

在园林中的某些地方，如低洼的绿地、铺装的广场、休息场所及建筑物周围的积水和污水的排除，需要或只能利用铺设管道的方式进行。利用管道排水具有不妨碍地面活动、卫生、美观、排水效率高的优点，但造价高，且检修困难。

三、园林排水体制

将园林中的生产废水、生活污水、天然降水和游乐废水从产生地点、收集、输送和排放的基本方式,称为排水系统的体制,简称排水体制。排水体制有合流制和分流制两大类,如图3-4所示。

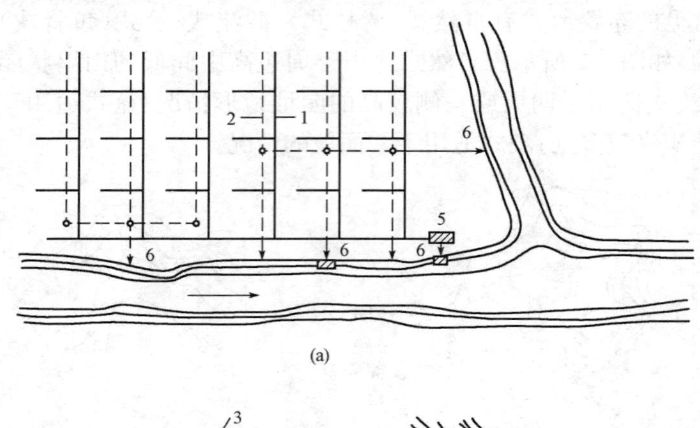

(a)

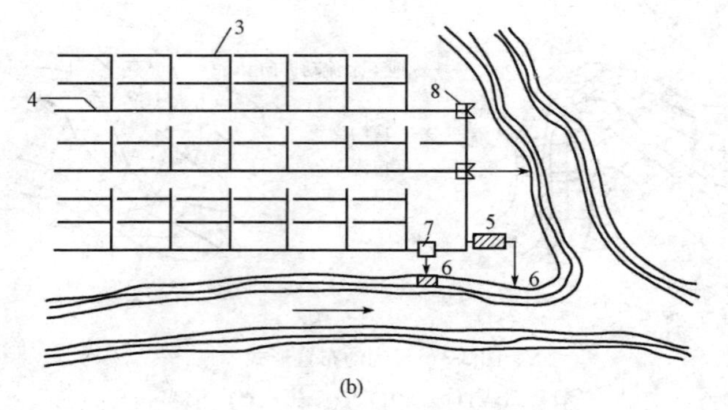

(b)

图3-4 排水系统的体制

(a)分流制排水系统;(b)合流制排水系统

1—污水管网;2—雨水管网;3—合流制管网;4—截流管;5—污水处理站

6—出水口;7—排水泵站;8—溢流井

(1)合流制排水。排水特点是"雨、污合流"。排水系统只有一套管网,不仅可以排雨水还可以排污水。一些园林的水体面积较大,水体的自净能力完全能够消化园内有限的生活污水,为了节约排水管网建设的投资,就可以在近期考虑采用合流制排水系统,待以后污染加重了,再改造成分流制系统。这种排水体制已不适于现代城市环境保护的需要，在一般城市排水系统中已不再采用。但是在污染负荷较轻，没有超过自然水体环境的自净能力时，还是可以酌情采用的。

(2)分流制排水。这种排水体制的特点是“雨、污分流”。因为雨雪水、园林生产废水、游乐废水等污染程度低，不需要净化处理就可以直接排放，为此而建立的排水系统，称为排水系统。为生活污水和其他需要除污净化后才能排放的污水，另外，建立的一套独立的排水系统，则称为污水排水系统。两套排水管网系统虽然是一同布置，但互不相连，雨水和污水在不同的管网中流动和排除。

四、园林排水管网布置

1. 正交式布置

当排水管网的干管总走向与地形等高线或水体方向大致呈正交时，管网的布置形式就是正交式，如图 3-5 所示。这种布置方式适用于排水管网总走向的坡度接近于地面坡度和地面向水体方向较均匀地倾斜时。采用这种布置，各排水区的干管以最短的距离通到排水口，管线长度短，管径较小，埋深小，造价较低。在条件允许的情况下，应尽量采用正交式布置方式。

2. 截流式布置

在正交式布置的管网较低处，沿着水体方向再增设一条截流干管，将污水截流并集中引到污水处理站，这种布置形式称为截流式布置，如图 3-6 所示。其可减少污水对于园林水体的污染，也便于对污水进行集中处理。

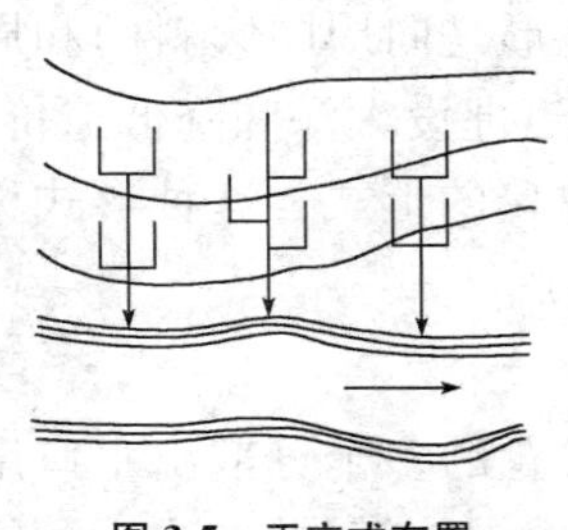

图 3-5　正交式布置

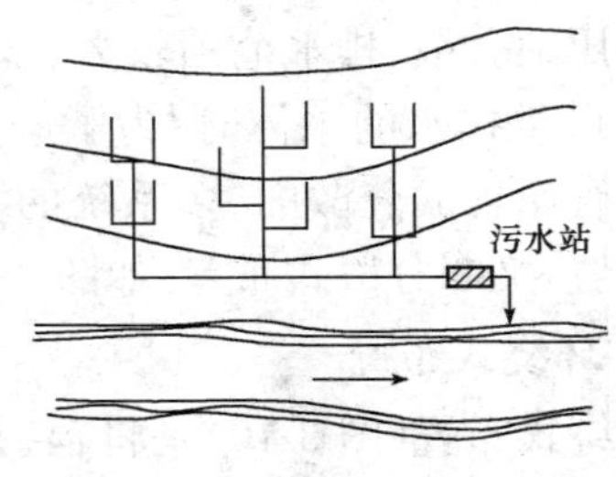

图 3-6　截流式布置

3. 平行式布置

在地势向河流湖泊方向有较大倾斜的园林中,为了避免因管道坡度和水的流速过大而造成管道被严重冲刷的现象,可将排水管网的主干管布置成与地面等高线或与园林水体流动方向相平行或夹角很小的状态。这种布置方式称为平行式布置,如图 3-7 所示。

4. 分区式布置

当规划设计的园林地形高低差别很大时,可分别在高地形区和低地形区各设置独立的、布置形式各异的排水管网系统,这种形式就是分区式布置,如图 3-8 所示。低区管网可按重力自流方式直接排入水体的,则高区干管可直接与低区管网连接。如果低区管网的水不能依靠重力自流排除,那么就将低区的排水集中到一处,用水泵提升到高区的管网中,由高区管网依靠重力自流方式将水排除。

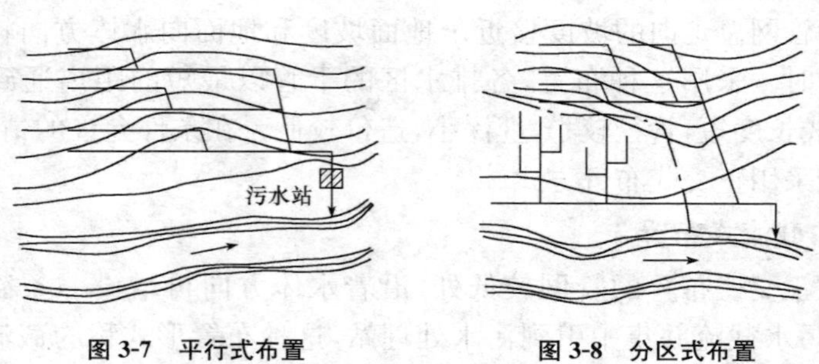

图 3-7 平行式布置　　图 3-8 分区式布置

5. 辐射式布置

在用地分散、排水范围较大、基本地形是向周围倾斜的和周围地区都有可供排水的水体时,为了避免管道埋设太深和降低造价,可将排水干管布置成分散的、多系统的、多出口的形式。这种形式称为辐射式布置,又叫分散式布置,如图 3-9 所示。

6. 环绕式布置

环绕式布置(图 3-10)是将辐射式布置的多个分散出水口用一条排水主干管串联起来,使主干管环绕在周围地带,并在主干管的最低点集中布置一套污水处理系统，以便污水的集中处理和再利用。

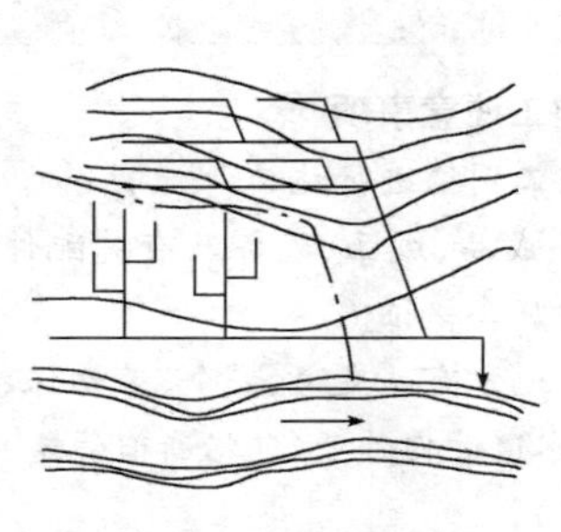

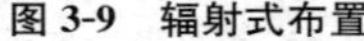

图 3-9 辐射式布置

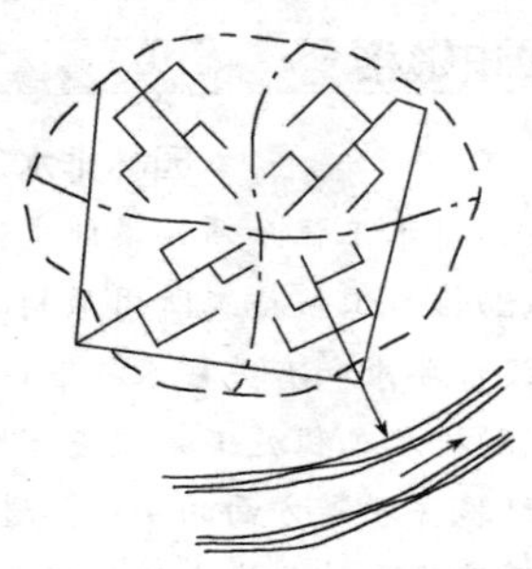

图 3-10 环绕式布置

五、园林排水管网施工

1. 施工准备

排水工程施工前应由设计单位进行设计交底和现场交桩，施工单位应深入了解设计文件及要求，掌握施工特点及重点。如发现设计文件有错误或与施工实现条件无法相适应时，应及时与设计单位和建设单位联系解决。施工前应根据施工需要进行调查研究，充分掌握下列情况和资料：

(1)现场地形及地上、地下、水下现有建筑物的情况。

(2)工程地质和水文地质有关资料。

(3)气象资料，特别注意降水和冰冻资料。

(4)工程用地情况，交通运输条件及施工排水条件。

(5)施工所需供电、供水条件。

(6)工程施工机械和工程材料供应落实。

(7)在水体中或岸边施工时，应掌握水体的水位、流速、流量、潮汐、浪高、冲刷、淤积、漂浮物、冰凌与航运等情况，以及有关管理部门的法规和对施工的要求。

(8)排水工程与农业所产生的各类问题，双方应事先签订协议后才能施工。

园林排水工程施工注意事项

(1)排水工程必须按设计文件和施工图纸进行施工。

(2)排水工程施工所用原材料和半成品、成品、设备及有关配件必须符合设计要求和有关技术标准,并有出厂合格证。

(3)排水工程施工必须遵守国家和地方有关交通、安全、劳动保护、防火和环境保护等方面的法规。进入下水道管内作业(包括新旧管道)都要严格遵守管内作业安全操作规程(规定)。

(4)施工中如发现有文物或古墓等,应妥善保护,并应报请有关部门处理。

(5)在施工场地内,如有测量用的永久性标桩或地质、地震部门设置的观测设施应加以保护,对地上、地下各种设施及建筑如需要拆迁或加固时,都要按照城市拆迁法规办理。

(6)在工程建设中应积极采用新工艺、新材料,应使用经过试验、鉴定的成果,并应根据工程实际需要制定相应的操作规程、质量指标,施工过程中应积累技术资料,保存好原始记录,工程竣工后要进行实测反馈技术数据。

(7)排水工程在雨期及冬期施工时,应遵守有关规定及施工组织设计(方案)中的有关技术措施。

(8)工程在开工前应做好工程前期工作,工程进行中应遵守各项技术规章制度,工程竣工后应按有关规定进行竣工验收。

(9)如在工程实施过程中需要补充修订规程,应由原主编单位核定。

2. 定点放线

可参照园林给水工程施工定点放线,对测量结果进行记录、整理、分析、复核,经批准后才能进入施工阶段。

3. 基槽开挖

参照园林给水管网基槽开挖,结合实际施工情况,选择合适的开挖方法。

4. 排水管道基础

(1)排水管道基础组成及形式。

1)排水管道基础一般由地基、基础和管座三部分组成。管道的地基与基础要有足够的承载力和可靠的稳定性,否则排水管道可能产生不均匀沉陷,造成管道错口、断裂、渗漏等现象,导致附近地下水的污染,甚至影响附近建筑物的基础。

2)根据管道的性质、埋深、土壤的性质、荷载情况选择管道基础,常用的形式有素土基础、灰土基础、砂垫层基础、混凝土枕基和带形基础。

(2)基础选择。根据地质条件、布置位置、施工条件、地下水位、埋深及承载情况确定排水管基础。

1)干燥密实的土层,管道不能在车行道下,地下水位低于管底标高,埋深为0.8～3.0m;几根管道合槽施工时,可用素土和灰土基础,但接口处必须做混凝土枕基。

2)岩土和多石地层采用砂垫层基础,砂垫层厚度不宜少于200mm,接口处应做混凝土枕基。

3)一般土层或各种混凝土层以及车行道下敷设的管道,应根据具体情况,采用混凝土带形基础(90°～180°)。

4)地基松软或不均匀沉降地段,抗震烈度为8度以上的地震区,管道基础和地基应采取相应的加固措施,管道接口应采用柔性接口。

5. 管道安装

(1)下管。下管的方法很多,应以施工安全、操作方便为原则,并根据工人操作的熟练程度、管径大小、每节管子的长度和质量、管材接口强度、施工环境、沟槽深度及吊装设备供应条件,合理地确定下管方法。

1)分散下管。下管一般都沿着沟槽把管子下到槽位,管子下到槽内基本上就位于铺管的位置,宜减少管在沟槽内的搬动,这种方法称为分散下管。

2)集中下管。如果沟槽旁场地狭窄、两侧堆土,或沟槽内设支撑,分散下管不便,或槽底宽度大便于槽内运输时,则可选择适宜的几处集中下管,再在槽内把管子分散就位,这种方法称为集中下管。

3)长串下管。施工中为了减少槽内接口的工作量,也可以在地面上先将几节管接口接好再下管,这种方法称为长串下管。采用这种方法下管时,接口的强度要能承受震动与挠曲,因此,长串下管主要用于焊接钢管。

4)单节下管。

①沟槽的检查。下管前应对沟槽进行检查,检查槽底是否有杂物,有杂物应清理干净,槽底如遇棺木、粪污等不洁之物,应清除干净,并做地基处理,必要时需消毒。检查槽底宽度及高程,应保证管道结构每侧的工作宽度,槽底高程要符合现行的检验标准,不合格者应进行修整。检查槽帮是否有裂缝及坍塌的危险,如有危险应用支撑加固等方法处理。

②管子经过检验、修复后运至沟线按设计排管,经核对管节、管件位置无误后方可下管。人工下管多用于质量不大的中小型管子,以施工安全操作方便为原则,可根据工人操作的熟练程度、管材质量、管长、施工环境、沟槽深浅等因素进行选用。主要采用压绳下管法。当管径较小、管重较轻时,如陶土管、塑料管、直径 400mm 以下的铸铁管、直径 6.0mm 以下的钢筋混凝土管,可采用人工方法下管。大口径管子,只有在缺乏吊装设备和现场条件不允许机械下管时,才采用人工下管。本任务采用直径 300mm 铸铁管,考虑到管径不大,可以采用人工下管的方式。

铸铁管和非金属管材一般采用单节下管。

知识链接

排水管材

(1)混凝土管、钢筋混凝土管、预应力钢筋混凝土管。混凝土管和钢筋混凝土管的管口通常为承插式、企口式、平口式。混凝土管多用于普通地段的自流管段,钢筋混凝土管多用于深埋或土质条件不良的地段。为抵抗外力,当直径大于 400mm 时,通常采用钢筋混凝土管。有压管段可采用钢筋混凝土管和预应力钢筋混凝土管。

(2)陶土管。普通的陶土管是由塑性黏土制成的,通常规格管径为200～300mm,有效长度为800mm,耐酸的管径可达800mm。管节长一般为300mm、500mm、700mm、1000mm等,适用于排除含酸废水。

(3)金属管。常用的有铸铁管和钢管。由于金属管材造价高,现很少使用,但在高内压、高外压及对抗渗要求较高的管段必须采用金属管。如穿越铁路和河道的倒虹管、靠近给水管道或靠近房屋基础,地震烈度大于8度的地段、地下水位高或流沙严重的地段都应采用金属管。

(4)其他材料排水管。随着新型材料的不断研制,用于排水的管材也日益增多,如玻璃纤维混凝土管、强化塑料管、离心混凝土管、玻璃纤维混凝土管、PVC管等。这些管材都具有质轻,不渗漏,耐腐蚀,内壁光滑等优点,目前PVC波纹管在园林中运用较多。

③机械下管一般指使用汽车式或履带式起重机下管。下管时,起重机沿沟槽开行。当沟槽两侧堆土时,其中一侧堆土与槽边应有足够的距离,以便起重机运行。起重机距沟边至少1.0m,保证槽壁不坍塌。根据管子重量和沟槽断面尺寸选择起重机的起重量和起重杆长度。起重杆外伸长度应能把管子吊到沟槽中央。管子在地面的堆放地点最好也在起重机的工作半径范围内。

(2)稳管。

1)槽内运管,槽底宽度许可时,管子应滚运;槽底宽度不许可滚运时,可用滚杠或特制的运管车运送。在未打平基的沟槽内用滚杠或运管车运管时,槽底应铺垫木板。稳管前应将管子内外清扫干净。

2)稳管时应根据高程线认真掌握高程,高程以量管内底为宜,当管子椭圆度及管皮厚度误差较小时,可量管顶外皮。调整管子高程时,所垫石子、石块必须稳固。

3)对管道中心线的控制,可采用边线法或中线法。采用边线法时,边线的高度应与管子中心高度一致,其位置以距管外皮10mm为宜。

4)在垫块上稳管时,应注意以下两点:

①垫块应放置平稳,高程符合质量标准;

②稳管时管子两侧应立保险杠，防止管子从垫块上滚下伤人。

5)稳管的对口间隙，管径 700mm 及大于 700mm 的管子按 10mm 掌握，便于管内勾缝；管径 600mm 以内者，可不留间隙。

6)在平基或垫块上稳管时，管子稳好后，应用干净石子或碎石从两边卡牢，防止管子移动。

7)稳管后应及时灌注混凝土管座。

8)枕基或土基管道稳管时，一般挖弧形槽并铺垫砂子，使管子与土基接触良好。

9)稳较大的管子时，宜进入管内检查对口，减少错口现象。稳管质量标准：管内底高程允许偏差±10mm。中心线允许偏差 10mm。相邻管内底错口不得大于 3mm。

(3)安装。

1)根据现场条件，管材应尽量沿线分孔堆放。

2)采用推土机或拖拉机牵引运管时，应用滑扛并严格控制前进速度，严禁用推土机铲推管。

3)当运至指定地点后，对存放的每节管应打眼固定。

4)管道安装，首先将管逐节按设计要求的中心线、高程就位，并控制两管口之间的距离(通常为 1.0～1.5cm)。

5)管径在 500mm 以下普通混凝土管，管座为 90°～120°，可采用四合一法安装；管座为 180°或包管时，可采用前三合一法安装。管径 500～900cm 普通混凝土管可采用后三合一法进行安装。

(4)排水管道的接口形式。管道接口的质量在很大程度上决定排水管道的不透水性和耐久性：管道接口应具有足够的强度，不透水，能抵抗污水和地下水的侵蚀，并要有一定的弹性。根据接口的弹性，一般分为柔性接口、刚性接口和半柔半刚性接口三种形式。

1)柔性接口允许管道纵向轴线交错 3～5mm 或交错一个较小的角度，而不致引起渗漏。常用的柔性接口有沥青卷材接口及橡胶圈接口。沥青卷材接口用在无地下水、地基软硬不一、沿管道轴向沉陷不均匀的无压管道上。橡胶圈接口使用范围更加广泛，特别是在地震区，对管道抗震有显著作用。柔性接口施工复杂，造价较高。

2)常用的刚性接口有水泥砂浆抹带接口、钢丝网水泥砂浆抹带接口。刚性接口抗展性能差,适用在地基比较良好、有带形基础的无压管道上。

刚性接口不允许管道有轴向的交错,但比柔性接口施工简单、造价低,因此采用较广泛。

3)预制套环石棉水泥接口属于半柔半刚性接口,介于柔性和刚性两种形式之间,使用条件和柔性接口相似。

6. 闭水施工

(1)凡污水管道及雨、污水合流管道和倒虹吸管道均必须做闭水试验。雨水管道和与雨水性质相近的管道,除大孔性土壤及水源地区外,可不做闭水试验。

(2)闭水试验应在管道填土前进行,并应在管道灌满水后浸泡1～2昼夜再进行。

(3)闭水试验的水位应为试验段上游管内顶以上2m。如检查井高不足2m时,以检查井高为准。

(4)做闭水试验时应对接口和管身进行外观检查,以无漏水和无严重渗水为合格。

(5)闭水试验应按闭水法试验进行,实测排水量应不大于表3-3规定的允许渗水量。

表3-3　无压力管道严密性试验允许渗水量

管　材	管道内径/mm	允许渗水量/[m^3/(24h・km)]
混凝土、钢筋混凝土管、陶管及管渠	200	17.60
	300	21.62
	400	25.00
	500	27.95
	600	30.60
	700	33.00
	800	35.35
	900	37.50

续表

管　材	管道内径/mm	允许渗水量/[m^3/(24h·km)]
混凝土、钢筋混凝土管、陶管及管渠	1000	39.52
	1100	41.45
	1200	43.30
	1300	45.00
	1400	46.70
	1500	48.40
	1600	50.00
	1700	51.50
	1800	53.00
	1900	54.48
	2000	55.90

(6)管道内径大于表 3-3 规定的管径时，实测渗水量应不大于按下式计算的允许渗水量：

$$Q=1.25D$$

式中　Q——允许渗水量，m^3/(24h·km)；

　　　D——管道内径，mm。

异形截面管道的允许渗水量可按周长折算为圆形管道计算。

在水源缺乏的地区，当管道内径大于 700mm 时，可按井段数量 1/3 抽验。

特别提示

施工质量管理要求

各项工程的每道工序施工操作都必须严格控制质量，严格贯彻执行小组自检、互检、工序交接验收、隐蔽工程验收、竣工验收等制度，上道工序不合格时，不得进行下道工序的施工。施工全面质量管理是提高工程质量的有力措施和保证。

7. 雨期、冬期的施工

(1)雨期施工。

1)雨期施工应采取以下措施,防止泥土随雨水进入管道,对管径较小的管道,应从严要求:

①防止地面径流雨水进入沟槽。

②配合管道铺设,及时砌筑检查井和连接井。

③凡暂时不接支线的预留管口,及时砌死抹严。

④铺设暂时中断或未能及时砌井的管口,应用堵板或干码砖等方法临时堵严。

⑤已做好的雨水口应堵好围好,防止进水。

⑥必须做好防止漂管的措施。

2)雨天不宜进行接口,如接口时,应采取必要的防雨措施。

(2)冬期施工。

1)冬期进行水泥砂浆接口时,水泥砂浆应用热水拌和,水温不应超过80%,必要时可将砂加热,砂温不应超过40%。

2)对水泥砂浆有防冻要求时,拌和时应掺加氯盐。

3)水泥砂浆接口应盖草帘养护。抹带者,应用预制木架架于管带上,或先盖松散稻草10cm厚,然后盖草帘。草帘盖1～3层,根据气温选定。

六、附属构筑物施工

除构筑管渠外,还需在管渠系统上设置某些附属构筑物以排除污水。在园林绿地中,常见的附属构筑物有雨水井、检查井、跌水井、闸门井、倒虹管、出水口等。

1. 雨水井

雨水井是在雨水管渠或合流管渠上收集雨水的构筑物。用于承接地面水,并将其引入地下雨水管网。一般的雨水井都是由基础、井身、井口、井箅几部分构成,如图3-11所示。井身、井口可用混凝土浇筑,也可用砖砌筑。井箅应用铸铁制作,以免过快的锈蚀和保持较高的透水率。

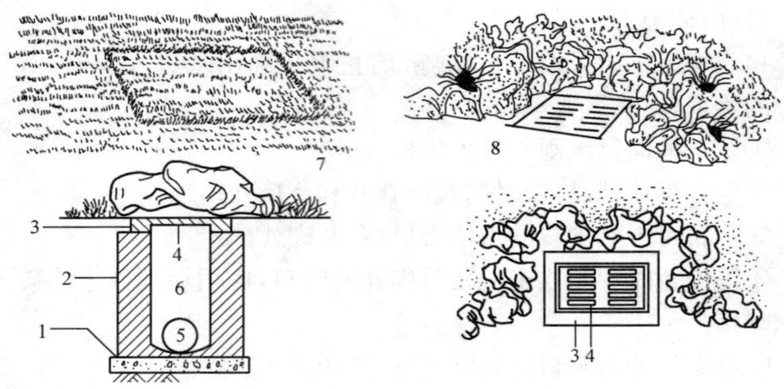

图 3-11　雨水井的构造

1—基础;2—井身;3—井口;4—井箅;5—支管;6—井室
7—草坪窨井盖;8—山石围护雨水井

> 雨水井上面要加格栅，格栅一般用铁木等制成，古典园林中也有用石头制成的，并有优美的图案。雨水井可以用山石、植物等加以点缀，使之更加符合园林艺术的要求。

雨水井应设在地形最低的地方。在道路上一般每隔200m 就要设一个雨水井，并且要考虑到路旁的树木、建筑等的位置。在十字路口设置雨水井要研究纵断面的标高，以及水流的方向。为避免因流速过大而损坏园路，纵断面坡度过大的应缩短雨水口的间距，第一雨水口与分水线距离宜在 100～150m 之间。

与雨水管或合流制干管的检查井相接时，雨水井支管与干管的水流方向以在平面上呈 60°角为好。支管的坡度一般不应小于 1%。雨水井呈水平方向设置时，为方便雨水的汇集和池入，井箅应略低于周围路面及地面 3cm 左右，并与路面或地面顺接。

2. 检查井

为便于管道维护人员检查和清理管道，必须设置检查井。检查井通常设在管渠交汇转弯、管渠尺寸或坡度改变、跌水等处以及相隔一定距离的管渠段上。检查井在直线管渠段上最大间距应符合表 3-4 要求。

表 3-4　　检查井的最大间距

管　别	管渠或暗渠净高/mm	最大间距/m
污水管道	＜500	40
	500	50
	800～1500	75
	＞1500	100
雨水管渠和合流管渠	＜500	50
	500	60
	800～1500	100
	＞1500	120

检查井的材料主要是砖、石、混凝土或钢筋混凝土，检查井的平面形状一般为圆形，大型管渠的检查井也有矩形或扇形的。检查井的深度取决于井内下游管道的埋深。井口部分应能容纳一个人身体的进出以便于检查人员上、下井室工作。

3. 跌水井

跌水井是设有消能设施的检查井。一般在排水管道某地段的高程落差超过 1m 时，就需设检查井。目前常用竖管式（或矩形竖槽式）和溢流堰式两种形式，如图 3-12 所示。竖管式跌水井适用于直径等于或小于 400mm 的管道；溢流堰式适用于 400mm 以上的管道。

跌水井的井底要考虑对水流冲刷的防护，采取必要的加固措施。当检查井内上、下游管道的高程落差小于 1m 时，可将井底做成斜坡，不必做成跌水井。

4. 闸门井

为避免雨期排水管的倒灌和非雨期污水对园林水体的污染，也为

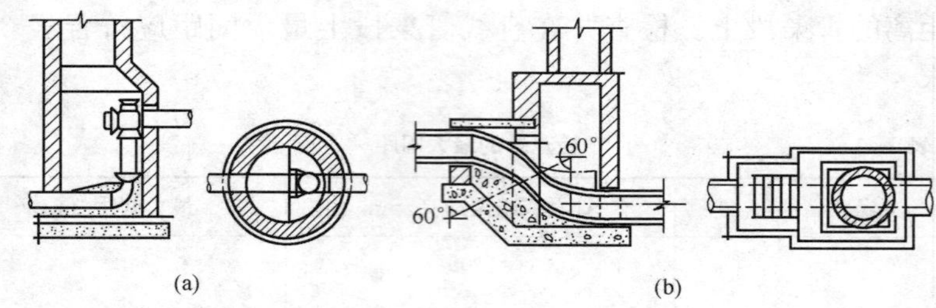

图 3-12　两种形式的跌水井构造

(a)竖管式跌水井;(b)溢流堰式跌水井

了调节、控制排水管道内水流的方向与流量,通常在排水管网中或排水泵站的出口处设置闸门井。

闸门井由基础、井室和井口组成。如只为防止倒灌,可在闸门井内设活动拍门。活动拍门通常为铁质圆形,只能单向开启。当排水管内无水或水位较低时,活动拍门依靠自重关闭;而当水位增高后,由于水流的压力而使拍门开启。若要既控制污水排放又防止倒灌,也可在闸门井内设能够人为启闭的闸门。闸门的启闭方式可以是手动的,也可以是电动的。

5. 倒虹管

一般排水管网中的倒虹管是由进水井、下行管、平行管、上行管和出水井等部分构成的,倒虹管采用的最小管径为 200mm,管内流速一般为 1.2～1.5m/s,同时不得低于 0.9m/s,并应大于上游管内流速。平等管与上行管之间的夹角不应小于 150°,要保证管内的水流有较好的水力条件,以防止管内污物滞留。可在倒虹管进水井之前的检查井内,设一沉淀槽,使部分泥砂污物在此预沉下来以减少管内泥沙和污物淤积。

6. 出水口

排水管渠的出水口是雨水、污水排放的最后出口。为保护河岸或池壁及固定出水口的位置,通常在出水口和河道连接部分做护坡或挡土墙,如图 3-13 所示。

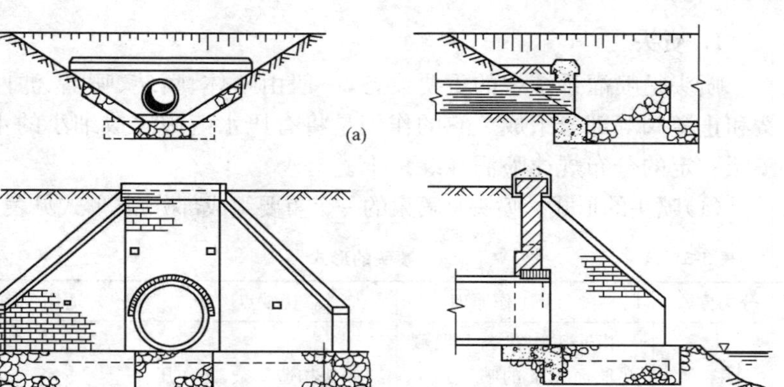

图 3-13　出水口形式

(a)一字式出水口；(b)八字式出水口

特别提示

出水口的设置注意事项

在园林工程中，出水口最好设在园内水体的下游末端。为防止倒灌，雨水出水口的设置一般为非淹没式的。当出水口高出水位很多时，应考虑将其设计为多级的跌水式出水口，以降低出水对岸边的冲击力。污水系统的出水口一般布置为淹没式，使污水管口流出的水能够与河湖充分混合，以减轻对水体的污染。

第三节　园林喷灌施工

一、园林喷灌系统构成

喷灌系统通常由喷头、管材和管件、控制设备、过滤装置、加压设备及水源等构成。利用市政供水的中小型绿地喷灌系统一般不必设置过滤装置和加压设备。

1. 喷头

喷头是喷灌系统中的重要设备，一般由喷体、喷芯、喷嘴、滤网、弹簧和止溢阀等部分组成。它的作用是将有压水流破碎成细小的水滴，按照一定的分布规律喷洒在绿地上。

(1)喷头的形式。喷头是喷泉的一个重要组成部分，其形式见表3-5。

表3-5　　喷头的形式

分类方式		概念及工作原理	优缺点	适用范围
按非工作状态分类	埋地式喷头	指非工作状态下埋藏在地面以下的喷头。工作时，这类喷头的喷芯部分在水压的作用下伸出地面，然后按照一定的方式喷洒。当关闭水源，水压消失，喷芯在弹簧的作用下又缩回地下	喷头构造复杂，工作压力较高，其最大优点是不影响园林景观效果、不妨碍活动，射程、射角及覆盖角度等性能易于调节，雾化效果好	适用于不规则区域的喷灌，能够更好地满足园林绿地和运动场草坪的专业喷灌要求
	外露式喷头	指工作状态下暴露在地面以上的喷头	构造简单，价格便宜、使用方便，对供水压力要求不高，但其射程、射角及覆盖角度不便调节且有碍园林景观	一般用在资金不足或喷灌技术要求不高的地方
按工作状态分类	固定式喷头	指工作时喷芯处于静止状态的喷头。这种喷头也称为散射式喷头，工作时有压水流从预设的线状孔口喷出，同时覆盖整个喷洒区域	构造简单、工作可靠，使用方便	适用于庭院和小规模绿地喷灌系统的首选产品
	旋转式喷头	指工作时边喷洒边旋转的喷头。多数情况下这类喷头的射程、射角和覆盖角度可以调节	对工作压力的要求较高、喷洒半径较大。旋转式喷头的结构形式很多，可分为摇臂式、叶轮式、反作用式、全射流式等。采用旋转式喷头的喷灌系统有时需要加压设备	—

续表

分类方式		概念及工作原理	优缺点	适用范围
按射程分类	近射喷头	近射程喷头射程小于8m	对工作压力的要求较低，只要设计合理，市政或局部管网就能满足工作要求	—
	中射喷头	中射程喷头射程为8～20m	—	适用于较大面积园林绿地喷灌
	远射喷头	远射程喷头射程大于20m	对工作压力的要求较高，一般需要配置加压设备，以保证正常工作压力和雾化效果	多用于大面积观赏绿地和运动场草坪的喷灌

(2)喷头的布置。喷头的布置形式有矩形、正方形、正三角形和等腰三角形几种，表3-6中所列的图是表示喷头的不同组合方式与灌溉效果的关系。

表3-6　　喷头的布置形式

喷头组合图形	喷洒方式	喷头间距 L、支管间距 b 与射程 R 的关系	有效控制面积 S	适用情况
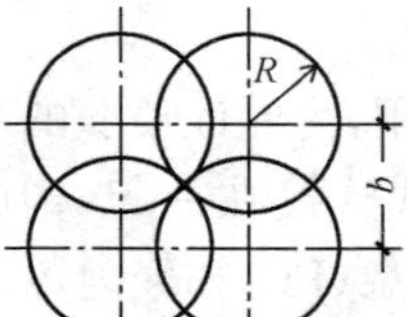 正方形（图中标注：R、b、L）	全圆形	$L=b=1.42R$	$S=2R^2$	在风向改变频繁的地方效果较好
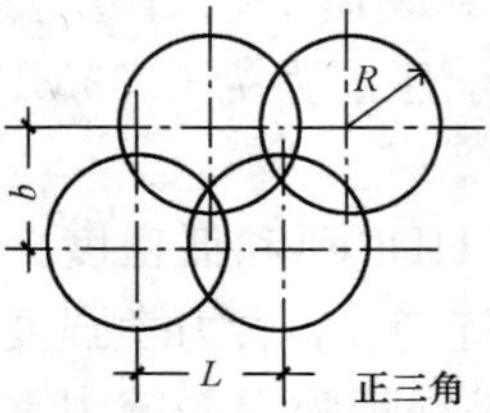 正三角（图中标注：R、b、L）	全圆形	$L=1.73R$ $b=1.5R$	$S=2.6R^2$	在无风的情况下喷灌的均度最好

续表

喷头组合图形	喷洒方式	喷头间距 L、支管间距 b 与射程 R 的关系	有效控制面积 S	适用情况
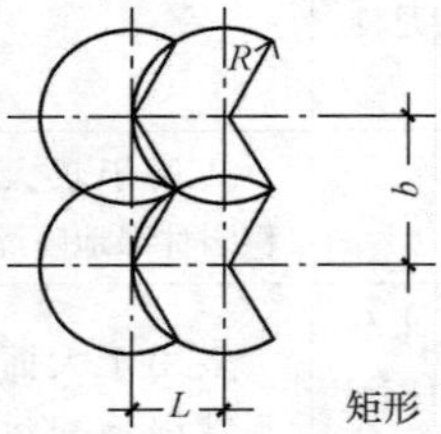 矩形	扇形	$L=R$ $b=1.73R$	$S=1.73R^2$	较本表前两项节省管道
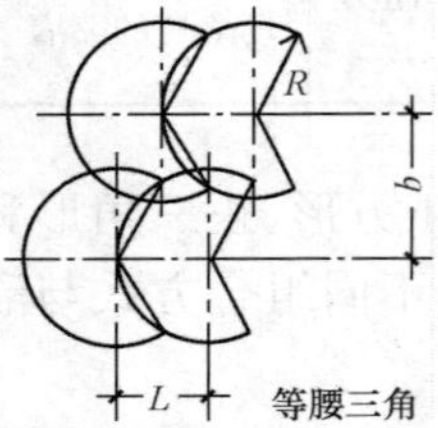 等腰三角	扇形	$L=R$ $b=1.87R$	$S=1.865R^2$	

注：R 是喷头的设计射程，应小于喷头的最大射程。根据喷灌系统形式、当地的风速、动力的可靠程度等来确定一个系数，对于移动式喷灌系统一般可采用 0.9；对于固定式系统由于竖管装好后就无法移动，如有空白就无法补救，故可以考虑采用 0.8；对于多风地区可采用 0.7。

2. 管材和管件

管材和管件在绿地喷灌系统中起着纽带的作用，为保证喷灌的水量供给，它将喷头、闸阀、水泵等设备按照特定的方式连接在一起，构成喷灌管网系统。在喷灌行业里，聚氯乙烯(PVC)、聚乙烯(PE)和聚丙烯(PP)等塑料管正在逐渐取代其他材质的管道，成为喷灌系统主要的管材。

(1)聚氯乙烯(PVC)管：分为硬质 PVC 管和软质 PVC 管。公称外径为 20～200mm。绿地喷灌系统主要使用承压能力为 0.63MPa、1.00MPa、1.25MPa 三种规格的硬质 PVC 管。

(2)聚乙烯(PE)管：管材有高密度聚乙烯(HDPE)和低密度聚乙烯(LDPE)两种。前者性能好但价格昂贵，使用较少；后者力学强度较低但抗冲击性好，适合在较复杂的地形敷设，是绿地喷灌系统中常用的聚乙烯管材。

（3）聚丙烯（PP）管：PP管耐热性能优良，适用于移动或半移动喷灌系统场合。

3. 控制设备

控制设备构成了绿地喷灌系统的指挥体系，其技术含量和完备程度决定着喷灌系统的自动化程度和技术水平。根据控制设备的功能与作用的不同，可将控制设备分为状态性控制设备、安全性控制设备和指令性控制设备三种。

（1）状态性控制设备：指喷灌系统中能够满足设计和使用要求的各类阀门。其作用是控制喷灌管网中水流的方向、速度和压力等状态参数。按照控制方式的不同可将这些阀门分为手控阀、电磁阀与水力阀。

（2）安全性控制设备：指各种保证喷灌系统在设计条件下安全运行的各种控制设备，减压阀、调压孔板和自动泄水阀等。

（3）指令性控制设备：指在喷灌系统的运行和管理中起指挥作用的各种控制设备，包括各种控制器、遥控器、传感器、气象站和中央控制系统等。指令性控制设备的应用使喷灌系统的运行具有智能化的特征，既可以降低系统的运行和管理费用，又能提高水的利用率。

知识链接

喷灌设备的选择

（1）喷头的选择应符合喷灌系统设计要求。灌溉季节风大的地区或树下喷灌的喷灌系统，宜采用低仰角喷头。

（2）管及管件的选择，应使其工作压力符合喷灌系统设计工作压力的要求。

（3）水泵的选择应满足喷灌系统设计流量和设计水头的要求。水泵应在高效区运行。对于采用多台水泵的恒压喷灌泵站来说，所选各泵的流量—扬程曲线，在规定的恒压范围内应能相互搭接。

（4）喷灌机应根据灌区的地形、土壤、作物等条件进行选择，并满足系统设计要求。

二、园林喷灌系统类型

园林喷灌系统的类型，见表3-7。

表3-7　　园林喷灌系统的类型

类别		构造及原理	特点	适用范围
按管道敷设方式分类	移动式喷灌系统	这种灌溉区有天然地表水源（江、河、湖、池、沼等），其动力水泵和干管、支管是可移动的	浇水方便灵活，可节约用水；由于不需要埋设管道等设备，所以投资较经济，机动性强，但喷水作业时劳动强度稍大	适用于天然水源充裕地区园林绿地、苗圃、花圃的灌溉
	固定式喷灌系统	这种喷灌系统泵站固定，干支管均埋于地下，喷头固定于竖管上，也可临时安装	管材和喷头耗用量大，设备费用高，投资较大，但操作方便，节约劳力，便于实现自动化和遥控操作	适用于需要经常灌溉和灌溉期较长的草坪、大型花坛、花圃、庭院绿地等
	半固定式喷灌系统	这种泵站和干管固定但支管与喷头可以移动	优缺点介于上述两种喷灌系统之间	适用于较大的花圃和苗圃
按控制方式分类	程控型喷灌系统	闸阀的启闭是依靠预设程序控制的喷灌系统	省时、省力、高效、节水，但成本较高	—
	手控型喷灌系统	人工启闭闸阀的喷灌系统	—	—
按供水方式分类	自压型喷灌系统	指水源的压力能够满足喷灌系统的要求，无需进行加压的喷灌系统	—	常用于以市政或局域管网为喷灌水源的场合，多用于小规模园林绿地
	加压型喷灌系统	当喷灌系统是以江、河、湖、溪、井等作为水源，或水压不能满足喷灌系统设计要求时，需要在喷灌系统中设置加压设备，以保证喷头有足够的工作压力	—	—

知识链接

喷灌的主要技术要求

喷灌的主要技术要求：一是为避免地面面积大或产生径流，造成土壤板结或冲刷，喷灌强度应该小于土壤的入渗（或称渗吸）速度；二是为防止损坏植物，喷灌的水滴对作物或土壤的打击强度要小；三是为获得均匀水量，喷灌的水量应均匀地分布在喷洒面。

三、园林喷灌的特点

1. 喷灌的优点

（1）喷灌近似于天然降水，对植物全株进行灌溉，可以洗去枝叶上的灰尘，加强叶面的透气性和光合作用。

（2）水的利用率高，比地面灌水节水50%以上。

（3）保持水土，喷灌以其不形成径流的设计原则就可以达到这一重要目标。

（4）劳动效率高，省工、省时。

（5）适应性强，喷灌对土壤性能及地形地貌条件没有苛刻的要求。

（6）能增加空气湿度。

（7）景观效果好，喷灌喷头良好的雾化效果和优美的水形在绿地中可形成一道靓丽的景观。

（8）便于自动化管理。

2. 喷灌的缺点

受气候影响明显，前期投资大，对设计和管理工作要求严格。

四、园林喷灌工程设施

1. 水源

（1）喷灌渠道宜进行防渗处理。行喷式喷灌系统，其工作渠内水深必须满足水泵吸水要求；定喷式喷灌系统，其工作渠内水深不能满足要求时，应设置工作池。

> 雨水井上面要加格栅，格栅一般用铁木等制成，古典园林中也有用石头制成的，并有优美的图案。雨水井可以用山石、植物等加以点缀，使之更加符合园林艺术的要求。

(2)机行道应根据喷灌机的类型在工作渠旁设置。对于平移式喷灌机，其机行道的路面应平直、无横向坡度；若主机跨渠行进，渠道两旁的机行道，其路面高程应相等。

(3)喷灌系统中的暗渠或暗管在交叉、分支及地形突变处应设置配水井，其尺寸应满足清淤、检修要求。在水泵抽水处应设置工作井，尺寸应满足清淤、检修及水泵正常吸水要求。

2. 泵站

(1)自河道取水的喷灌泵站，应满足防淤积、防洪水和防冲刷的要求。

(2)喷灌泵站设置的水泵(及动力机)数，宜为2～4台。当系统设计流量较小时，可只设置一台水泵(及动力机)，但应配备足够数量的易损零件。喷灌泵站不宜设置备用泵(及动力机)。

(3)泵站的前池或进水池内应设置拦污栅，并应具备良好的水流条件。前池水流平面扩散角：对于开敞型前池，应小于40°；对于分室型前池，各室扩散角应不大于20°，总扩散角不宜大于60°。前池底部纵坡不应大于1/5。进水池容积应按容纳不少于水泵运行5min的水量确定。

(4)水泵吸水管直径应不小于水泵口径。当水泵可能处于自灌式充水时，其吸水管道上应设检修阀。

(5)水泵的安装高程，应根据减少基础开挖量，防止水泵产生汽蚀，确保机组正常运行的原则，经计算确定。

(6)水泵和动力机基础的设计，应按现行《动力机器基础设计规范》(GB 50040)的有关规定执行。

(7)泵房平面布置及设计要求，可按现行《室外给水设计规范》(GB 50013)的有关规定执行。对于半固定管道式或移动管道式喷灌

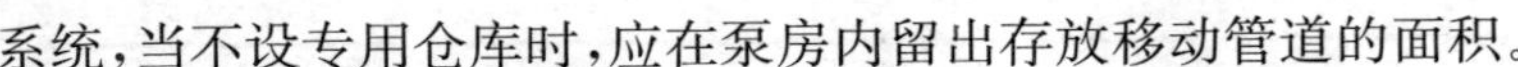

系统，当不设专用仓库时，应在泵房内留出存放移动管道的面积。

(8)出水管的设置，每台水泵宜设置一根，其直径不应小于水泵出口直径。当泵站安装多台水泵且出水管线较长时，出水管宜并联，并联后的根数及直径应合理确定。

(9)泵站的出水池，水流应平顺，与输水渠应采用渐变段连接。渐变段长度应按水流平面收缩角不大于50°确定。出水池和渐变段应采用混凝土或浆砌石结构，输水渠首应采用砌体加固。出水管口应设在出水池设计水位以下。出水管口或池内宜设置断流设施。

(10)装设柴油机的喷灌泵站，应设置能够储存10～15天燃料油的储油设备。

(11)喷灌系统的供电设计，可按现行电力建设的有关规范执行。

3. 管网

(1)自压喷灌系统的进水口和机压喷灌系统的加压泵吸水管底端，应分别设置拦污栅和滤网。

(2)在各级管道的首端应设进水阀或分水阀。在连接地埋管和地面移动管的出地管上，应设给水栓。当管道过长或压力变化过大时，应在适当位置设置截止阀。在地埋管道的阀门处应建阀门井。

(3)在管道起伏的高处应设排气装置；对自压喷灌系统，在进水阀后的干管上应设通气管，其高度应高出水源水面高程。在管道起伏的低处及管道末端应设泄水装置。

知识链接

喷灌管道的布置要求

(1)应符合喷灌工程总体设计的要求。

(2)应使管道总长度尽量短，有利于水锤的防护。

(3)应满足各用水单位的需要，管理方便，有利于组织轮灌和迅速分散流量。

(4)在垄作田内,应使支管与作物种植方向一致。在丘陵山区,应使支管沿等高线布置。在可能的条件下,支管宜垂直于主风向。

(5)管道的纵剖面应力求平顺,减少折点;有起伏时应避免产生负压。

(4)固定管道的末端及变坡、转弯和分叉处宜设固定墩。当温度变化较大时,宜设伸缩装置。

(5)固定管道应根据地形、地基和直径、材质等条件来确定其敷设坡度以及对管基的处理。

(6)在管网压力变化较大的部位,应设置测压点。

(7)地埋管道的埋设深度应根据气候条件、地面荷载和机耕要求等确定。

五、园林喷灌工程

1. 施工一般规定

喷灌工程施工、安装应按已批准的设计进行,修改设计或更换材料设备应经设计部门同意,必要时需经主管部门批准。工程施工应符合下列程序和要求:

(1)施工放样:施工现场应设置施工测量控制网并将它保存到施工完毕;应定出建筑物的主轴线或纵横轴线、基坑开挖线与建筑物轮廓线等;应标明建筑物主要部位和基坑开挖的高程。

(2)基坑开挖:必须保证基坑边坡稳定。若基坑挖好后不能进行下道工序,应预留 15～30cm 土层不挖,待下道工序开始前再挖至设计标高。

(3)基坑排水:应设置明沟或井点排水系统,将基坑积水排走。

(4)基础处理:基坑地基承载力小于设计要求时,必须进行基础处理。

(5)回填:砌筑完毕,应待砌体砂浆或混凝土凝固达到设计强度后回填;回填土应干湿适宜,分层夯实,与砌体接触密实。

在施工过程中,应做好施工记录。对于隐蔽工程,必须填写隐蔽工程记录，经验收合格后方能进入下道工序施工。全部工程施工完毕后应及时编写竣工报告。

2. 管道安装

(1)金属管道安装。金属管道安装前应进行外观质量和尺寸偏差检查，并宜进行耐水压试验，其要求应符合《低压流体输送用焊接钢管》(GB/T 3091—2008)、《喷灌用金属薄壁管》(GB/T 24672—2009)等现行标准的规定。镀锌钢管安装应按现行《工业管道工程施工及验收规范》(金属管道篇)执行。镀锌薄壁钢管、铝管及铝合金管安装应按安装使用说明书的要求进行。铸铁管的安装应按下列规定进行：

1)安装前，应清除承口内部及插口外部的沥青块及飞刺、铸砂和其他杂质；用小锤轻轻敲打管子，检查有无裂缝，如有裂缝应予更换。

2)铺设安装时，对口间隙、承插口环形间隙及接口转角，应符合表 3-8 的规定。

表 3-8　对口间隙、承插口环形间隙及接口转角值

<table>
<tr><th colspan="3">名　称</th><th>沿直线铺设安装</th><th>沿曲线铺设安装</th></tr>
<tr><td colspan="3">对口最小间隙/mm</td><td>3</td><td>3</td></tr>
<tr><td rowspan="2">对口最大间隙/mm</td><td colspan="2">DN100～DN250</td><td>5</td><td>7～13</td></tr>
<tr><td colspan="2">DN300～DN350</td><td>6</td><td>10～14</td></tr>
<tr><td rowspan="4">承口标准环形间隙/mm</td><td rowspan="2">DN100～DN200</td><td>标准</td><td>10</td><td>—</td></tr>
<tr><td>允许偏差</td><td>+3</td><td>—</td></tr>
<tr><td rowspan="2">DN250～DN350</td><td>标准</td><td>11</td><td>—</td></tr>
<tr><td>允许偏差</td><td>+4
−2</td><td>—</td></tr>
<tr><td colspan="3">每个接口允许转角/°</td><td>—</td><td>2</td></tr>
</table>

注：DN 为管公径内径。

3)安装后,承插口应填塞,填料可采用膨胀水泥、石棉水泥和油麻等。

(2)塑料管道安装。塑料管道安装前应进行外观质量和尺寸偏差的检查,并应符合《建筑排水用硬聚氯乙烯管材》(GB/T 58361—2006)、《喷灌用低密度聚乙烯管材》(GB/T 3803—1999)等现行标准的规定。涂塑软管不应有划伤、破损,不得夹有杂质。

1)塑料管道安装前宜进行爆破压力试验,并应符合下列规定:

①试样长度采用管外径的5倍,但不应小于250mm。

②测量试样的平均外径和最小壁厚。

③按要求进行装配,排除管内空气。

④在1min内迅速连续加压至爆破,读取最大压力值。

2)塑料管粘结连接,应符合下列要求:

①粘结前:按设计要求,选择合适的胶粘剂;按粘结技术要求,对管或管件进行预加工和预处理;按粘结工艺要求,检查配合间隙,并将接头去污、打毛。

②粘结:管轴线应对准,四周配合间隙应相等;胶粘剂涂抹长度应符合设计规定;胶粘剂涂抹应均匀,间隙应用胶粘剂填满并有少量挤出。

③粘结后:固化前管道不应移位;使用前应进行质量检查。

3)塑料管翻边连接,应符合下列要求:

①连接前:翻边前应将管端锯正、锉平、洗净、擦干;翻边应与管中心线垂直,尺寸应符合设计要求;翻边正反面应平整并能保证法兰和螺栓或快速接头自由装卸;翻边根部与管的连接处应熔合完好,无夹渣、穿孔等缺陷;飞边、毛刺应剔除。

②连接:密封圈应与管同心;拧紧法兰螺栓时扭力应符合标准,各螺栓受力应均匀。

③连接后:法兰应放入接头坑内;管道中心线应平直,管底与沟槽底面应贴合良好。

4)塑料管套筒连接应符合下列要求:

①连接前:配合间隙应符合设计和安装要求;密封圈应装入套筒

的密封槽内，不得有扭曲、偏斜现象。

②连接：管子插入套筒深度应符合设计要求；安装困难时，可用肥皂水或滑石粉作润滑剂；可用紧线器安装，也可隔一木块轻敲打入。

③连接后：密封圈不得移位、扭曲、偏斜。

5）塑料管热熔对接，应符合下列要求：

①对接前：热熔对接管子的材质、直径和壁厚应相同；按热熔对接要求对管子进行预加工，清除管端杂质、污物；管端按设计温度加热至充分塑化而不烧焦；加热板应清洁、平整、光滑。

②对接：加热板的抽出及两管合拢应迅速，两管端面应完全对齐；四周挤出的树脂应均匀；冷却时应保持清洁。自然冷却应防止尘埃侵入；水冷却应保持水质清净。

③对接后：两管端面应熔接牢固并按10%进行抽检；若两管对接不齐应切开重新加工对接；完全冷却前管道不应移动。

3. 阀门安装

（1）螺纹阀门场内搬运：场内搬运包括从机器制造厂把机器搬运到施工现场的过程。在搬运中要注意人身和设备安全，严格遵守操作规范，防止机器损坏、缺失及意外事故发生。

（2）螺纹阀门外观检查：外观检查是从外观上观察，看机器设备有无损伤、油漆剥落、裂缝、松动及不固定的地方，有效预防才能使施工过程顺利进行，并及时更换、检修缺损之处。

（3）螺纹阀门加垫：加垫指在阀门安装时，因为管材和其他方面的原因，在螺纹固定时，需要垫上一定形状大小的铁或钢垫，这样有利于固定和安装。垫料要按不同情况确定，其形状因需要而定，确保加垫之后安装连接处没有缝隙。

（4）螺纹法兰：螺纹法兰即螺纹方式连接的法兰。这种法兰与管道不直接焊接在一起，而是以管口翻边为密封接触面，套法兰起紧固作用，多用于铜、铅等有色金属及不锈耐酸管道上。其最大优点是法兰穿螺栓时非常方便；缺点是不能承受较大的压力。也有的是用螺纹与管端连接起来，有高压和低压两种。其安装按活头连接项目要求执行。

螺栓在拧紧过程中，螺母朝一个方向（一般为顺时针）转动，直到不能再转动为止，有对还需要在螺母与钢材间垫上一垫片，有利于拧紧，防止螺母与钢材磨损及滑丝。

(5)阀门安装：阀门是控制水流、调节管道内的水重和水压的重要设备。阀门通常放在分支管处、穿越障碍物和过长的管线上。配水干管上装设阀门的距离一般为400～1000m，并不应超过三条配水支管。阀门一般设在配水支管的下游，以便关阀门时不影响支管的供水。在支管上也设阀门。配水支管上的阀门不应隔断五个以上消防栓。阀门的口径一般和水管的直径相同。给水用的阀门包括闸阀和蝶阀。

4. 泵站施工

泵站机组的基础施工应符合下列要求：

(1)基础必须浇筑在未经松动的基坑原状土上，当地基土的承载力小于0.05μPa(0.5kg·f/cm^2)时，应进行加固处理。

(2)基础的轴线及需要预埋的地脚螺栓或二期混凝土预留孔的位置应正确无误。

(3)基础浇筑完毕拆模后，应用水平尺校平，其顶面高程应正确无误。

(4)中心支轴式喷灌机的中心支座采用混凝土基础时，应按设计要求于安装前浇筑好。浇筑混凝土基础时，在平地上，基础顶面应呈水平；在坡地上，基础顶面应与坡面平行。

(5)中心支轴式喷灌机中心支座的基础与水井或水泵的相对位置不得影响喷灌机的拖移。当喷灌机中心支座与水泵相距较近时，水泵出水口与喷灌机中心线应保持一致。

5. 管网施工

(1)管道沟槽开挖应符合下列要求：

1)应根据施工放样中心线和标明的槽底设计标高进行开挖,不得挖至槽底设计标高以下。如局部超挖则应用相同的土壤填补夯实至接近天然密实度。沟槽底宽应根据管道的直径与材质及施工条件确定。

2)沟槽经过岩石、卵石等容易损坏管道的地方应将槽底至少再挖15cm,并用砂或细土回填至设计槽底标高。

3)管子接口槽坑应符合设计要求。

(2)沟槽回填应符合下列要求:

1)管及管件安装完毕,应填土定位,经试压合格后尽快回填。

2)回填前应将沟槽内一切杂物清除干净,积水排净。

3)回填必须在管道两侧同时进行,严禁单侧回填,填土应分层夯实。

4)塑料管道应在地面和地下温度接近时回填;管周填土不应有直径大于2.5cm的石子及直径大于5cm的土块,半软质塑料管道回填时还应将管道充满水,回填土可加水灌注。

6. 机电设备安装

(1)直联机组安装时,水泵与动力机必须同轴,联轴器的端面间隙应符合要求。

(2)非直联卧式机组安装时,动力机和水泵轴心线必须平行,皮带轮应在同一平面,且中心距符合设计要求。

(3)柴油机的排气管应通向室外且不宜过长。电动机的外壳应接地,绝缘应符合标准。

> 机械设备安装的有关具体质量要求,应符合现行《机械设备安装工程施工及验收通用规范》(GB 50231—2009)的规定。

(4)电气设备应按接线图进行安装,安装后应对线检查并试运行。

(5)中心支轴式、平移式喷灌机必须按照说明书规定进行安装调试并由专门技术人员组织实施。

7. 管架支座安装

(1)放样。在正式施工或制造之前,制成所需要的管架模型,作为样品。

(2)画线。检查核对材料;在材料上画出切割、刨、钻孔等加工位置;打孔;标出零件编号等。

(3)截料。将材料按设计要求进行切割。钢材截料的方法有氧割、机切、冲模落料和锯切等。

(4)平直。利用矫正机将钢材的弯曲部分调平。

(5)钻孔。将经过画线的材料利用钻机在有标记的位置制孔。有冲击和旋转两种制孔方式。

(6)拼装。把制备完成的半成品和零件按图纸的规定装成构件或部件,然后经过焊接或铆接等工序使之成为整体。

(7)焊接。将金属熔融后对接为一个整体构件。

(8)成品矫正。将不符合质量要求的成品经过再加工后达到标准,即为成品矫正。一般有冷矫正、热矫正和混合矫正三种。

8. 水表安装

水表是一种计量建筑物或设备用水量的仪表。室内给水系统中广泛使用流速式水表。流速式水表是根据在管径一定时通过水表的水流速度与流量成正比的原理来量测的。流速式水表按叶轮构造不同,分旋翼式和螺翼式两种。旋翼式的叶轮转轴与水流方向垂直,阻力较大,起步流量和计量范围较小,多为小口径水表,用以测量较小流量;螺翼式水表叶轮转轴与水流方向平行,阻力较小,起步流量和计量范围比旋翼式水表大,适用于流量较大的给水系统。

(1)旋翼式水表按计数机件所处的状态又分为干式和湿式两种。干式旋翼式水表的计数机件和表盘与水隔开;湿式旋翼式水表的计数机件和表盘浸没在水中,机件较简单,计量较准确,阻力比干式水表小,应用较广泛,但只能用于水中无固体杂质的横管上。湿式旋翼式水表按材质又分为塑料表与金属表等。

(2)螺翼式水表按其转轴方向又分为水平螺翼式和垂直螺翼式两种,前者又分为干式和湿式两类,但后者只有干式一种。湿式叶轮水表技术规格有具体规定。

知识链接

水表安装注意事项

水表安装应注意表外壳上所指示的箭头方向与水流方向一致，水表前后需安装检修门，以便拆换和检修水表时关断水流；对于不允许断水或设有消防给水系统的，还需在设备旁设水表检查水龙头。水表安装在查看方便、不受暴晒、不致冻结和不受污染的地方，一般设在室内或室外的专门水表井中，室内水表井及安装在资料上有详细图示说明。为了保证水表计量准确，螺翼式水表的上游端应有8～10倍水表公称直径的直径管段；其他类型水表的前后应有不小于300mm的直线管段。水表口径的选择如下：不均匀的给水系统，以设计流量选定水表的额定流量来确定水表的直径；用水均匀的给水系统，以设计流量选定水表的额定流量确定水表的直径；对于生活、生产和消防统一的给水系统，以总设计流量不超过水表的最大流量决定水表的口径。住宅内的单户水表，一般采用公称直径为15mm的旋翼式湿式水表。

9. 管道水压试验

(1)一般规定。施工安装期间应对管道进行分段水压试验，施工安装结束后应进行管网水压试验。试验结束后，均应编写水压试验报告。对于较小的工程可不做分段水压试验。水压试验应选用0.35或0.4级标准压力表。被测管网应设调压装置。水压试验前应进行下列准备工作：

1)检查整个管网的设备状况：阀门启闭应灵活，开度应符合要求；排、进气装置应通畅。

2)检查地理管道填土定位情况：管道应固定，接头处应显露并能观察清楚渗水情况。

3)通水冲洗管道及附件：按管道设计流量连续进行冲洗，直到出水口水的颜色与透明度和进口处目测一致。

(2)耐水压试验。

1)管道试验段长度不宜大于1000m。

2)管道注满水后,金属管道和塑料管道经 24h、水泥制品管道经 48h 后,方可进行耐水压试验。

3)试验宜在环境温度 5℃以上进行,否则应有防冻措施。

4)试验压力不应小于系统设计压力的 1.25 倍。

5)试验时升压应缓慢,达到试验压力后,保压 10min,无泄漏、无变形即为合格。

6)水压试验合格后,应立即泄水,进行泄水试验。

(3)渗水量试验。在耐水压试验保压 10min 期间,如压力下降大于 0.05MPa(0.5kg/cm^2),则应进行渗水量试验。

(4)泄水试验。泄水时应打开所有的手动泄水阀,截断立管堵头,以免管道中出现负压,影响泄水效果。只要管道中无满管积水现象即为合格。一般采用抽查的方法检验。抽查的位置应选地势较低处,并远离泄水点。检查管道中有无满管积水情况的较好方法是排烟法:将烟雾从立管排入管道,观察临近的立管有无烟雾排出,以此判断两根立管之间的横管是否满管积水。

知识链接

管道安装方法

管道的安装因管道类型的不同而不同,下面介绍几种安装方法:

(1)孔洞的预留与套管的安装。在绿地喷灌及其他设施工程中,钢筋混凝土构件内安装管道应在钢筋绑扎完毕时进行。工程施工到预留孔部位时,参照模板标高或正在施工的毛石、砖砌体的轴线标高确定孔洞模具的位置并加以固定。遇到较大的孔洞,模具与多根钢筋相碰时,需经土建技术人员校核,采取技术措施后进行安装固定。临时性模具应便于拆除,永久性模具应进行防腐处理。预留孔洞不能适应工程需要时,要通过机械或人工打孔洞,尺寸一般比管径大两倍左右。钢管套管应在管道安装时及时套入,放入指定位置,调整完毕后固定。铁皮套管在管道安装时套入。

(2)管道穿基础或孔洞、地下室外墙的套管要预留好并校验符合设计要求。室内装饰的种类确定后,可以进行室内地下管道及室外地下管道

的安装。安装前对管材、管件进行质量检查并清除污物，按照各管段排列顺序、长度，将地下管道试安装，然后动工，同时，按设计的平面位置、与墙面间的距离分出立管接口。

(3)立管的安装应在土建主体的基础上完成。沟槽按设计位置和尺寸留好。检验沟槽，然后进行立管安装，栽立管卡，最后封沟槽。

(4)横支管安装。在立管安装完毕、卫生器具安装就位后可进行横支管安装。

第四章　园林假山石施工

第一节　园林假山石概述

一、园林假山概念与分类

1. 园林假山概念

人们通常称的假山实际包括假山和置石两部分。

(1)假山。假山是以造景游览为主要目的,充分结合其他方面的功能作用,并以土、石等为主要材料,以自然山水为蓝本并加以艺术的提炼和夸张,由人工再造的山水景物的统称。根据假山使用土石情况,可以分为土山、带石土山、带土石山和石山几种。

(2)置石。置石是以山石为材料做独立性或附属性的造景布置,主要表现山石的个体美或局部的组合而不具备完整的山形。

2. 园林假山分类

根据使用的土、石料的不同,假山可分为以下几类:

(1)土山。土山是指完全用土堆成的山。

(2)土多石少的山。土多石少的山,山石用于山脚或山道两侧,主要是固土并加强山势,也兼造景作用

(3)土少石多的山。土少石多的山,土形四周和山洞用石堆叠,山顶和山后则有较厚土层。

(4)石山。石山是指完全用石堆成的山。

3. 园林假山作用与功能

我国园林要求达到“虽有人作,宛若天开”的艺术境界,必然要建

造一些体现人工美的园林建筑,以满足游览活动的需要。就园林的总体而言,在景物外貌的处理上要求人工美要从属于自然美,把人工美融合到体现自然美的园林环境中去。假山之所以得到广泛应用,主要是因为假山可以满足这种要求和愿望,因此,假山的作用与功能有以下几个方面:

(1)作为自然山水园的主景和地形骨架。

(2)作为园林划分空间和组织空间的手段。

(3)作为点缀园林空间和陪衬建筑、植物的手段。

(4)作为驳岸、挡土墙、护坡和花台。

(5)作为室内外自然式的家或成器设。

知识链接

假山的发展史

在我国悠久的园林艺术发展的历史过程中,历代有名的和无名的假山匠师们吸取了土作、石作、泥作等方面的工程技术和中国山水画的传统理论和技法,通过实践创造了我国独特、优秀的假山工艺。近年来,随着科技的不断创新与发展,将会有更多、更新的材料和技术工艺应用于假山工程中。而古代园林艺术也值得人们发掘、整理、借鉴,在继承的基础上把这一民族文化传统发扬光大。

假山的体量大而集中、布局严谨,可游可观,令人有置身于自然山林之感;而置石则体量较小、布置灵活、主要以观赏为主,同时也结合一些功能方面的要求。

二、园林假山石的品类

造假山用的材料主要有湖石、黄石、青石、石笋及其他石品五大类,如图 4-1 所示。

1. 湖石

湖石因原产太湖一带而得名。湖石是在江南园林中运用最为普遍的一种,也是历史上开发较早的一类山石。在我国分布较广,除太

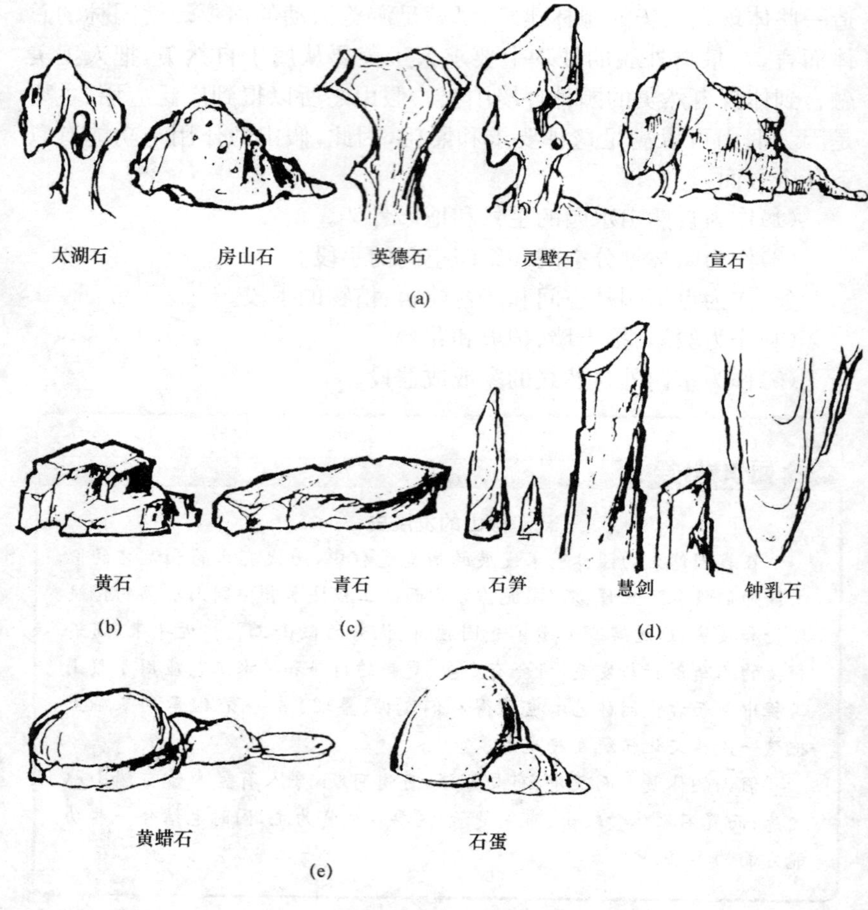

图 4-1　各类假山材料

(a)湖石;(b)黄石;(c)青石;(d)石笋;(e)其他石品

湖一带盛产外,北京、广东、江苏、山东、安徽等地均有出产。各地湖石只有在光泽、纹理和形态方面有些差别。

(1)太湖石。色泽于浅灰中露白色,比较丰润、光洁,紧密的细粉砂质地,质坚而脆,纹理纵横脉络显隐。轮廓柔和圆润,婉约多变;石面环纹、曲线婉转回还,穴窝、孔眼、漏洞错杂其间,使石形变异极大。

自然地形成沟、缝、穴、洞，有时窝洞相套，玲珑剔透，蔚为奇观，有如天然的雕塑品，观赏价值比较高。因此常选其中形体险怪，嵌空穿眼者作为特置石峰。产于水中的太湖石色泽于浅灰中露白色，比较丰润、光洁，也有青灰色的，具有较大的皱纹而少有细的皴褶。产于土中的湖石于灰色中带青灰色，性质比较枯涩而少有光泽，遍多细纹，好像大象的皮肤一样。太湖石大多是从整体岩层中选择采出来的，其靠山面必有人工采凿的痕迹。与太湖石相近的，还有宜兴石、南京附近的龙潭石和青龙山石，济南一带则有一种少洞穴、多竖纹、形体顽夯的湖石称为“仲宫石”，如趵突泉、黑虎泉都用这种山岩掇山，色拟象皮青而细纹不多，形象雄浑。

太湖石是一种石灰岩，以洞庭湖西山消夏湾出产的石最著名。

太湖石为典型的传统供石，以造型取胜，“瘦、皱、漏、透”是其主要审美特征，多玲珑剔透、重峦叠嶂之姿。宜作园林石等。而把各地产的由岩溶作用形成的千姿百态、玲珑剔透的碳酸盐岩统称为广义的太湖石。

(2)房山石。房山石因产于北京房山而得名。新采者呈土红色、橘红色或更淡一些的土黄色，日久后表面略带些灰黑色。质地没有太湖石那样脆，有一定的韧性。由于房山石也具有太湖石的窝、沟、环、洞等变化，因此，也有人称之为北太湖石。其特征除了在颜色上与太湖石有明显区别之外，堆积密度也比太湖石的大，扣之无共鸣声，多密集的小孔穴而少有大洞，所以，外观比较沉实、浑厚和雄壮，这与太湖石的轻巧、清秀、玲珑形成鲜明的对比。与房山石比较接近的还有产自镇江的山石，其形态多变、色泽淡黄清润，扣之有微声；也有灰褐色的，石多穿眼相通。

(3)英德石。英德石原产于广东省英德市一带，岭南园林中常用这种山石掇山，也常见于几案石品。其石质坚而脆，用手指弹扣有较响的共鸣声，淡青灰色，有的自脉笼络。这种山石多为中小形体，大块少见。由于色泽的差异，英石又可分为白英、灰英和黑英三种，一般以灰英居多，白英和黑英因物稀而为贵，黑如墨、白如脂者为上品。因此，英德石多用作特置或散置。

(4)灵璧石。灵璧石原产于安徽灵璧县的土中,被赤泥渍满,须刮洗方显本色。其石中灰色而甚为清润,质地新脆,用手弹有共鸣声,石面有坳坎的变形,石形千变万化,但其很少有婉转回折之势,须借人工以全其美。这种山石可掇山石小品,更多的情况下作为盆景石玩。

(5)宣石。宣石产于江苏省宁国市,其色有如积雪覆于灰色石上,又由于为赤土积渍而带些赤黄色,非刷净不见其质,因此愈旧愈白。由于宣石有积雪般的外貌,扬州个园的冬山、深圳锦绣中华的雪山均以其作为掇山用石,效果甚佳。

2. 黄石

黄石的产地很多,苏州、常州、镇江等地皆有所产,其中以江苏常熟虞山质地为好。黄石是一种呈茶黄色的细砂岩,以其黄色而得名。质重、坚硬、形态浑厚沉实、拙重顽夯,且具有雄浑挺括之美。

采下的单块黄石多呈方形或长方墩状,少有极长或薄片状者。由于黄石节理接近于相互垂直,所形成的峰面具有棱角锋芒毕露,棱之两面具有明暗对比、立体感较强的特点,无论掇山、理水都能发挥出其石形的特色。

3. 青石

青石在北京园林假山叠石中较为常见,在北京西郊洪山口一带都有所产。青石属于水成岩中呈有青灰色的细砂岩,质地纯净而少杂质。由于是沉积而成的岩石,石内就有一些水平层理。水平层的间隔一般不大,所以石形大多为片状,而有"青云片"的称谓。石形也有一些块状的,但成厚墩状者较少。这种石材的石面有相互交织的斜纹,不像黄石那样一般是相互垂直的直纹。

4. 石笋

石笋是外形修长如竹笋的一类山石的总称。其产地颇广,园林中常作独立小景布置,多与竹类配置,如扬州个园的春山、北京紫竹院公园的江南竹韵等。常见的石笋有白果笋、乌炭笋、慧剑和钟乳石等几种。

(1)白果笋。白果笋是在青灰色的细砂岩中沉积了一些卵石,犹如银杏所产的白果嵌在石中而得名。北方则称之为子石或子母剑,剑喻其形，子即卵石，母为细砂岩。白果笋在我国园林中广泛运用，有人把头大而圆的称为虎头笋，头尖而小的称为凤头笋。

（2）乌炭笋。顾名思义，这是一种乌黑色的石笋，它比煤炭的颜色稍浅而少光泽。如用浅色景物作背景，乌炭笋的轮廓就更加清新，可收到较好的对比效果。

（3）慧剑。慧剑是一种净面青灰色或灰青色的石笋，北京的假山师傅沿称其为慧剑。北京颐和园前山东腰数丈高的大石笋就是这样的慧剑。

（4）钟乳石。钟乳石为石灰岩熔融而成，多为乳白色、乳黄色、土黄色等。将钟乳石倒置或正放用以点缀园景，如北京故宫御花园就是用这种石笋作特置小品。

5. 其他石品

园林假山石料除以上四类外，还有石蛋、黄蜡石、松皮石、水秀石、木化石等其他石品。

（1）石蛋。石蛋即大卵石，产于河床之中，经流水的冲击和相互摩擦，磨支棱角而成。大卵石的石质有花岗石、砂岩、流纹岩等，颜色有白、蓝、红、绿、黄等。

这类石多用作园林的配景小品，如路边、草坪、水池旁等的石桌石凳；棕树、薄葵、芭蕉、海竿等植物处的石景。

（2）黄蜡石。黄蜡石产于我国南方各地，具有蜡质光泽，圆光面形的墩状块石，也有呈条状的。此石以石形变化大而无破损、无灰砂，表面滑若凝脂、石质晶莹润泽者为上品。一般也多用作庭园石景小品，将墩、条配合使用，成为更富于变化的组合景观。

（3）松皮石。松皮石是一种暗土红且石质中杂有石灰岩的交织细片，石灰岩部分经长期熔融或人工处理后脱落成空洞块，外观像松树皮般斑驳突出。

（4）水秀石。水秀石颜色有黄白色、土黄色到红褐色，是石灰岩的砂泥碎屑，随着含有碳酸钙的地表水，被冲到低洼地或山崖下沉淀凝结而成。石质不硬，疏松多空，石内含有草根、苔藓、柘枝化石和树叶印痕等，易于雕琢。其石面形状有：纵横交错的树枝状、草秆化石状、杂骨状、粒状、蜂窝状等凹凸形状。

(5)木化石。木化石古老质朴,常用作特置或对置。

石料选择注意事项

(1)按设计图要求了解可能用石料的各种形态,可能拼凑哪些石料及用于何种部位,并通盘考虑山石的形状与用量。

(2)相石在先。山石品种繁多,其形态、色泽、脉络、纹理、大小和质地各有不同,因此,掇山之前应先进行相石。相石应该遵循"源石之生,辨石之态,识石之灵"的原则,还要根据地质学上岩石产生状态来选石,要重视山石密度上的差异。

(3)尽量采用当地的石料,注意地方特色,这样既方便运输,又能减少假山堆叠费用。

三、园林假山石的选择

山石的选用是假山施工中一项重要工作。主要目的是将不同的山石选用到最合适的位点,组成最合适的山石景观。选石工作在施工开始直到施工结束的整个过程中都在进行,需掌握一定的识石和用石技巧。

1. 石质的选择

影响山石质地的主要因素是山石的比重和强度。如作为梁柱式山洞石梁、石柱和山峰下垫脚石的山石,就必须有足够的强度和较大的密度。而强度稍差的片状石,就不能选用在这些地方,但可以用来做石级或铺地。

影响质地的另一因素是质感,如粗糙、细腻、平滑、多皱等,都要匠心筛选。同样一种山石,其质地往往也有粗细、硬软、纯杂、良莠之分。选石时,一定要注意不同石块之间在质地上的差别,质地差别大的山石不宜选用在同一处所。

2. 石态的选择

在山石的形态中,形是外观的现象,而态却是内在的形象。形与态是一种事物的两个无法分开的方面。山石的一定形状，总会表现出一定的精神态势。为了提高假山造景的内在形象表现，在选择石形的同时，还应当注意到其态势、精神的表现。

传统的品评奇石标准中，多见以"丑"字来概括"瘦、漏、透、皱"等石形石态特点的。这个"丑"字，不仅指石形，而且概括了石态。石的外在形象如同一个人的外表，而内在的精神气质则如一个人的心灵。而且，在假山施工选石中特别强调"观石之形，识石之态"，要透过山石的外观形象看到其内在的精神、气势和神采。

3. 石形的选择

除作石景用的单峰石外，并不要求每块山石都具有独立而完整的形态。山石形状的挑选根据应是山石在结构方面的作用和石形对山形样貌的影响情况。假山自下而上可分为底层、中腰和收顶三部分，这三部分在选择石形方面有不同的要求。

(1)底形。假山的底层山石位于基础或桩基盖顶石之上。这一层山石的石形主要应为顽夯、敦实的形状。应该选一些块大而形状高低不一、具有粗犷形态和简括皴纹的山石，可以适应在山底承重和满足山脚造型的需要。

(2)中腰层。中腰层山石在距地面上 1.5m 高度以内的部位，其单个山石的形状也不必特别好，一般只要能与其他山石组合造出粗犷的沟槽线条即可。而且对于石块体量而言，一般的中小山石相互搭配使用即可。在 1.5m 以上高度的山腰部分，应选形状有些变异、石面有一定皱褶和孔洞的山石。

(3)收顶。假山的上部和山顶部分，山洞口的上部及其他比较凸出的部位，为增加山景的自然特征，应选形状变异较大，石面皴纹较美，孔洞较多的山石。

形态特别好且体量较大的，具有独立观赏形态的奇石，可用以"特置"为单峰石，作为园林内的重要石景。

4. 山石颜色的选择

叠石造山也要讲究山石颜色的搭配。不同类的山石固然色泽不一，而同一类的山石也有色泽的差异。原则是：为保证假山在整体的颜色效果上协调统一，将颜色相同或相近的山石尽量选用在一处，在假山的凸出部位可以选用石色稍浅的山石，而在凹陷部位则应选用颜色稍深者；在假山下部可选颜色稍深的山石，而上部则要选色泽稍浅的。

山石颜色的选择还应与所造假山区域的景观特色联系起来。例如，北京颐和园内昆明湖东北隅有向西建筑，在设计中立意借取陶渊明“山气日夕佳”之句，而取名为“夕佳楼”。夕佳楼前选用红黄色的房山石做成假山山谷以营造意境氛围。当夕阳西下时，晚霞与山谷两相辉映，夕阳佳景很是迷人；即使没有夕阳的映衬，红色的山谷也像是有夕阳西照，仍能让游人深深地体会到夕佳楼的意境。扬州个园以假山和置石来反映四时变化：为点出青草破土的景观主题，春山选用高低不一的青灰色石笋石置于竹林之下；夏山则用浅灰色太湖石做水池洞室，并配植常绿树，有夏荫泉洞的湿润之态；秋山为突出秋色而选用黄石；冬山又为表现皑皑白雪而别具匠心地选用白色的宣石。

5. 山石尺度的选择

在同一批运到的山石材料中，形状、大小各异，在叠山选石中要分别对待。假山施工开始时，为削弱山石拼合峰体时的琐碎感，对于主山前面比较显眼位置上的小山峰，要根据设计高度尽量选用大石，在山体的凸出部位或容易引起视觉注意的部位，也最好选用大石。而假山山体中段或山体内部以及山洞洞墙所用的山石则可小一些。

大块的山石中，敦实、平稳、坚韧的还可用做山脚的底石，而石形变异大、石面皴纹丰富的山石则应用于山顶作为压顶的石头。假山山体中段宜选用较小的、形状比较平淡而皴纹较好的山石。

山洞的盖顶石和平顶悬崖的压顶石，应采用宽而稍薄的山石。层叠式洞柱的用石或石柱垫脚石，可选矮墩状山石；竖立式洞柱、竖立式结构的山体表面用石，最好选用长条石。而需要在山体表面做竖向沟槽和棱柱线条时，则更要选用长条状山石。

6. 山石皱纹的选择

石面皴纹、皱褶、孔洞比较丰富的山石，应当用在假山表面；石形规则、石面形状平淡无奇的山石，则可作为假山下部和内部的用石。

作为假山的山石与作为普通建筑材料石材的最大区别是在于是否有可供观赏的天然石面及皴纹。“石贵有皮”就是说，假山石若具有天然“石皮”即天然石面和天然皴纹就是可贵的，是做假山的好材料。

叠石造山要求脉络贯通，而皴纹是体现脉络的主要因素。“皴”指较深、较大块面的皱褶，而“纹”则指细小、窄长的细部凹线。石皴的纹理则既有脉络清楚的，也有纹理杂乱不清的，在假山选石中，要求同一座假山的山石皴纹最好是同一种类。只有统一采用同种皴纹的山石，假山整体上才能显得协调完整。如果采用了折带皴类山石的，则以后所选用的其他山石也要是如同折带皴的；选了斧劈皴的假山，一般就不要再选用非斧劈皴的山石。

7. 选石的步骤

首先选主峰或孤立小山峰的峰顶石、悬崖崖头石、山洞洞口用石，选到后分别做上记号、备用。其次选留假山山体向前凸出部位的用石和山前山旁显著位置上的用石以及土山山坡上的石景用石等。最后将一些重要的结构用石选好。其他部位的用石则在叠石造山施工中随用随选，用一块选一块。总之，山石选择的步骤要求是：先头部后底部、先表面后里面、先正面后背面、先大处后细部、先特征点后一般区域、先洞口后洞中、先竖立部分后平放部分。

知识链接

石料的选择方法

(1)上好的单块峰石，应放在最安全的地方。按施工造型的程序，峰石多是作为最后使用的，故应放于离施工场地稍远一点的地方，以防止其他石料在使用吊装的过程中与之发生碰撞而造成损坏。

(2)其他石料可按其不同的形态、作用和施工造型的先后顺序合理安放。如拉底时先用，可放在前面一些；用于封顶的，可放在后面；石色纹理接近的放置一处，可用于大面的放置一处等。

(3)要使每一块石料的大面，即最具形态特征的一面朝上，以便施工时不必翻动就能辨认而取用。

(4)要有次序地进行排列式放置,2～3 块为一排,成竖向条形置于施工场地。条与条之间需留有较宽裕的(约 1.5m)通道,以供搬运石料之用。

(5)从叠石造山大面的最佳观赏点到山石拼叠的施工场地,一定要保证其空间地面的平坦并无任何障碍物。观赏点又叫假山工匠的定点位置,假山工匠每堆叠一块石料,都要从堆叠山石处再退回到定点的位置上进行"相形",这是保证叠石造山大面不偏向的极其重要的细节。

(6)每一块石料的摆放都力求单独,即石与石之间不能挤靠在一起,更不能成堆放置。

(7)最忌讳是边施工边进料,使假山工匠无法将所有的石料按其各自的形态特征进行统筹计划和安排。

四、园路假山石施工

1. 假山叠石的基础

(1)假山叠石或在重要位置堆砌的峰石、瀑布,宜由设计单位或委托施工单位制作 1∶25 或 1∶50 的模型,经建设单位及有关专家评审认可后再进行施工。

(2)假山叠石选用的石材质地应一致,色泽相近,纹理统一。石料应坚实耐压,无裂缝、损伤、剥落现象;峰石应形态完美,具有观赏价值。

(3)施工放样应按设计平面图,经复核无误后,方可施工。无具体设计要求时,景石堆置和散置,可由施工人员用石灰在现场放样示意,并经有关单位现场人员认可。

(4)假山叠石的基础工程及主体构造应符合设计和安全规定,假山结构和主峰稳定性应符合抗风、抗震强度要求。

(5)假山叠石的基础应符合下列规定:

1)假山地基基础承载力应大于山石总荷载的 1.5 倍;灰土基础应低于地基平面 20cm,其面积应大于假山底面积,外沿宽出 50cm。

2)假山设在陆地上,应选用 C20 以上混凝土制作基础;假山设在水中,应选用 C25 混凝土或不低于 M7.5 的水泥砂浆砌石块制作基础。根据不同地势、地质有特殊要求的可做特殊处理。

(6)假山石拉底施工应做到统筹向背、曲折错落、断续相间、连接互咬;拉底石材应坚实、耐压,不得用风化石块做基石。

2. 假山、叠石主体工程

(1)主体山石应错缝叠压,纹理统一。叠石或景石放置时,应注意主面方向,掌握重心。山体最外侧的峰石底部应灌注 1∶2 水泥砂浆。每块叠石的刹石不应少于 4 个受力点,刹石不应外露。每层之间应补缝填陷,并灌注 1∶2 水泥砂浆。

(2)假山、叠石和景石布置后的石块间缝隙,应先填塞、连接、嵌实,用 1∶2 的水泥砂浆进行勾缝。勾缝应做到自然平整、无遗漏。明缝不应超过 2cm 宽,暗缝应凹入石面 1.5～2cm,砂浆干燥后色泽应与石料色泽相近。

(3)跌水、山洞的山石长度不应小于 150cm,整块大体量山石应稳定不得倾斜。横向挑出的山石后部配重不小于悬挑质量的 2 倍,压脚石应确保牢固,粘结材料应满足强度要求。辅助加固构件(银键扣、铁爬钉、铁扁担、各类吊架等)承载力和数量应保证达到山体的结构安全及艺术效果要求,铁件表面应做防锈处理。

(4)假山山洞的洞壁凹凸面不得影响游人安全,洞内应有采光,不得积水。

(5)假山、叠石、布置临路侧、山洞洞顶和洞壁的岩面应圆润,不得带锐角。

假山、叠石外形艺术处理应石不宜杂、纹不宜乱、块不宜匀、缝不宜多,形态自然完整。

(6)登山道的走向应自然,踏步铺设应平整、牢固,高度以 14～16cm 为宜,除特殊位置外,高度不得大于 25cm,宽度不应小于 30cm。

(7)溪流景石的自然驳岸的布置,应体现溪流的自然感,并与周边环境协调。汀步安置应稳固,面平整。设计无要求时,汀步边到边距不应大于 30cm,高差不宜大于 5cm。

(8)壁峰不宜过厚,应采用嵌入墙体为主,与墙体脱离部分应有可靠排水措施。墙体内应预埋铁件钩托石块,保证稳固。

3. 假山收顶工程

(1)收顶的山石应选用体量较大、轮廓和体态富于特征的山石。

(2)收顶施工应自后向前、由主及次、自上而下分层作业。每层高度宜为30～80cm,不得在凝固期间强行施工,影响胶结料强度。

(3)顶部管线、水路、孔洞应预埋、预留,事后不得凿穿。

(4)结构承重受力用石必须有足够强度。

4. 置石的形式

置石的主要形式有特置、对置、散置、群置、山石器设等。置石工程应符合下列规定:

(1)置石石材、石种应统一,整体协调。

(2)置石的材质、色泽、造型应符合设计要求。

(3)特置山石应符合下列要求:

1)应选择体量较大、色彩纹理奇特、造型轮廓突出、具有动势的山石。

2)石高与观赏距离应保持1∶2～1∶3之间。

3)单块高度大于120cm的山石与地坪、墙基贴接处应用混凝土窝脚,亦可采用整形基座或坐落在自然的山石面上。

(4)对置山石应以两块山石为组合,互相呼应。宜立于建筑门前两侧或道路人口两侧。

(5)散置山石应有疏有密,远近结合,彼此呼应,不可众石纷杂,凌乱无章。

(6)群置山石应石之大小不等、石之间距不等、石之高低不等,应主从有别,宾主分明,搭配适宜。

第二节 园林假山石的布置

一、园林置石

置石是以石材或仿石材布置成自然露岩景观的造景手法。置石还可结合它的挡土、护坡和作为种植床等实用功能,用以点缀风景园林空间。

置石时要注意石身之形状和纹理，宜立则立，宜卧则卧，纹理和背向需要一致。

1. 特置

特置也称孤置、孤赏、峰石，大多数由单块山石布置成为独立性的石景，特置要求选体量大、轮廓线突出、形态多变、色彩突出的山石。这种山石如果和一般山石混用便会埋没其的观赏特征。特置山石可采用整形的基层，如图 4-2 所示。也可坐落在自然的山石上面，如图 4-3 所示。

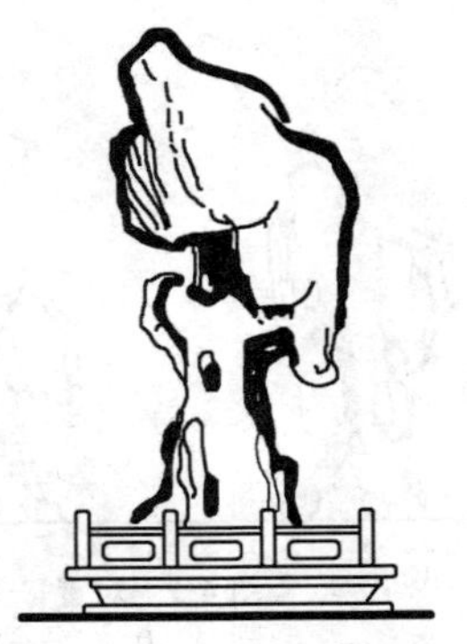

图 4-2 整形基座上的特置

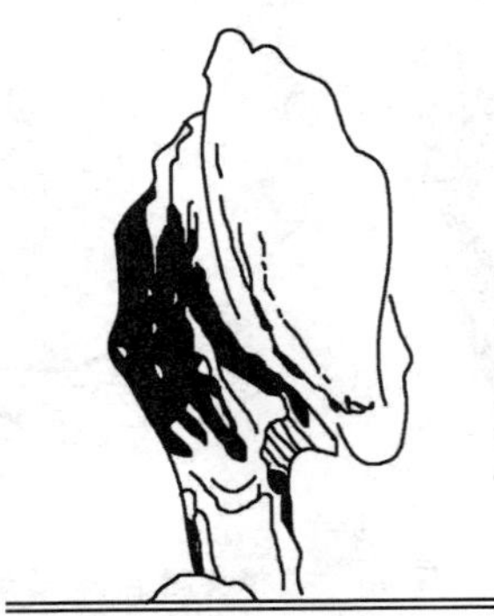

图 4-3 自然基座上的特置

特置山石在工程结构方面要求稳定和耐久。其关键是掌握山石的重心线以保持山石的平衡。传统的做法是用石榫头稳定，如图 4-4 所示。榫头一般不用很长，大致十几厘米到二十几厘米，根据石之体量而定。但榫头要求争取比较大的直径，周围石边留有 3cm 左右即可。石榫头必须正好在重心线上。基磐上的榫眼比石榫的直径略大一点，但应该比石榫头的长度要深一点。这样可以避免因石榫头顶住榫眼底部而石榫头周边不能和基磐接触。吊装山石以前，只需在石榫眼中浇灌少量粘合材料，待石榫头插入时，粘合材料便自然地充满了空隙的地方。

山石在养护期间，为避免发生危险，应加强管理，禁止游人靠近。

特置山石还可以结合台景布置。台景也是一种传统的布置手法，用石头或其他建筑材料做成整形的台，内盛土壤，台下有一定的排水设施，然后在台上布置山石和植物。或仿作大盆景布置，使人欣赏这种有组合的整体美。

2. 对置

对置是指沿建筑中轴线两侧作对称位置的山石布置，如图 4-5 所示。对置在北京古典园林中运用较多，如颐和园寿殿前的山石布置等。在材料困难的地方亦可用小石拼成特置峰石。

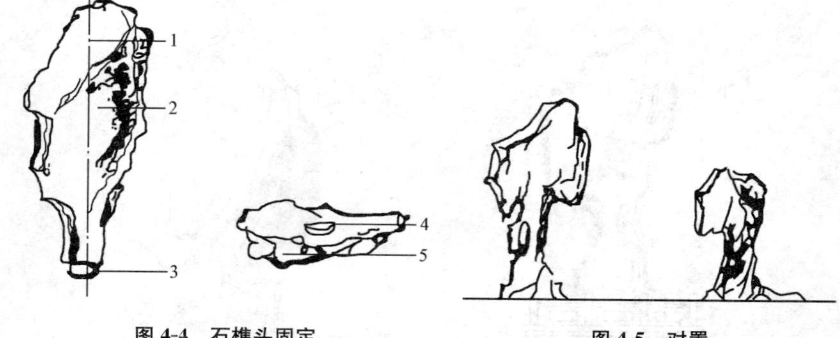

图 4-4 石榫头固定

1—重心线；2—石峰；3—榫头；4—榫眼；5—磐

图 4-5 对置

3. 散置

散置是仿照山野岩石自然分布之状而施行点置的一种手法。散置之石既要不使人感到零乱散漫或整齐划一，又要有自然的情趣，若断若续、相互连贯、彼此呼应。散置的运用范围甚广，在掇山的山脚、山坡、山头，在池畔水际、溪涧河流，在林下，在花径中，在路旁，都可以散点山石而得到意趣。如山脚部分常以岩石横卧，半含土中，然后又有或大或小，或横或竖的块石散置直到平坦的山麓，仿若山岩余脉和山间巨石散落或风化后残存的岩石（图 4-6）。一般山石的散置要力求自然，为种植、保持水土创造条件；山顶的散置要好似强烈风化过程中留下的较坚固的岩石。总之，散置无定式，随势随形而定点。

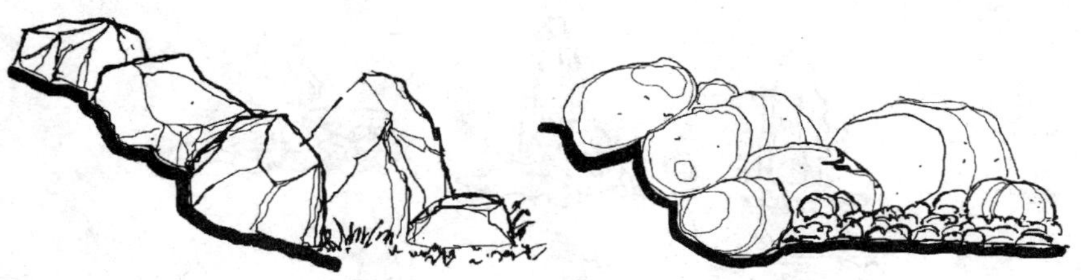

图 4-6　散置

4. 群置

群置也称为聚点，是指山石成群布置，作为一个群体来表现。群置在用法和要点方面基本同散点相同，其不同之处是所在空间比较大。要求石块大小不等，体形各异，布置时疏密有致，前后错落，左右呼应，高低不一，形成生动的自然石景。

群置常用于园门两侧、廊间、粉墙前、路旁、山坡上、小岛上、水池中或与其他景物结合造景。如苏州耦园二门两侧，几块山石和松枝结合护卫园门，共同组成诱人入游的门景。避暑山庄卷阿胜境遗址东北角尚存山石一组，寥寥数块却层次多变，主次分明，高低错落，具有寸石生情的效果。

群置的关键手法在于一个“活”字，这与我国国画石中所谓“攒三聚五”、“大间小、小间大”等方法相仿。布置时要主从有别，宾主分明(图 4-7)，搭配适宜，根据“三不等”原则(即石之大小不等，石之高低不等，石之间距不等)进行配置，如图 4-8～图 4-10 所示。群置山石还常与植物相结合，配置得体，则树、石掩映，妙趣横生，景观之美，足可入画(图 4-11)。

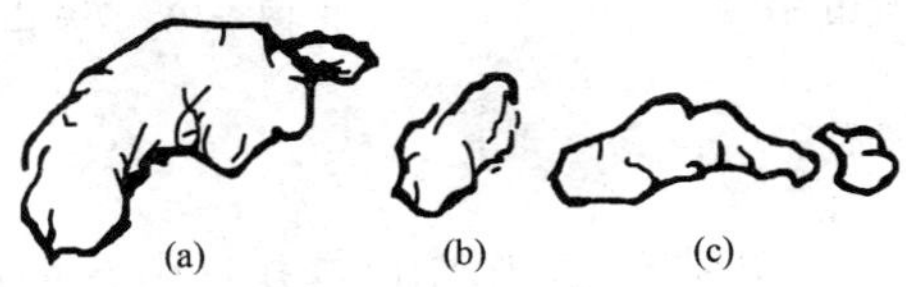

图 4-7　配石示例

(a)主石；(b)从石；(c)宾石

图 4-8　三块山石相配

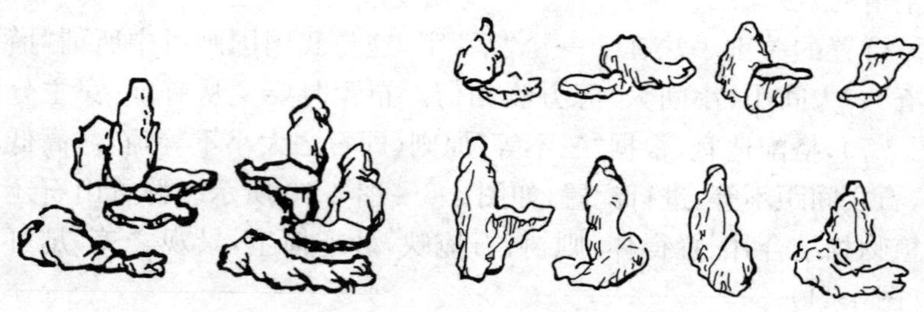

图 4-9　五块山石相配　　　　图 4-10　两块山石相配

5. 孤置

孤置是指孤立独处地布置单个山石，并且山石是直接放置在或半埋在地面上的布置方式。孤置的石景一般能起到点缀环境的作用，常常被当作园林局部的一般陪衬景物使用，也可布置在其他景物之旁。

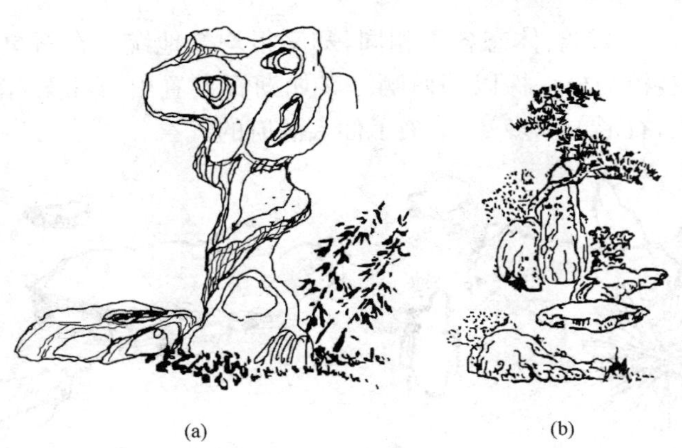

(a)　　(b)

图 4-11　树石相配

(a)石主竹从；(b)松主石从

作为附属的景物，孤置石的布置环境可以在路、草坪上、水边、亭旁、树下，也可布置在建筑或园墙的漏窗或景窗后，与窗口一起构成框景或漏景。

6. 器设

用自然山石作室外环境中的家具器设，如作为石桌、石凳、石几、石水钵、石屏风等，不仅有实用价值，而且有一定的造景效果。这种石景布置的方式即是山石器设。

用山石器设很容易和周围环境取得协调，既节省木材又能耐久，无须搬出搬进，也不怕日晒雨淋。

山石器设既可独立布置，又可与其他景物结合设置，如图 4-12 所示。在室外可结合挡土墙、花台、水池、驳岸等统一安排；在室内可以用山石叠成柱子作装饰。

山石几案既具有实用价值，又可与造景密切配合，特别适用于有起伏地形的自然地段，这样很容易与周围的环境取得协调，既节省木材又坚固耐久，且不怕日晒雨淋，无需搬进搬出。为避免游人受太阳暴晒，山石几案宜布置在林间空地或有树木遮阴的地方。山石几案虽有桌、几、凳之分，但切不可按一般家具那样对称安置。如图 4-12 所示，几个石凳大小、高低、体态各不相同，却又很均衡地统一在石桌周围，西南隅留空，植油松一株以挡西晒。又如湖石点置山石几案（图 4-13），尺度合宜，石形古拙多变，渲染了仙人洞府的气氛。

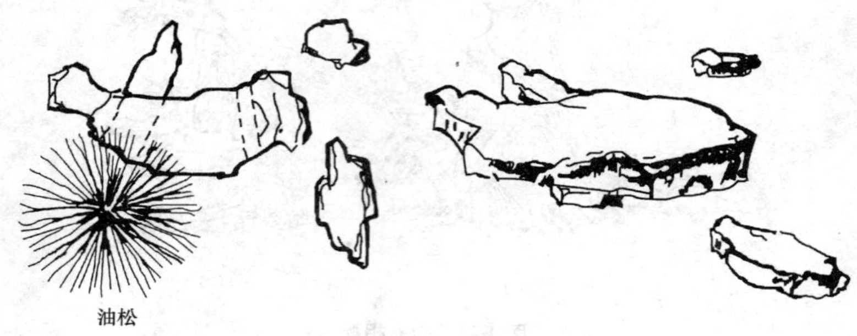

图 4-12　青石几案布置

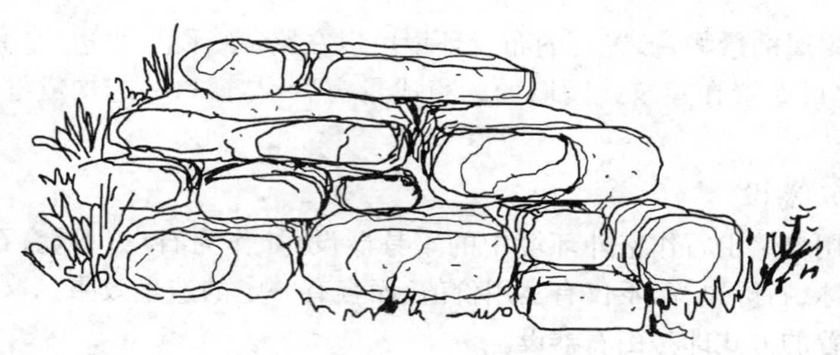

图 4-13　湖石几案

7. 花台

园林中常以山石做成花台，种植观赏植物，如牡丹、芍药、红枫、竹、南天竺等。花台要有合理的布局，适当吸取篆刻艺术中“宽可走马，密不透风”的手法，采取沾边、把角，让心交错等布局手法，使之有收放、明晦、远近和起伏等对比变化。对于花台个体，则要求平面上曲折有致，兼有大弯小弯，而且曲率和间隔都有变化。如果利用自然延伸的岩脉，立面上要求有高下、层次和虚实的变化。有高擎于台上峰石，也有低隆于地面的露岩。

二、假山石与建筑物组景

用少量的山石在适宜的部位装点建筑给人的感觉就如同把建筑建在自然的山岩上一样的效果。所置山石模拟自然裸露的山岩，建筑则依岩而建。因此，山石在这里所表现的实际是大山之一隅，可以适当运用局部夸张的手段。其目的仍然是减少人工的气氛，增添自然的气氛。常见的布置形式有以下几种。

1. 山石踏跺和蹲配

山石踏跺是用扁平的山石台阶的形式连接地面，强调建筑出入口的山石堆叠体。山石踏跺既可作为台阶出入建筑，又有助于处理由人工建筑到自然环境之间的过渡。石材不一定都要求为长方形，也可选择扁平状的，各种角度的梯形甚至为不等边的三角形，更富于自然的外观。每级高度为10～30cm，或更高一些，各阶的高度不一定完全相等。为方便排水，每阶山石向下坡方向有2%的倾斜坡度。为避免人们上台阶时脚尖碰到石阶上沿石阶断面要求上挑下收。用小石块拼合的石级，要注意“压茬”，即在上面的石头压住下面的石缝。

蹲配是常和如意踏跺配合使用的一种置石方式。从实用功能上来分析它可兼备垂带和门口对置的石狮、石鼓之类装饰品的作用。而从外形上又不像垂带和石鼓那样呆板。它不仅可作为石级两端支撑的梯形基座，也可以由踏跺本身层层迭上而用蹲配遮挡两端不易处理的侧面。在保证这些实用功能的前提下，蹲配在空间造型上则可利用山石的形态极尽自然变化。所谓“蹲配”以体量大而高者为“蹲”，体量小而低者为“配”。实际上除了“蹲”以外，也可“立”、“卧”，以求组合上的变化。但务必使蹲配在建筑轴线两旁有均衡的构图关系。

2. 拐角和镶隅

建筑物相邻的墙面相交成直角，直角内的围合空间称为内拐角，而直角外的发散空间称为外拐角。外拐角之外以山石环抱之势紧抱基角墙面，称为抱角。对于墙内角则以山石填镶其中，称为镶隅。经过这样处理，本来是在建筑外面包了一些山石，却又似建筑坐落在自然的山岩上。拐角和镶隅的体量均须与墙体所在的空间取得协调。一般情况下,大体量的建筑抱角和镶隅的体量需较大,反之宜较小。抱角和镶隅的石材及施工,必须使山石与墙体,尤其是可见部位能密切吻合。

镶隅的山石常结合植物,一部分山石紧砌墙壁,另一部分与其自然围合成一个空间,内部添土,栽植轻盈的观赏植物。植物、山石的影子投放到墙壁上,植物在风中摇曳,使本来呆板、僵硬的直角线条和墙面显得柔和,壁山也显得更加生动。与镶隅相似,沿墙建的折廊,与墙形成零碎的空间,在其间缀以山石、植物,不仅可补白,也可丰富沿途景观。

3. 粉壁置石

粉壁置石是以墙作为背景,在面对建筑的墙面、建筑山墙或相当于建筑墙面前基础种植的部位作石景或山景布置,也称“壁山”。这也是传统的园林手法,即“以粉壁为纸,以石为绘也”。《园冶》有谓:“峭壁山者,靠壁理也。借以粉壁为纸,以石为绘也。理者相石皴纹,仿古人笔意,植黄山松柏古梅美竹。收之园窗,宛然镜游也。”在江南园林的庭院中,这种布置随处可见。

壁山又叫粉壁理石,置于墙前壁下,体量可大可小。大的壁山施工可参照假山的施工技术操作要点,较小的壁山类似于置石,但比置石的层次要求要多一些。

山石多选用湖石、剑石,仿古山石画的意境,主次分明,有起有伏,错落有致,常配以松柏、古梅、修竹或以框收之,好似美妙的画卷。山石布置时,为使石景有一定的景深和层次变化,不能全部靠墙,应限定距离。应避免长期积水泡胀墙体,山石与墙之间要做好排水,在园林中,往往单独专门建一段墙体,用粉壁置石来构景,常做障景、隔景等。

4. 回廊转折处的廊间山石小品

园林中的廊子在平面上往往做成曲折回环的半壁廊,以争取空间的变化或使游人从不同角度去观赏植物。这样便会在廊与墙之间形成一些大小不一、形体各异的小天井空隙地。这是可以发挥用山石小品“补白”的地方，使之在很小的空间里也有层次和深度的变化。同时可以诱导游人按设计的游览序列入游，丰富沿途的景色，使建筑空间小中见大，活泼无拘。上海豫园东园“万花楼”东南角有一处回廊小天井处理得当。自两宜轩东行，有园洞门作为框景猎取此景，自廊中往返路线的视线焦点也集中于此。因此位置和朝向处理得法。

5.“尺幅窗”和“无心画”

园林景色为了使室内外互相渗透常用漏窗透石景。这种手法是清代李渔首创。他把内墙上原来挂山水画的位置开成漏窗，然后在窗外布置竹石小品之类，使景入画。这样便以真景入画，使画幅生动百倍，称为“无心画”。以“尺幅窗”透取“无心画”是从暗处看明处，窗花有剪影的效果，加以石景以粉墙为背景，从早到晚，窗景因时而变。苏州留园东部“揖峰辑”北窗三叶均以竹石为画。微风拂来，竹叶翩洒。阳光投入，修篁弄影。些许小空间却十分精美、深厚，居室内而得室外风景之美。

尺幅窗和无心画形式考究：精致的边框，精雕细刻，或用简洁大方的图案作饰边；所叠山石最高处，在镜框高度的 1/2～3/4 之间，其他地方留白；旁植修竹或其他姿态潇洒的树种，将一部分枝叶或全株纳入画中，构成虚实对比；以粉墙为背景，相当于宣纸；画在左右两边可提对联，用以点题。茶室、展览室、音乐间等相对幽静、高雅的空间环境，可布置此景。

6. 云梯

以山石掇成的室外楼梯，山石凹凸起伏，梯阶时隐时现，故称云梯。

云梯的设置不仅可节约使用室内建筑面积，又可成自然山石景。如果只能在功能上作为楼梯而不能成景则不是上品。而做得好的云梯往往是组合丰富，变化自如。扬州寄啸山庄东院将壁山和山石楼梯结合一体。由庭上山，由山上楼，比较自然。其西南小院之山石楼梯一面贴墙，楼梯下面结合山石花台与地面相衔接。自楼下穿道南行，云梯一部分又成为穿道的对景。山石楼梯转折处置立石，古老的紫藤绕石登墙，颇具变化。

知识链接

掇　　山

掇山是用自然山石掇叠成假山的工艺过程。掇山与置石比较，相对复杂，要求统筹考虑其科学性、艺术性和技术性三方面。假山最根本的法则就是“有真为假，作假成真”。“有真为假”说明了掇山的必要性；“作假成真”提出了对掇山的要求。天然的名山大川固然是风景美好的所在，但一不可能搬到园中，二不可能悉仿。只能用人工造山理水以解此求。假山必须合乎自然山水地貌景观形成和演变的科学规律。“真”和“假”的区别在于真山既经成岩石以后，便是“化整为零”的风化过程或熔融过程。本身具有整体感和一定的稳定性。假山正好相反，是由单体山石掇成的，就其施工而言，是“集零为整”的工艺过程。必须在外观上注重整体感，在结构方面注意稳定性，因此才说假山工艺是科学性、技术性和艺术性的综合体。

三、假山石与植物配景

山石与植物主要以花台的形式结合，即用山石堆叠花台的边台，内填土，栽植植物；或在规则的花台中，用植物和山石组景。

山石花台提高了栽植土壤的高度，使一部分不耐水渍的花木，如牡丹、芍药、兰花等花大、香浓、色正的花木能够健康生长。由于山石花台也可与自然式的游园道取得协调，还可以增大视角，使花木山石在正常观赏视角范围内，不至于使游客蹲下观花闻香，因此山石花台广泛应用于南方园林中。

花台与驳岸的功能相似，一个为挡水，另一个为挡土。不同之处在于，驳岸着重观赏临水面，而山石花台主要观赏背土面，所以要尽可能使山石堆砌手法多变，以丰富花台的平、立面构图。

> 山石的“拼整”操作，常常是在千百块石料的拼整组合过程中进行的，即使是同一品质的石料也无法保证其色泽、纹理和形状上的统一，因此在色彩、外形、纹理等方面有所过渡，才能使山体具有整体性。

第三节　堆山施工

一、自然山体的组成

自然山体是隆起地表的高低,或峰峦叠嶂,或山峰巍峨,或孤山独立,或群山蜿蜒,虽形态变化万千,但根据山岳形体要素和地貌分析,其组成部分包括以下三部分。

1. 山顶

山顶是山岳的最高部分,按其形态有尖顶、圆顶和平顶之分,山岳两坡顶部相接形成山脊。山脊起分水岭的作用,主干山脊往往代表山岳的走向,山脊每个转折处常是次一级山脊的起点。

2. 山坡

峰脊线以下,山麓带之上为山坡。山坡为山体露出的主要部分,按其倾斜程度,可分为陡坡、凹坡和梯形坡。

3. 山麓

山坡下部过渡到其他地貌单元的地段称为山麓。每个山麓的个体组成部分呈条带状持续延伸称为山脉。多个山脉的组合称山系。如图 4-14 所示。

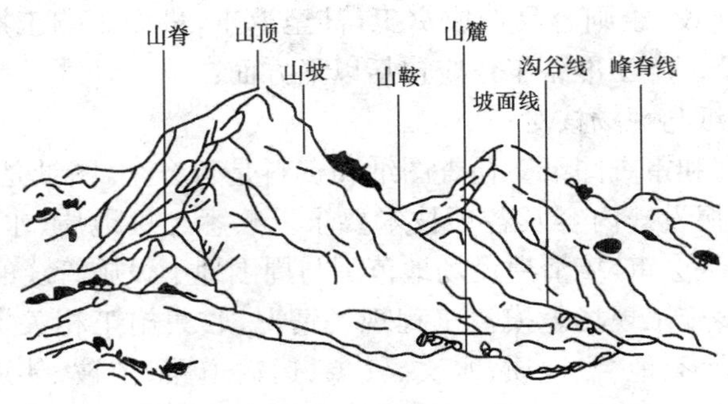

图 4-14　自然山体组成示意图

二、土山的分类

土山是不用一石而全部堆土的假山，是人工假山中的一种类型。假山就是从土山开始逐步发展到叠石的。土山可利于植物生长，能形成自然山林的景象，极富野趣，所以在现代市绿化中有较多的应用。在北方园林中应用相对较多，且多与山石结合布置。因南方地区多雨，易受冲刷，故而多用草坪或地被植物等护坡，防止发生泥土流失。

园林中的土山按其在组景中的功能不同分为以下几种：

(1)主景山。主景山体量大，位置突出，山形变化丰富，构成园林主题，便于主景升高，多用于主景式园林，高 10m 以上。

(2)背景山。背景山用于衬托前景，使其更加明显，用于纪念性园林，高 8～10m。

(3)障景山。障景山阻挡视线，用于分隔和围合空间形成不同景区，增加空间层次，呈蜿蜒起伏丘陵状，高 1.5m 以上。

(4)配景山。配景山用于点缀园景，登高远眺，增加山林之趣，一般园林中普遍运用，多为主山高度的 1/3～2/3。

三、堆山施工步骤

1. 施工准备

在土方施工前应对工程建设进行认真、周全的准备，合理组织和安排工程建设，否则容易造成窝工，甚至返工，进而影响工期，带来不必要的浪费。施工准备工作应包括以下方面：

(1)图纸与现场核对。

1)研究和审查图纸。检查图纸和资料是否齐全，图纸是否有错误和矛盾；掌握设计内容及各项技术要求。熟悉土层地质、水文勘察资料，进行图纸会审，搞清建设场地范围与周围地下设施管线的关系。

2)勘察施工现场。摸清工程现场情况，收集施工相关资料，如施工现场的地形、地貌、地质、水文、气象、运输道路、植被、邻近建筑物、地下设施、管线、障碍物、地面上施工范围内的障碍物和堆积物状况，供水、供电、通信情况，防洪排水系统等。

特别提示

堆山注意事项

堆山的布局应主次分明，互相呼应。先定主峰的位置和体量，后定次峰和配峰。主峰高耸、浑厚，客山拱伏、奔趋，这是构图的基本规律。画山有所谓“三远”。宋代郭熙《林泉高致》中说：“山有三远，自山下而仰山巅，谓之高远；自山前而窥山后，谓之深远；自近山而望远山，谓之平远”。

(2)清理现场。在施工场地范围内，凡是有碍于工程的开展或影响工程稳定的地面物和地下物均应予以清理，以便后续的施工工作正常开展。有碍挖方填方的草皮、乔灌木应先行挖除，凡土方挖深不大于50cm或填方高度较小的土方施工，其施工现场及排水沟中的树木都必须连根拔除。

(3)做好排水设施。对场地积水应立即排除。特别是在雨季，在有可能流来地表水的方向上都应设堤或截水沟、排洪沟，若有积水必须及时抽水。

特别提示

排水注意事项

(1)排除地面水的注意事项：在施工前根据施工区域地形特点在场地内及周围挖排水沟，并防止场外的水流入。在低洼处挖湖施工时，除挖好排水沟外，必要时还应加筑围堰或设防水堤。另外，在施工区域内考虑临时排水设施时，应注意与原排水方式相适应，并且应尽量与永久性排水设施相结合。为了排水通畅，排水沟的纵坡不应小于2%，沟的边坡值为1∶1.5，沟底宽及沟深不小于50cm。

(2)地下水排除的注意事项：园林土方工程中多用明沟，将水引至集水井，再用水泵抽走。一般按排水面积和地下水位的高低来安排排水系统，先定出主干渠和集水井的位置，再定支渠的位置和数目。土壤含水量大，要求排水迅速的，支渠分支应密些，反之可疏。

2. 定点放线

对于堆山工程的放线，一般采用方格网法施工。将方格网放样到地上，在每个方格网交点处立桩木，桩木上应该有桩号和施工标高，木桩一般选用 5cm×5cm×40cm 的木条，桩上的标号与施工图上方格网的编号相一致，施工标高中挖方注上“+”号，填方注上“−”号。在确定施工标高时，由于实际地形可能与图纸有出入，因此，需要放线时用水准仪重新测量，重新确定施工标高。分层填筑时，5m 以上的山体需分层进行打桩。

3. 运方堆筑

(1)堆筑顺序。

1)先填石方，后填土方。土、石混合填方时或施工现场有需要处理的建筑渣土而堆筑区又比较大时，应先将石块、粗粒废土或渣土填在底层，并紧紧地筑实，然后再将壤土或细土在上层填实。

2)先填底土，后填表土。在挖方中挖出的原地面表土暂时堆在一旁，然后将底土先填入填方区底层，待底土填好后，再将肥沃表土回填到填方区作面层。

3)先填近处，后填远处。近处的填方区应先填，待近处填好后再逐渐填向远处；但每填一处，均要分层填实。

(2)运方。在运方的过程中按照就近挖方和就近填方的原则，力求土方就地平衡，以减少土方的搬运量。运土的关键是运输线路的组织，一般采用回环式道路，避免相互交叉。运土方式也分人工运土和机械运土两种。人工运土一般是短途的小搬运。长距离运土和工程量很大时通常需要机械运土，运输工具主要是装载机和汽车。

特别提示

运土方式的选用

根据施工特点和工程量大小，我选用合理的方式运土。以设计的山头为中心，采用螺旋式分路上土法，运土顺循环道路上填，每经过全路一遍，便顺次将土卸在路两侧，空载的车(人)沿线路继续前行下山，车(人)不走回头路，不交叉穿行。这不仅合理组织了人工，而且使土方分层上升，土体稳定，表面较自然。

(3)土山体堆筑。

1)土山体的堆筑材料。土山体堆筑的填料应符合设计要求,保证堆筑土山体土料的密实度和稳定性。当在地下构筑物的顶面堆筑较高的土山体时,可考虑在土山体的中间放置轻型填充材料。

堆山材料

土山是以土壤作为基本堆山材料,在陡坎、陡坡处用块石做护坡、挡土墙或蹬道,但一般不用自然山石在山上造景。这种类型的假山占地面积很大,是构成园林基本地形和基本景观背景的重要构成要素。在实际造园中,常常利用建筑垃圾(废砖瓦、墙土等)堆积成山,外覆土壤而成。

带石土山的主要材料是泥土,只在土山的山坳、山麓点缀岩石,在陡坎或山顶部分用自然山石砌筑成悬崖绝壁景观,一般还有山石做成梯级或蹬道。带石土山可以建造得比较高,其用地面积却比较小,故多用在较大的庭院中。

带土石山从外观看主要是由自然山石组成的,山石多用在山体的表面,由石山墙体围成假山的基本形状,墙后则用泥土填实。这种山石结合的假山占地面积较小,山的特征却较为突出,适用于营造奇峰、悬崖、崇山峻岭等多种山地景观,在古典园林中比较常见。

2)地基加固。土方堆筑时,要求对持力层地质情况作详细了解,并计算山体重量是否符合该地块地基最大承载力,如大于地基承载力则应采取地基加固措施。地基加固的方法有打桩、设置钢筋混凝土结构的筏板基础、箱形基础等,还可以采用灰土垫层、碎石垫层、三合土垫层等,并且进行强夯处理,以达到山体堆筑的承载要求。

3)土山体的堆筑方式。土山体堆筑应采取分层填筑方式,一层一层地堆,不要采取沿着斜坡向外逐渐倾倒的方式。分层填筑时,在要求质量较高的填方中,每层的厚度应不超过30cm,在一般的填方中,每层的厚度可为30～60cm。

4)土山体的压实。填土过程中,最好填一层即压实一层,层层压实。在自然斜坡上填土时,为防止新填土方沿着坡面滑落,可先把斜坡挖成阶梯状,再填入土方,这样就增强了新填土方与斜坡的咬合性,保证了新填土方的稳定性。

①土山体应采用机械进行压实。用推土机来回行驶进行碾压，履带应重叠1/2，填土可利用汽车行驶作部分压实工作，行车路线须均匀分布于填土层上，汽车不能在虚土上行驶，卸土推平和压实工作须采用分段交叉进行。

②为保证填土压实的均匀性及密实度，避免碾轮下陷，提高碾压效率，在碾压机械碾压之前，宜先用轻型推土机、拖拉机推平，低速预压4～5遍，使表面平实。

③碾压机械压实填方时，应控制行驶速度，一般平碾、振动碾不超过2km/h，并要控制压实遍数。当堆筑接近地基承载力（达到承载力80%）时，未作地基处理的山体堆筑应放慢堆筑速率，严密监测山体沉降及位移的变化。

④已填好的土如遭水浸，在把稀泥铲除后方能进行下一道工序。填土区应保持一定横坡，或中间稍高两边稍低，以利排水。当天填土，应在当天压实。

5）土山体密实度的检验。土山体在堆筑过程中，每层堆筑的土体均应达到设计的密实度标准，若设计未定标准，则应达到88%以上，并且进行密实度检验，一般采用环刀法（或灌砂法），才能填筑上层。

6）土山体的等高线。山体的等高线按平面设计及竖向设计施工图进行施工，在山坡的变化处做到坡度的流畅，每堆筑1m高度对山体坡面边线按图示等高线进行一次修整。采用人工进行作业，以符合山形要求。整个山体堆筑完成后，再根据施工图平面等高线尺寸形状和竖向设计的要求自上而下对整个山体的山形变化点（山脊、山坡、山凹）精细地修整一次，要求做到山体地形不积水，山脊、山坡曲线顺畅、柔和。

7）土山体的种植土。土山表层种植土要求按照《园林绿化工程施工及验收规范》（CJJ 82—2012）中的有关条文执行。

8）土山体的边坡。土山体的边坡应按设计规定要求，如无设计规定，对山体部分大于23.5°的自然安息角的造型，应该增加碾压次数和碾压层，条件允许的情况下，要分台阶碾压，以达到最佳密实度，防止出现施工中的自然滑坡。

在堆土做陡坡时，要用松散的土堆出陡坡是不容易的，需要采取特殊处理，如可以用袋装土垒砌的办法直接垒出陡坡，其坡度可以做到200%以上。土袋不必装得太满，装土为70%～80%即可，这样垒成陡坡更为稳定。袋子可选用麻袋、塑料编织袋或玻璃纤维布袋。袋装土陡坡的后面要及时填土夯实，使两者结成整体以增强稳定性。陡坡垒成后，还需要湿土对坡面培土，掩盖土袋使整个土山浑然一体。坡面上还可栽种须根密集的灌木或培植山草，利用树根和草根将坡土紧固起来。

土山的悬崖部分用泥土堆不起来，一般要用假山石或块石浆砌成挡土石壁，然后在背面填土，石壁后要有一些长条形石条从石壁埋入山体中，形成狗牙楂状，以加强山体与石壁的连接，增强石壁的稳定性。砌筑时，石壁砌筑1.2～1.5m，应停工几天待水泥凝固硬化，并在石壁背面填土夯实之后，才能继续向上砌筑崖壁。

4. 成品修整与保护

由于以上质量问题的存在，都可能导致土壤下沉，所以在养护的过程中要对土山不断地进行修整。

土山的养护过程是一个相当漫长的过程，需要慢慢沉积形成自然安息角，若土方超过各种土壤的不同安息角和地面承载力，就易被冲刷、坍塌、自身不稳定。同时，游人攀登也不安全，极易造成事故。

填筑常见问题及处理方法

(1)土壤下沉。虚铺土超过规定厚度或冬季施工时有较大的冻土块或夯实遍数不够，甚至漏夯；回填基底有机杂物或落土清理不干净；施工用水渗入垫层中，受冻膨胀等造成山体下沉。

(2)堆山夯实不足。在夯实时直对干土适当洒水加以润湿，如土壤太湿同样夯不密实，呈“橡皮土”现象，这时应将“橡皮土”挖出，重新换好土再予夯实。

(3)堆山应按设计要求预留沉降量，如设计无要求时，可根据工程性质、堆山高度、密度要求和地基情况确定沉降量(沉降量一般不超过填方高度的3%)。

第四节　自然山石假山工程施工

一、假山基础

1. 假山定位与放线

假山定位与放样前要熟悉假山工程设计图，掌握山体形式和基础的结构。要在平面图上按一定的比例尺寸，依工程大小或平面布置复杂程度，采用 2m×2m 或 5m×5m 或 10m×10m 的尺寸画出方格网，以其方格与山脚轮廓线的交点作为地面放样的依据，以便于放样。在设计图方格网上，选择一个与地面有参照的可靠固定点，作为放样定位点，然后以此点为基点，按实际尺寸在地面上画出方格网；并对应图纸上的方格和山脚轮廓线的位置，放出地面上的相应的白灰轮廓。

2. 基础施工

一般情况下，若设计中未要求开挖基槽，假山基础施工可以不用开挖地基而直接将地基夯实后就做基础层。这样不仅可以减少土方工程量，而且可以节约山石材料。

将地基土面夯实后，再按设计要求摊铺和压实基础的各结构层。如果是做桩基础，可以不夯实地基，而直接打下基础桩。

桩基础多为短木桩或混凝土桩，打桩位置和深度应根据设计要求进行打桩基时，桩木按梅花形排列，称“梅花桩”。桩木的相互间距约为 20cm。桩木顶端可露出地面或湖底 10～30cm，其间用小块石嵌紧嵌平，再用平正的花岗石或其他石材铺一层在顶上，作为桩基的压顶石，或用灰土填土夯实。混凝土桩基的做法和木桩桩基一样，也有在桩基顶上设压顶石与设灰土层的两种做法。

如果是灰土基础的施工，则要先开挖基槽。基槽的开挖范围按地面绘出的基础施工边线确定。基槽挖深一般为 50～60cm。挖好基槽后，将槽底地面夯实，再铺填灰土做基础。灰土基础所用石灰应选新出窑的块状灰，在施工现场浇水化成细灰后再使用。灰土中的泥土一般就地采用素土，泥土应整细，干湿适中，土质黏性稍强的比较好。灰、土应充分混合，每铺一层就夯实一层。顶层夯实后，一般还应将表面找平，使基础的顶面成为平整的表面。

浆砌块石基础施工的基槽宽度与灰土基础的宽度一样，要比假山底面宽 50cm 左右。基槽地面夯实后，可用碎石、3∶7 灰土或 1∶3 水泥干砂铺在地面做一个垫层。垫层之上再做基础层。做基础用的块石应为棱角分明、质地坚实、大小不一的石材，一般用水泥砂浆砌筑。用水泥砂浆砌筑块石可采用浆砌与灌浆两种方法。浆砌就是用水泥砂浆挨个地拼砌，灌浆则是先将块石嵌紧铺装好，然后用稀释的水泥砂浆倒在块石层上面，并促使其流动灌入块石的每条缝隙中。

混凝土基础施工，首先应挖掘基础的槽坑，挖掘范围按地面的基础施工边线，挖槽深度一般可按设计的基础层厚度，但在水下做假山基础时，基槽的顶面应低于水底 10cm 左右。基槽挖成后夯实底面，再按设计做好垫层。然后按照基础设计所规定的配合比，将水泥、砂和卵石搅拌配制成混凝土，浇筑于基槽中并捣实铺平。待混凝土充分凝固硬化后，即可进行假山山脚的施工。

完成基础施工后，就可进行第二次定位放线，即在基础层的顶面重新绘出假山的山脚线，并标出高峰、山岩和其他陪衬山的中心点和山洞洞坑位置。

特别提示

检查部位的选择

为方便基础和土方的施工，应在不影响堆土和施工的范围内，选择便于检查基础尺寸的有关部位。如假山平面的纵横中心线、纵横方向的边端线、主要部位的控制线等位置的两端，设置龙门桩或埋地木桩，以便在挖土或施工时的放样白线被挖掉后，作为测量尺寸成再次放样的基本依据点。

二、假山山脚

假山山脚直接落在基础之上，是山体的起始部分，包括拉底、起脚和做脚三部分。俗话说："树有根，山有脚"。山脚是假山造型的根本，山脚的造型对山体部分有很大的影响。

1. 拉底

拉底，是指在山脚线范围内砌筑第一层山石，即做出垫底的山石层。一般拉底应用大块平整山石，坚实、耐压，不允许用风化过度的山石。拉底山石高度以一层大块石为准，有形态的好面应朝外，注意错缝。每安装一块山石，即应将刹垫稳，然后填稳，如灌浆应先填石块，如灌混凝土则应随灌随填石块，山脚垫刹的外围，应用砂浆或混凝土包严。

(1)拉底的方式。假山拉底的方式有满拉底和周边拉底两种。

1)满拉底。满拉底就是在山脚线的范围内用山石铺满一层，这种拉底的做法适宜规模较小、山底面积也较小的假山，或在北方冬季有冻胀破坏地方的假山。

2)周边拉底。周边拉底则是先用山石在假山山脚沿线砌一圈垫底石，再用乱石碎砖或泥土将石圈内全部填起来，压实后即成为垫底的假山底层。这一方式适用于基底面积较大的大型假山。

(2)拉底的技术要求。底层的山脚石选择大小合适，不易风化的山石，每块山脚石必须垫平垫实，不得有丝毫摇动。各山石之间要紧密咬合，拉底的边缘要错落变化，以免做成平直和浑圆形状的脚线。

2. 起脚

起脚是指在垫底的山石层上开始砌筑假山。由于起脚石直接作用于山体底部的垫脚石，因此要选择和垫脚石一样质地坚硬、形状安稳实在、少有空穴的山石材料，以确保能够承受山体的重压。

除土山和带石土山外，假山的起脚安排宜小不宜大，宜收不宜放。起脚一定要控制在地面山脚线的范围内，宁可向内收一点，也不能向突出于山脚线外、大于上部分准备拼叠造型的山体。即使因起脚太小而导致砌筑山体时的结构不稳，还可以通过补脚来加以弥补。如果起脚太大，砌筑山体时易造成山形臃肿、呆笨，没有一点险峻的态势，而且不容易补救。

起脚时，定点、摆线要准确。先选出山脚突出点所需的山石，并将其沿着山脚线先砌筑上，待多数主要的凸出点山石都砌筑好后，再选择和砌筑平直线、凹进线处所用的山石。这样，既保证了山脚线按照设计而成弯曲转折状，避免山脚平直的毛病，又使山脚突出部位具有最佳的形状和最好的皴纹，增加了山脚部分的景观效果。

3. 做脚

用山石砌筑成山脚即为做脚。它是在假山的上面部分山形山势大体施工完成以后，于紧贴起脚石外缘部分拼叠山脚，以弥补起脚造型不足的一种操作技法。

(1)山脚的造型。假山山脚的造型应与山体造型结合起来考虑，要根据山体的造型采取相应的造型处理方法，使整个假山的形象浑然一体，完整且丰满。山脚可以做成凹进脚、凸进脚、断连脚、承上脚、悬底脚、平板脚等形式，如图 4-15 所示。

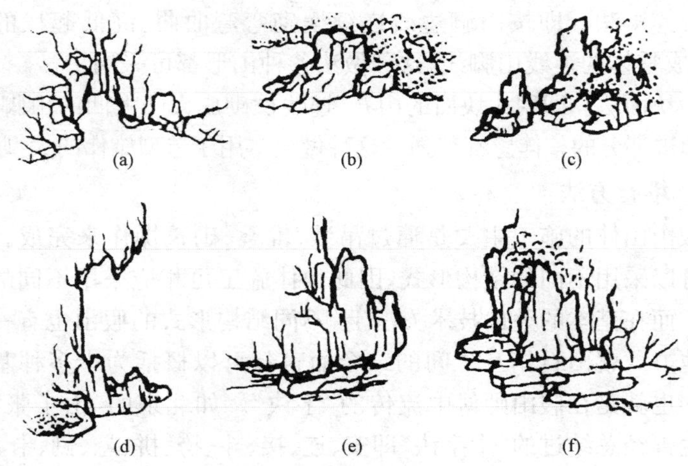

图 4-15　山脚的造型

(a)凹进脚；(b)凸出脚；(c)断连脚；(d)承上脚；(e)悬底脚；(g)平板脚

(2)做脚的方法。山脚可以采用点脚法、连脚法和块面法三种做法,如图 4-16 所示。

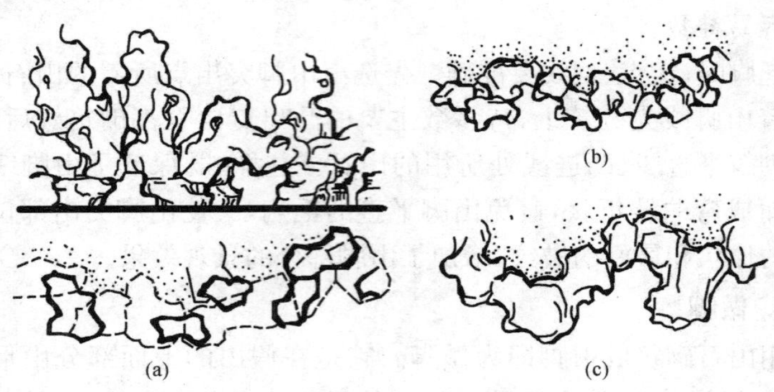

图 4-16　做脚的三种方法

(a)点脚法;(b)连脚法;(c)块面法

1)点脚法。即在山脚边线上,用山石每隔不同的距离作墩点,用片块状山石盖于其上,做成透空小洞穴,这种做法多用于空透型假山的山脚。

2)连脚法。即按山脚边线连续摆砌弯弯曲曲、高低起伏的山脚石,形成整体的连线山脚线,这种做法各种山形都可采用。

3)块面法。即用大块面的山石,连线摆砌成大凸大凹的山脚线,使凸出凹进部分的整体感都很强。这种做法多用于造型雄伟的大型山体。

4. 堆叠方法

假山山体的施工主要是通过吊装、堆叠、砌筑操作来完成。由于假山可以采用不同的结构形式,因此山体施工可相应采用不同的堆叠方法。而在基本的叠山技术方法上,不同结构形式的假山也有一些共同的地方。就山石相互之间的结合而言却可以概括为十多种基本的形式。也就是在假山师傅中流传的"字诀"。如北京的"山子张"张蔚庭先生曾经总结过的"十字诀"即安、连、接、斗、挎、拼、悬、剑、卡、垂。

(1)安。将一块山石平放在一块至几块山石之上的叠石方法就叫作"安"。这里的"安"字又有安稳的意思,即要求平放的山石要放稳,不能被摇动，石下不稳处要用刹石垫实刹紧。“安”的手法主要用在要求山脚空透或在石下需要做眼的地方。根据安石下面支承石的多少，这种技法又分为单安、双安、三安三种形式，如图 4-17 所示。

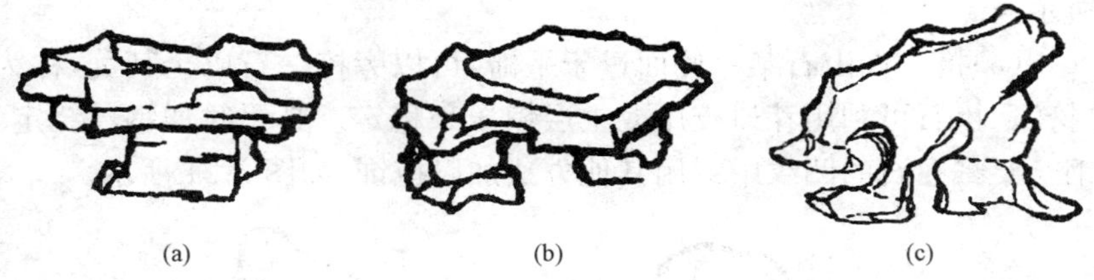

图 4-17 安的类型

(a)单安；(b)双安；(c)三安

(2)连。山石之间水平向衔接称为“连”。“连”要求从假山的空间形象和组合单元来安排，要“知上连上”，从而产生前后左右参差错落的变化，同时又要符合皴纹分布的规律，如图 4-18 所示。

(3)接。山石之间竖向衔接称为“接”。“接”既要善于利用天然山石的茬口，又要善于补救茬口不够吻合的所在。最好是上下茬口互咬，同时不因相接而破坏了石的美感。接石要根据山体部位的主次依皴结合。一般情况下是竖纹和竖纹相接，横纹和横纹相接。但有时也可以以竖纹接横纹，形成相互间既有统一又有对比衬托的效果，如图 4-19 所示。

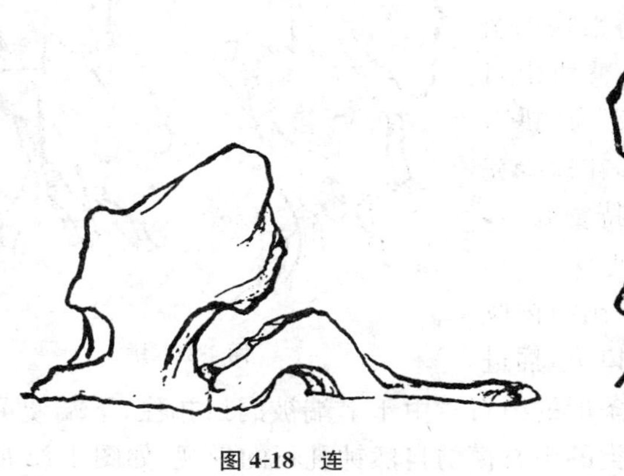

图 4-18 连

图 4-19 接

(4)斗。置石成向上拱状，两端架于两石之间，腾空而起，若自然岩石之环洞或下层崩落形成的孔洞。在故宫乾隆花园第一进庭院东部偏北的石山上，可以明显地看到这种模拟自然的结体关系，如图 4-20 所示。

(5)挎。如山石某一侧面过于平滞，可以旁挎一石以全其美，称为“挎”。挎石可利用茬口咬压或土层镇压来稳定。必要时加钢丝绕定。钢丝要藏在石的凹纹中或用其他方法加以掩饰，如图 4-21 所示。

图 4-20　斗

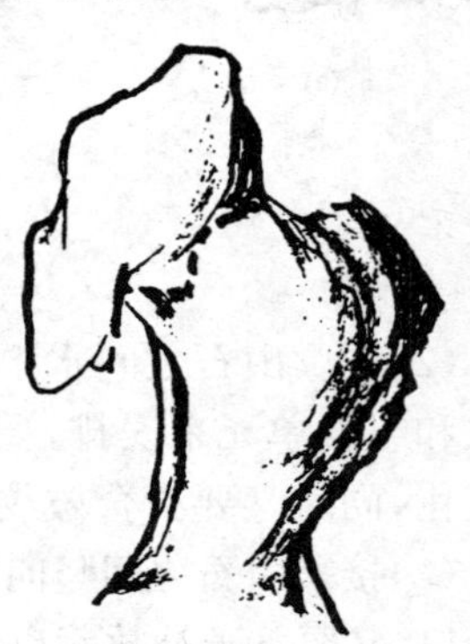

图 4-21　挎

(6)拼。在比较大的空间里，因石材太小，单独安置会感到零碎时，可以将数块以至数十块山石拼成一整块山石的形象，这种做法称为“拼”，如图 4-22 所示。如在缺少完整石材的地方需要特置峰石，也可以采用拼峰的办法。

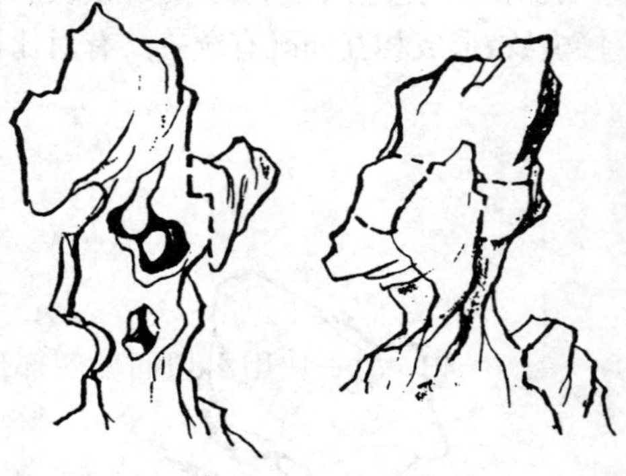

图 4-22　拼

(7)悬。在下层山石内倾环供环成的竖向洞口下，插进一块上大下小的长条形的山石。由于上端被洞口扣住，下端便可倒悬当空。多用于湖石类的山石模仿自然钟乳石的景观，如图 4-23 所示。

(8)剑。以竖长形象取胜的山石直立如剑的做法。峭拔挺立，有刺破青天之势。多用于各种石笋或其他竖长的山石，如青石处，木化石等。立“剑”可以造成雄伟昂然的景象，也可以须知成小巧秀丽的景象。因境出景，因石制宜。作为特置的剑石，其地下部分必须有足够的长度以保证稳定。一般石笋或立剑都宜自成独立的画面，不宜混杂于他种山石之中，否则很不自然。就造型而言，立剑要避免“排如炉独花瓶，列似刀山剑树”，忌“山、川、小”形成排列，如图 4-24 所示。

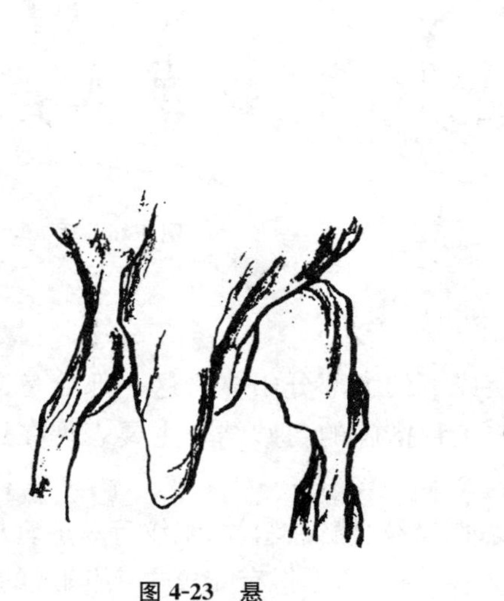

图 4-23　悬

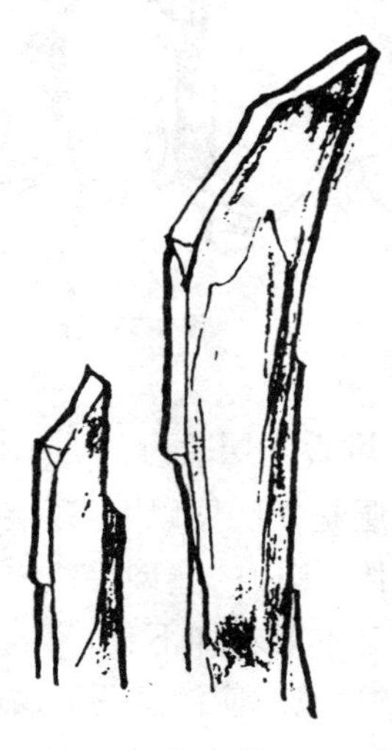

图 4-24　剑

(9)卡。下层由两块山石对峙形成上大下小的楔口，再于楔口中插入上大下小的山石，这样便正好卡于楔口中而自稳。“卡”的做法一般用在小型的假山中，如图 4-25 所示。

(10)垂。从一块山石顶面偏侧部位的企口处，用另一山石倒垂下来的做法称“垂”。“悬”和“垂”很容易混淆，但它们在结构上受力的关系是不同的，如图 4-26 所示。另外，还有挑、飘、戗等。江南一带则流传“九字诀”，即叠、竖、垫、拼、挑、压、钩、挂、撑。与九字诀相比，有些是共有的字，有些即使称呼不一样但实际内容相同。由此可见我国南北的匠师是一脉相承的，这些技法是历代工匠、技师们从自然山石景观中归纳总结出来的，在实际运用过程中应因地制宜、随机应变、灵活运用，不能教条、呆板硬套。

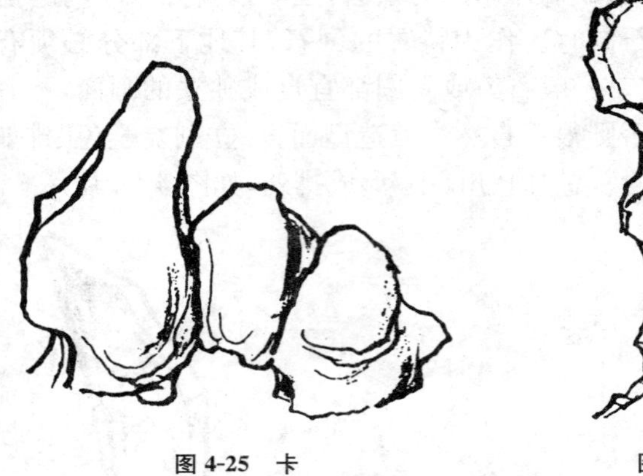

图 4-25　卡

图 4-26　垂

5. 堆叠中层

中层是指底层以上、顶层以下的大部分山体。这一部分是掇山工程的主体，掇山的造型手法与工程措施的巧妙结合主要表现在这一部分。其基本要求如下：

(1)堆砌时应注意调节纹理，竖纹、横纹、斜纹、细纹等一般宜尽量同方向组合。整块山石要避免倾斜，靠外边不得有陡板式、滚圆式的山石。

(2)石色要统一，色泽的深浅力求一致，差别不能过大，更不允许同一山体用多种石料。

(3)一般假山多运用“对比”手法，显现出曲与直、高与低、大与小、远与近、明与暗、隐与显各种关系，运用水平与垂直错落的手法，使假山或池岸、掇石错落有致，富有生气，表现出山石沟壑的自然变化。

(4)叠石“四不”、“六忌”。

1)石不可杂、纹不可乱、块不可均、缝不可多。

2)忌“三峰并列，香炉蜡烛”；忌“峰不对称，形同笔架”；忌“排列成行，形成锯齿”；忌“缝多平口，满山灰浆，寸草不生，石墙铁壁”；忌“如似城墙堡垒，顽石一堆”；忌“整齐划一，无曲折，无层次”。

6. 收顶

收顶即处理假山最顶层的山石，具有画龙点睛的作用。叠筑时要用轮廓和体态都富有特征的山石，注意主、从关系。收顶一般分为峰、峦和平顶三种类型，可根据山石形态分别采用剑、堆秀、流云等手法。其施工要点如下：

(1)收顶施工应自后向前、由主及次、自下而上分层作业。每层高度为 0.3～0.8m，各工作面叠石务必在胶结料未凝之前或凝结之后继续施工。不得在凝固期间强行施工，一旦松动则胶结料失效，影响全局。

(2)一般管线水路孔洞应预埋、预留，切忌事后穿凿，松动石体。

(3)对于结构承重受力用石必须小心挑选，保证有足够强度。

(4)山石就位前应按叠石要求原地立好，然后拴绳打扣。无论人抬机吊都应有专人指挥，统一指令术语。就位应争取一次成功，避免反复。

(5)掇山始终应注意安全，用石必查虚实。拴绳打扣要牢固，工人应穿戴防护鞋帽，掇山要有躲避余地。雨期或冰期要排水防滑。人工抬石应搭配力量，统一口令和步调，确保行进安全。

(6)掇山完毕应重新复检设计(模型)，检查各道工序，进行必要的调整补漏，冲洗石面，清理场地。

(7)有水景的地方应开阀试水，统查水路、池塘等是否漏水。

(8)有种植条件的地方应填土施底肥，种树、植草一气呵成。

掇山注意事项

顶层是掇山效果的重点部位，收头峰势因地而异，故有北雄、中秀、南奇、西险之称。就单体形象而言又有仿山、仿云、仿生、仿器设之别。掇山顶层有峰、峦、泉、洞等 20 多种。其中“峰”就有多种形式。峰石需选最完美丰满石料，或单或双，或群或拼。立峰必须以自身重心平衡为主，支撑胶结为辅。石体要顺应山势，但立点必须求实避虚，峰石要主、次、宾、配，彼此有别，前后错落有致。忌“笔架香烛，刀山剑树之势”。

三、假山洞

大型、复杂的假山一般都有山洞。山洞一般为梁柱式结构，整个假山洞壁实际上由柱和墙两部分组成。

1. 假山洞的形式

假山洞的形式，见表4-1。

表4-1　　假山洞的形式

结构形式	说　明	图　示
梁柱式结构	洞的一般结构即梁柱式结构，整个假山洞壁实际上由柱和墙两部分组成。柱受力而墙承受的荷载不大，因此洞墙部分用作开辟采光和通风的自然窗门。从平面上看，柱是点，同侧柱点的自然连线即洞壁。壁线之间的通道即是洞，如图1所示	图1　梁柱式山洞
挑梁式结构	假山洞的另一结构形式为"挑梁式"或称"叠涩式"，即石柱渐起渐向山洞侧挑伸，至洞顶用巨石压合，如图2所示。这是吸取桥梁中之"叠梁"或称"悬臂桥"的做法。圆明园武陵春色之桃花洞，巧妙地于假山洞上结土为山，不仅保证结构上"镇压"挑梁的需要，又形成假山跨溪、溪穿石洞的奇观	图2　挑梁式山洞
拱券式结构	到了清代，出现了戈裕良创造的拱券式的假山洞结构。现存苏州环秀山庄之太湖石假山出自戈氏之手，其中山洞无论大小均采用拱券式结构。由于其承重是逐渐沿券成环拱挤压传递，因此不会出现梁柱式石梁压裂、压断的危险，而且顶、壁一气，整体感强，戈氏此举实为假山洞结构之革新，如图3所示	图3　拱券式山洞

2. 假山洞做法

在一般地基上做假山洞，大多筑两步灰土，而且是“满打”，基础两边比柱和壁的外缘略宽出不到 1m，承重量特大的石柱还可以在灰土下面加桩基。这种整体性很强的灰土基础，可以防止因不均匀沉陷造成局部坍塌甚至牵扯全局的危险。有不少梁柱式假山洞都采用花岗石条石为梁，或间有“铁扁担”加固。这样，虽然满足了结构上的要求，但洞顶外观极不自然，洞顶和洞壁不能融为一体，即便加以装饰，也难以求全，以自然山石为梁，外观就稍好一些。

> 洞，深邃幽暗，具有神秘感或奇异感。岩洞在园林中不仅可以吸引游人探奇、寻幽，还具有打破空间的闭锁、产生虚实变化、丰富园林景色、联系景点、延长游览路线、改变游览情趣、扩大游览空间等作用。

3. 假山洞采光

假山洞利用洞口、洞间天井和洞壁采光洞采光。采光孔洞兼作通风。采光洞口皆坡向洞外，使之进光不进水。洞口和采光孔都是控制明暗变化的主要手段。如环秀山庄在利用湖石自然透洞，将其安置在比较低的洞壁位置上，使洞内地下稍透光，有现代地灯的类似效果，其洞府地面之西南角又有小洞可通水池，不仅可作采水面反光之用，而且也可排除洞内积水。承德避暑山庄在文津阁的假山洞坐落池边，洞壁之弯月形采光洞正好倒映池中，洞暗而“月”明，俨如水中映月而白昼不去，可谓匠心独运。

4. 山石的固定与链接

叠山施工中，不论采用哪种结构形式，都要解决山石之间的固定与衔接问题。其技术方法通用于任何结构形式的假山。

(1)山石加固设施。必须在山石本身重点稳定的前提下用以加固。常用熟铁或钢筋制成。铁活要求用而不露，因此不易发现。

(2)支撑。将山石吊装到山体的一定位点，经过位置、姿态的调整，将山石固定在一定的状态后，就要先进行支撑，使山石临时固定下来。支撑材料以木棒为主，以木棒的上端顶着山石的某一凹处，木棒的下端则斜着落在地面,并用一块石头将棒脚压住(图 4-27 中 a)。一般每块山石都要用 2～4 根木棒支撑,因此,工地上最好多准备一些长短不同的木棒。另外,铁棍或长形山石也可以作为支撑材料。

(3)捆扎。山石的固定,还可采用捆扎的方法,如图 4-27 中 b 所示。山石捆扎固定一般采用 8 号和 10 号钢丝。用单根或双根钢丝做成圈,套上山石,并在山石的接触面垫上或抹上水泥砂浆后再进行捆扎。捆扎时钢丝圈先不必收紧,应适当松一点;然后再用小钢钎将其绞紧,使山石固定。此方法适用于小块山石,对大块山石应以支撑为主。

(4)铁活固定。对质地比较松软的山石,可以将铁爬钉打入两块相连接的山石上,使两块山石紧紧地抓在一起(图 4-27 中 c),每个连接部位打入 2～3 个铁爬钉。对质地坚硬的山石,要先在地面用银锭扣连接好后,再作为一整块山石用在山体上。在山崖边安置坚硬山石时,使用铁吊架也能达到固定山石的目的。

(5)刹垫。刹垫是山石固定方法中重要方法之一。刹垫是指用平稳小石片将山石底部垫起来,使山石保持平衡状态的一种方法。操作时,先将山石的位置、朝向、姿态调整好,再把水泥砂浆塞入石底,然后用小石片轻轻打入不平稳的石缝中,直到石片卡紧为止(图 4-27 中 d)所示。一般在石底周围要打进 3～5 个石片,才能固定好山石。刹片打好后,再用水泥砂浆把石缝完全塞满,使两块山石连成一个整体。

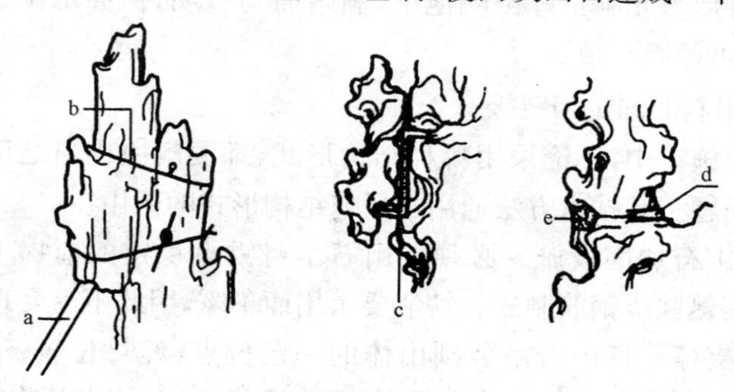

图 4-27 山石衔接与固定方法

a—支撑;b—钢丝捆扎;c—铁活固定;d—刹垫;e—填肚

(6)填肚。填肚，就是用水泥砂浆把山石接口处的缺口填补起来，直至与右面平齐(图 4-27 中 e)。

掌握了上述山石固定与衔接方法后，就可以进一步了解假山山体堆叠的技术方法。山体的堆叠方法应根据山体结构形式来选用。

四、自然山石假山工程施工步骤

施工准备→施工放样→挖槽→基础施工→拉底→中层施工→勾缝→收顶与做脚→假山养护。

1. 施工准备

> 假山工程是一门特殊造景技艺的工程，一般选择有丰富施工经验的假山师傅组成专门的假山工程队，另外，还有石工、起重工、泥工、普工等，人数为8～12人。根据该工程的要求，由假山施工工长负责统一调度。

(1)技术准备。施工前要求技术人员熟读假山施工图纸等有关文件和技术资料，了解设计意图和设计要求。由于假山工程的特殊性，一般只能表现出山形的大体轮廓或主要剖面，此时施工人员应按照1∶10～1∶50 的比例制成假山石膏模型，使设计立意变为实物形象。

(2)现场准备。施工前必须反复详细地勘察现场，主要内容为“两看一相端”。一看土质、地下水位，了解基底土允许承载力，以保证山体的稳定；二看地形、地势、场地大小、交通条件、给排水的情况及植被分布等；一相端即相石。做好“四通一清”，尤其是道路必须保证畅通，且具备承载较大荷载的能力，避免石材进场对路面造成破坏。

(3)材料准备。选用的黄石在块面、色泽上应符合设计要求，石质必须坚实、无损伤、无裂痕，表面无脱落。峰石的造型和姿态应达到设计的艺术构思要求。石材装运应轻装、轻吊、轻卸。对于峰石等特殊用途或有特殊要求的石材，在运输时用草包、草绳或塑料材料绑扎，防止损伤。石材运到施工现场后，应进行检查，凡有损伤的不得作面掌石使用。石材运到施工现场后，必须对石材的质地、形态、纹理、石色进行挑选和清理，除去表面尘土、尘埃和杂物，分别堆放备用。

(4)工具与施工机械准备。根据工程量，确定施工中所用的起重机械。准备好施工机械、设备和工具，做好起吊特大山石的使用吊车计划。同时，要准备足够数量的手工工具。按规定地点和方式存放，设专人对其维修保养，并使所有进场设备均处于最佳的运转状态。

2. 施工放样

(1)在假山平面设计图上按 1m×1m 的尺寸绘出方格网，在假山周围环境中找到可以作为定位依据的建筑边线、围墙边线或园路中心线，并标出方格网的定位尺寸。

(2)按照设计图方格网及定位关系，将方格网放大到施工现场的地面。利用经纬仪、放线尺等工具将横纵坐标点分别测设到场地上，并在点上钉下坐标桩。放线时，用几条细线拉直连接各坐标桩，表示方格网。然后用白灰将设计图中的山脚线在地面方格网中放大绘出，将山石的堆砌范围绘制在地面上，施工边线要大于山脚线 500mm，作为基础边线。

3. 挖槽

根据基础大小与深度开挖，挖掘范围按地面的基础施工边线，挖槽深度为 800mm 厚，采用人工和机械开挖相结合的方式进行开槽，挖出的土方要堆放到合适的位置上，保证施工现场有足够的作业面。

4. 基础施工

现代假山多采用浆砌块石或混凝土基础。浆砌块石基础也称为毛石基础。砌石时用 M10 水泥砂浆。砌筑前要对原土进行夯实作业，夯实度达到标准后，即可进行基础施工。施工方法及详细要求同一般的园林工程基础。

5. 拉底

拉底，就是在山脚范围内砌筑第一层山石，即做出垫底的山石层。一般这一层选用大块的山石拉底，具有使假山的底层稳固和控制其平面轮廓的作用，因此被视为叠山之本。具体施工时先用山石在假山山脚沿线砌成一圈垫底石,埋入土下约 20cm 深作为埋脚,再用满拉底的方式,即在山脚线的范围内用毛石铺满一层,垫成后即成为假山工程的底层。

6. 中层施工

中层叠石在结构上要求平稳连贯,交错压叠,凹凸有致,并适当留空,以做到虚实变化,符合假山的整体结构和收顶造型的要求。这部分结构占整个假山体量最大,是假山造型的主要部分。施工过程中应对每一块石料的特性有所了解,观察其形状、大小、质量、色泽等,并熟记于心,在堆叠时先在想象中进行组合拼叠,然后在施工时能信手拿来并发挥灵活机动性,寻找合适的石料进行组合。掇山造型技艺中的山石拼叠实际上就是相石拼叠的技艺。操作的流程:相石选石→想象拼叠→实际拼叠→造型相形。中层施工关键在于假山师傅的技艺。

7. 勾缝

现代一般用 1∶1 的水泥砂浆勾缝,勾缝用小抹子,有勾明缝和暗缝两种做法,一般水平方向勾明缝,竖直方向采用暗缝。勾缝时不宜过宽,最好不要超过 2cm,如缝隙过宽,可用石块填充后再勾缝。一般采用柳叶抹做勾缝的工具。砂浆可随山石色适当掺加矿物质颜料。勾缝时,随勾随用毛刷带水打点,尽量不显抹纹痕迹。暗缝应凹入石面 1.5～2cm,外观越细越好。

8. 收顶与做脚

(1)收顶是假山最上层轮廓和峰石的布局。由于山顶是显示山势和神韵的主要部分,也是决定整座假山重心和造型的主要部分,它被认为是整座假山的魂,所以至关重要。收顶一般分为峰、峦和平顶三种类型,尖日峰,圆日峦,山头平坦则日顶。总之,收顶要掌握山体的总体效果,与假山的山势、走向、体量、纹理等相协调,处理要有变化,收头要完整。

(2)做脚是在掇山施工大体完成以后,于紧贴拉底石外缘部分拼叠山脚,以弥补拉底造型的不足。

9. 假山养护

掇山完毕后，要重视勾缝材料的养护期，没有足够的强度时不允许拆支撑的脚手架。在凝固期间禁止游人靠近或爬到假山上游玩，以防止发生意外和危险。凝固期过后要冲洗石面，彻底清理现场，包括山体周边山脉点缀、局部调整与补缺、勾缝收尾、与地面连接、植物配置等，再对外开放，供游人观赏游览。

第五节　人工塑造山石工程施工

一、人工塑造山石的概念、特点与分类

1. 人工塑造山石的概念

在现代园林中，常运用混凝土、玻璃钢、有机树脂等现代材料和石灰、砖、水泥等非石材料进行塑石、塑山，以降低假山石景的造价和增强假山石景景物的整体性。塑山塑石可省采石、运石之工，造型不受石材限制。体量可大可小，适用于山石材料短缺、施工条件受到限制或结构承重条件受限的地方。塑山具有施工期短和见效快的优点，缺点在于混凝土硬化后表面有细小的裂纹，表面皴纹的变化不如自然山石丰富以及不如石材使用期长等。

2. 人工塑造山石的特点

(1)方便。指塑石塑山所用的砖、水泥等材料来源广泛，取用方便，可就地解决，无需采石、运石之烦。

(2)灵活。指塑石塑山在造型上不受石材大小和形态限制，可完全按照设计意图进行造型。

(3)省时。指塑石塑山的施工期短，见效快。

(4)逼真。好的塑山无论是在色彩还是质感上都能取得逼真的石山效果。

由于塑山所用的材料毕竟不是自然山石，因而，在神韵上还是不及石质假山，同时使用期限较短，需要经常维护。

3. 人工塑造山石的分类

人工塑造山石根据其结构骨架材料的不同，可分为砖石结构骨架塑山和钢筋结构骨架塑山。

（1）砖石结构骨架塑山。

1）砖骨架塑山，即以砖作为塑山的骨架，适用于小型塑山及塑石。

2）采用砖石填充物塑石时，先按照设计的山石形体，用废旧的山石料砌筑，砌体的形状与设计石形差不多。可在砌体内砌出内空的石室，然后用钢筋混凝土板盖顶，留出门洞和通气口以节省材料。当砌体胚形完全筑好后，就用 1∶2 或 1∶2.5 的水泥砂浆，仿照自然山石石面进行抹面。以这种结构形式做成的塑石，石内有空心的，也有实心的。

（2）钢筋结构骨架塑山。钢筋骨架塑山，即以钢材作为塑山的骨架，适用于大型假山。

1）基架设置。可按山形、体量和其他条件选择分别采用的基架结构，如砖基架、钢架、混凝土基架或者是三者的结合。坐落在地面的塑山要有相应的地基处理，坐落在室内的塑山则必须根据楼板的构造和荷载条件作结构计算，包括地梁和钢材梁、柱和支撑设计等。基架将自然山形概括为内接的几何形体的桁架，作为整个山体的支撑体系，并在此基础上进行山体外形的塑造。施工中应注意对山体外形的把握，由于基架一般都是几何形体，应在主基架的基础上加密支撑体系的框架密度，使框架的外形尽可能接近设计的山体的形状。

2）铺设钢丝网。砖基架可设或不设钢丝网。一般形体较大者都必须设钢丝网。钢丝网要选易于挂泥的材料并将钢丝网与基架绑扎牢固。若为钢基架则还宜先做分块钢架，附在形体简单的基架上，变几何形体为凸凹的自然外形，其上再挂钢丝网。钢丝网根据设计模型用木槌和其他工具成型使之成为最终的造型形状。

3）打底及造型。如果是砖骨架，骨架完成后一般以 M7.5 混合砂浆打底，并在其上进行山石皴纹造型；若为钢骨架，则应先抹白水泥麻刀灰二遍，再堆抹 C20 豆石混凝土（坍落度为 0～2），然后进行山石皴纹造型。

4)上色修饰。按设计对石色的要求,刷涂或喷涂非水溶性颜色,以达到其设计效果。由于新材料、新工艺不断推出,第三、四步(第三步是指挂水泥砂浆以成石脉与皴纹,第四步是指上色)往往合并处理。可将颜料混合于灰浆中,直接抹上加工成型。也有先在工场制作出一块块仿石料,运到施工现场缚挂或焊挂在基架上,当整体成型达到要求后,对接缝及石脉纹理进一步加工处理,即可成山。

钢骨架塑山

钢骨架即钢筋铁丝网塑石构造。先按照设计的岩石或者假山形体,用直径12mm左右的钢筋编扎成山石的模胚形状,作为其结构骨架,钢筋的交叉点最好用电焊焊牢,然后用铁丝网罩在钢筋骨架外面,并用细铁丝紧紧地扎牢。接着就用粗砂配制1∶2的水泥砂浆,从石内、石外两面进行抹面。一般要抹2～3遍,使塑石的石壳总厚度达到4～6cm。采用这种结构形式的塑石作品,石内一般是空的,不能受到猛烈撞击,不然山石容易遭到破坏。

二、人工塑造山石工程施工步骤

1. 施工准备

(1)现场准备。在工程进场施工前派有关人员进驻施工现场,进行现场的准备,其重点是对各控制点、控制线、标高等进行复核,做好“四通一清”,工程临时用电设施由业主解决,在现场设置二级配电箱,实现机具设备“一机、一箱、一闸、一漏”。施工用水接入点从现有供水管网接入,采用48mm口径的钢管接至现场。场区内用水采用$DN25$水管,局部地方采用软管,确保施工便捷,达到工程施工的要求。

(2)技术准备。组织全体技术人员认真阅读假山施工图纸等有关文件和技术资料,并会同设计、监理人员进行技术交底,了解设计意图和设计要求,明确施工任务,编制详细的施工组织设计,学习有关标准及施工验收规范。

(3)机具准备。根据施工机具需要量计划，按施工平面图要求，组织施工机械、设备和工具进场。

(4)材料准备。根据各项材料需要量计划组织其进场，按规定地点和方式储存或者堆放。确认砂浆、混凝土实际配合比、钢筋的原材料试验，取拟定工程中使用的砂骨料、石子骨料、水泥送配比实验室，制作设计要求的各种标号砂浆、混凝土试验试块，由试验机械确定实际施工配合比。同时，根据设计使用的各种规格钢筋按规范要求取样，制作钢筋原材料试件、钢筋焊接试件，送试验室进行测试，符合设计要求后再行采购供应，并确定焊接施工的焊条、焊机型号等。

2. 基础放样

按照假山施工平面图中所绘的施工坐标方格网，利用经纬仪、放线尺等工具将横、纵坐标点分别测设到场地上，并在坐标点上打桩定点。假山水池放样要求较细致的地方，可在设计坐标方格网内加密桩点。然后以坐标桩点为准，根据假山平面图，用白灰在场地地面上放出边轮廓线。再根据设计图中的标高找出在假山北侧路面上的标高基准点±0.000，利用水准仪测设定出坐标桩点标高及轮廓线上各点标高，可以确定挖方区、填方区的土方工程量。

3. 基槽开挖

基槽开挖前，对原土地面组织测量并与设计标高比较，根据现场实际情况，考虑降低成本，尽量不外运土方而就地回填消化。考虑基槽开挖的深度不大，在挖土时采用推土机、人工结合的方式进行，开挖基槽时，用推土机从两端或顶端开始(纵向)推土，把土推向中部或顶端，暂时堆积，然后横向将土推离基槽的两侧，在机械不易施工处，人工随时配合进行挖掘，并用手推车把土运到机械施工处，以便及时用机械挖走。挖方工程基本完成后，对挖出的新地面进行

挖基槽要按垫层宽度每边各增加30cm工作面；在基槽开挖时，测量工作应跟踪进行，以确保开挖质量；土方开挖及清理结束后要及时验收隐蔽，避免地基土裸露时间过长。

整理，要铲平地面，根据各坐标桩标明的该点填挖高度和设计的坡度数据，对场地进行找坡，保证场地内各处地面都基本达到设计的坡度。

4. 基础施工

工程基础施工主要为水池部分施工。根据施工结构图中假山水池剖面图，可按照如下的流程进行：素土夯实→200 厚粗砂垫层→150 厚 C10 垫层混凝土→底板钢筋绑扎、池壁竖筋预留→抗渗混凝土浇筑→养护→池壁绑扎钢筋→池壁浇混凝土→养护、拆模→SBS 卷材施工→100 厚 C10 混凝土保护层施工→电气及给排水进行。在基础施工时，须将给排水管道及电缆线路预埋管等穿插施工进行预埋，且要注意防腐。

5. 骨架设置

人工塑造山石假山骨架可根据山形、体量和其他条件选择分别采用的基架结构，如砖基架、钢架、混凝土基架，以及三者的结合。钢骨架人工塑造山石假山：用 5×5 的角钢做假山骨架的竖向支撑，用 3×3 的角钢做横向及斜向支撑，假山施工立面图的各种形状进行焊接，制作出假山的主要骨架，作为整个山体的支撑体系，并在此基础上进行山体外形的塑造，根据假山造型的细节表现，预先制作分块骨架，加密支撑体系的框架密度，使框架的外形尽可能接近设计的山体的形状，附在形体简单的主骨架上，变几何形体为凹凸的自然外形。

6. 钢丝网铺设

铺设钢丝网是塑山效果好坏的关键因素，绑扎钢筋网时，选择易于挂泥的钢丝网，需将全部钢筋相交点扎牢，避免出现松扣、脱扣，相邻绑扎点的绑扎钢丝扣成八字开，以免网片歪斜变形，不能有浮动现象。钢丝网根据设计要求用木槌和其他工具成型。

7. 打底塑形

塑山骨架及钢丝网完成后，在钢丝网上抹水泥砂浆，掺入纤维性附加料可增加表面抗拉的力量、减少裂缝，水泥砂浆以达到易抹、粘网的程度为好。然后把拌和好的水泥砂浆用小型灰抹子在托板上反复翻动，抹灰时将水泥砂浆挂在钢丝网上，注意不要像抹墙那样用力，手要轻，轻轻地把灰挂住即可。抹灰必须布满网上，最为重要的是，各形体的边角一定填满、抹牢,因为它主要起到形体力的作用。最后于其上进行山石皴纹造型。在配制彩色水泥砂浆时,颜色应比设计的颜色稍深一些,待塑成山石后其色度会稍稍变得浅淡;尽可能采用相同的颜色。以往常用 M7.5 水泥砂浆作初步塑形,用 M15 水泥砂浆罩面最后成型。现在多以特种混凝土作为塑形、成型的材料,其施工工艺简单,塑性良好。

8. 塑面

塑面是指在塑体表面进一步细致地刻画山石的质感、色泽、纹理,必须表现出皴纹、石裂、石洞等。质感和色泽方面根据设计要求,用石粉、色粉按适当的比例配白水泥或普通水泥调成砂浆,按粗糙、平滑、拉毛等塑面手法处理。纹理刻画宜用"意笔"手法,概括简练;自然特征的处理宜用"工笔"手法,精雕细琢。这些表现主要是用砍、劈、刮、抢等手段来完成:砍出自然的断层,劈出自然的石裂,刮出自然的石面,抢出自然的石纹。一个山石山体所表现的真实性与技法、技巧的运用有着密切的关系,塑面操作者要认真观察自然山石、细致模仿自然山石,才能表现出自然山石的效果。

特别提示

塑面修饰注意事项

塑面修饰重点在山脚和山体中部。山脚应表现粗犷,有人为破坏、风化的痕迹,并多有植物生长。山腰部分一般在 1.8～2.5m 处,是修饰的重点,此处追求皴纹的真实,应做出不同的面强化力感和楞角,以丰富造型。注意层次,色彩逼真。主要手法有印、拉、勒等。山顶一般在 2.5m 以上,施工时做得不必太细致,以强化透视消失,色彩也应浅一些,以增加山体的高大和真实感。

9. 设色

设色有两种工艺,第一种为泼色工艺,采用水性色浆,一般调制 3～4 种颜色,即主体色、中间色、黑色、白色,颜色要仿真,可以有适当的艺术夸张,色彩要明快。调制后从山石、山体上部泼浇,几种颜色交替数遍。着色要有空气感,如上部着色略浅,纹理凹陷部的色彩要深,直至感觉有自然顺条石纹即可。这个技巧需要通过反复练习才能掌握。第二种为甩点工艺,一种比较简单的工艺。采用这种工艺处理雕塑形体比较简单和粗糙,可遮盖不经意的缺陷。最后可选用真石漆进行罩面。将水性真石漆用水调释后,用喷枪、喷壶喷至着色后的山体上,主要作用是加强表现颜色的真实性,同时使颜色透进水泥层,达到不掉色、防水的作用。

还应注意形体光泽,可在石的表面涂还氧树脂或有机硅,重点部位还可打蜡。青苔和滴水痕的表现也应注意,时间久了,会自然地长出真的青苔。还应注意种植池,其大小和配筋根据植物(含土球)总质量来决定,并注意留排水孔。

特别提示

塑造山石注意事项

由于新材料、新工艺的不断推出,打底塑形、塑面和设色往往合并处理。如将颜料混合于灰浆中,直接抹上即可加工成型。也可先在加工厂制作出一块块仿石料,运到施工现场缚挂或焊挂在基架上,当整体成型达到要求后,对接缝及石脉纹理进一步加工处理,即可成山。

10. 养护

在水泥初凝后开始养护,要用麻袋片、草帘等材料覆盖养护,避免阳光直射,并每隔 2～3h 浇水一次。浇水时,要注意轻淋,不能直接冲射。如遇到雨天,也应用塑料布等进行遮盖。养护期不少于半个月。在气温低于 5℃时应停止浇水养护,采取防冻措施,如遮盖稻草、草帘、草包等。假山内部钢骨架等一切外露的金属构件每年均应做一次防锈处理。

三、塑石、塑山新工艺

1. FRP 工艺

FRP 是玻璃纤维强化树脂(Fiber Glass Reinforced Plastics)的简

称。它是由不饱和聚酯树脂与玻璃纤维结合而成的一种质量轻、质地韧的复合材料。不饱和聚酯树脂由不饱和二元羧酸与一定量的饱和二元羧酸、多元醇缩聚而成。在缩聚反应结束后，趁热加入一定量的乙烯基单体配成黏稠的液体树脂，俗称“玻璃钢”。FRP 工艺具有成型速度快，质薄而轻，刚度好，耐用，价廉，运输方便的优点，可直接在工地施工，适用于异地安装的塑山工程。其缺点是树脂液与玻纤的配比不易控制，对操作者的要求高；劳动条件差，树脂溶剂为易燃品；工厂制作过程中有毒和气味；玻璃钢在室外强日照下，受紫外线的影响，易导致表面酥化，使用寿命为 20～30 年。

(1)FRP 塑山施工程序。泥模制作→翻制石膏→玻璃钢制作→模件运输→基础和钢骨架制作→玻璃钢(预制件)元件拼装→修补打磨→油漆→成品。

(2)FRP 塑山施工技术。FRP 塑山施工技术见表 4-2。

表 4-2　　FRP 塑山施工技术

操作步骤	施工要点
泥模制作	按设计要求足样制作泥模。一般在一定比例(多用 1∶15～1∶20)的小样基础上制作。泥模制作应在临时搭设的大棚(规格可为 50m×20m×10m)内进行。制作时要避免泥模脱落或冻裂。因此，温度过低时要注意保温，并在泥模上加盖塑料薄膜
翻制石膏	一般采用分割翻制，这主要是考虑翻模和今后运输的方便。分块的大小和数量根据塑山的体量来确定。其大小以人工能搬动为宜。每块要按一定的顺序标注记号
玻璃钢制作	玻璃钢原料采用 191 号不饱和聚酯及固化体系，一层纤维表面毯和五层玻璃布，以聚乙烯醇水溶液为脱模剂。要求玻璃钢表面硬度大于 34，厚度为 4cm，并在玻璃钢背面粘配 $\phi8$ 的钢筋。制作时注意预埋铁件以供安装固定之用
基础和钢框架制作	基础用钢筋混凝土，基础厚大于 80cm，双层双向由 $\phi18$ 配筋，C20 预拌混凝土。框架柱梁可用槽钢焊接，柱距 1m×(1.5～2.0)m。必须确保整个框架的刚度与稳定。框架和基础用高强度螺栓固定

续表

操作步骤	施　工　要　点
玻璃钢(预制件)元件拼装	根据预制大小及塑山高度先绘出分层安装剖面图和立面分块图。要求每升高1～2m就绘一幅分层水平剖面图,并标注每一块预制件四个角的坐标位置与编号,对变化特殊之处要增加控制点。然后按顺序由下往上逐层拼装,做好临时固定。全部拼装完后,由钢框架伸出的角钢悬挑固定
修补打磨、油漆	拼装完毕,接缝处用同类玻璃钢补缝、修饰、打磨,使之浑然一体。最后用水清洗,罩以土黄色玻璃钢油漆即成

2. GRC工艺

GRC是玻璃纤维强化水泥(Glass Fiber Reinforced Cement)的简称。随着科技的发展,20世纪80年代在国际上出现了用GRC造假山,为假山艺术创作提供了更广阔的空间和可靠的物质保证,也为假山技艺开创了一条新路。

(1)GRC工艺塑石的优点。

1)用GRC造假山石,石的造型、皴纹逼真,具岩石坚硬润泽的质感,模仿效果好。

2)用GRC造假山石,材料自身质量轻,强度高,抗老化且耐水湿,易进行工厂化生产,施工方法简便、快捷、造价低,可在室内外及屋顶花园等处广泛使用。

3)GRC假山造型设计、施工工艺较好,可塑性大,可满足造型上的特殊要求,加工成各种复杂形体;若与植物、水景等配合,可使景观更富于变化和表现力。

4)GRC造假山可利用计算机进行辅助设计,结束过去假山工程无法做到石块定位设计的历史,使假山不仅在制作技术而且在设计手段上取得了新突破。

5)具有环保的特点,可取代真石材,减少对天然矿产及林木的开采。

(2)GRC塑山生产工艺流程,如图4-28所示。

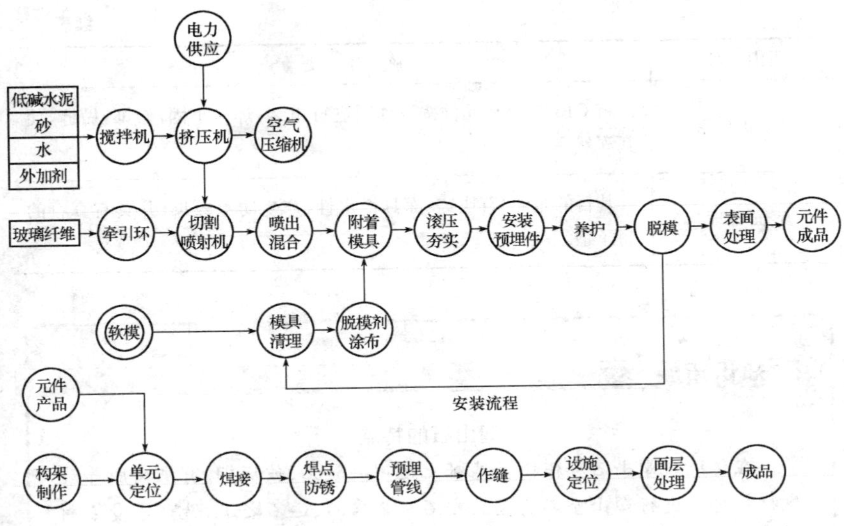

图 4-28　GRC 塑山生产工艺流程

(3)GRC 假山元件制作。GRC 假山元件的制作主要有席状层积式手工生产法和喷吹式机械生产法两种。

3. 喷吹式施工技术

喷吹式施工技术见表 4-3。

表 4-3　　喷吹式施工技术

假山元件	施　工　要　点
模具制作	根据生产“石材”的种类、模具使用的次数和野外工作条件等选择制模材料。常用模具的材料可分为软模(如橡胶膜、聚氨酯模、硅模等)和硬模(如钢模、铝膜、GRC 模、FRP 模、石膏模等)。制模时应以选择天然岩石皴纹好的部位为本和便于复制操作为条件,脱制模具
GRC 假山石块制作	将低碱水泥与一定规模抗碱玻璃纤维以二维乱向的方式同时均匀、分散地喷射于模具中,凝固成型。在喷射时应边吹射边压实,并在适当的位置预埋铁件

续表

假山元件	施 工 要 点
GRC的组装	将GRC“石块”元件按设计图进行组装，焊接牢固，修饰，做缝，使其浑然一体
表面处理	其目的是使“石块”表面具憎水性，产生防水效果，并具有真石的润泽感

知识拓展

塑山石的特点

在传统灰塑山石和假山的基础上运用混凝土、玻璃钢、有机树脂等现代材料可以进行塑山塑石。塑山塑石可省采石、运石之工，造型不受石材限制。体量可大可小，适用于山石材料短缺、施工条件受到限制或结构承重条件受限的地方。塑山具有施工期短和见效快的优点；缺点在于混凝土硬化后表面有细小的裂纹，表面皴纹的变化不如自然山石丰富以及不如石材使用期长等。

第五章　园林水景施工

第一节　水景作用、类型与要求

一、水景作用

1. 美化环境空间

人造水景是建筑空间和环境创作的一个组成重要部分，主要由各种形态的水流组成。水流的基本形态有镜池、溪流、叠流、瀑布、水幕、喷泉、涌泉、冰塔、水膜、水雾、孔流、珠泉等，若将上述基本形态合理组合，又可构成不同姿态的水景。水景配以音乐、灯光形成千姿百态的动态声光立体水流造型，既能装饰、衬托并加强建筑物、构筑物、艺术雕塑和特定环境的艺术效果和气氛，又有美化生活环境的作用。

2. 改善小区气候

水景工程可以起到类似大海、森林、草原和河湖等净化空气的作用，这主要表现在它可以增加空气湿度、降低温度、净化空气、增加负氧离子、降低噪声等，使游客心情舒畅，精神振奋，消除烦躁。

3. 休闲娱乐作用

人们本能地喜爱水，接近、触摸水都会感到舒服、愉快。在水上还能从事划船、游泳、垂钓等多项娱乐活动。因此在现代景观中，水是人们消遣娱乐的一种载体，可以带给人们无穷的乐趣。

4. 蓄水、灌溉及防灾作用

水景中大面积的水体，可以在雨期起到蓄积雨水，减轻市政排污压力，减少洪涝灾害发生的作用。而蓄积的水源，又可以用来灌溉周围的树木、花丛、灌木和绿地等。特别是在干旱季节和震灾发生时，蓄水不仅可以饮用、洗漱等，而且可用于地震引起的火灾扑救等。

特别提示

水景设置注意事项

水景是园林绿地的重要组成部分。水景可以发挥多方面的造景作用和功能，如加深景深、丰富空间层次、烘托气氛、深化意境、降温吸尘、改善环境，并可以开展水上活动及种养水生动植物等。

由于水呈液态，使其在园林景观创作中具有诸多的特点。水受到重力、水压、流速及水流界面变化的作用，产生流动、下降、滑落、飞溅、喷射、水雾等运动形式；同时，水还易受光线、风等的影响而具有倒影、波纹等特有的景观现象。因此，水是最活跃、最具设计灵活性的造园要素之一。

知识链接

园林水景工程

园林水景工程是园林工程建设中的一项重要内容。水是园林艺术空间创作中一个重要的要素，可以创作出水池、喷泉、溪流等众多的园林景观，而在以中国古典园林为代表的自然式园林中，它多以湖、池等静水的形式出现。自古以来，寄情山水的审美思想和艺术哲理一直深深地影响着中国传统园林，平静的水面可以创造出宁静、幽深、凝重的艺术效果，起到静中有动、寂中有声、以简胜繁、触发联想的作用。在以法国园林为代表的西方规则式园林中，水多以喷泉、跌水等动水的形式出现，一般布置在视线的交汇处和规则式园林的轴线上。动态的水可以创造出明快、活泼、多姿多彩的艺术效果，起到声形俱全、活跃气氛、软化环境的作用。园林中的水景除了具备造景功能外，还具备降温、除尘、增加空气湿度等作用。

二、水景类型

1. 按水景的形式划分

按形式划分为自然式和规则式两种水景。

(1)自然式水景:指利用天然水面略加人工改造,或依地势模仿自然水体“就地凿水”的水景。如河流、湖泊、池沼、溪泉、瀑布等。

(2)规则式水景:指人工开凿成几何形状的水体,如运河、几何形体的水池、喷泉、壁泉等。

2. 按水景的使用功能分

按使用功能分为观赏的水景和供开展水上活动的水景。

(1)观赏的水景:其功能主要是构成园林景色,一般面积较小。如水池,一方面能产生波光倒影;另一方面能形成风景的透视线;而溪涧、瀑布、喷泉等除观赏水的动态外,还能聆听悦耳的水声。

(2)供开展水上活动的水景:这种水景一般面积较大,水深适当,而且为静止水。其中供游泳的水体,水质一定要清洁,在水底和岸线最好有一层砂土,或人工铺设,岸坡坡度要和缓。另外,这些水体不仅应满足各种活动的功能要求,还必须考虑到造型的优美及园林景观的要求。

3. 按水源的状态分

按状态分为静态水景和动态水景,如图 5-1 所示。

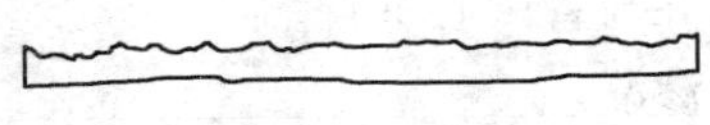

平静的:湖泊、水池、水塘

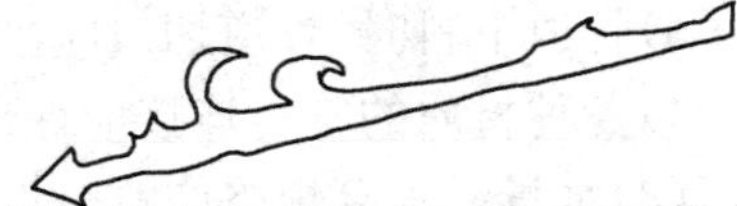

流动的:溪流、水坡、水道、水涧

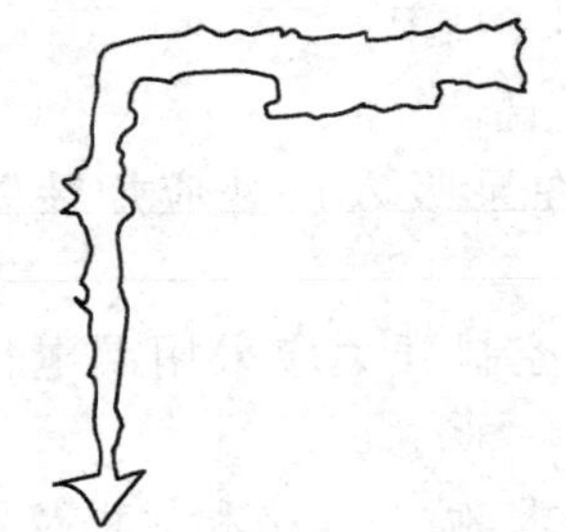

跌落的:瀑布、水帘、壁泉、水梯、水墙

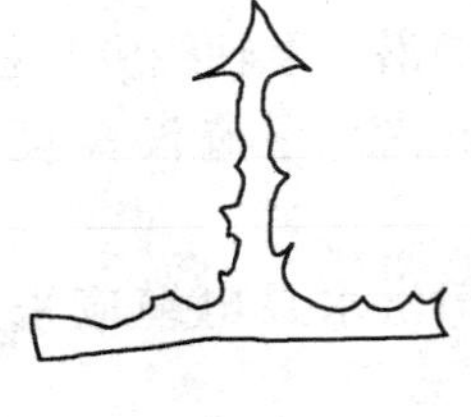

喷涌的:各种类型的喷泉

图 5-1 水景的四种基本设计形式

(1)静态水景:如湖、池潭等水面比较平静,能反映波光倒影,给人以明洁、清宁、开朗或幽深的感觉。

(2)动态水景:如涧溪、跌水、喷泉等水流是运动着的。它们有的水流湍急,有的涓涓如丝,有的汹涌奔腾,有的变化多端,会令人产生欢快清新的感觉。

三、水景工程施工要求

1. 水景水池

(1)水景水池应按设计要求预埋各种预埋件,穿过池壁和池底的管道应采取防渗漏措施,池体施工完成后,应进行灌水试验。灌水试验方法应符合现行国家标准《给水排水构筑物工程施工及验收规范》(GB 50141—2008)的规定。

(2)水景管道安装应符合下列规定:

1)管道安装宜先安装主管,后安装支管,管道位置和标高应符合设计要求。

2)配水管网管道水平安装时,应有2‰～5‰的坡度坡向泄水点。

3)管道下料时,管道切口应平整,并与管中心垂直。

4)各种材质的管材连接应保证不渗漏。

(3)水景潜水泵规格应符合设计规定,安装应符合下列规定:

1)潜水泵应采用法兰连接。

2)同组喷泉用的潜水水泵应安装在同一高程。

3)潜水泵轴线应与总管轴线平行或垂直。

4)潜水泵淹没深度小于50cm时,在泵吸入口处应加装防护网罩。

5)潜水泵电缆应采用防水型电缆,控制开关应采用漏电保护开关。

(4)水景喷泉工程应符合安全使用要求,喷头规格和射程及景观艺术效果应符合设计规定。

(5)浸入水中的电缆应采用24V低压水下电缆,水下灯具和接线盒应满足密封防渗要求。

(6)瀑布、跌水工程的出水量应符合设计要求，下水应形成瀑布状，出水应均匀分布于出水周边，水流不得渗漏其他叠石部位，不得冲击种植槽内的植物，并应符合设计的景观艺术效果。

2. 水景喷泉

(1)水景喷泉的喷头安装应符合下列规定：

1)管网应在安装完成试压合格并进行冲洗后，方可安装喷头。

2)喷头前应有长度不小于10倍喷头公称尺寸的直线管段或设整流装置。

3)确定喷头距水池边缘的合理距离，溅水不得溅至水池外面的地面上或收水线以内。

4)同组喷泉用喷头的安装形式宜相同。

5)隐蔽安装的喷头，喷口出流方向水流轨迹上不应有障碍物。

(2)水景水池表面颜色、纹理、质感应协调统一，吸水率、反光度等性能良好，表面不易被污染，色彩与块面布置应均匀美观。

3. 园林驳岸工程

(1)园林驳岸地基应相对稳定，土质应均匀一致，防止出现不均匀沉降。持力层标高应低于水体最低水位标高50cm。基础垫层按设计要求施工，设计未提出明确要求时，基础垫层应为10cm厚C15混凝土。其宽度应大于基础底宽度10cm。

(2)园林驳岸基础的宽度应符合设计要求，设计未提出明确要求的，基础宽度应是驳岸主体高度的3/5～4/5，压顶宽度最低不得小于36cm，砌筑砂浆应采用1∶3水泥砂浆。

(3)园林驳岸视其砌筑材料不同，应执行不同的砌筑施工规范。采用石材为砌筑主体的石材应配重合理、砌筑牢固，防止水托浮力使石材产生移位。

(4)驳岸后侧回填土不得采用茹性土，并应按要求设置排水盲沟与雨水排水系统相连。

(5)较长的园林驳岸，应每隔20～30m设置变形缝，变形缝宽度应为1～2cm；园林驳岸顶部标高出现较大高程差时，应设置变形缝。

(6)以石材为主体材料的自然式园林驳岸，其砌筑应曲折蜿蜒、错落有致、纹理统一，景观艺术效果符合设计规定。

(7)规则式园林驳岸压顶标高距水体最高水位标高不宜小于50cm。

(8)园林驳岸溢水口的艺术处理，应与驳岸主体风格一致。

第二节　水池与喷泉工程施工

一、水池与喷泉

1. 水池、喷泉概念

水池作为水景之一广泛应用于园林工程中，一般指仿照自然界的湖泊、池塘等人工开挖形成，它是经过浓缩的景观水景，通常水面较小而精致。为体现园林景观的主题而设计成各种不同形状的平面形式。其特点是面积小、布置灵活多变，并有较好的可接近性，给人亲近的感觉。

喷泉也称喷水，是园林理水造景的重要形式之一，喷泉常应用于城市广场、公共建筑庭园，园林广场或作为园林的小品，广泛应用于室内外空间。它对城市环境具有多种价值，不仅能湿润周围空气，清除尘埃，而且能通过水珠和空气的撞击产生大量对人体有益的负氧离子，增进人的身体健康。婀娜多姿的喷泉造型，随着音乐欢快跳动的水花，配上色彩纷呈的灯光，既能美化环境，提高城市文化艺术面貌，又能使人精神振奋，给人以美的感受。

2. 水池的分类

(1)水池按结构形式可分为混凝土结构水池、膨润土地底池壁的水池、自然式池底的水池。

(2)按表现形式分为静水、流水、落水、承压水等。

(3)按材料分为刚性材料水池和柔性材料水池。

3. 水池喷泉的分类

水池喷泉按形式分，分为普通水池喷泉、假山喷泉、雕塑喷泉等。

(1)普通水池喷泉。普通水池喷泉由水池和喷泉两部分组成。喷泉处于工作状态时，喷头从水池中的水面喷出水柱，当水柱落入水池中以后，再通过过滤和给压设备循环利用。喷泉处于不工作状态时，水池中的水面为静水。施工时先按图纸进行水池的施工，施工过程中要做好水池的防水工程，主要做法有做防水混凝土层、铺 SBS 防水卷材、刷防水涂料层等。水池施工过程中，应提前埋设地下管线，并预留出管线安装施工的空间，以便水池主体施工结束后安装喷泉设备。喷泉设备安装后做好收尾工作，并进行试水。

水池喷泉的发展史

(1)水池喷泉在园林中的应用有着悠久的历史。中国的古典园林在造园思想方面崇尚自然，所以水景多以静水的形式出现，喷泉的出现多为利用自然涌泉，比如山东济南的趵突泉。真正意义上的人工喷泉出现在圆明园西洋楼中引进的西方式喷泉。

(2)在西方的古典园林中，造景以人造景观为主，多为规则形式布置，所以人工喷泉的应用较多。在 17～18 世纪，喷泉在西方园林中的应用盛极一时，几乎所有的城镇都有喷泉的建造，仅罗马就有喷泉 3000 多个，被誉为“喷泉之城”。

(3)随着科技的进步，现代园林中逐渐出现了音乐喷泉、激光喷泉、程控喷泉等科技含量较高的现代喷泉，这些现代喷泉形式更灵活，样式更多，震撼力更强。在结构方面，较之传统喷泉增加了电气控制系统和灯光照明系统。现代化大型喷泉的建设费用较高，运行过程中水、电方面的消耗量较大，所以建设数量不多，一般布置于城市中心广场和大型建筑物前。

(2)假山喷泉。假山喷泉是指在水池中人工建造假山，把喷头和控制设备至于假山内部，利用喷泉和假山的结合进行艺术创作。可在水池施工结束后进行假山的施工，如果把喷泉的控制房置于假山的内部，则需要先进行控制房施工，然后再进行假山施工，并且要做好控制房的隐藏和遮挡。假山的施工既可采用自然山石堆砌假山，也可采取人工塑山。在假山的施工过程中要注意“出于自然而高于自然”的山体艺术创作。最后进行控制系统、管线及喷头的安装，并做好管线和喷头的隐藏。

(3)雕塑喷泉。雕塑喷泉是指把雕塑至于水池之中，把喷头至于雕塑的内部或周边，利用喷泉与雕塑的结合进行艺术创作。施工时先进行水池的施工，然后把提前预制好的雕塑安装在水池内的相应部位，最后进行喷泉的管线和控制系统施工。在安装喷头的过程中，要注意隐藏喷头，不要破坏雕塑的艺术效果。

(4)水雕塑喷泉。用人工或机械塑造出各种大型水柱的姿态。

(5)自控喷泉。利用各种电子技术，按设计程序来控制水、光、音、色，形成变幻的、奇异的景观。

二、水池施工方法

1. 刚性材料水池施工法

(1)刚性材料水池做法分类。

1)堆砌山石水池池壁(岸)处理，如图 5-2 所示。堆砌山石水池结构，如图 5-3 所示。

2)混凝土仿木桩水池池壁(岸)处理，如图 5-4 所示。混凝土仿木桩水池结构，如图 5-5 所示。

图 5-2 堆砌山石水池池壁(岸)处理

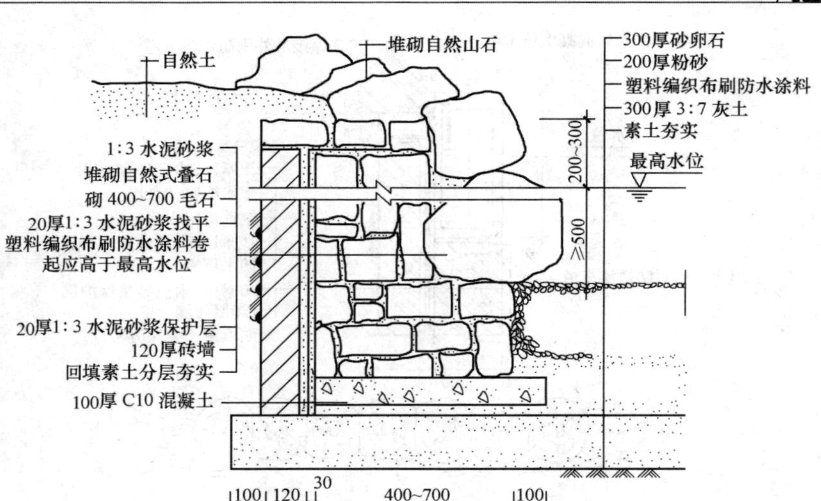

图 5-3　堆砌山石水池结构

图 5-4　混凝土仿木桩水池池壁(岸)处理

3)混凝土铺底水池池壁(岸)处理,如图 5-6 所示。混凝土铺底水池结构,如图 5-7 所示。

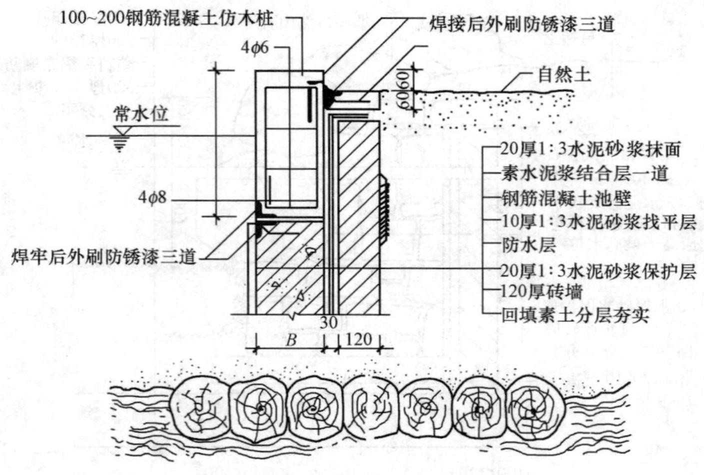

图 5-5　混凝土仿木桩水池结构

图 5-6　混凝土铺底水池池壁(岸)处理

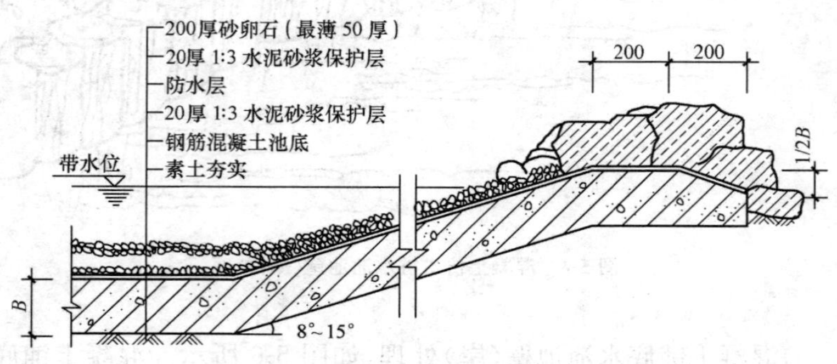

图 5-7　混凝土铺底水池结构

(2)刚性材料水池施工步骤。

1)放样。按设计图纸要求放出水池的位置、平面尺寸、池底标高定桩位。

2)开挖基坑。一般可采用人工开挖,如水面较大也可采用机挖;为确保池底基土不受扰动破坏,机挖应须保留 200cm 厚度,由人工修整。需要设置水生植物种植槽的,在放样时应明确,以防超挖而造成浪费;种植槽深度应视设计种植的水生植物特性确定。

3)做池底基层。一般硬土层上只需用 C10 素混凝土找平约 100mm 厚,然后在找平层上浇捣刚性池底;如土质较松软,则必须经结构计算后设置块石垫层、碎石垫层、素混凝土找平层后,方可进行池底浇捣。

4)池底、池壁结构施工。按设计要求,用钢筋混凝土作结构主体的,必须先支模板,然后扎池底、池壁钢筋;两层钢筋间需采用专用钢筋撑脚支撑,已完成的钢筋严禁踩踏或堆压重物。

浇捣混凝土需先底板、后池壁;如基底土质不均匀,为防止不均匀沉降造成水池开裂,可采用橡胶止水带分段浇捣;如水池面积过大,可能造成混凝土收缩裂缝的,则可采用后浇带法解决。

采用砖、石作为水池结构主体的,必须采用M7.5～M10水泥砂浆砌筑池底,灌浆应饱满密实,在炎热天气要及时洒水养护砌筑体。

5)水池粉刷。为保证水池防水可靠,在装饰前,首先应做好蓄水试验,在灌满水 24h 后未有明显水位下降后,即可对池底、池壁结构层采用防水砂浆粉刷,粉刷前要将池水放干清洗,不得有积水、污渍,粉刷层应密实牢固,不得出现空鼓现象。

2. 柔性材料水池施工法

(1)柔性材料水池做法分类。

1)玻璃布沥青防水层水池结构,如图 5-8 所示。

2)油毡防水层水池结构,如图 5-9 所示。

3)三元乙丙橡胶防水层水池结构,如图 5-10 所示。

(2)柔性材料水池施工步骤。

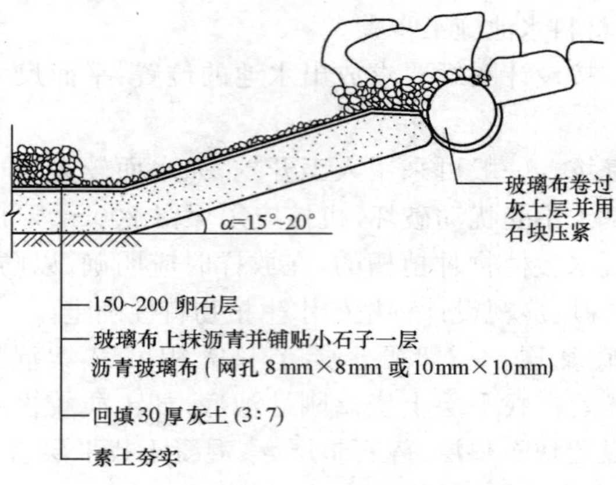

图 5-8　玻璃布沥青防水层水池结构

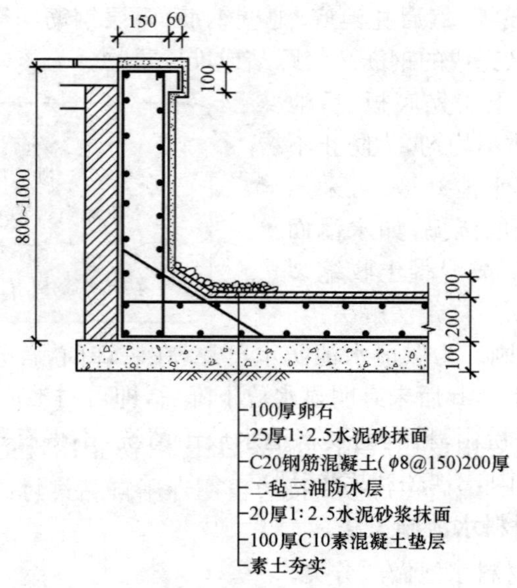

图 5-9　油毡防水层水池结构

1）放样、开挖基坑要求与刚性水池相同。

2）池底基层施工：在地基土条件极差（如淤泥层很深，难以全部清

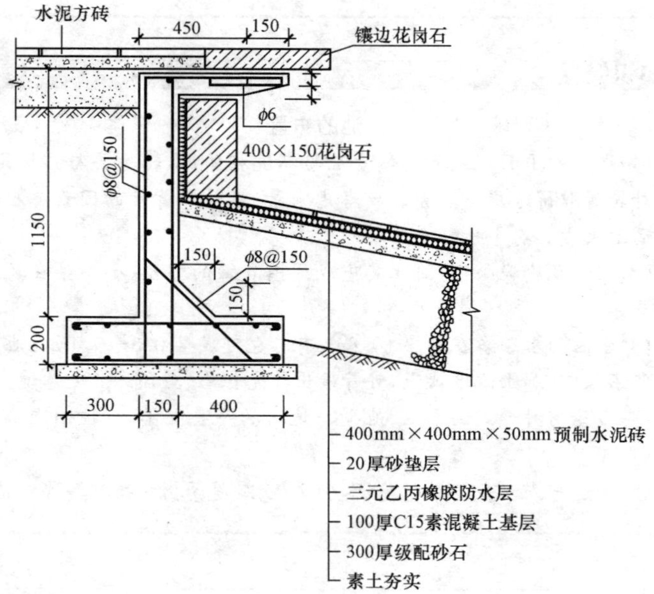

图 5-10　三元乙丙橡胶防水层水池结构

除)的条件下,才有必要考虑采用刚性水池基层的做法。不做刚性基层时,可将原土夯实整平,然后在原土上回填 300～500mm 的黏性黄土压实,即可在其上铺设柔性防水材料。

3)水池柔性材料的铺设:铺设时应从最低标高开始向高标高位置铺设;在基层面应先按照卷材宽度及搭接长度要求弹线,然后逐幅分割铺贴,搭接也要用专用胶粘剂满涂后压紧,防止出现毛细缝。卷材底空气必须排出,最后在每个搭接边再用专用自黏式封口条封闭。一般搭接边长边不得小于 80mm,短边不得小于 150mm。如采用膨润土复合防水垫,铺设方法和一般卷材类似,但卷材搭接处需满足搭接 200mm 以上的需求,且搭接处按 0.4kg/m 铺设膨润土粉压边,防止渗漏产生。

4)柔性水池完成后,为保护卷材不受冲刷破坏,一般需要在面上铺压卵石或粗砂作保护。

知识链接

水池的布置

(1)水池的平面形式及其体量应与环境相协调,轮廓要与广场走向、建筑外轮廓取得呼应与联系。要考虑前景、框景和背景的因素。池的造型应简洁大方具有个性。

(2)水池多玲珑小巧,因此其中或周围点缀的雕塑、小品等在尺度上要相宜。

(3)水池的水深多在0.6～0.8m,有时也可浅至0.3～0.4m。池底可用鹅卵石装饰,加上池水清浅,可营造出浮光掠影、鱼翔浅底之意境。

(4)无论何种形式的水池,池壁与地面的高差宜小,应控制在0.45m以内。

(5)可适当点缀一些如荷花、水生鸢尾、睡莲等挺水植物和浮水植物。

三、喷泉

1. 喷泉的形式

喷泉是园林理水造景的重要形式之一。喷泉有多种形式,如图5-11所示。

2. 喷头的种类

喷头是喷射各种水柱的设备。其种类繁多,根据不同的要求选用。常用的喷头形式,如图5-12所示。

(1)直流式喷头。直流式喷头使水流沿圆筒形或渐缩形喷嘴直接喷出,形成较长的水柱,是形成喷泉射流的喷头之一。这种喷头内腔类似于消防水枪形式,构造简单,造价低廉,应用广泛。如果制成球铰接合,还可调节喷射角度,称为“可转动喷头”。

(2)旋转式喷头。此类喷头是利用压力将水送至喷头后,借助驱动孔的喷水,靠水的反推力带动回转器转动,使喷头不断转动而形成欢乐愉快的水姿,并形成各种扭曲的线形,飘逸荡漾,婀娜多姿。

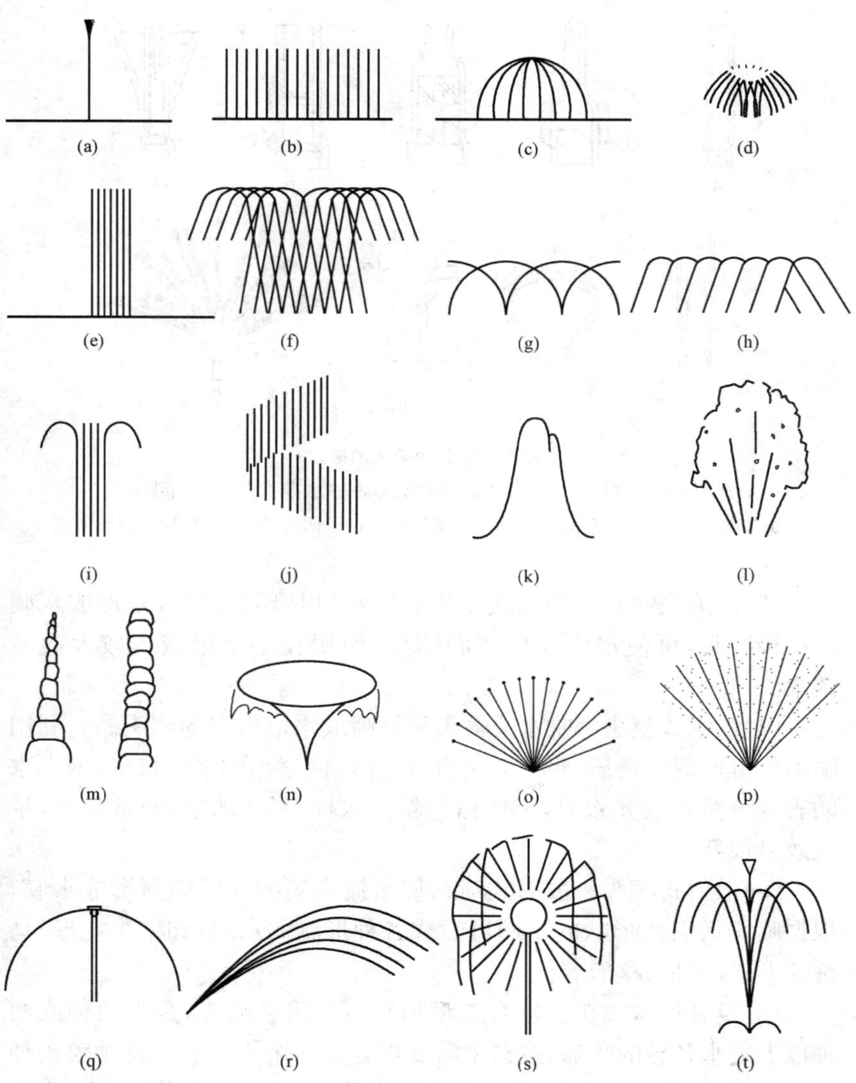

图 5-11 喷泉的形式

(a)单射形；(b)水幕形；(c)拱顶形；(d)向心形；(e)圆柱形；(f)纺织形；(g)离色形
(h)屋顶形；(i)喇叭形；(j)圆弧形；(k)蘑菇形；(l)吸力形；(m)旋转形
(n)牵牛花形；(o)扇形；(p)洒水形；(q)半球形；(r)孔雀形；(s)蒲公英形；(t)多径花形

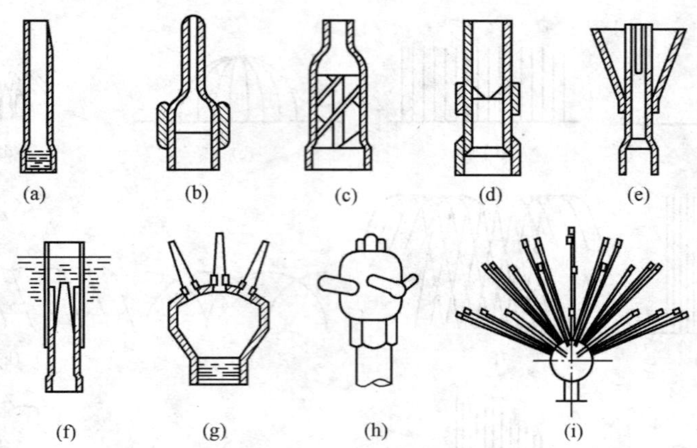

图 5-12　常用喷头的形式

(a)直流式喷头;(b)可转动喷头;(c)旋转式喷头(水雾喷头);(d)环隙式喷头
(e)散射式喷头;(f)吸气(水)式喷头;(g)多股喷头;(h)回转喷头;(i)多层多股球形喷头

(3)环隙式喷头。环隙式喷头的喷水口是环形缝隙,是形成水膜的一种喷头,可使水流喷成空心圆柱,使用较小水量获得较大观赏效果。

(4)吹水式喷头。吹水式喷头是可喷成水塔形态的喷头。它利用喷嘴射流形成的负压,吸入大量空气或水,使喷出的水中掺气,增大水的表观流量和反光效果,形成白色粗大水柱,形式冰塔,非常壮观,景观效果很好。

(5)散射式喷头。散射式喷头使水流在喷嘴外经散射形成水膜,根据喷头散射体形状的不同可喷成各种形状的水膜,如牵牛花形、马蹄莲形、灯笼形、伞形等。

(6)复合造型喷头。复合造型喷头也称组合喷头,是由两种或两种以上喷水各异的喷嘴,按造型需要组合成一个大喷头。这种喷头种类很多,能形成较为复杂、富于变化的花形。如玉蕊喇叭花喷头,在喇叭形水膜中心有一水柱垂直喷出形成花蕊。

几种不同形式的喷头或同一形式的多个喷头组成复合式喷头,形成气势磅礴的喷水景观。其中在喷头种类的选择上要注意其与水形的搭配，要有主次之分，做到相辅相成。同时一组喷泉景观中，其喷头种类不宜过多，一般不超过三种。

3. 喷泉的供水

喷泉的水源需用无色无味，不含杂质，较为纯净的水，以防堵塞喷头。大多数采用城市自来水，有条件的地方也可利用天然水源，如河水、湖水等，最常用的供水方式有直流式供水、水泵循环供水和潜水泵供水。一般喷泉的供水方式，如图 5-13 所示。

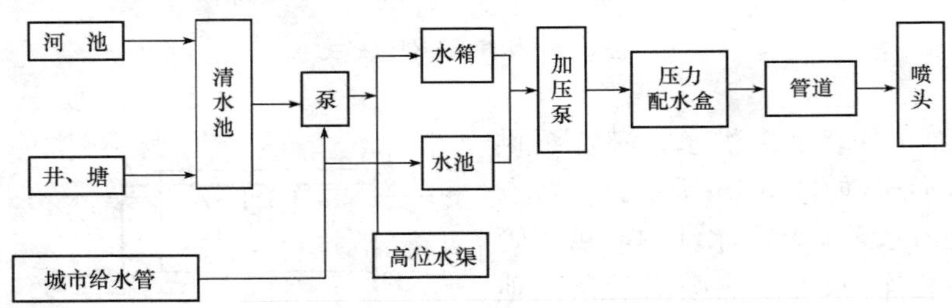

图 5-13　一般喷泉的供水方式框图

(1)直流式供水。直流式供水形式，如图 5-14 所示。特点是自来水供水管直接接入喷水池内与喷头相接，给水喷射一次后即经溢流管排走。具有供水系统简单，占地小，造价低，管理简单的优点。但是给水不能重复利用，耗水量大，运行费用高，不符合节约用水要求；同时由于供水管网水压不稳定，水形难以保证。直流式供水常与假山盆景结合，可做小型喷泉、孔流、涌泉、水膜、瀑布、壁流等，适用于小庭院、室内大厅和临时场所。

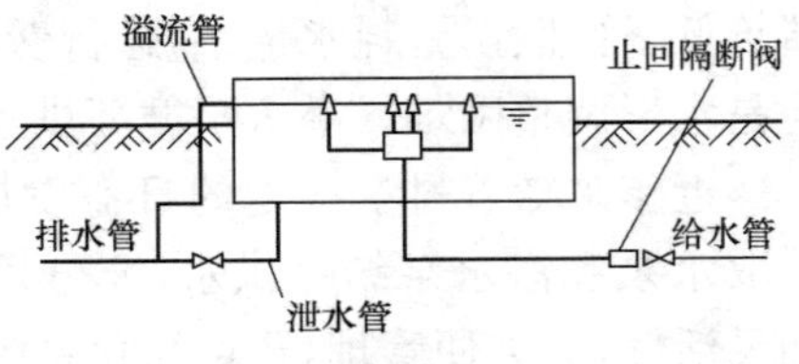

图 5-14　直流式供水形式

(2)水泵循环供水。水泵循环供水形式，如图 5-15 所示。其特点是另设泵房和循环管道，水泵将池水吸入后经加压送入供水管道至水池中，水经喷头喷射后落入池内，经吸水管再重新吸入水泵，使水得以循环利用。具有耗水量小，运行费用低，符合节约用水要求；在泵房内即可调控水形变化，操作方便，水压稳定的优点。但是系统复杂，占地大，造价高，管理麻烦。水泵循环供水适合于各种规模和形式的水景工程。

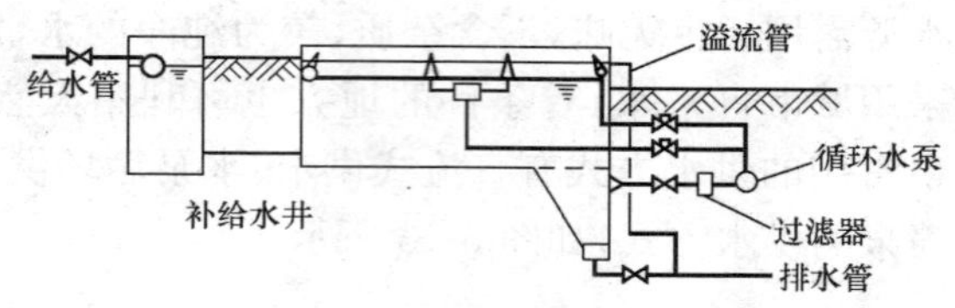

图 5-15　水泵循环供水形式

(3)潜水泵供水。潜水泵供水形式，如图 5-16 所示。其特点是潜水泵安装在水池内与供水管道相连，水经喷头喷射后落入地内，直接吸入泵内循环利用。具有布置灵活，系统简单，占地小，造价低，管理容易，耗水量小，运行费用低，符合节约用水要求的优点。但是水形调整困难。潜水泵循环供水适合于中小型水景工程。

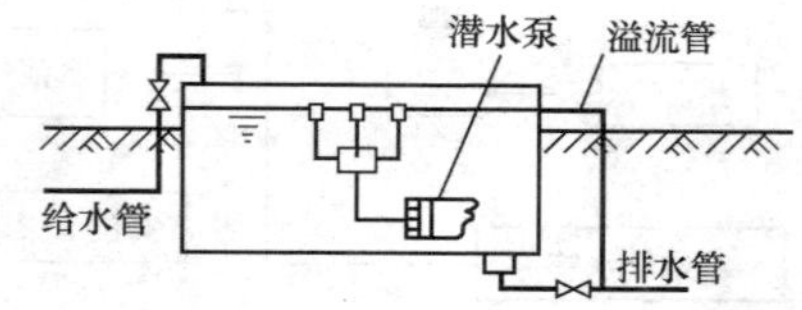

图 5-16　潜水泵循环供水形式

近年来随着科学技术的日益发展，大型自控喷泉不断出现，常常采取水泵和潜水泵结合供水，充分发挥各自特点，保证供水的稳定性和灵活性，为方便管理，还可简化系统。

4. 喷泉的管网布置

喷泉的管网主要由输水管、配水管、补给水管、溢水管和泄水管等组成。其管道布置要点如下：

(1)在小型喷泉中，管道可直接埋在池底下的土中。在大型喷泉中，如管道多而复杂时，应将主要管道铺设在能通行人的渠道中，为便于维修在喷泉底座下设检查井。只有那些非主要管道才可直接铺设在结构物中或置于水池内。管网布置应排列有序，整齐美观。

(2)对于环形配水管网多采用十字供水，以保证喷水获得等高的射流。

(3)喷水池内由于水的蒸发及喷射过程中一部分水会被风吹起等原因,造成池内水量的损失,因此,在水池中应设补给水管。补给水管和城市给水管连接,并在管上设浮球阀或液位继电器,为保持池内水位的稳定,随时补充池内的水量损失。

(4)水池的溢水管直通城市雨水井,其管径大小应为喷泉总进水口面积的一倍,也可根据暴雨强度计算,且管道应有不小于0.3%的顺坡。

(5)水池的泄水管一般采用重力泄水,大型喷泉应设泄水阀门,小型水池只设泄水塞等简易装置。

(6)连接喷头的水管不能有急剧的变化,如有变化必须使水管管径逐渐由大变小。并在喷头前必须有一段直管,为保证射流的稳定其长度不应小于喷头直径的20倍。

(7)对每一个或每一组具有相同高度射流的管道,应有自己的调节设备。一般用阀门或整流圈来调节流量和水压。

(8)管道安装完毕后,应认真检查并进行水压试验,保证管道安全,一切正常后再安装喷头。每个喷头都应安装阀门控制,以便于水型的调整。

5. 喷泉的控制方式

目前,喷泉系统控制方式常用于手动控制、程序控制和音响控制。

(1)手动控制。手动控制是最常见和最简单的控制方式,仅用开关水泵来控制喷泉的运行。

在喷泉的供水管上安装手控调节阀,用来调节各管段中水的压力流量,形成固定水姿。

(2)程序控制。程序控制是利用时间继电器按照编好的时间程序控制水泵、电磁阀、彩色灯等的启闭,从而实现可以自动变换的喷水水姿,具有丰富的水形变化。喷泉编程程序控制图,如图5-17所示。

(3)音响控制。声控喷泉是利用声音来控制喷泉水型变化的一种自控泉。它一般由声电转换执行机构、动力设备及其他设备组成。其原理是将声音信号转变为电信号,经放大及其他一些处理,推动继电器或其电子式开关,再去控制设在水路上的电磁阀的启闭,从而控制

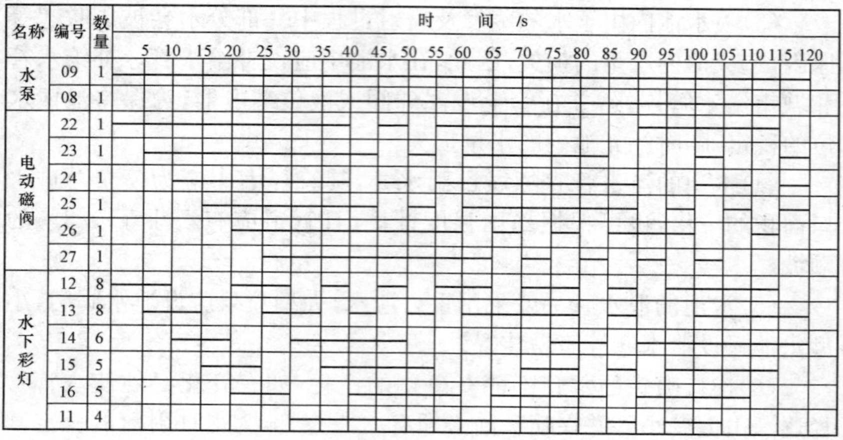

名称	编号	数量	时间/s
			5 10 15 20 25 30 35 40 45 50 55 60 65 70 75 80 85 90 95 100 105 110 115 120
水泵	09	1	
	08	1	
电动磁阀	22	1	
	23	1	
	24	1	
	25	1	
	26	1	
	27	1	
水下彩灯	12	8	
	13	8	
	14	6	
	15	5	
	16	5	
	11	4	

图 5-17　喷泉编程程序控制图

喷头水流的通断。这样，随着声音的起伏，人们可以看到喷水大小、高矮和形态的变化。它能把人们的听觉和视觉结合起来，使喷泉喷射的水花随着音乐优美的旋律而翩翩起舞。这样的喷泉因此也被喻为“音乐喷泉”或“会跳舞的喷泉”。

6. 喷泉与周围环境的要求

喷泉的布置，首先要考虑对环境的要求，见表 5-1。

表 5-1　喷泉对环境的要求

序号	喷泉环境	参考的喷泉设计
1	开朗空间（如广场、车站前公园入口、轴线交叉中心）	宜用规则式水池，水池宜人，喷水要高，水姿丰富，适当照明，铺装宜宽、规整，配盆花
2	半围合空间（如街道转角、多幢建筑物前）	多用长方形或流线型水池，喷水柱宜细，组合简洁，草坪烘托
3	特殊空间（如旅馆、饭店、展览会场、写字楼）	水池圆形、长形或流线型，水量宜大，喷水优美多彩，层次丰富，照明华丽，铺装精巧，常配雕塑
4	喧闹空间（如商厦、游乐中心、影剧院）	流线型水池，线型优美，喷水多姿多彩，水形丰富，音、色、姿结合，简洁明快，山石背景，雕塑衬托

续表

序号	喷　泉　环　境	参考的喷泉设计
5	幽静空间（如花园小水面、古典园林中、浪漫茶座）	自然式水池，山石点缀，铺装细巧，喷水朴素，充分利用水声，强调意境
6	庭院空间（如建筑中、后庭）	装饰性水池，圆形、半月形、流线型，喷水自由，可与雕塑、花台结合，池内养观赏鱼，水姿简洁，山石树花相间

喷泉日常管理工作的作用

喷泉的日常管理工作非常重要。特别是布置在重要场合作为核心景观的大型喷泉，日常管理的正规化是非常必要的。通过加强管理、及时维护能够保证喷泉经常处于良好的工作状态、延长设备的使用寿命和维持喷水景观。喷泉的日常管理制度和内容因喷泉的类型、规模、供水方式、设备选型及布置场合等情况而异。

四、水池喷泉施工步骤

1. 施工前的准备工作

(1)施工前的资料确认。在施工以前要认真阅读图纸，熟悉水池设计图的结构和喷泉系统的特点，认真阅读施工说明书的内容，对工程做全面、细致地了解，解决相关疑问。

(2)施工前的现场准备工作。在施工前要做好详细的现场勘察，对施工范围内地上及地下的障碍物进行确认和记录，并确认处理方法。了解雕塑喷泉基址的土质情况，并制定相应的施工方案。施工前临时设施的准备包括临时房屋的建设、施工材料的存放场所。除此之外，施工用电应选择“动力电”，按照相关规定架设电线，安装配电箱、电闸、漏电保护器等。施工用水管线可采用塑料软管，因为它在施工过程中拖动方便，并且耐践踏。用水管就近与自来水管连接，以便于施工。

(3)施工人员、工具、材料的准备。安排有丰富施工经验的技术人员进驻现场。根据施工机具需要量计划,按施工图要求,组织施工机械、设备和工具进场。根据各项材料需要量计划组织其进场,按规定地点和方式储存或者堆放。

某些特殊的喷泉造型,应向专门企业提供相应图纸进行预订。现场所有施工材料及预制件进场后都应存放在现场指定地点,指定专人进行看管和防雨、防晒等的保护。

2. 基础放样及开槽

(1)基础放样。严格依据施工图纸的要求进行放线,假如某工程水池喷泉为规则几何形状,宜采用精度较高的放线方法。平面放线时,在现场找到放线基准点,以便确定水池的准确位置,利用经纬仪和钢卷尺测设平面控制点,测设好的点的位置上要打上木桩做好标记,并用线绳或石灰做好桩之间的连接。平面放线结束,根据施工图纸提供的标高,利用水准仪进行竖向放线,放线前先设定水池喷泉周围硬化地面的标高为±0.000,对测设好的标高点进行打桩,并在桩上做好施工标高标记。

(2)开槽。喷泉的基础占地面积较小时,可以采取人工开槽的方法进行施工。在开槽的过程中注意操作范围应向外增加30cm的工作面,以便于施工。挖掘过程中由中间向四周进行,挖掘过程中注意基槽四周边坡的修整和坡度控制,防止土方的塌落。所挖出的表土可先堆放在基槽外围,以便施工结束后的回填。挖槽的深度不易一次性挖掘至放线深度,当挖至距设计标高还有2～3cm时即可停止,因为此时槽内土壤已经松动,在夯实的过程中槽底标高还会下降一定的距离。若一次性挖掘到要求的深度会导致夯实后的槽底标高低于设计标高,导致人力和财力的浪费。夯实过程应按从周边向中心的顺序反复进行,夯实至槽内地面无明显震动时方可停止,结束后注意基槽的清理和保护。有时一些给水及循环管线宜埋置在水池下,所以要进行预埋。施工结束后,应由专门人员对基槽的尺寸、深度和夯实质量进行检验,以保证工程质量。

3. 基础施工

喷泉是在水池的基础上增加的水的循环过滤以及供电照明的管道设施，所以施工的难度会有所增加。

基础部分为 150mm 厚 C10 素混凝土垫层时。施工前先对基槽进行清理。严格按图纸要求的配比将石子、砂子、水泥和水进行混合，并搅拌均匀。填筑时，垫层的占地面积应略大于水池面积，当混凝土浇入后，及时用插入式振捣器进行快插慢拔地搅拌，插点应均匀排列，逐点进行，振捣密实，不得遗漏，防止空隙的出现和气泡的存在。浇筑完成后，注意检查混凝土表面的平整度及是否达到垫层的设计标高。在垫层施工结束后的 12h 内，对其加以覆盖和浇水养护，养护期一般不少于 7 个昼夜。养护期内严禁任何人员踩踏；若发生降雨，应用塑料布覆盖垫层表面，并在基槽边缘挖排水槽以便排除槽内积水。

4. 池底及池壁施工

池底和池壁为 C20 混凝土并内配钢筋时。按图纸要求的尺寸，在池壁位置架设模板，模板可采用铁质材料或木质材料，架设过程中注意相邻模板之间空隙的控制及连接得稳固。在现场按要求对钢筋进行切割和绑扎，绑扎时按配筋要求和施工标准严格施工，做好的钢筋网放人模具内等待浇筑混凝土。在混凝土浇筑和振捣的过程中，注意模具内钢筋网位置的保护。振捣结束后，混凝土表面应进行找平，保证表面平整、光滑，以便后期池底进行防水施工。浇筑后的混凝土表面要注意用草片覆盖和浇水养护。若在低温条件下施工，需在混凝土搅拌过程中按要求加入抗冻剂。一根据水池喷泉结构的不同，有时喷泉管线需要穿过池底或池壁，浇筑过程中可将这些管线一起浇筑；有时通过池底或池壁的管线需要施工结束后安装的，浇筑过程中要根据管线的尺寸和形状做好安装空间的预留工作。

5. 防水工程施工

防水处理的方法有铺设 SBS 防水卷材，这是在水景施工过程中经常使用的一种防水做法。注意水池的池底和池壁都应进行防水处理。

SBS 防水卷材是采用 SBS 改性沥青浸渍和涂盖胎基，两面涂以弹性体或塑料体沥青涂盖层，上面涂以细砂或覆盖聚乙烯膜所制成的防水卷材，具有良好的防水性能和抗老化性能，并具有高温不流淌，低温不脆裂，施工简便、无污染，使用寿命长的特点。SBS改性沥青防水卷材尤其适用于寒冷地区、结构变形频繁的地区的防水施工。

6. 面层施工

水池面层施工工艺与建筑和道路面层的施工工艺、标准相同。在施工过程中注意结合层的均匀和面层的平整。

7. 雕塑安装

雕塑喷泉的雕塑部分一般由雕塑生产企业根据设计图纸的要求进行生产，并负责现场的安装。雕塑的体积较小时，可在面层施工结束后安装。雕塑的体积较大时，需先安装雕塑，以保护面层材料不被破坏；在面层的施工过程中应对雕塑进行覆盖，保持雕塑表面的洁净。雕塑安装过程中注意做好管线的隐藏和遮挡。

8. 喷泉设备安装施工

喷泉设备的安装包括给排水管线的安装、控制设备的安装、电路及照明设备的安装。有时，会有一部分给水管线提前预埋在水池底部和雕塑内，施工只需要进行喷头的安装及水池外部给排水管线的连接。安装过程中注意管线衔接部位的防漏处理。潜水泵应放入泵坑内。在安装控制系统的电路时，要做好电路的防水处理。最后根据设计要求，将水池喷泉的进水管与控制室内的供水系统相连，将连接潜水泵的电缆与控制室内的控制系统相连。现在的大型景观喷泉（如音乐喷泉、程控喷泉等）的管线设计相当复杂，通常由专门企业进行设计并负责安装，园林施工单位只需为其预留相应的施工空间、预埋相应的管线即可，并做好收尾工作。

9. 收尾工程及试水验收

在收尾施工过程中尤其要注意细节的处理。在雕塑及喷泉设备安装结束后，管线及雕塑底部与水池的衔接部位仍有空隙存在，对这些部位需要先进行混凝土填充，然后进行防水施工和面层的处理。

在收尾工程结束后进行试水验收。首先在水池内注入一定量的水，并做好水位线的标记，24h 后检查标记线的位置，看水池内的水有无明显减少，以此检验防水施工的质量。在注水的过程中注意观察给、排水管线的接缝处是否有漏水现象，若发现水池有漏水现象，需准确查找漏水部位，并重新进行防水施工。在进行喷泉系统的试水时，注意观察喷头的喷射情况是否符合设计要求，潜水泵及控制系统的运转是否正常，若存在问题需重新检查水管、水泵是否通畅及控制系统的灵敏度。

SBS 防水卷材的铺设方法

(1)基层清理。施工前对验收合格的混凝土表面进行清理，最好用湿布擦拭干净。

(2)涂刷基层处理剂。在需要做防水的部位，表面满刷一道用汽油稀释的氯丁橡胶沥青胶粘剂，涂刷过程应仔细，不要有遗漏，涂刷过程应由一侧开始，以防止涂刷后的处理剂被施工人员践踏。

(3)铺贴附加层。在水池内的预埋竖管的管根、阴阳角部位加铺一层 SBS 改性沥青防水卷材，按规范及设计要求将卷材裁成相应的形状进行铺贴。

(4)热熔封边。卷材搭接缝处用喷枪加热，压合至边缘挤出沥青粘牢。卷材末端收头用沥青嵌缝膏嵌固填实。

(5)保护层施工。表面做水泥砂浆或细石混凝土保护层；池壁防水层施工完毕，应及时稀撒石碴，之后抹水泥砂浆保护层。

第三节　人工湖工程施工

一、人工湖的概念与分类

1. 人工湖的概念

人工湖则是人工依地势就低挖凿而成的水域，沿境设景，自成天然图画。湖的特点是水面宽阔平静，有好的湖岸线及周边的天际线。

2. 人工湖分类

人工湖按结构的不同可分为：简易湖、硬质驳岸湖、混凝土湖等。

(1)简易湖。简易湖指由人工挖掘的，池底、池壁只经过简单夯实加固的自然式水池，这种水池一般建设在地下水位较低之处。在施工过程中，根据图纸要求进行定点放线，按图纸的要求进行开挖，当水池的基本轮廓挖掘完成后进行池底和池壁的处理。池底施工通常采取素土夯实或3：7灰土夯实的方法防渗，若当地土质条件为黏土，则防渗效果更为理想；池壁的施工也采取素土夯实的办法，一般采用植物作为护坡材料，根据图纸要求的池壁坡度进行分层夯实加固；最后根据图纸要求做好进水口、排水口和溢水口的施工。这种简易湖虽施工简便，冻胀对它的破坏较小，但池壁不够坚固，经过波浪的反复冲刷易发生局部坍塌，池底虽做夯实处理但仍会有少量水渗漏，所以要经常补水。

人工湖的发展史

中国古典园林中重要的叠山、理水思想。常常“就低挖湖，就高堆山”。从早在秦始皇时代出现的“一池三山”的挖湖堆山工程，便可看出人工湖在中国古典园林中的重要地位和悠久的历史。中国古典园林中的水池多以不规则形式出现，并在水池中放养水生动植物。

在西方园林中水池的应用也较为普遍，但水池多以规则式形式出现，在水池中一般放置雕塑作为装饰。

(2)硬质驳岸湖。驳岸指在园林水体边缘与陆地交界处，为稳定岸壁，保护湖岸不被冲刷或水淹所设置的构筑物。硬质驳岸湖指驳岸由石材砌筑而成的湖，中国古典园林中的水池多为石砌驳岸湖。石砌驳岸湖的施工过程中根据图纸挖出水池轮廓，根据图纸要求制作池底，一般为素土夯实或3：7灰土夯实，驳岸采用石材砌筑，在常水位及以上部分采用自然山石材料加以装饰，来创造自然的野趣。在施工过程中要注意驳岸的墙身位置尽量不透水，施工时在墙体石缝间灌入

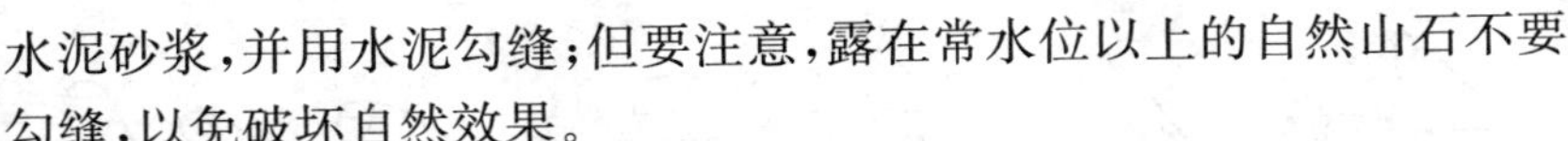

水泥砂浆，并用水泥勾缝；但要注意，露在常水位以上的自然山石不要勾缝，以免破坏自然效果。

(3)混凝土湖。混凝土湖指水池的池底和池壁均由水泥浇筑，这种水池一般较小，多以规则形式出现。

二、人工湖的设计与选址

1. 人工湖的设计

(1)水源选择。选择时，应考虑地质、卫生、经济上的要求，并充分考虑节约用水，水源选择应从以下几方面考虑：

1)蓄积雨水。

2)池塘本身的底部有泉。

3)引天然河湖水。

4)引井取水。

(2)人工湖的平面设计。

1)人工湖平面的确定。人工湖设计的首要问题根据造园者的意图确定湖在平面图上的位置，中国许多著名的园林如颐和园和拙政园等均以水体为中心，四周环以假山和亭台楼阁，环境幽雅，园林风格突出，充分发挥了人工湖在园林工程建设中的作用。人工湖的方位、大小、形状均与园林工程建设的目的、性质密切相关。在以水景为主的园林中，人工湖的位置居于全园的重心，面积相对较大，湖岸线变化丰富，并应占据园中的某半部。

2)人工湖的平面构图。人工湖的构图主要是进行湖岸线的平面设计。我国的人工湖岸线型设计以自然曲线为主，是湖岸线平面设计的几种基本形式，如图 5-18 所示。

2. 人工湖的选址

平面设计完成后，就要对拟挖湖所及的区域进行土壤探测，为施工技术设计做准备。

(1)最适合挖湖的土壤类型为黏土、砂质黏土、壤土、土质细密、土层深厚或渗透力小于 0.006～0.009m/s 的黏土夹层。

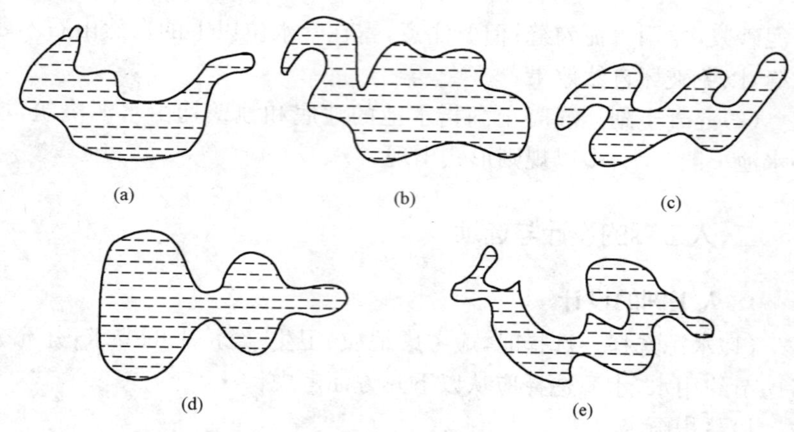

图 5-18 湖岸线平面设计基本形式

(a)心字形;(b)云形;(c)流水形;(d)葫芦形;(e)水字形

(2)基土为砂质、卵石层等容易漏水,不适合建湖。

(3)如果基土为淤泥或草煤层,需要全部挖掉。

(4)黏土虽然透水性小,但是湿时易成泥浆,不适宜建湖。

(5)湖岸立基的土壤必须坚实。黏土层透水性小,但在湖水到达低水位时,容易开裂,湿时又会形成松软的土层、泥浆,因此,单纯黏土不能作为湖的驳岸。

人工湖的布置

(1)应充分利用湖的水景特色,应依山傍水,岸线曲折有致。

(2)湖岸线处理要讲究“线”形艺术,有凹有凸,不宜呈角度、对称、圆弧、直线等线型。园林湖面忌“一览无余”,可用岛、堤、桥、舫等形成阴阳虚实、湖岛相间的空间分隔,使湖面有丰富的变化。同时,岸顶应有高低错落的变化,水位适当,使人有亲切感。

(3)开挖人工湖要注意地基情况,要选择土质细密、厚实的壤土,不选黏土或渗透性强的土。

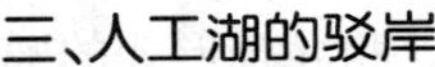

三、人工湖的驳岸

1. 驳岸的概念

驳岸是一面临水的挡土墙，是支持和防止坍塌的水工构筑物。多用岸壁直墙，有明显的墙身，岸壁大于45°。驳岸维系陆地与水面的界限，使其保持一定的比例关系，能保持水体岸坡不受冲刷，可强化岸线的景观层次。

2. 驳岸的分类

园林绿地的规划形式有规则式、自然式和混合式三种，园林水体为与之配套，其驳岸也分为规则式、自然式和混合式三种形式。

(1)规则式驳岸。用块石、砖、混凝土砌筑的几何形式的岸壁，被称为规则式驳岸。规则式驳岸要求用较好的砌筑材料和较高的施工技术，一般为永久性的刚性砌体，其断面变化要求简洁、明快。

(2)自然式驳岸。用湖石、土坡均可砌筑自然式驳岸。其外观无固定形式与规格要求，随形就势给人以自然亲切感，景观效果突出。

知识链接

驳岸常用材料

园林工程中常见的驳岸材料有花岗石、虎皮石、青石、浆砌块石、毛竹、混凝土、木材、碎石、钢筋、碎砖、碎混凝土块等。桩基材料有木桩、石桩、灰土桩和混凝土桩、竹桩、板桩等。

(1)木桩。要求耐腐、耐湿、坚固、无虫蛀，如柏木、松木、橡树、榆树、杉木等。桩木的规格取决于驳岸的要求和地基的土质情况，一般直径10～15cm，长1～2m，弯曲度(d/l)小于1%。

(2)灰土桩。适用于岸坡水淹频繁而木桩又容易腐蚀的地方。混凝土桩坚固耐久，但投资成本比木桩大。

(3)竹桩、板桩。竹篙驳岸造价低廉，取材容易，如毛竹、大头竹、勒竹、撑篙竹等均可采用。

(3)混合式驳岸。混合式驳岸一般以毛石砌筑岸墙,压自然山石为岸顶,是规则式与自然式相结合的混合形式。此混合形式的驳岸适合绝大多数地形条件下的湖岸施工,且具一定的装饰效果。

3. 石砌驳岸施工

石砌驳岸是以毛石为墙体的主要材料的驳岸形式,在园林水景和水利工程中有广泛的应用。某处石砌驳岸结构,如图 5-19 所示。

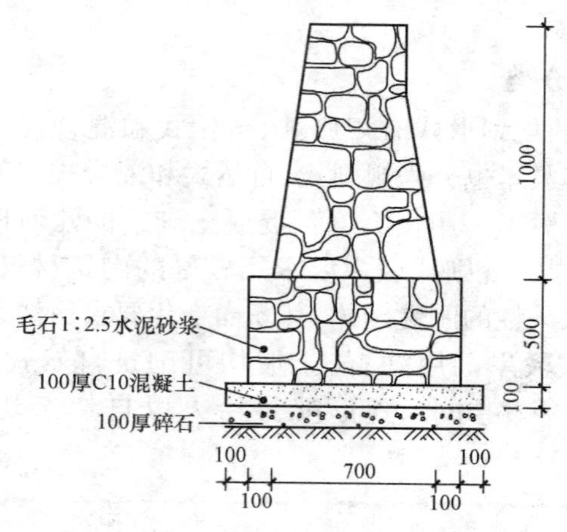

图 5-19　石砌驳岸结构

(1)基础制作。根据图纸要求开挖基槽,基槽施工后进行素土夯实,加入 100mm 厚碎石垫层,在垫层上浇筑 100mm 厚 C10 混凝土基础。

(2)砂浆配置、材料取样。砂浆配比应由试验室确定,砌筑的砂浆必须搅拌均匀,随拌随用。水泥砂浆和混合砂浆应分别在 3～4h 内使用完毕。细石混凝土应在 2h 内用完。水泥砂浆和水泥混合砂浆的搅拌时间不得少于 2min,掺外加剂时不得少于 3min,掺有机塑化剂时应为 3～5min。同时还应具有较好的和易性和保水性,一般稠度以 5～7cm 为宜。外加剂和有机塑化剂的配料精度应控制在±2%以内,其他配料精度应控制在±5%以内。对每种强度等级的砂浆或混凝土,应至少制作一组试块(每组 6 块)。如砂浆和混凝土的强度等级或配合比变更时，也应制作试块以便检查。

(3)基础施工。在基槽挖掘及素土夯实结束后，在基槽内填入符合级配及质量要求的碎石垫层，并进行分层夯实。在碎石上加100mm厚C10混凝土垫层，施工过程中注意放线找平，并使垫层的高度符合设计标高。

(4)墙体砌筑。毛石墙体砌筑应双面拉准线，第一皮按所放的基础边线砌筑，以上各皮按准线砌筑。砌第一皮毛石时，应选用有较大平面的石块，先在基础上铺设砂浆，再将毛石砌上，并使毛石的大面向下。砌每一皮毛石时，应分皮卧砌，并应上下错缝，内外搭砌，不得采用先砌外面石块、后中间填心的砌筑方法。石块间较大的空隙应先填塞砂浆后用碎石嵌实，不得采用先摆碎石块后填塞砂浆或干填碎石块的方法。每天砌完后，应在当天砌的砌体上铺一层灰浆，表面应粗糙。在毛石驳岸的砌筑过程中，若发现基底标高不同时，应从低处砌起，并应由高处向低处搭砌，当设计无要求时，搭接长度不应小于基础扩大部分的高度。设计要求的洞口等应于砌体砌筑前正确留出。夏天施工时，对刚砌完的砌体，应用草袋覆盖养护5～7天，避免风吹、日晒、雨淋。毛石全部砌完，要及时在基础两边均匀分层回填土，分层夯实。

阶梯形毛石墙体，上阶的石块应至少压砌下阶石块的1/2，相邻阶梯毛石应相互错缝搭接。转角处、交接处和洞口处也应选用平毛石砌筑。毛石基础转角处和交接处应同时砌起，如不能同时砌起又必须留槎时，应留成斜槎，斜槎长度应不小于斜槎高度。斜槎面上毛石不应找平，继续砌筑时应将斜槎面清理干净。

(5)勾缝。毛石砌筑24h后进行清缝，灰缝厚度宜为20～30mm，缝宽不小于砌缝宽度，缝深不小于缝宽的两倍，勾缝前必须将槽缝冲洗干净，不得残留灰渣和积水，并保持缝面湿润。勾缝砂浆应单独拌制，砂浆饱满度不应小于80%。勾缝完成和砂浆初凝后，将砌体表面残杂的砂浆刷洗干净，用浸湿物覆盖保持21天。在养护期间经常洒水，使砌体保持湿润，避免碰撞和振动，勾缝保持块石砌石的自然结缝，要求美观、匀称，块石形态突出，表面平整。

知识链接

石砌驳岸施工注意事项

(1)砂浆强度不稳定。材料计量要准确,搅拌时间要达到给定的要求,试块、养护、试压要符合规定。

(2)水平灰缝不平。皮数杆要立牢固,标高一致,砌筑时小线要拉紧,穿平墙面,砌筑跟线。

(3)料石质量不符合要求。对进场的料石品种、规格、颜色进行验收时要严格把关,对不符合要求的料石拒收不用。

(4)勾缝粗糙。灰缝深度一致,横竖缝交接平整,表面洁净。

4. 木桩驳岸施工

木桩驳岸是用竹、木、圆条和竹片、木板经防腐处理后作驳岸材料,驳岸每隔一定长度要设置伸缩缝。其构造和填缝材料的选用应力求经济耐用,施工方便。寒冷地区驳岸背水面需做防冻胀处理。施工方法有:填充级配砂石、焦渣等多孔隙、易滤水的材料;砌筑结构尺寸大的砌体,可夯填灰土等坚实、耐压、不透水的材料。木桩驳岸的结构,如图 5-20 所示。

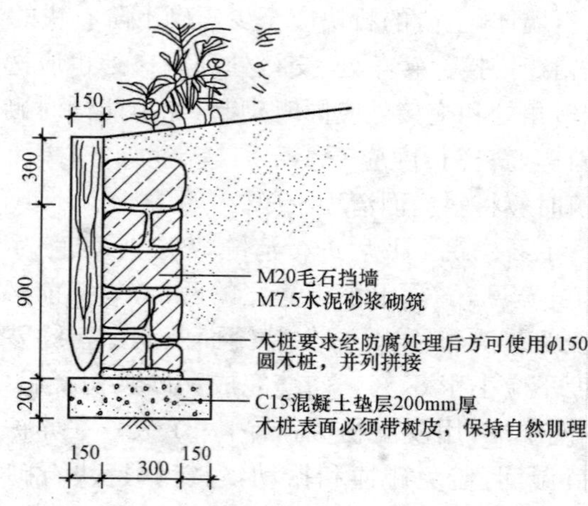

图 5-20　木桩驳岸的结构

(1)基础制作。严格按图纸要求开槽及基础施工,若开挖后的基槽墙面土体达不到稳固的要求或基槽过深,应用木板进行加固,以确保施工安全。在基础施工过程中,注意混凝土的配比、混凝土垫层厚度和宽度的要求,填筑完成后注意混凝土基层的找平及养护。

(2)墙体砌筑。

(3)木桩的安装。木桩的安装方法,既可以在做好的挡土墙上用水泥砂浆粘贴木桩,也可用水泥砂浆附在木桩底部固定木桩,并做好桩之间的连接。木桩安装时要注意整齐一致,较好的自然纹理要朝外。

(4)收尾工程。主体施工结束后要注意挡土墙后的回填土,应逐层回填并夯实,最后,在挡土墙顶端附一定厚度的土,以便遮挡人工挡土墙,保证木桩驳岸的自然效果。

知识链接

木桩的防腐处理

(1)涂刷处理。在涂刷防腐剂前必须充分干燥木材,涂刷次数愈多,防腐效果愈好,但必须待前一次涂刷干燥后再进行下一次涂刷,效果才好。所用防腐剂为有机溶剂防腐剂和水溶性防腐剂。对于裂隙、榫接合部位要重点处理。

(2)浸渍处理。把木材放在盛有防腐剂的敞口浸渍槽中浸泡,使防腐剂渗入到木材中。一般设有加热装置,以提高防腐剂的渗透能力。浸渍法的注入量和注入深度与树种、规格、处理时间和含水率有很大关系。如单板,瞬时浸渍处理即可,而方材需长时间处理方能有效。另外,树种不同,渗透性存在着差异,也会影响注入量及注入深度。浸渍操作应注意:处理前,材面要求干净,无阻碍物;大批量浸渍处理,要使木材之间留出间隔,有利于渗透和气泡的逸出;处理时要抖动木材,搅拌药液。

(3)喷淋处理。这种方法比涂刷法效率高,但易造成防腐剂的损失(达 25%~30%)及环境污染,因而只用于数量较大或难以涂刷的地方。

四、人工湖施工步骤

1. 施工前的准备工作

施工准备工作与水池喷泉施工准备基本相同。在施工前要做好详细地现场勘察，对施工范围内地上及地下的障碍物进行确认和记录，并确认处理方法。对现场的土质情况进行勘察，若池底做简易防水施工，需检验基址土质的渗水情况和地下水位的高低情况，以验证图纸中池底结构是否合理，结合实际情况制订施工计划。

2. 基础放样及开槽

(1)基础放样。严格依据施工图纸要求进行放线，由于该人工水池为自然式形状，所以放线时可根据方格网进行放线。这种放线方法适用于不规则图形的放线。水平放线时，利用经纬仪和钢卷尺，在施工场地内把绘制好的方格网图测设到实地，打好木桩，将图上水池驳岸线与方格网的各个交点的位置准确地测设在现场的方格网上，并用平滑的石灰线连接各交点。在撒石灰线的过程中，可根据自然曲线的要求进行简单调整，以达到自然、美观的效果。所放出的平滑曲线即为水池基础的施工范围。竖向放线时，根据图纸要求，利用水准仪进行竖向放线，对测设好的标高点进行打桩，并在桩上做好标高的标记。

(2)开槽。水池开槽可以采取人工开槽与机械开槽相结合的方法。在开槽的过程中，注意操作范围应向外增加一定宽度的工作面，先由机械进行粗糙施工，以便快速完成绝大多数的土方挖掘任务，然后由人工对基槽内机械不便施工的位置进行挖掘，对自然式驳岸线进行细致地雕琢，并对较陡的边坡进行加固。最后对基槽底部进行平整。在机械施工过程中注意桩点的保护，以便于后期施工。所挖出的表土可先堆放在基槽外围，以便施工结束后的回填或用于种植植物。利用机械将基槽夯实坚固密实后，利用水准仪对基槽进行标高校对(校对的精确度取决于所选择的校对点的多少)。若基槽标高低于设计标高时，应用原土回填并夯实。开槽过程中如有地下水渗出，应及时排除。

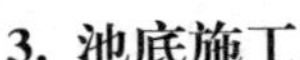

3. 池底施工

水池池底做法，应用素土夯实加 500mm 厚 3∶7 灰土分层夯实。石灰和土在使用前必须过筛，土的粒径不得大于 15mm，灰的粒径不得大于 5mm。把石灰和土搅拌均匀，并控制加水量，以保证灰土的最佳使用效果。将拌好的灰土均匀倒入槽内指定的地点，但不得将灰土顺槽帮流入槽内，若用人工夯实灰土时，每层填入的灰土约为 25cm 厚，夯实后灰土约为 15cm 厚。采用蛙式夯实机进行夯实时，每层填入的灰土厚 20～25cm。夯实是保证灰土基础质量的关键，打夯的遍数以使灰土的密实度达到规范所规定的数值为准，并确保表面无松散、起皮现象。在夯实过程中可适当洒水，以提高夯实的质量。夯打完毕后及时加以覆盖，防止日晒雨淋。

4. 驳岸施工

(1)垫层施工。做法为在素土夯实的基础上，加 100mm 厚碎石垫层。碎石材料宜质地坚硬、强度均匀，最大粒径不得大于垫层厚度的 2/3。碎石应级配均匀，在填筑前应做级配实验，以保证符合技术要求。碎石垫层应分层铺筑，每层厚度一般为 15～20cm，不宜超过 30cm，并用木桩控制每层的厚度及垫层的标高。碎石铺设时应处于同一标高上，当池底深度不同时，应将基土面挖成踏步或斜坡形，搭接处应注意压实，施工顺序为先浅后深。若填筑时发现局部碎石级配不均，应将其挖出，并用符合级配要求的碎石回填。碎石垫层夯实前应适当洒水，使碎石的含水量保持在 8%～12%内，相邻的夯实位置应有一定的搭接，夯实次数应不少于 3 遍。在最后一遍夯实前应拉线找平，以便夯实后达到设计标高。

(2)混凝土墙体施工。驳岸的基础和墙体为 C15 混凝土整体浇筑。混凝土搅拌要按配合比严格计量，石子、水泥、砂子的比例应符合要求；混凝土保证搅拌均匀，若在加有添加剂的条件下施工时(粉末状添加剂同水泥一并加入，液体状添加剂与水同时加入)，应延长搅拌时间。在浇筑前，应清除模板和钢筋上的杂物、污垢，将搅拌好的混凝土浇入事先做好的模具内，每浇筑一层混凝土都应及时均匀振捣。混凝土振捣采用赶浆法，以保证上下层混凝土接槎部位结合良好，并防止漏振,确保混凝土密实。振捣上一层时应插入下层约 50mm,以消除两层之间的接槎。振捣棒移动的间距,应能保证振动器的有效覆盖范围,以振实振动部位的周边。

浇筑结束后注意混凝土墙体的覆盖及浇水养护。低温施工时,混凝土内可掺入负温复合外加剂,根据温度情况的不同,使用不同的负温外加剂,且在使用前必须经专门试验及有关单位技术鉴定。低温运输混凝土时,装乘用的容器应有保温措施。

(3)湖石安装施工。湖石安置在混凝土驳岸表面起一定的装饰作用,是中国古典园林中常见的驳岸处理方法。石材应选择未经切割过,并显示出风化痕迹的石头,或被河流、海洋强烈冲击或侵蚀的石头,这样的石头能显示出平实、沉着的感觉。最佳的石料颜色是蓝绿色、棕褐色、红色或紫色等柔和的色调。石形应选择自然形态,无论石材的质量高低,石种必须统一,不然会使局部与整体不协调,导致总体效果不伦不类、杂乱。造石无贵贱之分,就地取材,随类赋型,最有地方特色的石材也最为可取。以自然观察之理组合山石成景,才富有自然活力。施工时必须从整体出发,这样才能使石材与环境相融洽,形成自然的和谐美。湖石的堆叠方法可参考本书中自然山石假山施工部分。

5. 收尾施工

当驳岸施工结束后,需要对驳岸墙体靠近陆地一侧的施工预留工作面进行回填,回填时可选择 3∶7 灰土,并分层进行夯实,确保土体不会发生渗透和坍塌现象;也可用级配砂石进行回填并夯实。完成给排水、溢水管线和设备的安装,并完成与水池相结合造景的植物种植和相关小品的施工。若池内有水生植物,需在水中放置种植器皿或在池底填入一定厚度的种植土。

6. 试水

根据设计要求,对水池的给排水设备进行检验,查看其是否通畅,设备运转是否正常。检查水池的防水效果是否达到设计要求,有无渗水现象的发生。

7. 竣工验收

竣工验收时，严格遵守设计图纸的要求和相关竣工验收标准。内容主要包括：是否严格遵循图纸要求施工；施工质量是否达到相关质量要求；给排水设备的运转是否符合设计要求。除此之外，对于水池的竣工验收还要注意到驳岸防水的问题。对于不符合要求的工程，应在规定时间内予以完善或重做，并达到验收标准。

破坏人工湖驳岸的因素

（1）人工湖底地基直接坐落在不透水的坚实地基上是最理想的。若地基强度不够坚实，由于墙体自身重力及荷载变化的影响，会造成驳岸均匀或不均匀沉陷，使驳岸出现纵向裂缝甚至局部塌陷。在地下水位高的地带，地下水的浮托力会影响基础的稳定。

（2）常水位至湖底部分的驳岸常年处于被淹没状态。在我国北方，寒冷地区则因为湖水渗入驳岸，冻胀后使驳岸断裂。冻胀力作用于常水位以下驳岸时，使常水位以上的驳岸向水面方向位移，而岸边地面冰冻产生的冻胀力也将常水位以下驳岸向水面方向推动，这样造成驳岸位移。

（3）常水位至最高水位部分的驳岸经受周期性淹没，随水位上下的变化形成冲刷，如果不设驳岸，岸土便被冲落。

（4）最高水位以上不被淹没的部分驳岸，主要经受浪击、日晒和风化剥蚀。驳岸顶部则可能因超重荷载和地面水的冲刷遭到破坏。另外，由于驳岸下部被破坏也会引起上部结构受到破坏。

五、人工湖的护坡

1. 护坡概念

护坡是保护坡面，防止雨水径流冲刷及风浪拍击对岸坡的破坏的一种水工措施。土壤斜坡在45°内时可用护坡。护坡可防止滑坡，减少地面水和风浪冲刷，保证岸坡稳定，自然的缓坡能产生自然亲水的效果。

2. 护坡分类

护坡的主要类型有块石护坡、园林绿地护坡、花坛式护坡、石钉护坡、预制框格护坡、截水沟护坡和编柳抛石护坡等几种。

(1)块石护坡。在岸坡较陡、风浪较大的情况下,或因为造景的需要,在园林中常使用块石护坡,如图 5-21 所示。护坡的石料,最好选用石灰岩、砂岩、花岗石等顽石。在寒冷的地区还要考虑石块的抗冻性。

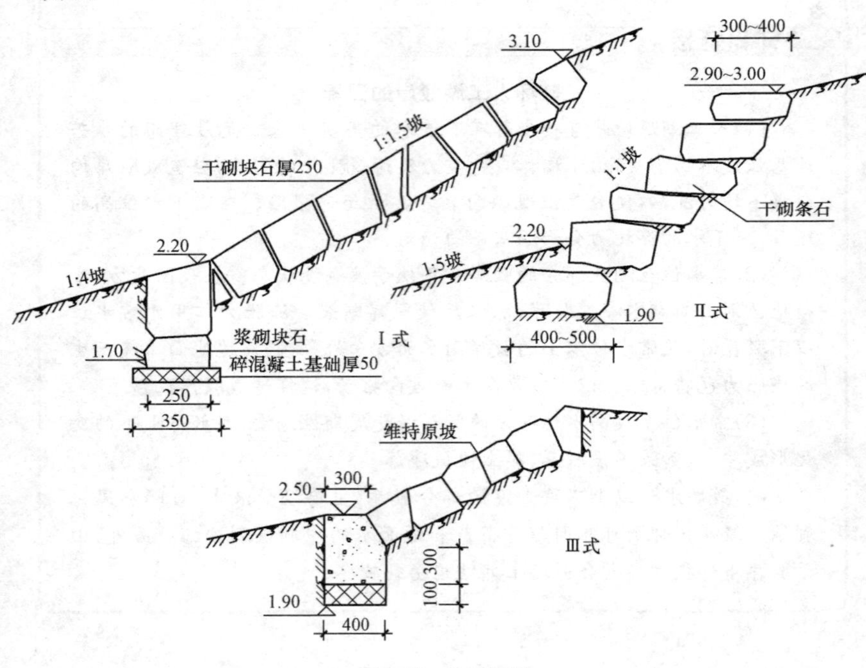

图 5-21　块石护坡

(2)园林绿地护坡。当岸壁坡角在自然安息角以内,水面上缓坡在 1∶20～1∶5 间起伏变化是很美的。这时水面以上部分可用草皮护坡,即在坡面种植草皮或草丛,利用密布土中的草根来固土,使土坡能够保持较大的坡度而不滑坡。

(3)花坛式护坡。将园林坡地设计为倾斜的图案、文字类模纹花坛或其他花坛形式，既美化了坡地，又起到了护坡的作用。

(4)石钉护坡。在坡度较大的坡地上，用石钉均匀地钉入坡面，使坡面土壤的密实度增长，抗坍塌的能力也随之增强。

(5)预制框格护坡。一般是用预制的混凝土框格，覆盖、固定在陡坡坡面，从而固定、保护了坡面；坡面上仍可种草种树。当坡面很高、坡度很大时，采用这种护坡方式的优点比较明显。所以，这种护坡最适于较高的道路边坡、水坝边坡、河堤边坡等的陡坡。

(6)截水沟护坡。为了防止地表径流直接冲刷坡面，而在坡的上端设置一条小水沟，以阻截、汇集地表水，从而保护坡面。

(7)编柳抛石护坡。采用新截取的柳条十字交叉编织。编柳空格内抛填厚 0.2～0.4m 的块石，为利于排水和减少土壤流失，块石下设厚 10～20cm 的砾石层。柳格平面尺寸为 1m×1m 或 0.3m×0.3m，厚度为 30～50cm。柳条发芽便成为较坚固做护坡设施。

3. 护坡施工

护坡在园林工程中得到广泛应用，原因在于水体的自然缓坡能产生自然亲水的效果。护坡方法的选择应依据坡岸用途、构景透视效果、水岸地质状况和水流冲刷程度而定。护坡施工有铺石护坡、草皮护坡和灌木护坡三种。

(1)铺石护坡。当坡岸较陡，风浪较大或因造景需要时，可采用铺石护坡，如图 5-22 所示。由于铺石护坡施工容易，抗冲刷力强，经久耐用，护岸效果好，还能因地造景，灵活随意，是园林常见的护坡形式。

护坡石料要求吸水率低、密度大和抗冻性强，如石灰岩、砂岩、花岗石等岩石，以块径 18～25cm、长宽比 1∶2 的长方形石料最佳。

铺石护坡的坡面应根据水位和土壤状况确定，一般常水位以下部分坡面的坡度小于 1∶4，常水位以上部分采用 1∶1.5～1∶5。

施工时首先把坡岸平整好，并在最下部挖一条梯形沟槽，沟槽宽为 40～50cm，深为 50～60cm。铺石前先将垫层铺好，垫层的卵石或碎石要求大小一致，厚度均匀，铺石时由下至上铺设。为增加护坡稳定性，下部要选用大块的石料。铺时石块摆成丁字形，与岸坡平行，一行一行往上铺，石块与石块之间要紧密相贴，如有突出的棱角，应用铁

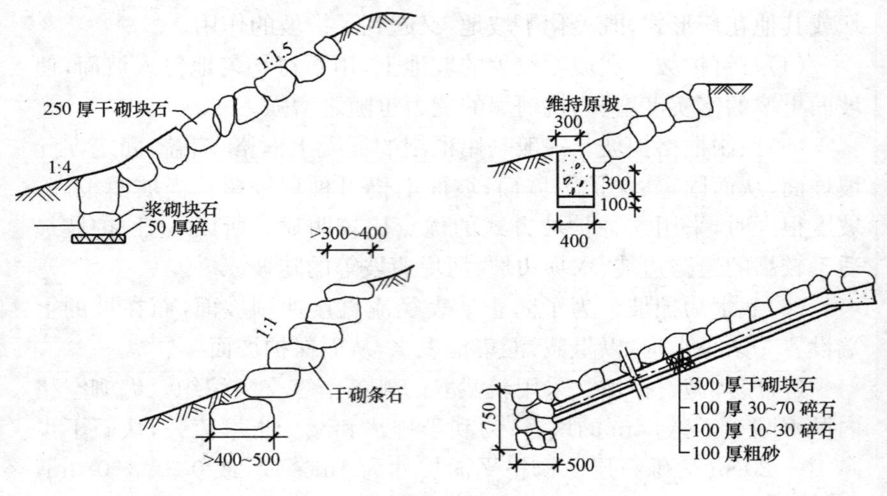

图 5-22　铺石护坡

锤将其敲掉。铺后检查一下质量，即当人在铺石上行走时铺石是否移动，如果不移动，则施工质量符合要求。然后用碎石嵌补铺石缝隙，再将铺石夯实即成。

(2)草皮护坡。草皮护坡适用于坡度在 1∶5～1∶20 之间的湖岸缓坡。护坡草种要具备耐水湿，根系发达，生长快，生存力强，如假俭草、狗牙根等。护坡做法(图 5-23)按坡面具体条件而定，若原坡面有杂草生长，可直接利用杂草护坡，但要求美观。也有直接在坡面上播草种，加盖塑料薄膜，先在正方砖、六角砖上种草，然后用竹签四角固

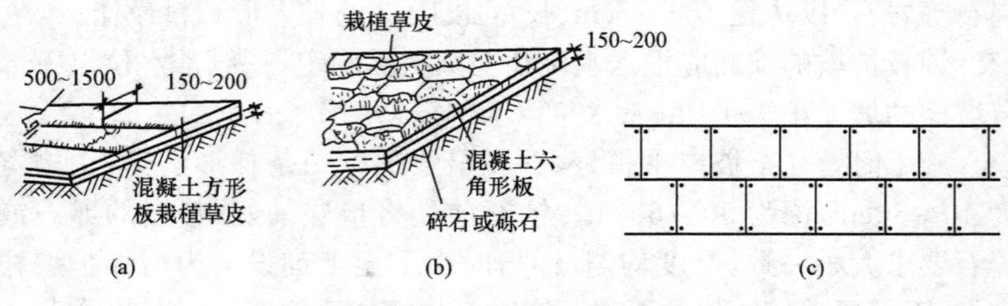

图 5-23　草皮护坡做法

(a)方形板；(b)六角形板；(c)用竹签固定草砖

定做护坡。最为常见的是块状或带状种草护坡，铺草时沿坡面自下而上成网状铺草，用木方条分隔固定，稍加压踩。可在草地散置山石，配以花灌木以增加景观层次，丰富地貌，加强透视感。

(3)灌木护坡。灌木护坡适用于大水面平缓的坡岸。灌木有韧性，根系盘结，不怕水淹，能削弱风浪冲击力，减少地表冲刷，因而护岸效果较好。护坡灌木要具备速生、根系发达、耐水湿、株矮常绿等特点，可选择沼生植物护坡。若因景观需要，强化天际线变化，可适量植草和乔木，以达到既护坡又添景的效果。如图 5-24 所示。

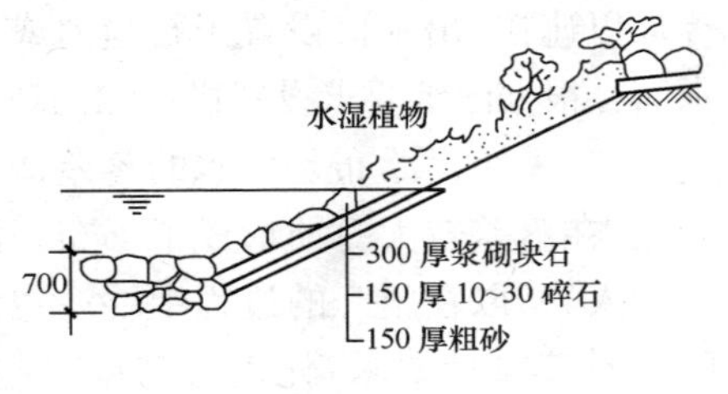

图 5-24　灌木护坡

第四节　溪流工程施工

一、溪流

1. 溪流的概念

溪流是自然山涧中一种水流形式，在园林中小河两岸砌石嶙峋，河中涓涓细流纵横交织，置大小石块疏密有致，水流激石，淙淙而流，再加上两岸土石之间耐水湿的蔓木和花草，便构成极具自然野趣的溪流。现代园林中的小溪则是自然界溪流的艺术再现，是连续的带状动态水体。应用十分广泛，尤其在狭长形的园林用地中，一般采用溪流的理水方式比较合适。

2. 溪流的分类

园林中的溪流有：自然溪流、人工溪流、瀑布、跌水等。

(1)自然溪流。园林中的溪流有一种是纯粹自然的溪流，水源有保证，施工时应充分保持溪流的自然外貌。

(2)人工溪流。模仿自然界中的溪涧河流，利用流水的曲线、质感、声音增加园林水景的趣味性。建造时根据图纸，确定溪流位置并开槽，溪流的河床通常以素混凝土作垫层，操作时在垫层上做防水处理，方法一般为防水混凝土或防水卷材。溪流的河床贴面粘贴鹅卵石，根据要求做出高低变化，以增加自然的趣味。河床两侧的驳岸材料选择自然山石或大块卵石加以装饰。溪流的源头通常用假山、建筑等加以遮挡，出水口设置于石缝内或建筑物下。溪流的终点通常设有水面。根据图纸要求设置供水和循环设备，但要注意这些设备的隐藏。

(3)瀑布。瀑布是由水的落差造成的。流水在地势较平坦时形成溪流，在落差较大时便形成了瀑布。瀑布主要以落水的形式和水声吸引游人，所以在施工的过程中要注意流水跌落位置落差的处理。瀑布施工时按设计要求，先进行与瀑布起点连接的溪流的施工，然后进行瀑道的处理，瀑布落水效果的好坏很大程度上取决于堰口的做法。常用的做法有：将堰口的山石做卷边处理；堰唇采用青铜或不锈钢制作；在堰顶增加蓄水池并增加深度，以保证平稳、连续的水流等。连接在瀑布下边的水潭的做法可参考水池施工，但要注意水潭的深度，以免落水的冲击力破坏水池的池底结构。供水及循环设备的安装可参考溪流施工。

(4)叠水。水呈台阶状流出时称为叠水，台阶的形式赋予变化，有高有低，层次有多有少，所以可以创作出形式不同、水量不同、水声各异的多种叠水。叠水可分为自然式和规则式两种。自然式叠水中，台阶可用自然山石制作；规则式叠水的台阶可以选择预制构件(如水盆、条石等)。叠水施工方法可参考溪流施工，但叠水位置要注意每级台阶间的高差变化。为保证水流的连续和稳定，通常在叠水的顶端设置小型蓄水池。

二、人工溪流施工

1. 施工前的准备工作

(1)施工前的资料确认。溪流是蜿蜒曲折、高差逐渐变化的连续带状水体。根据此特点，在施工以前要认真阅读图纸，详细了解溪流的走向、水面宽度、高差变化等特点，为后期施工打下良好的基础。

(2)施工前的现场勘察。在施工前要做详细地现场勘察。认真勘察溪流沿途的地貌特征、地质特点、原地形标高等项目，为制作施工计划和施工方案做好第一手资料准备。

(3)施工前现场的准备工作。在溪流施工前，在现场做好“四通一清”的准备工作。根据溪流的带状特点，可在施工现场设多个闸箱和取水点，布置位置以方便施工为准。临时设施的准备包括临时房屋的建设、施工材料的存放场所等。

(4)施工人员、工具、材料的准备。在溪流施工前，对施工人员进行溪流施工特点、相关施工工艺、验收标准的培训，并由专人对其进行技术交底和任务分配，以保证施工的质量和效率。根据施工组织方案的要求，准备相关施工工具，保证施工工具在施工前进场。按图纸要求采购溪流施工的相关材料，先将所选材料样品报送甲方或监理，待验收合格后方可采购。若溪流较长，施工工具和材料不必集中保存，可分散到多个地点，以方便施工使用。

2. 溪道放线和溪槽挖掘

(1)溪槽放线。由溪流图纸图可知，溪流蜿蜒曲折、时宽时窄，所以放线时为保证精确度可采用方格网法。操作步骤为：将图纸上的方格网按要求测放在施工场地内，用石灰粉、黄沙等在地面上勾画出溪流的轮廓，同时注意给水管线的走向，在溪流的转弯点和宽窄变化较多处应加密桩点，以确保曲线位置的准确。

溪流的河床标高有连续的变化，所以在进行竖向放线时，各桩点所在位置的设计高程要清晰地标注在木桩上；若遇变坡点要做特殊标记，以提醒施工人员注意。

(2)溪槽挖掘。溪槽按设计要求挖掘，最好选择人工挖掘的方法。溪槽的开挖要保证有足够的宽度和深度，以便安装装饰用石。在挖掘过程中注意木桩上标记的设计标高，开槽时挖出的表土可作为溪流两侧的种植土使用。若溪流较长可采取分段同时施工的方法，并在施工过程中注意相邻的施工段在槽底标高和槽宽方面的衔接。溪槽夯实结束后，应对槽底进行细致的检查，对于不符合标高要求的部位进行人工修整。

3. 溪底施工

(1)混凝土结构溪底施工。混凝土结构溪底现浇混凝土 10～15cm 厚(北方地区可适当加厚)，并用粗铁丝或钢筋加固混凝土。现浇需在一天内完成，且必须一次浇筑完毕。

(2)柔性结构溪底施工。如果小溪较小，水又浅，溪基土质良好，可采用柔性结构。可直接在夯实的溪道上铺一层 2.5～5cm 厚的砂子，再将衬垫薄膜盖上。衬垫薄膜纵向的搭接长度不得小于 30cm，留于溪岸的宽度不得小于 20cm，并用砖、石等重物压紧，最后用水泥砂浆把石块直接粘在衬垫薄膜上。

4. 溪壁施工

溪壁为毛石砌体时，做法可参考毛石驳岸的施工，但在施工过程中要注意溪壁的防水处理，材料与溪底相同即可，施工时保证溪底与溪壁的防水层有一定的搭接。在毛石砌体的表面用 20mm 厚的 1∶3 水泥砂浆粘贴湖石作为装饰粘贴前应先对湖石进行预摆，以选择最佳的石材摆放角度及最佳的摆放位置，湖石安装时注意水泥砂浆尽可能地不暴露在外。如果溪流的环境开朗，水面宽且水浅可用平整的草坪做护坡，并沿驳岸线点缀卵石封边，以起到驳岸的作用。

5. 管线安装

溪流的出水口及管线应进行隐藏，对于提前预埋的管线应注意质量的严格检验，并埋藏于相应的位置和恰当的深度。后期安装的管线和设备要遵循有关施工规程，管线安装后要进行密封，并注意防水施工时不要有遗漏。

6. 扫尾

溪流主体施工结束后，根据图纸要求对施工现场进行整理，尤其是溪壁位置放置的湖石或卵石尽可能的自然，并做好配景植物的种植。根据现场情况可在河床上放置卵石，以使水面产生轻柔的涟漪，更富于自然情趣。

7. 试水及验收

根据设计要求，对水池的给排水设备检验，查看其是否通畅，电气设备是否正常。检查水池的防水效果是否达到设计要求，有无渗水现象的发生。试水过程中注意观察溪底和溪壁的防水效果，在循环设备工作的过程中检验设备运转是否正常，是否符合要求。验收时严格遵循设计图纸和相关验收规定，对不合格的工程要限期返工，直到达到设计要求为止。

溪流布置要求

(1)溪流的形态应根据环境条件、水量、流速、水深、水面宽和所用材料进行合理的设计。其平面应有自然曲折的变化和宽狭变化，其纵断面有陡缓不一和高低不等的变化。

(2)溪流的坡势依流势确定，一般急流处为3%左右，缓流处为0.5%～1%。宽度通常在1～2m，水深为5～10m。

(3)水流、水槽及沿岸的其他景物都应有一种节奏感，富于韵律的变化。

(4)可以交替采用缓流、急流、跌水、小瀑布、池等形式。

(5)溪中常布置有汀步、小桥、浅滩、点石等，沿水流安排时隐时现的小路。溪中宜栽种一些水生植物如鸢尾、石菖蒲、玉蝉花等，两侧则可配置一些低矮的花灌木。

(6)溪的末端宜用一稍大的水池收尾，以符合自然之理。

(7)为美化景观，对于溪底可选用大卵石、砾石、风化石、平板石、料石等铺砌处理。

三、瀑布施工

1. 瀑布的构成

瀑布一般由背景水源、缓冲小池、瀑布口、瀑身、承水潭、溪流动力设备等构成。

瀑布落差越大，承水潭应越深。瀑布口的设计直接决定了瀑布的形式。另外，瀑布口前的缓冲池也是重要的组成部分，它是保证瀑布身的整齐和完整前置构筑物。瀑布口的边沿要光滑平整，才会有如一面透明玻璃悬挂的效果。若配置灯光，应设置在瀑布的背面。在强烈的光线照射下，水布身晶莹剔透，光彩闪烁，更引人入胜。瀑布的构成，如图 5-25 所示。瀑布落水的基本形式如图 5-26 所示。

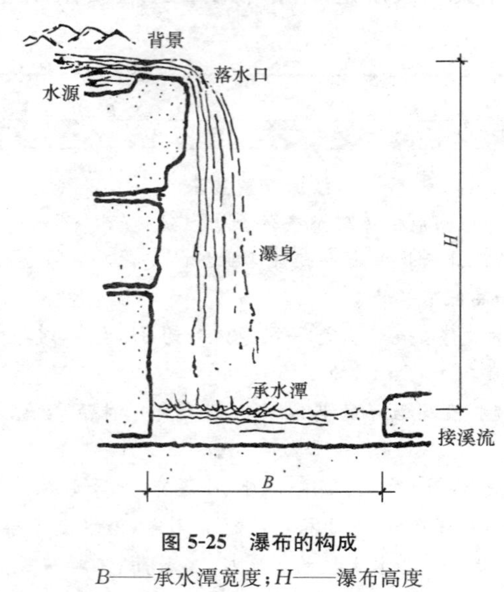

图 5-25 瀑布的构成

B——承水潭宽度；H——瀑布高度

2. 瀑布的分类

(1)按瀑布跌落方式分，有直瀑、分瀑、跌瀑和滑瀑四种。

1)直瀑：即直落瀑布。这种瀑布的水流是不间断地从高处直接落入其下的池、潭水面或石面。若落在石面，就会产生飞溅的水花并四散洒落。直瀑的落水能够造成声响喧哗，可为园林环境增添动态水声。

2)分瀑：实际上是瀑布的分流形式，因此又叫分流瀑布。它是由一道瀑布在跌落过程中受到中间物阻挡一分为二，分成两道水流继续跌落。这种瀑布的水声效果也比较好。

3)跌瀑：也称跌落瀑布，是由很高的瀑布分为几跌，一跌一跌地向

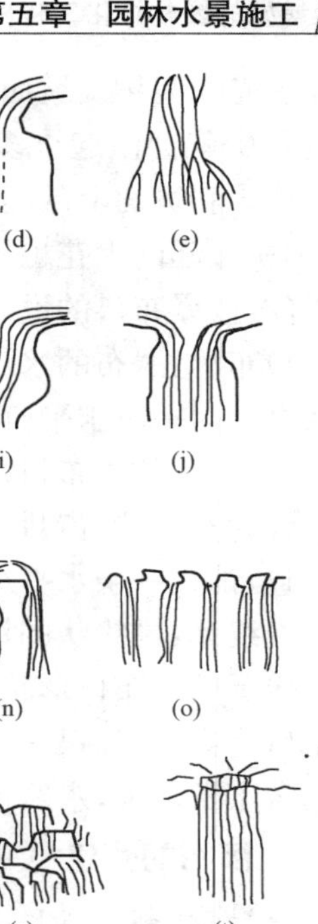

图 5-26　瀑布落水的基本形式

(a)泪落;(b)线落;(c)布落;(d)离落;(e)丝落;(f)段落;(g)披落;(h)层落
(i)二段落;(j)对落;(k)片落;(l)傍落;(m)重落;(n)分落;(o)连续落;(p)帘落
(q)横落;(r)滴落;(s)乱落;(t)圆筒落;(u)雨落;(v)雾落;(w)风雨落;(x)滑落;(y)壁落

下落。跌瀑适宜布置在比较高的陡坡坡地,其水形变化较直瀑、分瀑都大一些,水景效果的变化也多一些,但水声要稍弱一点。

4)滑瀑:就是滑落瀑布。其水流顺着一个很陡的倾斜坡面向下滑落。斜坡表面所使用的材料质地情况决定着滑瀑的水景形象。斜坡是光滑表面,则滑瀑如一层薄薄的透明纸,在阳光照射下显示出湿润感和水光的闪耀。坡面若是凸起点(或凹陷点)密布的表面,水层在滑落过程中就会激起许多水花,当阳光照射时,就像一面镶满银色珍珠的挂毯。斜坡面上的凸起点(或凹陷点)若做成有规律排列的图形纹样,则所激起的水花也可以形成相应的图形纹样。

(2)按瀑布口的设计形式来分,有布瀑、带瀑和线瀑三种。

1)布瀑:瀑布的水像一片又宽又平的布一样飞落而下。瀑布口的形状设计为一条水平直线。

2)带瀑:从瀑布口落下的水流,组成一排水带整齐地落下。瀑布口设计为宽齿状,齿排列为直线,齿间距全部相等。齿间的小水口宽窄一致,都在一条水平线上。

3)线瀑:排线状的瀑布水流如同垂落的丝帘,这是线瀑的水景特色。线瀑的瀑布口形状设计为尖齿状。尖齿排列成一条直线,齿间的小水口呈尖底状。从一排尖底状小水口上落下的水,即呈细线形。随着瀑布水量增大,水线也会相应变粗。

3. 瀑布的营建

(1)顶部蓄水池的设计。蓄水池的容积应根据瀑布的流量来确定,若要形成较壮观的景象,就要求其容积大,而如果要求瀑布薄如轻纱,蓄水池没有必要太深、太大。

(2)堰口处理。堰口是使瀑布的水流改变方向的山石部位。其出水口应模仿自然,并以树木及岩石加以隐蔽或装饰,当瀑布的水膜很薄时,能表现出极其生动的水态。

(3)瀑身设计。瀑布水幕的形态也就是瀑身,它是由堰口及堰口以下山石的堆叠形式确定的。堰口处的山石虽然在一个水平面上,但水际线的伸出、缩进可以使瀑布形成的景观有层次感。若堰口以下的山石在水平方向上堰口突出较多,可形成两重或多重瀑布,这样瀑布就更加活泼而有节奏感。

在城市景观构造中,注重瀑身的变化,可创造多姿多彩的水态。瀑布的水态是很丰富的,设计时应根据瀑布所在环境的具体情况、空间气氛,确定设计瀑布的性格。

(4)潭。天然瀑布落水口下面多为一个深潭。在瀑布设计时,也应在落水口下面做一个受水池。一般的经验是使受水池的宽度不小于瀑身高度的 2/3,以防止落水时水花四溅。

(5)与音响、灯光的结合。为产生如波涛翻滚的意境,可利用音响效果渲染气氛,增加水声。也可以把彩灯安装在瀑布的对面,晚上就可以呈现出彩色瀑布的奇异景观。

知识链接

瀑布的布置要求

(1)必须有足够的水源。利用天然地形水位差,疏通水源,创造瀑布水景;或接通城市水管网用水泵循环供水来满足。

(2)瀑布的位置和造型应结合瀑布的形式、周边环境、创造意境及气氛综合考虑,选好合宜的视距。

(3)瀑布着重表现水的姿态、水声、水光,以水体的动态取得与环境的对比。

(4)水池平面轮廓多采用折线形式,便于与池中分布的瀑布池台协调。池壁高度宜小,最好采用沉床式或直接将水池置于低地中,有利于形成观赏瀑布的良好视距。

(5)为保证瀑布布身效果,要求瀑布口平滑,可采用青铜或不锈钢制作。另外,增加缓冲池的水深,另在出水管处加挡水板。

(6)为防水花四溅,承水潭宽度应大于瀑布高度的 2/3。

(7)瀑布池台应有高低、长短、宽窄的变化,参差错落,使硬质景观和落水均有一种韵律的变化。

(8)应考虑游人近水、戏水的需要。为使池、瀑成为诱人的游乐场所,池中应设置汀步。

四、跌水施工

1. 跌水的形式

(1)单级式跌水。溪流下落时,如果无阶状落差,即为单级跌水(一级跌水)。单级跌水由进水口、胸墙、消力池及下游溪流组成。进水口是水源的出口,应通过某些工程手段使进水口自然化。胸墙也称跌水墙，它能影响到水态、水声和水韵。胸墙要坚固、自然。消力池底要有一定厚度，一般认为，当流量达到 $2m^3/s$，墙高大于 2m 时，底厚要求达到 50cm。对消力池长度也有一定要求，其长度应为跌水高度的 1.4 倍。连接消力池的溪流应根据环境条件设计。

(2)二级式跌水。即溪流下落时，具有两阶落差的跌水。通常上级落差小于下级落差。二级跌水的水流量较单级跌水小，因此，下级消力池底厚度可适当减小。

(3)多级式跌水。即溪流下落时，具有三阶以上落差的跌水。多级跌水一般水流量较小，因而各级均可设置蓄水池。水池可为规则式，也可为自然式，视环境而定。为防水闸海漫功能削弱上一级落水的冲击，水池内可点铺卵石。有时为了造景需要和渲染环境气氛，可配装彩灯，使整个水景景观盎然有趣。

(4)悬臂式跌水。悬臂式跌水的特点是其落水口的处理与瀑布落水口泄水石处理极为相似，它是将泄水石突出成悬臂状，使水能泄至池中间，因而使落水更具魅力。

(5)陡坡跌水。陡坡跌水是以陡坡连接高、低渠道的开敞式过水构筑物。园林中多应用于上下水池的过渡。由于坡陡水流较急，需有稳固的基础。

2. 跌水的做法

跌水的构筑方法与瀑布基本相同，只是它所使用的材料更加灵活多样，如砖块混凝土、天然石板等，如图 5-27 所示。

知识链接

跌　　水

跌水本质是瀑布的变异，它强调一种规律性的阶梯落水形式。跌水的外形就像一道楼梯，台阶有高有低，层次有多有少，并且构筑物的形式有规则式、自然式及其他形式，因此产生了形式不同、水量不同、水声各异的丰富多彩的跌水景观。跌水是善用地形、美化地形的一种理想水态，具有广泛的利用价值。

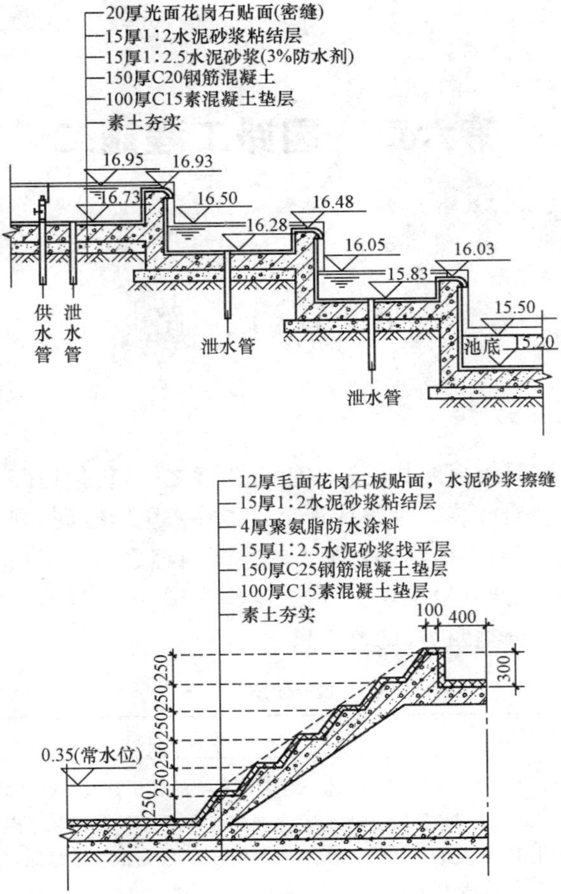

图 5-27　常见跌水形式及做法

第六章　园路工程施工

第一节　园　路

一、园路的分类

园林道路是构成园林的基本组成要素之一，包括道路、广场、游憩场地等一切硬质铺装。园路具有交通、导游、组织空间、划分景区和造景等功能，是园林工程设计与施工的主要内容之一。园路有不同的分类方法，最常见的有根据功能分类、结构类型分类、铺装材料分类及路面的排水性能分类四类，见表6-1。

表6-1　园路的分类

分类方法	园路类型	功能及特点
根据功能分类	主干道	主干道是园林绿地道路系统的骨干。它与园林绿地主要出入口、各功能分区以及主要建筑物、重点广场和风景点相联系，是游览的主线路，也是各分区的分界线，形成整个绿地道路的骨架，多呈环形布置。它不仅可供行人通行，也可在必要时供车辆通过。其宽度视公园性质和游人量而定，一般为3.5～6.0m
	次干道	次干道是指由主干道分出，直接联系各区及风景点的道路。一般宽度为2.0～3.5m
	游步道	游步道是指由次干道上分出，引导游人深入景点、寻胜探幽，能够伸入并融入绿地及幽景的道路。一般宽度为1.0～2.0m，有些游览小路宽度甚至会小于1.0m，具体因地、因景、因人流多少而定

续一

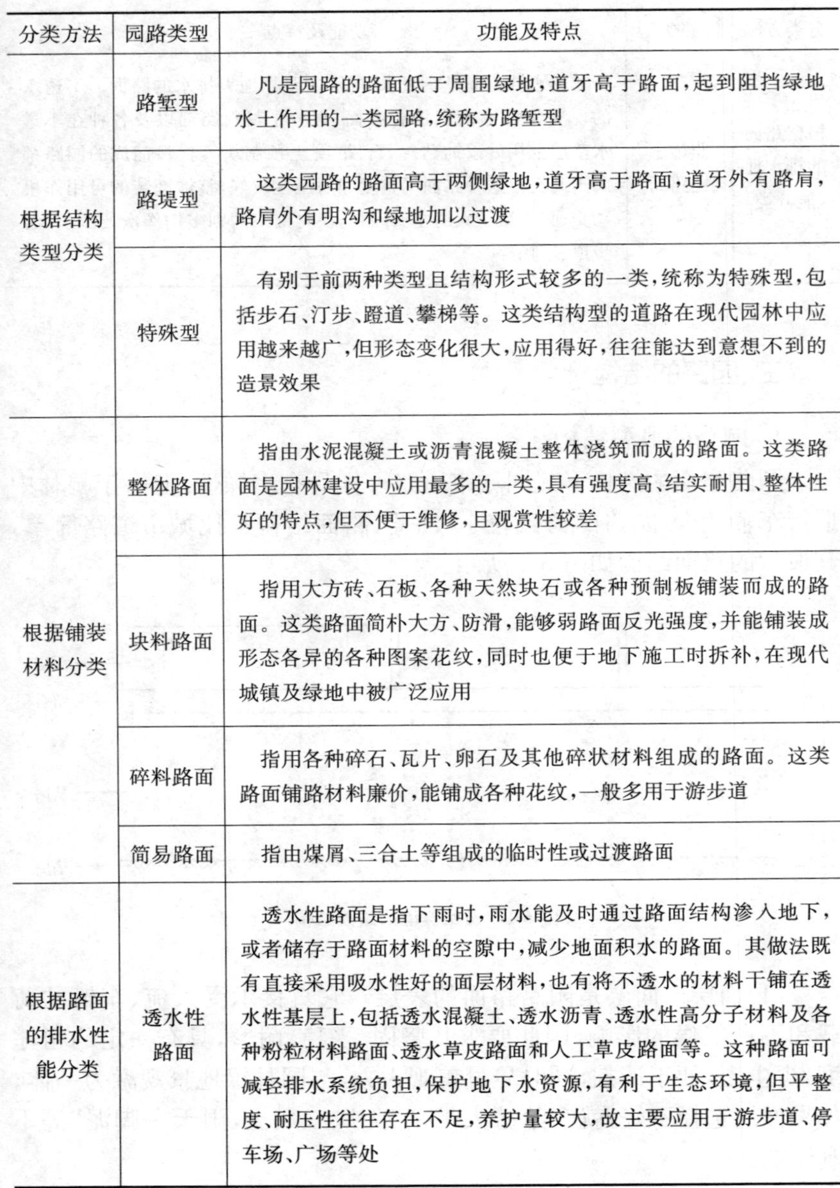

分类方法	园路类型	功能及特点
根据结构类型分类	路堑型	凡是园路的路面低于周围绿地，道牙高于路面，起到阻挡绿地水土作用的一类园路，统称为路堑型
	路堤型	这类园路的路面高于两侧绿地，道牙高于路面，道牙外有路肩，路肩外有明沟和绿地加以过渡
	特殊型	有别于前两种类型且结构形式较多的一类，统称为特殊型，包括步石、汀步、蹬道、攀梯等。这类结构型的道路在现代园林中应用越来越广，但形态变化很大，应用得好，往往能达到意想不到的造景效果
根据铺装材料分类	整体路面	指由水泥混凝土或沥青混凝土整体浇筑而成的路面。这类路面是园林建设中应用最多的一类，具有强度高、结实耐用、整体性好的特点，但不便于维修，且观赏性较差
	块料路面	指用大方砖、石板、各种天然块石或各种预制板铺装而成的路面。这类路面简朴大方、防滑，能够弱路面反光强度，并能铺装成形态各异的各种图案花纹，同时也便于地下施工时拆补，在现代城镇及绿地中被广泛应用
	碎料路面	指用各种碎石、瓦片、卵石及其他碎状材料组成的路面。这类路面铺路材料廉价，能铺成各种花纹，一般多用于游步道
	简易路面	指由煤屑、三合土等组成的临时性或过渡路面
根据路面的排水性能分类	透水性路面	透水性路面是指下雨时，雨水能及时通过路面结构渗入地下，或者储存于路面材料的空隙中，减少地面积水的路面。其做法既有直接采用吸水性好的面层材料，也有将不透水的材料干铺在透水性基层上，包括透水混凝土、透水沥青、透水性高分子材料及各种粉粒材料路面、透水草皮路面和人工草皮路面等。这种路面可减轻排水系统负担，保护地下水资源，有利于生态环境，但平整度、耐压性往往存在不足，养护量较大，故主要应用于游步道、停车场、广场等处

续二

分类方法	园路类型	功能及特点
根据路面的排水性能分类	非透水性路面	非透水性路面是指吸水率低，主要靠地表排水的路面。不透水的现浇混凝土路面、沥青路面、高分子材料路面以及各种在不透水基层上用砂浆铺贴砖、石、混凝土预制块等材料铺成的园路都属于此类。这种路面平整度和耐压性较好，整体铺装的可用作机动交通、人流量大的主要园路，块材铺筑的则多用作次要园道、游步道、广场等

二、园路的结构

1. 园路的典型结构

园路路面的结构形式同城市道路一样具有多样性，但由于园林中通行车辆较少，园路的荷载较小，因此，路面结构都比城市道路简单，其典型的路面结构如图 6-1 所示。

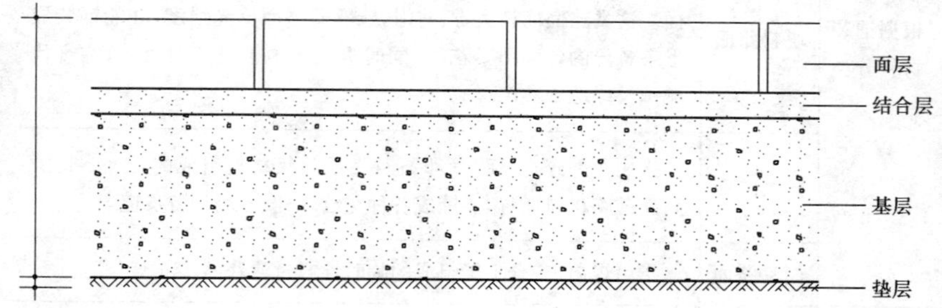

图 6-1　园路典型的路面结构

(1)面层。面层是园路路面的表层。它直接承受人流、车辆的荷载和不良气候的影响，因此要求其坚固、平稳、耐磨，具有一定的粗糙度，少尘土，便于清扫，同时尽量美观大方，与园林绿地景观融为一体。如果面层选择不好，就会给游人带来“无风三尺土，雨天一脚泥”等不利影响。

(2)结合层。采用块料铺筑面层时，在面层与基层之间设有结合层，具有粘结和找平的作用。

(3)基层。基层位于结合层之下，垫层或路基之上，是路面结构中主要承重部分。一方面支承由面层传下来的荷载；另一方面把此荷载传给土基。由于基层不外露，不直接造景，也不受车辆和气候条件的影响，因此，对材料要求比面层低。

(4)垫层。在路基排水不良或有冻胀、翻浆的路段上，为了排水、隔温、防冻的需要，用道渣、煤渣、石灰土等水稳定性好的材料作为垫层，设于基层之下。园林中也可用加强基层的办法，而不另设此层。

(5)路基。路基是路面的基础，它为园路提供一个平整的基面，承受由路面传下来的荷载，并保证路面有足够的强度和稳定性。如果土基的稳定性不良，为保证路面的使用寿命，应采取相应措施。

2. 园路的常见结构

园路常见的结构见表 6-2。

表 6-2　　园路常见结构

序号	园路名称	园路结构	
1	石板嵌草路	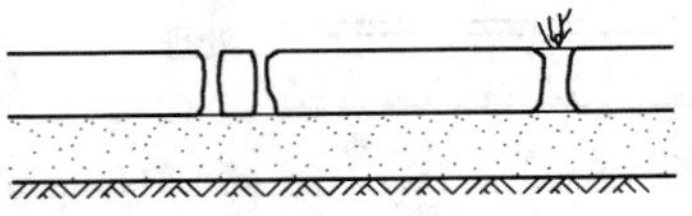	(1)100mm 厚石板； (2)50mm 厚黄沙； (3)素土夯实； (4)石缝 30～50mm 嵌章
2	卵石嵌草路	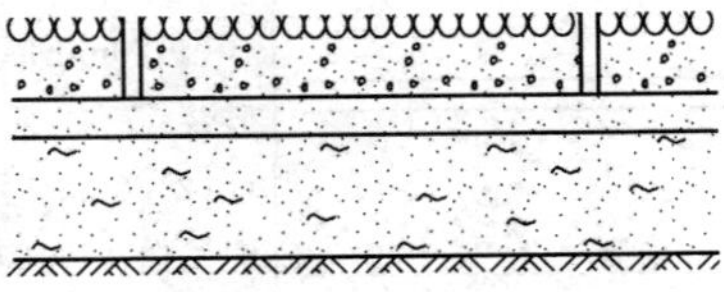	(1)70mm 厚预制混凝土嵌卵石； (2)50mm 厚 M2.5 混合砂浆； (3)一步灰土； (4)素土夯实

续一

序号	园路名称	园路结构	
3	预制混凝土方砖路	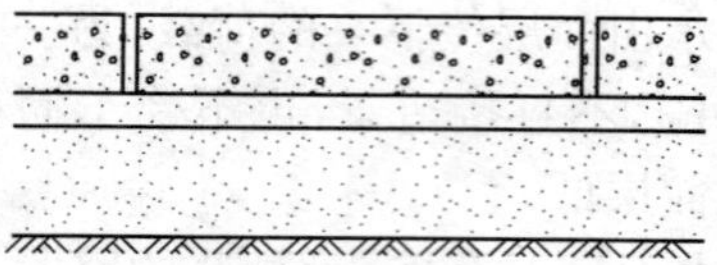	(1)500mm×500mm×500mm的C15混凝土方砖； (2)50～500mm厚粗砂； (3)150～250mm厚灰土； (4)素土夯实
4	现浇水泥混凝土路	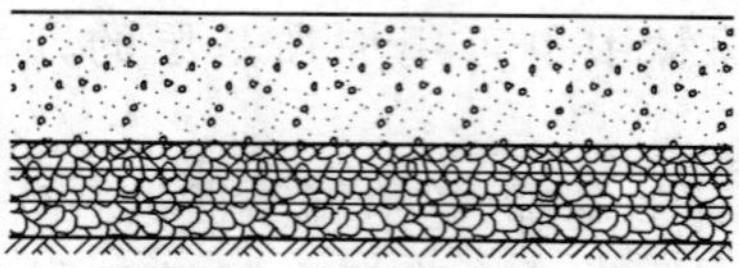	(1)80～150mm厚C15混凝土； (2)80～120mm厚碎石； (3)素土夯实
5	卵石路	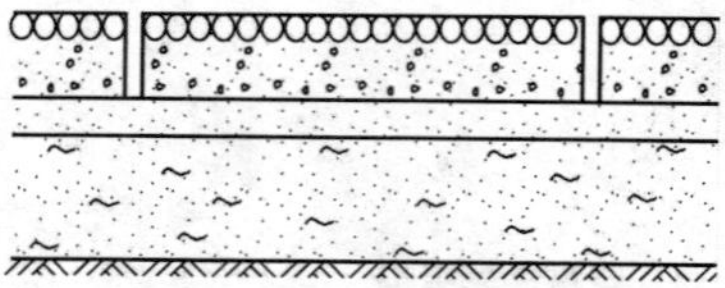	(1)70mm厚混凝土上嵌小卵石； (2)30～50m厚M2.5混合砂浆； (3)150～250mm厚碎砖三合土； (4)素土夯实
6	沥青碎石路	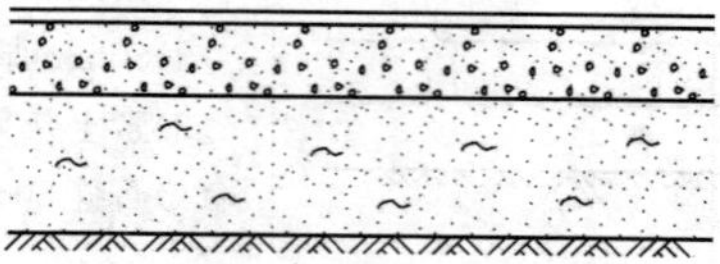	(1)10mm厚两层柏油表面处理； (2)50mm厚泥结碎石； (3)150mm厚碎砖或白灰、煤渣； (4)素土夯实
7	羽毛球声铺地	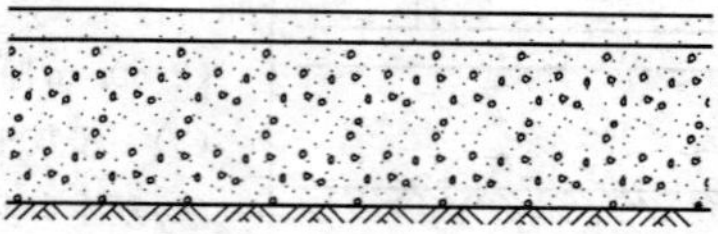	(1)20mm厚的1∶3的水泥砂浆； (2)80mm厚的1∶3∶6的水泥∶白灰∶碎砖； (3)素土夯实

续二

序号	园路名称	园路结构	
8	步石	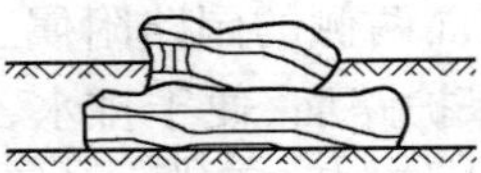	(1)大块毛砖； (2)基石用毛石或 160mm 厚水泥混凝土板； (3)素土夯实
9	块石汀步	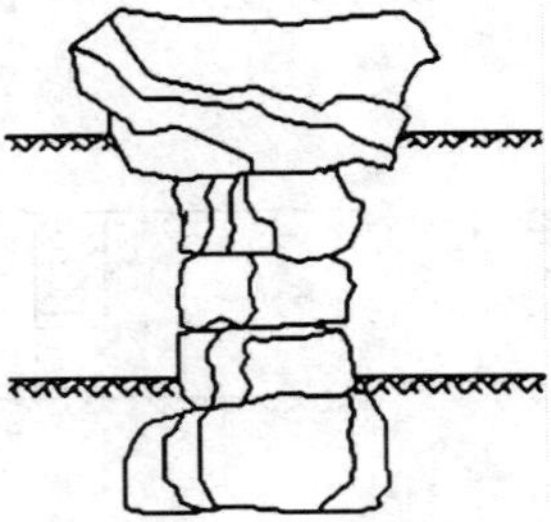	(1)大块毛石； (2)基石用毛石或 100mm 厚水泥混凝土板； (3)素土夯实
10	荷叶汀步	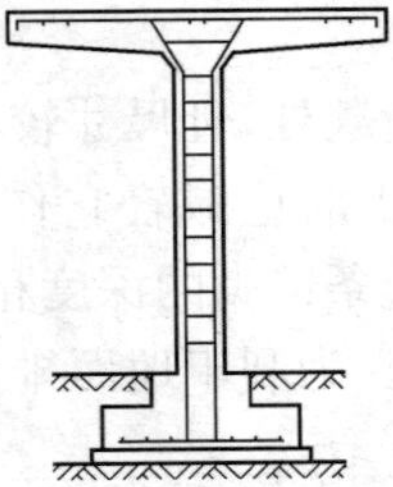	用钢筋混凝土现浇
11	透气透水性路面	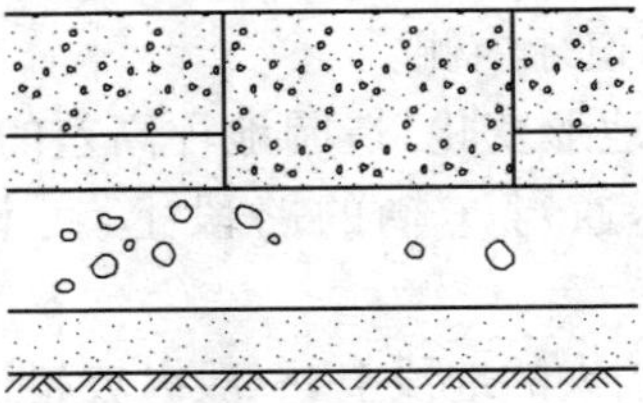	(1)彩色异型砖； (2)石灰砂浆； (3)少砂水泥混凝土； (4)天然级配沙砾； (5)粗砂或中砂； (6)素土夯实

3. 园路附属结构

园路附属结构包括道牙、边条、明沟和雨水井、台阶、礓、磴道、种植池等起到对园路美化的作用，是园路工程中不可缺少的内容。

(1)道牙。道牙是安置在路面两侧的园路附属工程。它使路面与路肩在高程上衔接起来，起到保护路面、便于排水、标志行车道、防止道路横向伸展的作用，同时，作为控制路面排水的阻挡物，还可以对行人和路边设施起到保护作用。道牙一般用砖或混凝土制成，在园林中也可用瓦、大卵石、切割条石等一般分为立道牙和平道牙两种形式。其构造如图 6-2 所示。

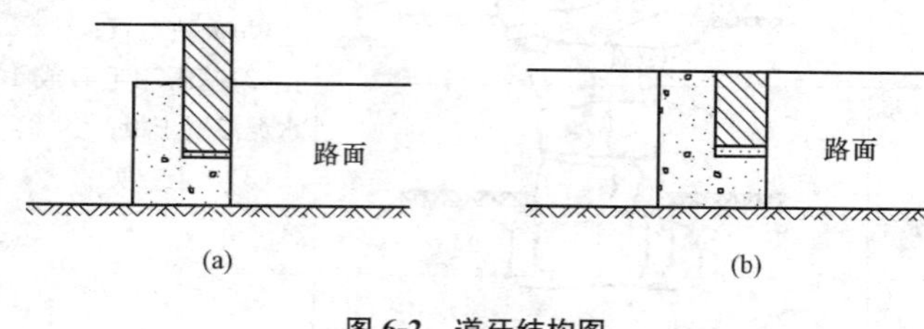

图 6-2　道牙结构图

(a)立道牙；(b)平道牙

(2)边条。边条用于较轻的荷载处，且尺寸较小，特别适用于步行槽、草地或铺砌场地的边界。施工时应减轻它作为垂直阻拦物的效果，增加它对地基的密封深度。边条铺砌的深度相对于地面应尽可能低些。槽块分凹面槽和空心槽块。为利于地面排水，一般紧靠道牙设置，路面应稍高于槽块。

(3)明沟和雨水井。明沟和雨水井是为收集路面雨水而建的构筑物，在园林中常用砖块砌成。明沟一般多用于平道牙的路肩外侧，而雨水井则主要用于立道牙的道牙内侧。

(4)台阶。台阶是解决地形变化，造园地坪高差的重要手段。当路面坡度超过 12°时，在不通行车辆的路段上，可设台阶以便于行走。

(5)礓。礓是指在坡度较大的地段上，一般纵坡超过 17%时，本应设台阶，但为了能通过车辆，将斜面做成锯齿形坡道。常用礓的形式和尺寸，如图 6-3 所示。

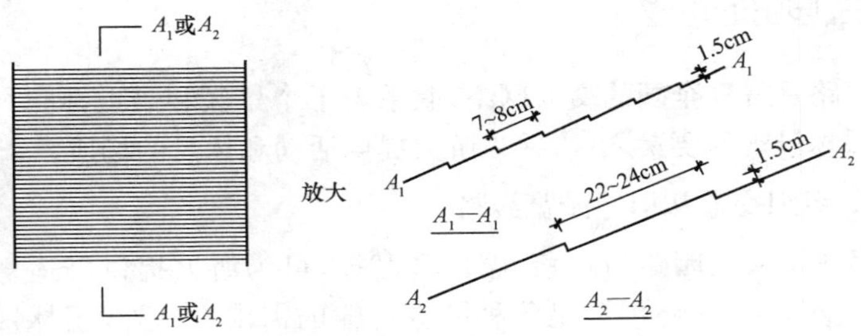

图 6-3　常用礓形式和尺寸

(6)磴道。在地形陡峭的地段，可结合地形或利用露岩设置磴道。当其纵坡大于 60%时，应做防滑处理，且应设扶手栏杆等。

(7)种植池。在路边或广场上栽种植物，一般应留种植池。种植池的大小应根据所栽植物的要求而定，在栽种高大乔木的种植池周围应设保护栅。

知识链接

园路结构设计中的影响因素与特征

(1)园路结构设计中的影响因素。

1)大气中的水分和地面湿度。

2)气温变化对地面的影响。

3)冰冻和融化对路面的危害。

(2)园路结构应具有的特征。

1)强度与刚度。

2)稳定性。

3)耐久性。

4)表面平整度。

5)表面抗滑性能。

6)少尘性。

三、园路的功能

园路是贯穿全园的交通网络，联系若干个景区和景点，同时，也是组成园林景观的要素之一，并为游人提供活动和休息的场所。

1. 组织交通和引导游览线路

经过铺装的园路耐践踏、碾压和磨损，可为游人提供舒适、安全、方便的交通条件，还可满足各种园务运输的需求。另外，园林景点依托园路进行联系，园路动态序列地展开指明了游览方向，引导游人从一个景点进入另一个景点。园路还为欣赏园景提供连续不同的视点，取得步移景异的效果。

2. 划分、组织空间

园林中通常利用地形、建筑、植物、水体或道路来划分园林功能分区。对于地形起伏不大、建筑比重小的现代园林绿地，用道路围合、分隔不同景区是主要的划分方式。借助道路面貌（线形、轮廓、图案等）的变化，还可以暗示空间性质、景观特点转换及活动形式的改变等，从而起到组织空间的作用。如在专类园中，园路划分空间的作用更是十分明显。

3. 参与造景

园路作为空间界面的一个方面而存在着，自始至终伴随着游览者，并影响风景的效果，它与山、水、植物和建筑等共同构成优美丰富的园林景观。

4. 提供活动场地和休息场地

在建筑小品周围、花坛边、水旁和树池等处，园路可扩展为广场，为游人提供活动和休息的场所。

5. 组织排水

道路可以借助其路缘或边沟组织排水。当园林绿地高于路面，就能汇集两侧绿地径流，利用其纵向坡度将雨水排除。

知识链接

园路参与造景的作用

(1)创造意境。如中国古典园林中,园路的花纹和材料与意境相结合。有其独特的风格与完整的构图,很值得学习。

(2)构成园景。通过园路引导,将不同角度和方向的地形地貌、植物群落等园林景观一一展现在眼前,形成一系列动态画面,即此时的园路也参与了风景的构图,可称之为“因景得路”。而且园路本身的曲线、质感、色彩、纹样、尺度等与周围环境相协调统一,也是构成园景的一部分。

(3)统一空间环境。总体布局中,协调统一的地面铺装使尺度和特性上有差异的要素相互间连接,在视觉上统一越来。

(4)构成个性空间。园路的铺装材料和图案造型能形成和增强不同的空间感,如细腻感、粗犷感、安静感、亲切感等;丰富而独特的园路可以提升视觉趣味,增强空间的独特性和可识性。

四、园路系统的布局

1. 园路系统的布局形式

风景园林的道路系统不同于一般城市道路系统,有独特的布置形式和特点。常见的园路系统布局形式有套环式、条带式和树枝式三种,见表6-3。

2. 园路系统的布局要点

(1)园路与建筑。在园路与建筑物的交接处,通常能形成路口。从园路与建筑相互交接的实际情况来看,一般都是在建筑近旁设置一块较小的缓冲场地,园路则通过这块场地与建设交接。多数情况下都应这样处理,但一些起过道作用的建筑、游廊等,也通常不设缓冲小场地,根据对园路和建筑相互关系的处理和实际工程设计中的经验,可以采用以下几种方式来处理二者之间的交换关系。

表 6-3　　园路系统的布局形式

布局形式	园路系统特征	图　示	适用范围
套环式园路系统	这种园路系统的特征是:由主园路构成一个闭合的大型环路或一个"8"字形的双环路,再从主园路上分出很多的次园路和游览小道,并且相互穿插连接与闭合,构成另一些较小的环路。主园路、次园路和小路构成的环路之间的关系,是环环相套、互通互连的关系,其中少有尽端式道路。因此,这样的道路系统可以满足游人在游览中不走回头路的愿望	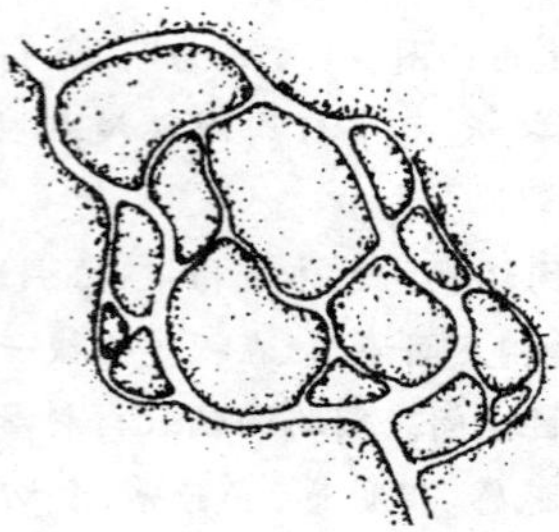	套环式园路是最能适应公共园林环境,也最为广泛应用的一种园路系统。但是,在地形狭长的园林绿地中,由于地形的限制,一般不宜采用这种园路布局形式
条带式园路系统	这种布局形式的特点是:主园路呈条带状,始端和尽端各在一方,并不闭合成环。在主路的一侧或两侧,可以穿插一些次园路和浏览小道。次路和小路相互之间也可以局部闭合成环路,但主路不会闭合成环。条带式园路布局不能保证游人在游园中不走回头路	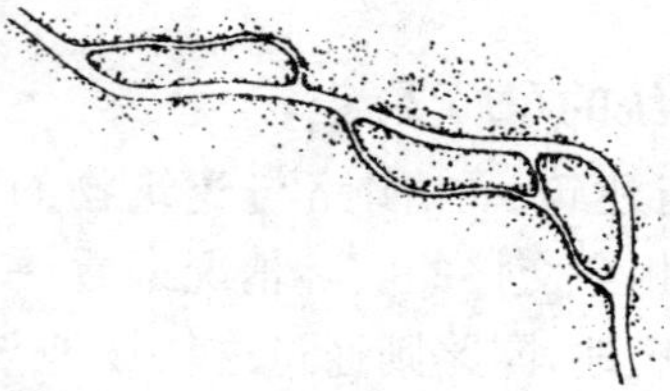	适用于林荫道、河滨公园等地形狭长的带状公共绿地中

续表

布局形式	园路系统特征	图 示	适用范围
树枝式园路系统	以山谷、河谷地形为主的风景区和市郊公园，主园路一般只能布置在谷底，沿着河沟从下往上延伸。两侧山坡上的多处景点都是从主路上分出一些支路，甚至再分出一些小路加以连接。支路和小路多数只能是尽端式道路，游人到了景点游览之后，要原路返回到主路再向上行。这种道路系统的平面形状，就像是有许多分枝的树枝，游人走回头路的时候很多		这是游览性最差的一种园路布局形式，只适用于在受到地形限制时采用

“能上能下”就是常见的平行交接和正对交接，是指建筑物的长轴与园路中心线平行或垂直。还有一种“侧对交接”，是指建筑长轴与园路中心线相垂直，并从建筑正面的一侧相交接；或者园路从建筑物的侧面与其交接。

实际处理园路与建筑物的交接关系时，一般都避免斜路交接，特别是正对建筑某一角的斜角，冲突感很强。对不得不斜交的园路，要在交接处设一段短的直路作为过渡，或者为避免建筑与园路斜交将交接处形成的路角改成圆角。

(2)园路与种植。林荫夹道应该是最好的绿化效果，郊区大面积绿化，行道树可与两旁绿化种植结合在一起，自由进出，不按间距灵活种植实现路在林中走的意境，也就是夹景；有一定距离但在局部稍作浓密布置，形成阻隔，是障景。障点使人有“山重水复疑无路，柳暗花明又一村”的意境。

在园路的转弯处，可以利用植物加以强调，既有引导游人的功能，又极其美观。园路的交叉路口处，常常可以设置中心绿岛，回车岛，花钵，花树坛等，同样具有美观和疏导游人的作用。还应注意园路和绿地的高低关系，设计好的园路，常是浅埋于绿地之内，隐藏于绿丛之中的，尤其山麓边坡外，园路一经暴露便会留下道道横行痕迹，极不美观，所以要求路比“绿”低。

(3)园路路口规划。园路路口的规划是园路建设的重要组成部分。从规划式园路系统和自然式园路系统的相互比较情况来看，自然式园路系统中则以三岔路口为主，而在规划式园路系统中则以十字路口比较多，而从加强寻游性来考虑，路口设置也应少一些十字路口，多一点三岔路口。

园路的走向和线形，不仅受到地形、地物、水文、地质等因素的影响和制约，更重要的是应满足园林功能的需要，如串联景点、组织景观、扩大视野等。道路的平面线形是由直线和曲线组成，曲线包括圆曲线、复曲线等。

道路相交时，除山地陡坡地形之外，一般尽量使用正相交方式。斜相交时斜交角度如呈锐角，其角度也尽量不小于60°。锐角过小，车辆不易转弯，人行要穿绿地。锐角部分还应采用足够的转弯半径，设为圆形的转角。路口处形成的道路转角，如属于阴角，可保持直角状态，如属于阳角，应设计为斜边或改成圆角。

路口要有景点和特点。在三岔路口中央可设计花坛，要注意各条道路都要以其中心线与花坛的轴心相对，不要与花坛边线相切，路口的平面形状，应与中心花坛的形状相似或相适应，具有中央花坛的路口，都应按照规划的地形进行设计。

第二节　园路铺装施工

一、园路铺装概述

1. 铺装的分类

(1)园景广场。园景广场是指将园林立地景观集中汇集、展示在一处,并突出表现宽广的园林地面景观的一类园林铺装地。园景广场在园林内部留出一片开敞空间,不仅增强了空间的艺术表现力;而且可以作为季节性的大型花卉园艺展览或盆景艺术展览等的展出场地。它更可以作为节假日大规模人群集会活动的场所,如园林中常见的纪念广场、音乐广场、中心花园广场、门景广场等。

(2)集散场地。集散场地多设在主体性建筑前后、主路路口、园林出入口等人流出入频繁的重要地点,以人流集散为主要功能。其表现形式主要为园林出入口广场和建筑附属铺装地等。

(3)停车场和回车场。主要指设在公共园林内外的汽车停放场、自行车停放场和扩宽路口形成的回车场地。停车场多设置在园林入口内外,而回车场则设在园林内部适当地点。

(4)其他铺装地。指附属于公共园林内外的场地,如旅游小商品市场、游泳休闲铺装地露台等。

2. 铺装的功能

(1)引导和暗示地面的用途。铺装能提供方向性,引导视线从一个目标移向另一目标,铺装材料及在不同空间的变化,能在室外空间里表示出不同地面用途和功能。因此,改变铺装材料的色彩、质地或铺装材料本身的组合,空间的用途和活动的区别也由此而得到明确。

(2)提供活动和休憩的场所。游人在园林中的主要活动空间,就是园路和各种铺装地。园林中硬质地面的比例控制,规划时应按照相关因素给予确定。大型的活动场地需要一定面积的铺装地支持。铺装地面以相对较大且无方向性的形式出现,暗示着一个静态停留感,无形中创造出一个休憩场所。

(3)构成空间个性,创造视觉趣味。铺装地面具有构成和增强空间个性的作用。不同的铺料和图案造型,都能形成和增强空间个性,产生不同的空间感,就特殊的材料而言,方砖能赋予空间以温暖亲切感,有角度的石板会形成轻松自如、不拘谨的气氛。

(4)对空间比例产生一定的影响。在外部空间中,铺装地面的另一功能是影响空间的比例,每一块铺料的大小,以及铺砌形状的大小和间距都会对铺面的视觉比例产生影响。形体较大、较舒展会使空间产生宽敞的尺度感,而较小、紧缩的形状,则使空间具有压缩感和亲密感。

(5)统一背景的作用。铺装地面有统一协调设计的作用。铺装材料的这一作用,是利用其充当与其他设计要素和空间相关联的公共因素来实现的。即使在设计中其他因素在尺度和特性上有着很大的差异,但在总体布局中因处于一共同的铺装背景中,相互之间便连接成一个整体。在景观中,铺装地面还可以为其他引人注目的景物作中性背景。在这一作用中,铺装地面被看作是一张空白的桌面或一张白纸,为其他焦点物的布局和安置提供基础,作为这些因素的背景。

知识链接

铺装施工原则

(1)铺装要符合生态保护的原则。园林是人类为了追求更美好的生活环境而创造的,园路的铺装设计也是其中一个重要方面。它涉及很多内容,一方面为是否采用环保的铺装材料;另一方面为是否采取环保的铺装形式。

(2)铺装要与园景的意境功能相协调。园路路面的铺装不仅要体现装饰性的效果,同时,还要在建材及花纹图案设计方面必须与园景意境相结合,可以是我国园林传统做法的继承和延伸,但应注意园路只是景观的组成部分,必须与园景统一,为园林大景观服务,而不能喧宾夺主。

(3)铺装要符合园路的功能特点。除建设期间外,园路车流频率不高,重型车也不多,因此铺装设计要符合园路的这些特点,既不能弱化甚至妨害园路的使用，也不能因盲目追求某种不合时宜的外观效果而妨害道路的使用。

(4)铺装要与其他造园要素相协调。园路路面设计应充分考虑到与地形、植物、山石及建筑的结合，使园路与之统一协调，适应园林造景要求。

(5)铺装的可持续性。园林景观建设是一个长期过程，要不断补充完善。路面铺装是否有令人愉悦的色彩、让人耳目一新的创意和图案，是否和环境协调，是否有舒适的质感、对于行人是否安全等，都是园路铺装设计的重要内容之一。

3. 铺装的要求

(1)地面工程基层、面层所用材料的品种、质量、规格，各结构层纵横向坡度、厚度、标高和平整度应符合设计要求；面层与基层的结合(粘结)必须牢固，不得空鼓、松动，面层不得积水。园路的弧度应顺畅自然。

(2)碎拼花岗石面层(包括其他不规则路面面层)应符合下列要求：

1)材料边缘呈自然碎裂形状，形态基本相似，不宜出现尖锐角及规则形。

2)色泽及大小搭配协调，接缝大小、深浅一致。

3)表面洁净，地面不积水。

(3)卵石面层应符合下列规定：

1)卵石面层应按排水方向调坡。

2)面层铺贴前应对基础进行清理后刷素水泥砂浆一遍。

3)水泥砂浆厚度不应低于4cm，强度等级不应低于M10。

4)卵石的颜色搭配协调、颗粒清晰、大小均匀、石粒清洁，排列方向一致(特殊拼花要求除外)。

5)露面卵石铺设应均匀，窄面向上，无明显下沉颗粒，并达到全铺设面70%以上，嵌入砂浆的厚度为卵石整体的60%。

6)砂浆强度达到设计强度的70%时，应冲洗石子表面。

7)带状卵石铺装大于6延长米时，应设伸缩缝。

(4)嵌草地面面层应符合下列规定：

1)块料不应有裂纹、缺陷，铺设平稳，表面清洁。

2)块料之间应填种植土,种植土厚度不宜小于8cm,种植土填充面应低于块料上表面1～2cm。

3)嵌草平整,不得积水。

(5)水泥花砖、混凝土板块、花岗石等面层应符合下列规定:

1)在铺贴前,应对板块的规格尺寸、外观质量、色泽等进行预选,浸水湿润晾干待用。

2)勾缝和压缝应采用同品种、同强度等级、同颜色的水泥,并做好养护和保护。

3)面层的表面应洁净,图案清晰,色泽一致,接缝平整,深浅一致,周边顺直,板块无裂缝、掉角和缺楞等缺陷。

(6)冰梅面层应符合下列规定:

1)面层的色泽、质感、纹理、块体规格大小应符合设计要求。

2)石质材料要求强度均匀,抗压强度不小于30MPa;软质面层石材要求细滑、耐磨,表面应洗净。

3)板块面宜五边以上为主,块体大小不宜均匀,符合一点三线原则,不得出现正多边形及阴角(内凹角)、直角。

4)垫层应采用同品种、同强度等级的水泥,并做好养护和保护。

5)面层的表面应洁净,图案清晰,色泽一致,接缝平整,深浅一致,留缝宽度一致,周边顺直,大小适中。

(7)花街铺地面层应符合下列规定:

1)纹样、图案、线条大小长短规格应统一、对称。

2)填充料宜色泽丰富,镶嵌应均匀,露面部分不应有明显的锋口和尖角。

3)完成面的表面应洁净,图案清晰,色泽统一,接缝平整,深浅一致。

(8)大方砖面层应符合下列规定:

1)大方砖色泽应一致,棱角齐全,不应有隐裂及明显气孔,规格尺寸符合设计要求。

2)方砖铺设面四角应平整,合缝均匀,缝线通直,砖缝油灰饱满。

3)砖面桐油涂刷应均匀,涂刷遍数应符合设计规定,不得漏刷。

(9)压模面层应符合下列规定:

1)压模面层不得开裂,基层设计有要求的,按设计处理,设计无要求的,应采用双层双向钢筋混凝土浇捣。

2)路面每隔 10m,应设伸缩缝。

3)完成面应色泽均匀、平整,块体边缘清晰,无翘曲。

(10)透水砖面层应符合下列规定:

1)透水砖的规格及厚度应统一。

2)铺设前必须先按铺设范围排砖,边沿部位形成小粒砖时,必须调整砖块的间距或进行两边切割。

3)面砖块间隙应均匀,色泽一致,排列形式应符合设计要求,表面平整不应松动。

(11)小青砖(黄道砖)面层应符合下列规定:

1)小青砖(黄道砖)规格、色泽应统一,厚薄一致不应缺棱掉角,上面应四角通直均为直角。

2)面砖块间排列应紧密,色泽均匀,表面平整不应松动。

(12)自然块石面层应符合下列规定:

1)铺设区域基底土应预先夯实、无沉陷。

2)铺设用的自然块石应选用具有较平坦大面的石块,块体间排列紧密,高度一致,踏面平整,无倾斜、翘动。

(13)水洗石面层应符合下列规定:

1)水洗石铺装的细卵石(混合卵石除外)应色泽统一、颗粒大小均匀,规格符合设计要求。

2)路面的石子表面色泽应清晰洁净,不应有水泥浆残留、开裂。

3)酸洗液冲洗彻底,不得残留腐蚀痕迹。

(14)园路、广场地面铺装工程的允许偏差和检验方法应符合表 6-4 的规定。

(15)侧石安装应符合下列规定:

1)底部和外侧应坐浆,安装稳固。

2)顶面应平整、线条应顺直。

3)曲线段应圆滑无明显折角。

4)侧石安装允许偏差应符合表 6-4 的规定。

表 6-4 园路、广场地面铺装工程的允许偏差和检验方法

项次	项目	允许偏差/mm																			检验方法
		基层				面层															
		土	混凝土、炉渣	砂、碎石	块石	碎拼花岗石	卵石	嵌草地面	水泥花砖	混凝土板块	花岗石	侧石	冰梅	花街铺地	大方砖	压模	透水砖	小青砖(黄道砖)	自然块石	水洗石	
1	表面平整度	15	10	15	15	3	4	5	5	4	1	—	3	5	4	3	4	5	10	3	用 2m 靠尺和模形塞尺检查
2	厚度	在个别地方不大于设计厚度的 1/10		−10%		—	—	—	—	—	—	—	—	3	8	—	3	3	—	—	尺量检查
3	标高	+0 −50	±10	±20	±30	—	—	—	—	—	—	—	—	—	—	—	—	—	—	—	用水准仪检查
4	缝格平直	—	—	—	—	—	—	3	3	3	2	—	—	3	3	—	3	3	8	—	控 5m 线和尺量检查
5	接缝高低差	—	—	—	—	—	4	3	0.5	1.5	0.5	3	—	2	1	—	1	2	—	1	尺量和模形塞尺检查
6	板块(卵石)间默宽度	—	—	—	—	—	5	3	2	6	1	2	—	—	2	—	3	3	—	—	尺量检查
7	尺量偏差	—	—	—	—	—	—	—	—	—	—	—	—	—	3	—	3	3	—	—	尺量检查

二、园路铺装施工步骤

1. 施工准备

核对地面施工范围，清理施工现场，核实地下管线走向，标示地下埋设物等。

2. 材料准备

提前预订材料和铺装的采购数量、花色以及材料的临时存放地点，做好防雨、防盗工作；材料选购要符合国标标准。

3. 放线

施工放线是把图纸上的设计方案在现场通过准确地画线来体现设计意图，达到设计所要求的效果。按园路的中线，在地面上每隔10～20m 放一中线桩，在弯道曲线的曲头、曲中、曲尾各放一中线桩，并在中线桩上写明桩号，再以中心桩为准，根据园路的宽度和场地的范围定边桩，最后放出路面和场地的平面线。放线时应注意路面应有纵坡与横坡，以保证路面积水及时排出。

4. 土路基

按设计铺地的宽度和范围，沿边线每侧放出 25cm 挖槽，槽的深度应等于铺地面的厚度，槽底应有 2%～3%的横坡度，基槽做好后，在槽底上洒水，使它潮湿，然后用蛙式打夯机夯土 2～3 遍，基槽平整度允许误差不大于 2cm。其中微地形处园路的处理要结合场地现状适当造型，力争表现出一定的艺术效果。

5. 铺筑基层

根据设计要求准备铺筑材料；在铺筑时应注意铺筑厚度，厚度大于 20cm 时采用分层摊铺，并用振动器捣密实。

6. 铺筑结合层

结合层的铺筑材料一般为水泥、白灰、砂的混合砂浆或水泥砂浆，已拌好的砂浆应于当日用完。砂浆的铺装宽度应大于铺装面层 5～10cm。

7. 面层铺筑

这是铺地施工最关键的地方，直接关系到园路质量的好坏。主园路一般采用整体现浇铺装技术。由于园路除具有普通道路所具备的功能外，还有在园林景观中的装饰作用，这就决定了园路的多样性。因此，结合园林景观及园路所在环境的不同，要设计出不同的路面图案，用不同的铺砌材料，达到其多样形态的功能。

无论哪一种路面铺筑，都有其规定的养护期。在养护期内应严格禁止行人、车辆的走动及碰撞，以确保路面的施工质量。

8. 道牙

道牙基础宜与地床同时填挖碾压，以保证有整体的均匀密实度。结合层常用做法为2cm厚的1∶3砂浆。道牙要安稳，牢固后用M10水泥砂浆勾缝，道牙背后应用灰土夯实。

知识链接

园路施工管理

由于园林工程有多项施工内容，在施工过程中往往由多个施工单位共同完成施工任务，因此，若在工程衔接及施工配合上出现问题，则会影响施工进度、工程质量等。施工管理中应注意以下几个方面问题：

(1)精心准备。施工准备的基本内容，一般包括技术准备、物资准备、施工组织准备、施工现场准备和协调工作准备等，有的必须在开工前完成，有的则可贯穿在施工过程中进行。

(2)合理计划。根据对施工工期的要求，组织材料、施工设备、施工人员进入施工现场，计划好工程进度，保证能连续施工。必须综合现场施工情况，考虑流水作业，做到有条不紊，否则，会造成人力、物力的浪费，甚至造成施工停歇。

(3)统筹安排。园路工程虽然是一个单项工程，但是在施工中往往涉及与园林给排水、园林电照、绿化种植等其他园林工程项目的协调和配合，因此，在施工过程中要做到统一领导，各部门、各项目协调一致，使工程建设能够顺利进行。

第三节　整体路面工程施工

一、整体路面概述

1. 沥青混凝土路面

沥青混凝土路面是用热沥青、碎石和砂的拌合物现场铺筑的路面。将沥青拌和站或移动搅拌车拌和好的沥青混合料运输到现场后，采用专门摊铺机将混合料在热态下进行摊铺成型，经过机械摊铺，松散的沥青混合料铺筑成为具一定结构和厚度的面层。沥青路面层具有平整、均匀、颜色深和反光小的特点，易于与深色的植被协调，但是耐压强度和使用寿命均低于水泥混凝土路面，且沥青在夏季有软化现象。在园林中多用于主干道。

沥青混凝土路面常用60～100mm厚的泥结碎石作基层，以30～50mm厚的沥青混凝土作面层。根据沥青混凝土骨料粒径的大小，有细粒式(10～15mm以下)、中粒式(20～25mm以下)、粗粒式(35～40mm以下)和砂粒式(5～7mm以下)沥青混凝土可供选用。另外，为使沥青面层与非沥青材料基层结合良好，要在基层上喷洒透层(也称为黏层)。透层主要是增强基层与沥青面层的结合，防止层间的滑动。透层可以是液体石油沥青、乳化沥青或煤沥青，它们都能够透入基层表面一定深度。

2. 水泥混凝土路面

水泥混凝土路面是用水泥、粗细骨料(碎石、卵石、砂等)、水按一定的配合比搅拌均匀后现场浇筑的路面。其整体性好，耐压强度高，养护简单，便于清扫。初凝之前，还可以在表面进行纹样加工。在园林中，多用作主干道。为增加色彩变化，也可添加不溶于水的无机矿物颜料。常见水泥混凝土路面的基层可用80～120mm厚的碎石层，或用150～200mm厚的大块石层。面层一般采用C20混凝土，厚120～160mm，路面设伸缩缝。对路面的装饰，主要是采取各种表面抹灰处理。抹灰装饰的方法有以下几种：

(1)普通抹灰。用水泥砂浆在路面表层做保护装饰层或磨耗层。水泥砂浆可采用1∶2或1∶2.5比例,常以粗砂配制。

(2)彩色水泥抹灰。在水泥中加各种颜料,配制成彩色水泥,对路面进行抹灰,可做出彩色水泥路面。

(3)水磨石饰面。水磨石是一种比较高级的装饰材料,有普通水磨石和彩色水磨石两种。水磨石面层的厚度一般为10～20mm。它是用水泥和彩色细石子调制成水泥石子浆,铺好面层后打磨光滑而成的。

(4)露骨料饰面。一些园路的边带或作障碍性铺装的路面,常采用混凝土露骨料做成装饰性边带。这种路面立体感较强,能够和平整路面形成鲜明的质感对比。因为这种路面铺装类型造价高,一般用在小游园、庭院、屋顶花园等面积不太大的地方。

普通抹灰的纹理处理方法

用普通灰色水泥配制成1∶2或1∶2.5水泥砂浆,在混凝土面层浇筑后尚未硬化时进行抹面处理,抹面厚度为10～15mm。当抹面层初步收水、表面稍干时,再用下面的方法进行路面纹样处理。

(1)滚花。用钢丝网或者用横纹橡胶裹在300mm直径铁管外做成滚筒,在经过抹面处理的混凝土面板上滚压出各种细密纹理。滚筒长度在1m以上比较好。

(2)压纹。利用一块边缘有许多整齐凸点或凹槽的木板或木条,在混凝土抹面层上挨着压下,一面压一面移动,就可以将路面压出纹样,起到装饰作用。采用这种方法时,要求抹面层的水泥砂浆含砂量较高,水泥与砂的配合比可为1∶3。

(3)锯纹。在新浇的混凝土表面用一根直木条如同割锯一般来回动作,一面锯一面前移,即可在路面锯出平行的直纹,这样不仅有利于路面防滑,还可以有一定的路面装饰作用。

(4)刷纹。最好使用弹性钢丝做成刷纹工具。刷子宽450mm,刷毛钢丝长100mm左右,木把长1.2～1.5m。用这种钢丝在未硬化的混凝土面层可以刷出直纹、波浪纹或其他形状的纹理。

3. 艺术压花地坪

艺术压花地坪是在摊铺好的混凝土表面上，混凝土表面析水消失后，撒彩色强化剂（干粉）对混凝土表面进行上色和强化，并使用专用工具将彩色强化剂抹入混凝土表层，使其融为一体；待表面水分光泽消失时，均匀施撒彩色脱膜养护剂（干粉），并马上用事先选定的模具在混凝土表面进行压印，以实现各种设计款式、纹理和色彩。待混凝土经过适当的清理和养护之后，在表面施涂密封剂（液体），使艺术地坪表面防污染、防滑、增加亮度并再次强化。完成后的艺术地坪除了较强的装饰性以外，其物理性能较稳定。

艺术压花地坪是具有较强的艺术性和特殊装饰要求的地面材料。具有易施工、一次成型、使用期长、施工快捷、修复方便、不易褪色、成本低、优质环保的优点，同时，又弥补了普通彩色道板砖的整体性差、高低不平、易松动、使用周期短等不足。另外，还具有抗耐磨、防滑、抗冻、不易起尘、易清洁、高强度、耐冲击的特点，而且色彩和款式方面有广泛的选择性、灵活性，是目前园林、市政、停车场、公园小道、商业街区和文化娱乐设施领域的理想选择。

二、现浇沥青混凝土路面施工步骤

沥青路面施工工艺：清理基层和测量放样→洒透层沥青→拌制沥青混合料→运输沥青混合料→摊铺→碾压→接缝和修边→初期养护。

1. 清理基层和测量放样

在表面施工前，应将路面基层清扫干净，使基层的矿料大部分外露，并保持干燥。若基层整体强度不足时，则应先予以补强。为了控制混合料的摊铺厚度，在准备好基层之后，应进行测量放样，且沿路面中心线和四分之一路面宽度处设置样桩，标出混合料摊铺厚度。当采用自动调平摊铺机时，应放出引导摊铺机运行走向和标高的控制基准线。

2. 洒透层沥青

采用沥青洒布车喷洒透层沥青时，要洒布均匀。当发现有空白、缺边时，应立即用人工补洒，有沥青积聚时应立即刮除。

3. 拌制沥青混合料

沥青混合料宜在集中地点用机械拌制，一般选用固定式热拌厂，在线路较长时宜选用移动式热拌机。在拌制沥青混合料之前，应根据确定的配合比进行试样，试拌时对所用的各种矿料及沥青应严格计量，对试样的沥青混合料进行试验以后，才可以选定施工配合比。

4. 运输沥青混合料

运料车在施工过程中应在摊铺机前方 30cm 处停车，不能撞击摊铺机。卸料过程中应挂空挡，靠摊铺机的推进前进。沥青混合料的运输必须快捷、安全，使沥青混合料到达摊铺现场的温度在 145～165℃之间，并对沥青混合料的拌和质量进行检查。

沥青混合料的温度不符合要求或料结团、遭雨淋湿时，不得铺筑在道路上。

5. 摊铺

摊铺采用机械方式。沥青混合料摊铺机将运料车的沥青混合料卸在料斗内，经传送器传到螺旋摊铺器，随着摊铺机前进，螺旋摊铺器即在摊铺带宽度上均匀地摊铺混合料，随后捣实，并由摊平板整平。

6. 碾压

用压路机进行碾压，压实后的沥青混合料应符合平整度和压实度的要求，因此，沥青混合料每层的碾压成型厚度不应大于 10cm，否则，应分层摊铺和压实，其碾压过程分为初压、复压和终压三个阶段。

(1)初压。初压是在混合料摊铺后较高温度下进行，宜采用 60～80kN 双轮压路机慢速度均匀碾压 2 遍，碾压温度应符合施工温度的要求。初压后应检查平整度、路拱，必要时应予以适当调整。

(2)复压。复压是在初压后，采用重型轮式压路机或振动压路机碾压 4～6 遍，要达到要求的压实度，并无显著轮迹。因此，复压是达到规定密实度的主要阶段。

(3)终压。终压紧接着复压进行，终压选择 60～80kN 的双轮压路机碾压不少于 2 遍，并应消除在碾压过程中产生的轮迹和确保路表面的良好平整度。

7. 接缝和修边

沥青路面的接缝施工，包括纵缝、横缝和新旧路的接缝等。

(1)摊铺时，采用梯队作业的纵缝用热接缝。施工时，将已铺混合料部分留下 10～20cm 宽暂不碾压，作为后摊铺部分的高程基准面，在最后做跨缝碾压以消除缝迹。

(2)半幅施工不能采用热接缝时。设挡板或采用切刀切齐。铺另半幅前必须将缝边缘清扫干净，并涂洒少量黏层沥青。摊铺时应在已铺层上重叠 5～10cm，摊铺后用人工将摊铺在前半幅上面的混合料铲走。碾压时先在已压实路面上行走，碾压新铺层 10～15cm，然后压实新铺部分，再碾过已压实路面 10～15cm，充分将接缝紧密压实。上下层的纵缝错开 0.5m，表层的纵缝应顺直，且留在车道的画线位置上。

(3)相邻两幅及上下层的横向接缝均错位 5m 以上。上下层的横向接缝可采用斜接缝，上面层应采用垂直的平接缝。铺筑接缝时，可在已压实部分上面铺设些热混合料，使之预热软化，增强新旧混合料的粘结，但在开始碾压前应将预热用的混合料铲除。

(4)平接缝应做到紧密粘结，充分压实，连接平顺。

特别提示

平接缝施工注意事项

平接缝施工应采用下列方法：在施工结束时，摊铺机在接近端部约 1m 处将摊平板稍稍抬起驶离现场，人工将端部混合料铲齐后再碾压。然后用 3m 直尺检查平整度，趁混合料尚未冷透时垂直刨除端部平整度或层厚不符合要求的部分，使下次施工时成直角连接。

(5)在从接缝处继续摊铺混合料前，应用 3m 立尺检查端部平整度，当不符合要求时，予以清除。摊铺时应控制好预留高度，接缝处摊铺层施工结束后，再用 3m 直尺检查平整度，当有不符合要求处，应趁混合料尚未冷却时立即处理。

(6)横向接缝的碾压应先用双轮钢筒式压路机进行横向碾压。碾压带的外侧放置供压路机行驶的垫木,碾压时压路机位于已压实的混合料层上,伸入新铺层的宽度为15cm,然后每压一遍向混合料移动15～20cm,直至全部在新铺层上为止,再改为纵向碾压。当相邻摊铺层已经成型,同时又有纵缝时,可先用钢筒式压路机沿纵缝碾压一遍,其碾压宽度为15～20cm,然后沿横缝横向碾压,最后进行正常的纵向碾压。

(7)做完的摊铺层外露边缘应剪切修边到要求的线位,应将修边切下的材料及其他的废弃沥青混合料从路上清除。

8. 初期养护

当发现有泛油时,应在泛油部位补撒与最后一层矿料规格相同的嵌缝料;当有过多的浮动矿料时,应扫出路外;当有其他损坏现象时,应及时修补。

三、现浇混凝土路面施工步骤

现浇混凝土路面施工工艺:施工准备→基础放样→准备路槽→土基施工→铺筑灰土垫层→铺筑基层→铺筑面层→道牙安装。

1. 施工准备

(1)采用集中混凝土搅拌机现场搅拌。水泥混凝土配合比由工程质量检测中心开出。坍落度指混凝土在磨具内外堆积高度的差值,实验方法为将新拌混凝土满灌入一个圆锥形坍落度桶,上小下大,用铁棍捣实,然后迅速提起铁桶放在一旁,用钢尺测得坍落度桶顶与混凝土堆积高度的差值,即为混凝土的坍落度。简单地说,坍落度是表示混凝土是否易于施工操作和均匀密实的性能,是一个很综合的性能,包括流动性、黏聚性和保水性,一般为3～5cm。水泥采用普通硅酸盐水泥。原料必须经过验收,计量要准确,混凝土搅拌时间不少于90s,搅拌机装料数不得超过搅拌筒容量的10%。

(2)灰土垫层施工首先根据设计要求进行熟化石灰与黏土的备料,生石灰中的灰块不应小于总量的70%,在使用前3～4天洒水粉化;黏土中不得含有机杂质。原料放在不受地下水侵蚀的基土上即可。

2. 基础放样

按设计图标示的园路中心线，在地面上每隔 20～50m 放一中心桩，在弯道曲线的曲头、曲中和曲尾处各放一中心桩，并在各中心桩上写明桩号，再以中心桩为准，根据路面宽度定边桩，最后放出路面的平曲线。用白灰在场地地面上放出边轮廓线。

3. 准备路槽

按设计路面的宽度，每侧放出 20cm 挖槽，路槽的深度应等于路面的厚度，槽底应有 2%～3%的横坡度。路槽做好后，在槽底上洒水使其潮湿，然后用蛙式跳夯 2～3 遍，路槽平整度允许误差不大于 2cm。

4. 土基施工

土基施工需经过现场勘测、平整（开挖）和分层压（夯）实三个过程。

(1)现场勘测。首先根据设计要求，对现场基土进行勘测，对土质和土壤状况进行分析，并确定基土标高，以此来判断是否填土或开挖。在淤泥、淤泥土质及杂填土、冲填土等软弱土层上施工时，应按设计要求对基土进行更换或加固。淤泥、腐殖土、冻土、耕植土和有机物含量大于 8%时不得用作填土，膨胀土需经过技术处理才能作为填土使用。

> 填土前取土样进行试验，确定基土最优含水量与相应的最大干密度，过干的土在压实前应加以湿润，过湿的土应予以晾干。

(2)分层压（夯）实的每层虚铺厚度：机械夯实要求大于 300mm，蛙式打夯机夯实要求不大于 250mm，人工夯实要求不大于 200mm。

5. 铺筑灰土垫层

灰土垫层施工需经过拌合料和铺设压实两个过程。

(1)拌合料的体积比应通过试验确定，一般情况下灰土拌合料为 3∶7(体积比)的熟化石灰与黏土。拌和时需加水量宜为拌合料总量的 16%，拌和后的灰土料应均匀，颜色一致，拌和黏土粒径不得大于 15mm，并保持一定温度。

(2)对拌合料应进行分层铺设,每层虚铺厚度宜为150～250mm,随铺随夯,不得隔日再夯实,也不可受雨淋。夯实后表面要平整,经晾干后方可进行下道工序施工。一般灰土垫层夯实厚度不应小于100mm。

6. 铺筑基层

根据要求选用强度均匀、未风化和无杂质的碎石,进行分层均匀摊铺。碎石基层表面空隙应用粒径为5～25mm的细石子填补,采用大平板振动器夯实,夯实后的厚度不应大于虚铺厚度的3/4。

7. 铺筑面层

(1)安装模板。模板宜采用钢模板,弯道等非标准部位以及小型工程也可采用木模板。模板应无损伤,有足够的强度,内侧和顶、底面均应光洁、平整、顺直,局部变形不得大于3mm;振捣时模板横向最大挠曲应小于4mm,高度应与混凝土路面厚度一致,误差不超过±2mm;纵缝模板平缝的拉杆穿孔眼位应准确。

(2)安装传力杆。当侧模安装完毕后,在需要安装传力杆的位置上安装传力杆。当混凝土模板连续浇筑时,可采用钢筋支架法安设传力杆,就是在嵌缝板上预留圆孔,以便传力杆穿过,嵌缝板上面设木制或铁制压缝板条,按传力杆位置和间距,在接缝模板下部做成倒U形槽,使传力杆由此通过,传力杆的两端固定在支架上,支架脚插入基层内。

(3)摊铺和振捣。对于半干硬性现场拌制的混凝土,一次摊铺的最大厚度为22～24cm;塑性的商品混凝土一次摊铺的最大厚度为26cm。先铺筑60mm厚C10混凝土垫层,再摊铺150mm的C25水泥混凝土。振捣时可用平板式振捣器或插入式振捣器。

(4)接缝施工。

1)纵缝应根据设计文件的规定施工,一般纵缝为纵向施工缝。拉杆在立模后浇筑混凝土之前安设,纵向施工缝的拉杆则穿过模板的拉杆孔安设。纵缝槽宜在混凝土硬化后用锯缝机锯切。也可以在浇筑过程中埋入接缝板,待混凝土初凝后拔出即形成缝槽。

2)锯缝时,应在混凝土达到5～10MPa强度后方可进行,也可由现场试锯确定。横缩缝宜在混凝土硬结后锯成，在条件不具备的情况下，也可在新浇混凝土中压缝而成。锯缝必须及时，在夏季施工时，宜每隔 3～4 块板先锯一条，然后补齐，也允许每隔 3～4 块板先压一条缩缝，以防止混凝土板未锯先裂。

知识链接

胀缝板施工

横胀缝应与路中心线成 90°。缝壁必须竖直，缝隙宽度一致，缝中不得连浆，缝隙下部设胀缝板，上部灌封缝料。胀缝板应事先预制，常用的有油浸纤维板(或软木板)、海绵橡胶泡沫板等。预制胀缝板嵌入前，应使缝壁洁净干燥，胀缝板与缝壁紧密结合。

(5)表面修整和防滑措施。水泥混凝土路面的面层混凝土浇筑后，当混凝土终凝前必须用人工或机械将其表面抹平。当采用人工抹光时，其劳动强度大，还会把水分、水泥和细砂带到混凝土表面，以致表面比下部混凝土或砂浆有较高的干缩性和较低的强度。当采用机械抹光时，其机械上安装圆盘，即可进行粗光；安装细抹叶片，即可进行精光。为了保证行车安全，混凝土表面应具有粗糙抗滑的特点。施工时，可用棕刷顺横向在抹平后的表面轻轻刷毛。可以用画线的方式装饰路面，使用金属条或木条工具在未硬的混凝土面层上划出施工图要求的纹路。

(6)养护。混凝土路面施工完毕应及时进行养护，使混凝土中拌合料有良好的水化和水解强度、发育条件以及防止收缩裂缝的产生，养护时间一般约为 7 天。养护期间禁止车辆通行，在达到设计强度后，方可允许行人通行。其养护方法是在混凝土抹面 2h 后，表面有一定强度时，用湿麻袋或草垫或者 20～30mm 厚的湿砂覆盖于混凝土表面以及混凝土板边侧。覆盖物还兼有隔温作用，保证混凝土少受剧烈天气变化的影响。在规定的养护期间，每天应均匀洒水数次，使其保持潮湿状态。

8. 道牙安装

土基施工宜与路床同时填挖碾压，以保证有整体的均匀密实度。

选用均匀、未风化和无杂质的碎石，进行基层铺筑并夯实。铺筑砂浆结合层与道牙安装同时施工，砂浆抹平后安放道牙并用 M100 水泥砂浆勾缝。勾缝前对安放好的路缘石进行检查，检查其侧面、顶面是否平顺以及缝宽是否达到要求，不合格的应重新调整，然后勾缝。

道牙背后常用白灰土夯实，其宽度为50cm，厚度为15cm，密实度在90%以上即可。

四、艺术压花地坪施工步骤

艺术压花地坪施工工艺：基础施工→安装模板→钢筋网施工→垫层混凝土的配比→垫层混凝土的施工→压印过程→压印后的养护→压印后期的整理→伸缩缝的填切→成品保护。

1. 基础施工

(1)土基要求均匀密实，选择原状土或回填土；当地基为软弱基础时，要用碎石、卵石作为填料，其最大粒径不得超过铺填厚度的 2/3。注意使用最佳含水率的土料，增加碾压遍数，碾压密实度大于 98%，以提高地面的承载能力。

(2)人行道铺设艺术压花地坪时，基础可采用大于 10cm 厚的 3∶7 灰土，或做不大于 3cm 厚砂石级配垫层，还可以做建筑砂垫层。通常，灰土上面再铺设大于 6cm 厚的混凝土垫层。

(3)车行道(非主干道路)铺设艺术压花地坪时，地基可采用大于 10cm 厚的 3∶7 灰土，或大于 6cm 厚的砂石级配垫层，或碎石垫层，垫层厚度一定要均匀捣实。碎石上面铺设 10～20cm 厚的混凝土垫层。应按车流量确定混凝土的厚度和配筋与否，以防将来产生沉降，造成表面断裂。

2. 安装模板

在对地坪有形状、图案要求时，一定要安装模板，模板应符合设计要求，需平整、坚固，最好选用钢模板。如果模板为侧石或其他材料的地面铺装，要注意对它们进行保护，以防污染。

3. 钢筋网施工

对有铺设钢筋要求的地坪，应按照设计规范来编制钢筋网。当摆放网片时，周围应按照要求保留相应的空间；对于使用较深纹理的模板，一定要在钢筋网上保留2～3倍模板纹理深度的垫层混凝土，同时注意石子的粒径要可以通过网片的孔径为好。

4. 垫层混凝土配比

> 为了提高工作效率和提高工程质量，减少泌水现象发生，一定要控制好水灰比和坍落度，这是影响工程质量的关键。

人行道铺设，要求使用普通硅酸盐水泥的混凝土强度等级大于C25，水灰比不小于0.55，坍落度为7～9cm，石子的最大直径为1.9cm；车行道要求混凝土的强度等级为C35以上，水灰比不小于0.45，坍落度为7～8cm，石子的最大直径为2.5cm；泵送混凝土的坍落度为不小于14cm。

5. 垫层混凝土施工

(1)混凝土垫层铺设厚度不得小于6cm，现场搅拌的混凝土不得有离析、泌水、坍落度不一致、强度等级不符合的现象发生，不能使用含氯化物的外加剂，同时不能混入氧化钙及其产品。

(2)混凝土要按模板的摆放来摊铺，在浇筑混凝土前，应均匀地在基础上洒水，目的是延长混凝土的初凝时间，但不得有积水。混凝土的厚度应与模板的标高持平，混凝土的摊铺最好一次完成。超过20cm的厚度，应分层浇筑，结合面要做结浆处理，每层浇筑的时间间隔不超过24h。要分层浇筑混凝土，面层混凝土的厚度不得小于3～6cm，并要求采用细石混凝土。在进行第二次浇筑时，要先将地面凿毛，清理表面并洒水湿润表面，并去掉多余积水。大于3cm厚的面层要涂刷界面剂，这样粘结后的整体效果才好。

(3)在人行道施工时，垫层厚度不宜超过8cm，不宜使用振捣器，混凝土浇入模板后，快速使用刮杠刮平，用大木抹子抹平。

(4)车行道(停车场)施工时，底层混凝土浇筑时，要使用带有较重钢制长辊的平面振捣器(应长于模板的宽度)反复辊压地面，增强底层混凝土的密实度；在无法使用钢辊作业的地方，要使用振捣棒，面层使用提浆辊进行提浆，标高应经过水平仪的检测。选用纹理浅的模板可以选择一次浇筑，并使用振捣棒和提浆辊进行提浆，但不可以使用带有较重钢制长辊的平面振捣器。

6. 压印过程

先去除在混凝土表面的泌水，当没有泌水出现后，将规定用量的 2/3 耐磨硬化材料均匀撒布在找平后的混凝土表面，待耐磨材料吸收水分后，使用专用的铁抹子进行收光作业，注意一定要用力将耐磨硬化材料压入混凝土内。表面没有水光后，在露出底色的地方进行第二次材料的撒布（规定用量的 1/3），再进行一次收光作业。作业方向应纵横交错地进行，在抹压中，消除气泡、砂眼，表面应做到压平、压实、压光。

压制图案

在硬化材料初凝一定阶段后，表面干燥、无明显水分的情况下，均匀撒布一层与硬化材料配套的脱模粉，可根据所选模板纹理的深浅决定脱模粉的用量。然后使用已选定的模板，根据设计图案和模板的形状，从最早铺设的混凝土一端开始压印，以实现各种设计款式、纹理和色彩。在压印过程中要保持模板的相交线，横平竖直，压印时用力应均匀一致，保持模具固定平整，压制图案要一次成型，不能重压。

7. 压印后的养护

在压印完成 24h 后，视天气情况决定是采用薄膜遮盖还是洒水的养护形式。混凝土压印施工工艺无须特殊的养护，因为表面覆盖了脱模粉，它能起到阻止混凝土内水分挥发的作用，但在春、夏两季大风和暴晒的天气下，还是需要采用薄膜遮盖的养护形式，或者用软毛刷子轻扫压印表面，去掉多余的脱模粉后，洒水养护，洒水次数需要视天气情况决定。

8. 压印后期的整理

在压印完成 3 天后，使用高压水枪对压印地坪表面进行冲洗。根据确定的样板颜色，通过改变水枪的冲洗角度和水压的大小来控制保留脱模粉的多少，一般保留15％～20％的脱模粉。在达到最佳效果后，停止冲洗，并对压印后的表面进行整理，去除多余的“眼疵”，修补破损。晒干压印地坪的表面后涂刷两遍单组分丙烯酸封闭剂。封闭剂分为底涂和面涂，主要用于增加耐磨程度，提高颜色的鲜艳程度。

9. 伸缩缝的填切

艺术压花地坪的厚度仅为1～1.5mm，对伸缩缝无特殊要求，但应充分考虑混凝土的收缩。伸缩缝的设置应符合设计规范，没有特殊要求时，建议沿主线设置，纵向缝间距为3～6m，横向缝间距为6～12m，最大分格不得超过6m×9m，柱子周围应采取菱形设置。伸缩缝宽为5～6mm，深度为垫层厚度的1/3。最好采用后切割的施工方法，这样切出的伸缩缝整齐漂亮。一般在表面施工完后3～7天内切割，具体情况应视垫层厚度、天气情况来定。将根据设计要求，决定缝内是否填充弹性胶结材料。如需要填充，则胶结材料面应低于地坪表面1～2mm，封闭前在伸缩缝两边粘贴胶带以防污染地面，采用特殊喷嘴的密封胶枪，选用优质的硅酮橡胶，自下而上进行填充。

10. 成品保护

在自然气温高于5℃的条件下，艺术压花地坪施工后的3天内，禁止人员入内。在涂刷完封闭剂后，在采取保护措施的条件下，可通行手推车运送材料；可在支垫木板的情况下，搭建脚手架。此时压花耐磨地坪仍然无法承受硬物的磕碰和拖划。施工完毕28天后，才可以正常使用。

第四节 块料路面工程施工

一、块料路面概述

1. 砖石铺地

目前，我国机制标准砖的大小为240mm×115mm×53mm，有红砖和青砖之分。园林工程地多用青砖，风格朴素淡雅，施工简便，可以拼凑成各种图案,如图 6-4 所示。其适用于冰冻不严重和排水良好之处,而坡度较大和阴湿地段不宜采用。

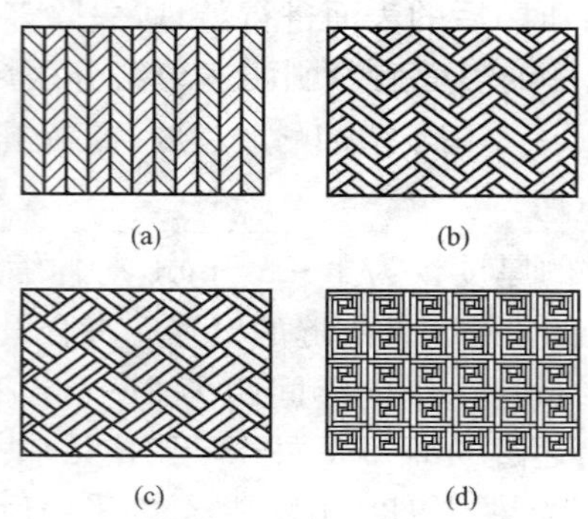

图 6-4　砖铺地的不同形式

(a)人字纹;(b)席纹;(c)间方纹;(d)斗纹

(1)平板冰纹铺地。用赭红或清灰色片岩石板精心砌成。水泥不勾缝者便于草皮长出,勾缝者则显得工整,如图 6-5 所示。还可以做成水泥仿冰纹路,即在现浇水泥混凝土路面初凝时,模印冰裂纹图案,表面拉毛,效果较好。平板冰纹铺地有一定的承载力和耐久性,适用于池畔、山谷、草地及林中之游步道。

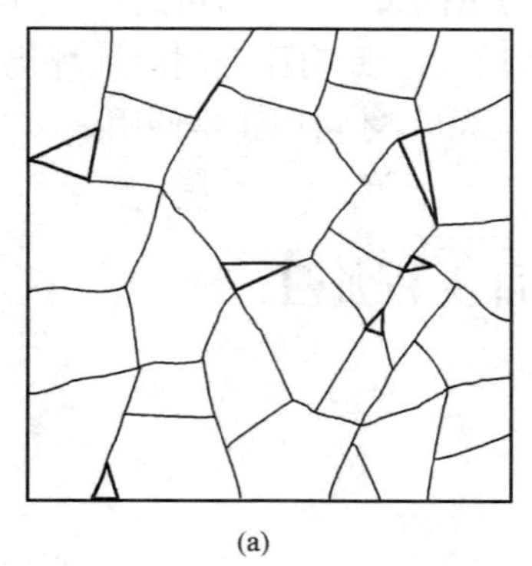

(a)

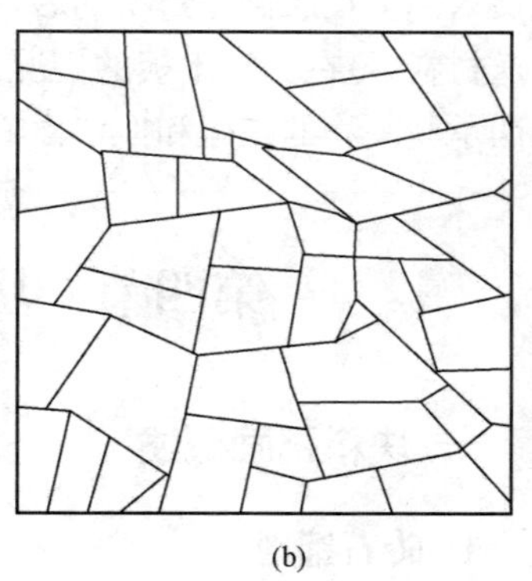

(b)

图 6-5　冰裂纹嵌草路面

(a)块石冰纹;(b)水泥仿冰纹

(2)条砖铺地。我国多用朴素淡雅之青砖进行席纹或同心圆弧形放射式排列,砖吸水、排水性能好,但不耐磨,因此,目前已开始用彩色仿砖色水泥划成仿砖形铺地,效果不错,而日本、西欧等国尤其喜用红砖或仿缸砖铺地。条砖色彩、质感、规格易统一,便于创造出整齐美观的图案,适用范围广泛。

2. 乱石路

乱石路是用天然块石大小相间铺筑的路面。它采用水泥砂浆勾缝,石缝曲折自然,表面粗糙,具有粗犷、朴素、自然之感。

3. 预制水泥混凝土方砖路

预制水泥混凝土方砖路是用预先模制成的水泥混凝土方砖铺砌的路面。此类路面平整、坚固、耐久,形状多变,图案丰富,有各种几何图形、花卉、木纹、仿生图案等。也可用添加无机矿物颜料制成彩色混凝土砖,使其色彩艳丽。其用于园林中的广场规则式路段,也可做成半铺装留缝嵌草路面。

4. 步石、汀步

在自然式草地或建筑附近的小块绿地上,可以用一至数块天然石或预制成圆形、树桩形、木纹板形等铺块,自由组合于草地之中。一般步石的数量不宜过多,块体不宜过小。这种步石易与自然环境协调,取得轻松活泼的效果,如图 6-6 所示。

汀步则是在水中设置的步石,汀步可使游人平水而过,适用于窄而浅的水面,石墩不宜过小,距离不宜过大,数量一般也不宜过多,以保障游人安全,如图 6-7 所示。

5. 台阶与蹬道

当道路坡度过大时(一般指超过 12%时),需设梯道实现不同高程地面的交通联系,即称台阶(或踏步)。室外台阶一般用砖、石、步石、汀步混凝土筑成,形式可规则也可自然,根据环境条件而定。台阶能增加立面上的变化,丰富空间层次,表现出强烈的节奏感。当台阶路段的坡度超过 70%(坡角 35°,坡值 1∶1.4)时,台阶两侧需设扶手栏杆,以保证安全。

(a)

(b)

图 6-6　步石

(a)单列方步石;(b)圆形步石

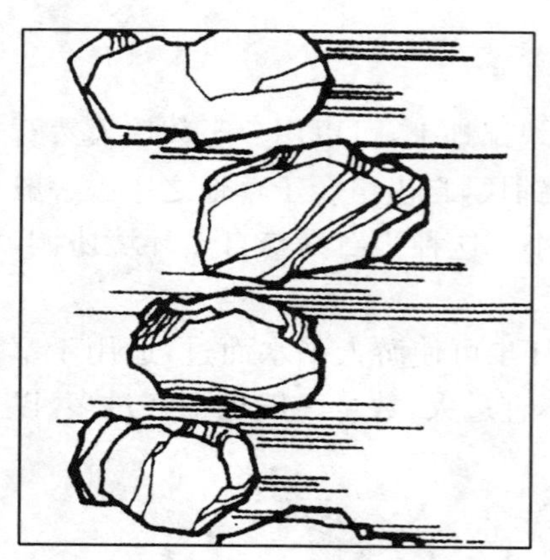

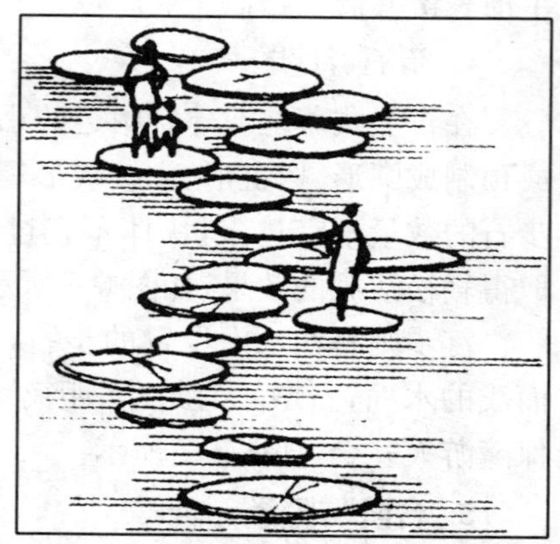

图 6-7　汀步

风景名胜区的爬山游览步道,当路段坡度超过 73%(坡角 60°,坡值 1∶0.58)时,需在山石上开凿坑穴形成台阶,并于两侧加高栏杆铁索,以利于攀登,确保游人安全,这种特殊台阶即称磴道。磴道可错开成左右台阶,便于游人相互搀扶。

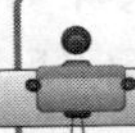
知识链接

块料路面施工技术

(1)湿性铺筑。用厚度为15～25mm的湿性结合材料,如水泥砂浆、石灰砂浆或混合砂浆等,在面层之下作为结合层,然后在其上砌筑片状或块状贴面层。砌块之间的结合以及表面抹缝,亦用这些结合材料。用花岗石、釉面砖、陶瓷广场砖、碎拼石片、马赛克等材料铺地时,一般要采用湿法铺砌。用预制混凝土方砖、砌块或黏土砖铺地,也可以用此法。

(2)干法砌筑。以干粉砂状材料,如干砂、细砂土、1∶3水泥干砂、3∶7细灰土等,作路面面层砌块的垫层或结合层。砌筑时,先在路面基层上平铺一层粉砂材料,其厚度为:干砂、细土为30～50mm;水泥砂、石灰砂、灰土为25～35mm。铺好找平后,按照设计的拼装图案,在垫层上拼砌成路面面层。传统古建筑庭园中的青砖铺地、金砖墁地等,也常采用干法砌筑。

二、块料路面铺装材料

1. 柔性铺地材料

柔性道路是各种材料完全压实在一起而形成的,会将交通荷载向下面各层传递。这些材料利用它们天然的弹性在荷载作用下轻微移动,因此,在设计中应该考虑限制道路边缘的方法,防止道路结构的松散和变形。

柔性铺地材料的种类很多,从简单实用到装饰复杂的,从有机的自然物质到人工的产品,从昂贵的到便宜的,大多数柔性材料的铺装要比硬性材料经济得多,因为硬性材料的铺装需要坚固的砂浆地基和柔性的地面覆盖物,包括像砾石和木片那样的疏松材料,沥青那样的密实材料,各种各样的建筑块料,“干”垒在沙地上的建筑块料及木头那样的硬质地面。所有这些柔性材料都具备适当的弹性。车辆经过时会将其压陷,但等车辆过后它又会恢复原样。

(1)砾石。砾石是一种常用的铺地材料,它适合于在庭园各处使用,对于规则式和不规则式设计来说均适用。砾石包括了三种不同的种类：机械碎石、圆卵石和铺路砾石。机械碎石是用机械将石头碾碎后，再根据碎石的尺寸进行分级。它凹凸的表面会给行人带来不便，但将它铺装在斜坡上却比圆卵石稳固。圆卵石是一种在河床和海底被水冲击而成的小鹅卵石，铺筑工艺要求较高，否则容易松动。铺路砾石是一种尺寸为15～25mm，由碎石和细鹅卵石组成的天然材料，通常铺在黏土中或嵌入基层中使用。

(2)沥青。沥青是一种理想的铺装材料，它中性的质感是植物造景理想的背景材料，而且运用好的边缘材料可以将柔性表面和周围环境相结合。铺筑沥青路面时应用机械压实表面，且应注意将地面抬高，这样可以将排水沟隐藏在路面下。

(3)嵌草混凝土砖。许多不同类型的嵌草混凝土砖对于草地造景是十分有用的。它们特别适合那些要求完全铺草，却又是车辆与行人入口的地区。这些地面也可以作为临时的停车场，或作为道路的补充物。铺装时，首先应在碎石上铺一层粗砂，然后在水泥块的种植穴中填满泥土和种上草及其他矮生植物。

2. 刚性铺地材料

刚性道路是指现浇混凝土及预制构件所铺成的道路，有着相同的几何路面，通常需要在混凝土地基上铺一层砂浆，目的是形成一个坚固的平台，特别是使用那些细长的或易碎的铺地材料时。不管是天然石块还是人造石块，松脆材料和几何铺装材料的配置及加固，都依赖于这个稳固的基础。

(1)混凝土人造石。水泥混凝土可塑造出不同种类的石块，做得好的可以以假乱真。这些人造石可作为铺筑装饰性地面的材料。在很多情况下，还可在混凝土中加入颜料。有些是用模具仿造天然石，有些则利用手工仿造。当混凝土还在模具内时，可刷扫湿的混凝土面，以形成合适的凹棚及不打滑的表面；有的则是借机械用水压出多种涂饰和纹理。

(2)砖及瓷砖。

1)砖是一种非常流行的铺地材料，它们能与天然石头或人造材料很好地结合起来，如混凝土或人造石板，作为植物很好的陪衬，做出各种吸引人的图案。砖的纹理、形状和颜色是多种多样的。传统的砖块是用黏土烧制而成的，具有一种亲切、舒适的感觉，不像混凝土或砂和石灰混合物的颜色那样可以滤去或慢慢褪色。当砖块铺放在建筑物附近时，就应该尽可能与周围的环境相配。在边缘、阶梯或小品中使用砖块，也能起到连接对比强烈的新式铺地和周围环境的作用。

2)瓷砖具有一定的形状和耐磨性。最硬的瓷砖是用素烧黏土制成的，它们很难切断。瓷砖也可以像砖那样在砂浆上拼砌。不是所有的瓷砖都具有抗冻性，所以，通常要做一层混凝土基层。

特别提示

砖和瓷砖的质量要求

砖和瓷砖是为表面铺装而设计的，所以必须要耐磨和耐冻。如果用作人行道的路面，在压实的素土层上加上碎石层、砂浆层和砌砖层就足够了。对行车道，则要外加一层混凝土才比较保险，并且要用各种不同厚度的砖砌边作为耐磨线。

(3)混凝土面层。撇开它呆板和冷漠的外表，混凝土面层令人满意的地面处理方式能够在庭院布景中达到出奇制胜的效果。与多种不光滑的装饰面层不同的是，这种面层可用砖、石块或木材在必要的地方创造出具有吸引力的细部，同时处理好伸缩缝。这些伸缩缝是混凝土面层抵抗热胀冷缩的核心。

(4)天然石头。不同类别的天然石块有着不同的质感和硬度。它们的使用寿命受切割和堆砌方式的影响。密度相同的硬石通常按一定规格切割，个别有纹理的石头可分割成平板石，以产生“劈裂”的表面。不管怎样，潮湿和霜冻都会对石头有影响，使石头一层层地剥落。

三、特殊季节施工

1. 雨期施工

(1)雨期路槽施工。先在路基外侧设排水设施(如明沟或辅以水泵抽水)及时排除积水。雨前应选择易翻浆处或低洼处等不利地段先行施工,雨后要重点检查路拱和边坡的排水情况、路基渗水与路床积水情况,注意及时疏通被阻塞、溢满的排水设施,以防积水倒流。路基因雨水造成翻浆时,要立即挖出或填石灰土、砂石等,刨挖翻浆要彻底干净,不留隐患。所需处理的地段最好在雨前做到“挖完、填完、压完”。

(2)雨期基层施工。当基层材料为石灰土时,降雨对基层施工影响最大。施工时,首先应注意天气情况,做到“随拌、随铺、随压”;其次注意保护石灰,避免被水浸或成膏状;对于被水浸泡过的石灰土,在找平前应检查含水量,如含水量过大,应翻拌晾晒达到最佳含水量后才能继续施工。

(3)雨期路面施工。水泥混凝土路面施工应注意水泥的防雨防潮,已铺筑的混凝土严禁雨淋,施工现场应预备轻便易于挪动的工作台雨棚;对被雨淋过的混凝土要及时补救处理。另外,还要注意排水设施的畅通。如为沥青路面,要特别注意天气情况,尽量缩短施工路段,各工序紧凑衔接,下雨或面层的下层潮湿时均不得摊铺沥青混合料。对未经压实即遭雨淋的沥青混合料必须全部清除,更换新料。

2. 冬期施工

(1)冬期路槽施工。应在冰冻之前进行现场放样,做好标记;将路基范围内的树根、杂草等全部清除。如有积雪,在修整路槽时应先清除地面积雪、冰块,并根据工程需要与设计要求决定是否刨去冰层。严禁用冰土填筑,且最大松铺厚度不得超过 30cm,压实度不得低于正常施工时的要求;当天填方的土务必当天碾压完毕。

(2)冬期面层施工。沥青类路面不宜在 5℃以下的温度环境下进行,如果必须施工,要采取以下工程措施:

1)运输沥青混合料的工具须配有严密覆盖设备以保温。

2)卸料后应用苫布等及时覆盖。

3)摊铺时间宜于上午 9 时至下午 4 时进行,做到“三快两及时”,即快卸料、快摊铺、快搂平,及时找细、及时碾压。

4)施工做到定量定时,集中供料,避免接缝过多。

(3)水泥混凝土路面,或以水泥砂浆做结合层的块料路面,在冬期施工时应注意提高混凝土(或砂浆)的拌和温度(可用加热水、加热石料等方法);并注意采取路面保温措施,如选用合适的保温材料(常用的有麦秸、稻草、塑料薄膜、锯末、石灰等)覆盖路面。另外,应注意减少单位用水量,控制水灰比在0.5以下,混料中加入合适的速凝剂;混凝土搅拌站要搭设工棚,最后可延长养护和拆模时间。

知识链接

不良土质路基施工

(1)软土路基。先将泥炭、软土全部挖除,使路堤筑于基底,或尽量换填渗水性土,也可采用抛石挤淤法、砂垫层法等对地基进行加固。

(2)杂填土路基。可选用片石表面挤实法、重锤夯实法、振动压实法等方法使路基达到相应的密实度。

(3)膨胀土路基。膨胀土是一种易产生吸水膨胀、失水收缩两种变形的高液性黏土。对这种路基,首先应先尽量避免在雨季施工,挖方路段也应先做好路堑堑顶排水,并保证在施工期内不得沿坡面排水;其次要注意压实质量,最宜用重型压路机在最佳含水量条件下碾压。

(4)湿陷性黄土路基。这是一种含易溶盐类,遇水易冲蚀、崩解、湿陷的特殊性黏土。施工中关键是做好排水工作,对地表水应采取拦截、分散、防冲、防渗、远接远送的原则,将水引离路基,防止黄土受水浸而湿陷;路堤的边坡要整平拍实;基底采用重机碾压、重锤夯实、石灰桩挤密加固或换填土等,以提高路基的承载力和稳定性。

四、块料路面施工步骤

1. 施工准备

在园路铺装工程中,铺装材料的准备工作要求是比较高的,特别是广场的施工,形状变化多,需事先对铺装广场的实际尺寸进行放样,确定边角的方案及广场与园路交接处的过渡方案,然后确定各种花岗石的数量。在进料时要把好材料的规格尺寸、机械强度和色泽一致的质量关。基础放样、土基施工、铺筑碎石基层的施工内容可参照现浇沥青混凝土路面施工。

2. 铺筑混凝土垫层

在已完成的基层上定线、立混凝土模板。模板的高度为10cm以上，但不要太高，并在挡板画好标高线。复核、检查和确认道路边线和各设计标高点正确无误后，在干燥的基层上洒一层水或1∶3砂浆。按设计的比例配制、浇筑、捣实混凝土100mm厚，再用长1m以上的直尺将顶面刮平。施工中要注意做出路面的横坡和纵坡。混凝土垫层施工完成后，应及时开始养护，养护期为7天以上，冬期施工后养护期还应更长一点。可用湿的稻草、湿砂及塑料膜覆盖在路面上进行养护。养护期内应保持潮湿状态。除洒水车外，应封闭交通。

3. 铺筑面层

(1)广场砖面层铺装是园路铺装的一个重要的质量控制点，必须控制好标高、结合层的密实度及铺装后的养护。在完成的水泥混凝土面层上放样，根据设计标高和位置打好横向桩和纵向桩，纵向线每隔间距为一板块的宽度，横向线按施工进展向下移，移动距离为板块的长度。

(2)将水泥混凝土面层上扫净后，洒上一层水，略干后先将1∶3的干硬性水泥砂浆在稳定层上平铺一层，厚度为30mm，作结合层用，铺好后抹平。

(3)先将块料背面刷干净，铺贴时保持湿润。根据水平线、中心线(十字线)进行块料预铺，并应对准纵横缝，用木槌着力敲击板中部，振实砂浆至铺设高度后，将石板掀起，检查砂浆表面与砖底相吻合后，如有空虚处，应用砂浆填补。在砂浆表面先用喷壶适量洒水，再均匀撒一层水泥粉，把石板块对准铺贴。铺贴时四角要同时着落，再用木槌着力敲击至平正。面层每拼好一块，就用平直的木板垫在顶面，用橡皮锤在多处振击(或垫上木板，锤击打在木板上)，使所有的砖的顶面均保持在一个平面上，这样可使块料铺装十分平整。注意留缝间隙按设计要求保持一致，水泥砂浆应随铺随刷，避免风干。

(4)铺贴完成24h后，经检查块料表面无断裂、空鼓后，用稀水泥

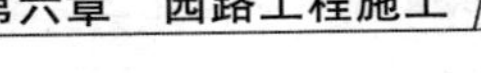

刷缝、填饱满，并随即用干布擦净至无残灰、污迹为止。

(5)施工完后，应多次浇水进行养生，达到最佳强度。

园路的病害

园路的“病害”是指园路破坏的现象。园路的病害有：

(1)裂缝与凹陷。园路在通车一段时间后，会形成凹陷或者裂缝。究其原因，一方面，在于施工因素，如压实控制不好、分层过厚、施工措施不当以及含水量等；另一方面，在于材料因素，如最大干堆积密度及最佳含水量有误、材料压缩系数过大、采用高塑性指数的黏性土等，出现此问题，会使路面变形、开裂或下陷。

(2)啃边。路肩和道牙直接支撑路面，使之横向保持稳定。由于雨水的侵蚀和车辆行驶时对路面边缘的啃蚀作用，使之损坏，并从边缘起向中心发展，这种破坏现象称为啃边。

(3)翻浆。在季节性冰冻地区，地下水位高，特别是对于粉砂性土基，由于毛细管的作用，水分到路面下。当冬期气温下降时，水分在路面形成冰粒，体积增大，路面就会出现隆起现象；到春季上层冻土融化时，而下层尚未融化，这样使土基变成湿软的橡皮状，路面承载力下降，这时如果有车辆通过，路面会下陷，邻近部分隆起，并将泥浆从裂缝中挤出来，使路面破坏，这种现象称为翻浆。

第五节　碎料路面工程施工

一、碎料路面概述

碎料路面是用各种石片、砖瓦片、卵石等碎石料拼成的路面，特点是图案精美、表现内容丰富、做工细致，主要用于各种游步小路。

1. 花街铺地

花街铺地是指用碎石、卵石、瓦片、碎瓷等碎料拼成的路面。图案精美丰富，色彩素艳和谐，风格或圆润细腻或朴素粗犷，做工精细，具有很好的装饰作用和较高的观赏性，有助于强化园林意境，具有浓厚的民族特色和情调，多见于古典园林中。

2. 卵石路

卵石路是以各色卵石为主嵌成的路面。它借助卵石的色彩、大小、形状和排列的变化组成各种图案，具有很强的装饰性，能起到增强景区特色、深化意境的作用。这种路面耐磨性好，防滑，富有园路的传统特点，但清扫困难，且卵石易脱落。多用于花间小径、水旁、亭榭周围。

3. 雕砖卵石路面

雕砖卵石路面又被誉为“石子画”，是选用精雕的砖、细磨的瓦和经过严格挑选的各色卵石拼凑成的路面。其图案内容丰富，如以寓言、故事、盆景、花鸟虫鱼、传统民间图案等为题材进行铺砌、加以表现。多用于古典园林中的道路，如故宫御花园甬路，精雕细刻，精美绝伦，不失为我国传统园林艺术的杰作。

碎料路面施工技术

碎料路面施工时，在已做好的道路基层上铺垫一层结合材料，厚度一般可在40～70mm之间。垫层结合材料主要用1∶3石灰砂浆、3∶7细灰土、1∶3水泥砂浆等，用干法砌筑或湿法砌筑都可以，但干法施工更为方便一些。在铺平的松软垫层上，按照预定的图样开始镶嵌拼花。一般用立砖、小青瓦瓦片来拉出线条、纹样和图形图案，再用各色卵石、砾石镶嵌作花，或拼成不同颜色的色块，以填充图形大面。然后经过进一步修饰和完善图案纹样，并尽量整平铺地后，就可以定稿。定稿后的铺地地面仍要用水泥干砂、石灰干砂撒布其上，并扫入砖石缝隙中填实。最后，除去多余的水泥石灰干砂，清扫干净；再用细孔喷壶对地面喷洒清水，稍使地面湿润即可，不能用大水冲击或使路面有水流淌。完成后，养护7～10天。

二、园路铺装材料的特性

1. 地面铺装的耐性

> 碎料路面，透水性好，步行舒适，造价低廉，但平整度差，不耐压，养护量大，只适用于一些游人较少的步道和简易停车场。

地面铺装的耐性包括耐久性和耐磨性。地面铺装材料所需要的耐久性取决于铺装路段的使用方式、所处的具体环境和预算情况等。现在路面过早地出现恶劣损坏，大多是因为使用了质量不合格的基础材料。检验道路耐久性的最好方法是在一个与实际情况相似的环境下使用一段时间，至少是 3 年，这样就可以检验这种铺装的耐久性。而地面铺装的耐磨性是根据路面上的交通来确定的。

2. 地面铺装的强度

地面铺装所必需的强度大小依赖于它可以支持的载重量。一般步行道的强度不会有太大的问题。但是，偶尔出现在人行道上的载重量过大的车辆也会导致路面受损。路面上的裂缝容易让人摔倒，还容易引起路面过早损坏。如果将地面铺装安置于合适的基底和基础上，大多数都会有足够的强度。

3. 地面铺装的抗冻性

由于所有的室外道路暴露在户外，都会受到潮湿和冰冻的影响。检测道路抗冻性的方法参见检验耐久性的方法。

4. 地面铺装的抗风化性

由于所有的室外铺路都要受到四季不同气候条件的影响，所以对于所有的铺面石、铺面砖和带颜色的混凝土铺面材料来说，能避免风化的影响是最好的。据检测，现在的铺地材料一般都具有较强的抗风化作用。

5. 地面铺装的防滑性

在一些公共的步行区，道路的防滑性是非常重要的，尤其是在坡道、楼梯踏步等一些地方。在垂直于人群行走方向安装很浅的防滑凹缝是一种好办法，而且车行路面必须有足够的防滑性。

6. 防止有机物滋生

防止有机物滋生主要依赖于周围环境，虽然花园中的苔藓可以起到装饰作用，但是出现在城市步行路或车行路中是很危险的，影响园路使用寿命和防滑性等。一般而言，路面材料密度越大，越坚实，防有机物滋生的性能就越强。

7. 道路色彩的耐久性

对于一些铺路材料来说，使颜色保持持久是不可能的，所以在设计和应用时，应了解所用材料的色彩性质。

三、碎料路面施工施工步骤

现浇混凝土卵石路的施工工艺：施工准备→基础放样→准备路槽→铺筑土基→安装模板→铺筑碎石→铺筑水泥层→排放卵石→拆除模板→清洗路面→安装道牙→竣工验收。

1. 施工准备

施工准备内容参照园路施工相关内容。需要注意，要精心选择铺地的石子，挑选出的石子按照不同颜色、不同大小分类堆放，便于铺地拼花时使用。一般开工前材料进场应在70%以上。若有运输能力，运输道路畅通，在不影响施工的条件下可随用随运。

2. 卵石面层施工

(1)绘制图案。按照设计图所绘的施工坐标方格网，将所有坐标点测设到场地上并打桩定点。再用木条或塑料条等定出铺装图案的形状，调整好相互之间的距离，用铁钉将图案固定。

(2)铺设水泥砂浆结合材料。在垫层表面抹上一层70mm的水泥砂浆，并用木板将其压实、整平。

(3)填充卵石。待结合材料半干时进行卵石施工。卵石要一个个插入水泥砂浆内，用抹子压实，根据设计要求，将各色石子按已绘制的线条插出施工图设计图案，然后用清水将石子表面的水泥砂浆刷洗干净，卵石间的空隙填以水泥砂浆找平。

(4)拆除模板和后期管理。拆除模板后的空隙进行妥当处理，并洗去附着在石面的灰泥，第二天再用 30%草酸液体洗刷表面，使石子颜色鲜明。养护期为 7 天，在此期间内应严禁行人、车辆等走动和碰撞。

3. 现浇混凝土卵石路竣工验收

(1)用观察法检查卵石的规格、颜色是否符合设计要求。

(2)用观察法检查铺装基层是否牢固并清扫干净。

(3)卵石粘结层的水泥砂浆或混凝土强度等级应满足设计要求。

(4)卵石镶嵌时大头朝下，埋深不小于 2/3；厚度小于 2cm 的卵石不得平铺，嵌入砂浆深度应大于 1/2 颗粒。

(5)卵石顶面应平整一致，脚感舒适，不得积水。相邻卵石高差均匀、相邻卵石最小间距一致。检查方法：观察、尺量。

(6)观察镶嵌成形的卵石是否及时用抹布擦干净，保持外露部分的卵石干净、美观、整洁。

(7)镶嵌养护后的卵石面层必须牢固。

四、特殊园路

特殊园路是指改变一般常见园路路面的形式，而以不同的方式形成的园路。它包括园林梯道、台阶、园桥、栈道和汀步等方式。

1. 园林梯道

> 特殊园路是充分利用特殊地形资源形成各种不同的园路方式，增加园路的可变性，使其更加丰富多彩。

园林道路在穿过高差较大的上下层台地，或者穿行在山地、陡坡地时，都要采用踏步梯道的形式。即使在广场、河岸等较平坦的地方，有时为了创造丰富的地面景观，也要设计一些踏步或梯道，使地面的造型更加富于变化。园林梯道种类及其结构设计要点如下所述：

(1)砖石阶梯踏步。以砖或整形毛石为材料，M2.5 混合砂浆砌筑台阶与踏步，砖踏步表面按设计可用 1：2 水泥砂浆抹面，也可做成水磨石踏面，或者用花岗石、防滑釉面地砖作贴面装饰。根据行人在踏步上行走的规律，一步踏的踏面宽度应设计为 28～38cm，适当再加宽一点也可以，但不宜宽过 60cm；二步踏的踏面宽为 90～100cm。每一级踏步的高度也要统一起来，不得高低相间。一级踏步的高度一般情况下应设计为 10～16.5cm，因为低于 10cm 时行走不安全，高于 16.5cm 时行走较吃力。儿童活动区的梯级道路，其踏步高应为 10～12cm，踏步宽不超过 46cm。一般情况下，园林中的台阶梯道都要考虑轮椅和自行车推行上坡的需要，要在梯道两侧或中带设置斜坡道。梯道太长时，应当分段插入休息缓冲平台；梯道每一段的梯级数最好控制在 25 级以下；缓冲平台的宽度应大于 1.58m，否则不能起到缓冲的作用。

> 在设置踏步的地段上，踏步的数量至少应为2～3级，如果只有一级而又没有特殊的标记，则容易被人忽略，易绊跤。

(2)混凝土踏步。一般将斜坡上素土夯实，坡面用 1∶3∶6 三合土(加碎砖)或 3∶7 灰土(加碎砖石)作垫层并筑实，厚 6～10cm；其上采用 C10 混凝土现浇做踏步。踏步表面的抹面可按设计进行。每一级踏步的宽度、高度以及休息缓冲平台、轮椅坡道的设置等要求，都与砖石阶梯踏步相同。

(3)山石、蹬道。在园林土山或石假山及其他一些地方，为了与自然山水园林相协调，梯级道路不采用砖石材料砌筑成整齐的阶梯，而是采用顶面平整的自然山石，依山随势地砌成山石蹬道。山石材料可根据各地资源情况选择，砌筑用的结合材料可用石灰砂浆，也可用 1∶3 水泥砂浆，还可以采用砂土垫平塞缝，并用片石刹垫稳当。踏步石踏面的宽窄允许有些不同，可在 30～50cm 之间变动。踏面高度还是应统一，一般采用 12～20cm。设置山石蹬道的地方本身就是供登攀的，所以踏面高度应大于砖石阶梯。

(4)攀岩天梯梯道。这种梯道是在山地风景区或园林假山上最陡的崖壁处设置的攀登通道。一般是从下至上在崖壁凿出一道道横槽作为梯步，如同天梯一样。梯道旁必须设置铁链或铁管矮栏，并固定于崖壁壁面，作为登攀时的扶手。

2. 园桥

园桥是园林工程建设中连接山、水两地的主要方式，也是园路的变式之一。园桥的结构形式随其主要建筑材料而有所不同。例如，钢筋混凝土园桥和木桥的结构常用板梁柱式，石桥常用悬臂梁式或拱券式，铁桥常采用桁架式，吊桥常用悬索式等，这都说明了建筑材料与桥梁的结构形式是紧密相关的。

3. 栈道

栈道多利用山、水界边的陡峭地形而设立，其变化多样，既是景观又可完成园路的功能。栈道路面宽度的确定与栈道的类别有关。采用立柱式栈道的，路面设计宽度可为 1.5～2.5m；斜撑式栈道宽度可为 1.2～2.0m；插梁式栈道不能太宽，以 0.9～1.8m 比较合适。

4. 汀步

常见的汀步有板式汀步、荷叶汀步和仿树桩汀步等，其施工方法因形式不同而异。

(1)板式汀步。板式汀步的铺砌板的平面形状可为长方形、正方形、圆形、梯形、三角形等。梯形和三角形铺砌板的功能主要是组合成板面形状有变化的规则式汀步路面。铺砌板宽度和长度可根据设计确定，其厚度常设计为 80～120mm。板面可以用彩色水磨石来装饰，不同颜色的彩色水磨石铺路板能够铺装成美观的彩色路面。也有用木板作板式汀步的。

(2)荷叶汀步。荷叶汀步的步石由圆形面板、支撑墩(柱)和基础三部分构成。圆形面板应设计 2～4 种尺寸规格，如直径为 450mm、600mm、750mm、900mm 等。采用 C20 细石混凝土预制面板，面板顶面可仿荷叶进行抹面装饰。抹面材料用白色水泥加绿色颜料调成浅果绿色，再加绿色细石子，按水磨石工艺抹面。抹面前要先用铜条嵌成荷叶叶脉状，抹面完成后一并磨平。为了防滑，顶面一定不能磨得很光。荷叶汀步的支柱可用混凝土柱，也可用石柱，其设计按一般矮柱处理。基础应牢固，至少要埋深 300mm；其底面直径不得小于汀步面板直径的 2/3。

(3)仿树桩汀步。仿树桩汀步是用水泥砂浆砌砖石做成树桩的基本形状,表面再用1∶2.5或1∶3有色水泥砂浆抹面,并塑造树根与树皮形象。树桩顶面仿锯截面做成平整面,用仿本色的水泥砂浆抹面;待抹面层稍硬时,用刻刀刻画出一圈圈年轮环纹;清扫干净后,再调制深褐色水泥浆,抹进刻纹中;抹面层完全硬化之后,打磨平整,使年轮纹显现出来。

第七章　绿化工程施工

第一节　绿化工程概述

一、绿化栽植

1. 绿化工程概念

(1)绿化工程是指按照园林植物设计施工图或一定的计划,根据植物生态特性和栽培技术条件完成植物栽植任务的过程。植物栽植是园林绿化的基本工程。为了保证其成活和生长,达到设计效果,栽植施工时必须遵守一定的操作规程,才能保证工程质量。绿化工程施工包括:乔木和灌木栽植工程施工,大树移植工程施工,草坪及花卉施工和屋顶花园种植工程的施工。

(2)植物栽植的绿化材料包括:树木、花卉、草坪等。

2. 适地适树

园林绿化是为人们提供一个良好的休息、文化娱乐、亲近大自然、满足人们回归自然愿望的场所,是保护生态环境、改善城市生活环境的重要措施。

适地适树栽植,就是把树木栽植在适合的环境条件下,使树木生态习性和园林栽植地生态环境条件相适应,达到树和地的和谐统一,可使树木生长健壮,充分发挥其园林功能,同时,有效提高了树木栽植的成活率。例如,在湖岸、堤岸边要想达到柳暗花明的艺术效果,除考虑桃红柳绿在物候上相配合选择具体种类外,还应考虑树木的耐水湿性和柳树对桃树的遮光问题。桃树是很不耐水湿的,所以在水体的南岸,桃树应栽植在高处，这样桃树栽植的成活率才能得到保证，柳树可栽植在近水的低处。两个树种错行栽植可解决二者对水和光的要求。

3. 绿化栽植施工准备

(1)施工单位应依据合同约定，对园林绿化工程进行施工和管理，并应符合下列规定：

1)施工单位及人员应具备相应的资格、资质。

2)施工单位应建立技术、质量、安全生产、文明施工等各项规章管理制度。

3)施工单位应根据工程类别、规模、技术复杂程度，配备满足施工需要的常规检测设备和工具。

(2)施工单位应熟悉图纸，掌握设计意图与要求，应参加设计交底，并应符合下列规定：

1)施工单位对施工图中出现的差错、疑问，应提出书面建议，如需变更设计，应按照相应程序报审，经相关单位签证后实施。

2)施工单位应编制施工组织设计(施工方案)，应在工程开工前完成并与开工申请报告一并报予建设单位和监理单位。

(3)施工单位进场后，应组织施工人员熟悉工程合同及与工程项目有关的技术标准。了解现场的地上地下障碍物、管网、地形地貌、土质、控制桩点设置、红线范围、周边情况及现场水源、水质、电源、交通情况。

(4)施工测量应符合下列要求：

1)应按照园林绿化工程总平面或根据建设单位提供的现场高程控制点及坐标控制点，建立工程测量控制网。

2)各个单位工程应根据建立的工程测量控制网进行测量放线。

3)施工测量时，施工单位应进行自检、互检双复核，监理单位应进行复测。

4)对原高程控制点及控制坐标应设保护措施。

4. 绿化栽植时间

选择适宜的栽植季节应根据树木特性和栽植地区的气候条件而定。

(1)春季栽植。春季在土壤化冻后到树木发芽前正是树木休眠期。此期间树木蒸腾量小,消耗水分少,栽后容易达到地上、地下部分的生理平衡,有利于根系再生和植株生长。春季是我国大部分地区的主要栽树季节。另外,春季栽植符合树木先长根、后发枝叶的物候顺序,有利于水分代谢的平衡。特别是在冬季严寒地区或对于不甚耐寒的树种,春季栽植可免除越冬防寒之劳。秋旱风大地区,常绿树种也宜春季栽植,但在时间上可稍推迟。具肉质根的树种,如山茱萸、木兰、鹅掌楸等,根系易遭低温冻伤,也以春季栽植为好。

> 华北地区树木的春季栽植,多在3月上中旬至4月中下旬进行。华东地区落叶树种的春季栽植,以2月中旬至3月下旬为佳。

(2)夏季栽植。夏季雨水较多,特别是有明显旱、雨季之分的西南地区,栽植成活的主要矛盾是外界水分(包括空气湿度)条件差,故以雨季栽植为好。如果雨季处在高温月份,由于短期高温、强光易使新栽植的树木水分代谢失调,故要掌握当地的降雨规律和当年降雨情况,抓住连阴雨的有利时机进行栽植。

(3)秋季栽植。秋季气温逐渐下降,树体对水分的需求量减少,蒸腾量较低,此时树体储藏营养较丰富,多数树木根系生长有一次小高峰。秋栽后,根系在土温尚高的条件下还能恢复生长。秋栽时间较长,自落叶至土壤结冰前均可进行,秋栽也应尽早,一落叶即栽为好。华北地区秋季栽植,多使用大规格苗木,以增强树体越冬能力。华东地区秋季栽植,可延至 11 月上旬至 12 月下旬进行。东北和西北北部严寒地区,秋季栽植宜在树木落叶后至土地封冻前进行。

(4)冬季栽植。在冬季土壤基本不结冻的华南和华中、华东等长江流域地区,可以冬季栽植。在冬季严寒的华北北部、东北大部,由于土壤冻结较深,对当地乡土树种可用冻土球移植法。

(5)非适宜季节的栽植法。在当地适宜季节栽植苗木,成活率最有保证。但有时由于有特殊任务或其他工程的影响等客观原因,不能于适宜季节进行栽植,只能在非适宜季节栽植苗木。为突破季节限制，从栽植材料的选择、栽植土壤的处理、苗木的运输和假植、栽植穴和土球直径、栽植前的修剪及栽植等方面严格把关，尽可能提高栽植成活率，按期完成绿化工程任务的栽植技术。

1)栽植材料的选择。由于非栽植季节气候环境相对恶劣，对种植植物本身的要求就更高了，在选材上要尽可能的挑选长势旺盛、植株健壮的苗。栽植材料应根系发达，生长茁壮，无病虫害，规格及形态应符合设计要求，大苗应做好断根、移栽措施。

2)栽植前土壤处理。非正常季节的苗木栽植土必须保证足够的厚度，保证土质肥沃疏松，透气性和排水性好。栽植或播种前应对该地区的土壤理化性质进行化验分析，采取相应的消毒、施肥和客土等措施。

3)苗木假植。在非正常季节栽植中，苗木假植是提高苗木成活率的重要技术措施。

①大苗的假植。在早春仍未解除休眠时，将常绿针叶树（松、柏等）、落叶树苗木带土球掘好，提前运到施工现场的假植区，将苗木装入大于土球的筐内。规格过大的土球，应装入木桶或木箱，其四周培土固定。每两行间应预留出通行卡车的道路，宽为6～8m。当有条件施工时立即进行栽植。

②小苗的假植。在早春将苗木断根，将小叶黄杨、沙地柏、金叶女贞、小檗、锦带等栽植于花盆中，并加入适量肥料。按5～6行排列，预留车道。待施工条件具备时，去掉花盆，苗木土球不散，可进行栽植。在假植期间要进行正常的养护管理，根据情况经常灌水，其原则是既能保证苗木生长正常，又需控制水量，避免生长过旺。还应经常修剪，以疏枝为主，严格控制徒长枝，及时去除萌蘖，入秋以后则应经常摘心，使枝条充实。苗木经过断根的损伤，原有树势已被削弱，为了恢复原来树势、扩大树冠，应对伤根恢复以及促根生长方面采取措施。为避免由于气温高而蒸发量过大，应搭建遮阳棚。必须注意：遮阳网和栽植的树木要保持一定的距离，以便空气流通。

4)苗木的运输。苗木的运输要合乎规范，苗木运输量应根据种植量确定。在装车前，应先用草绳、麻布或草包将树干、树枝包好，同时对树体进行喷水，保持草绳、草包的湿润，这样可以减少在运输途中苗木自身水分的蒸腾量。其他装车、运输及卸车同正常栽植乔木、灌木的方法。

5)栽植穴和土球直径。在非正常季节栽植苗木时，土球大小以及种植穴尺寸必须要达到并尽可能超过标准的要求。对含有建筑垃圾、有害物质的土壤，栽植穴必须放大，清除废土，并及时填好回填土。在土层干燥地区应于栽植前浸穴。挖穴后，应施入腐熟的有机肥作为基肥。

6)栽植前修剪。应采取加强修剪和摘叶的措施，减少叶面呼吸和蒸腾作用。栽植前应进行苗木根系修剪，将劈裂根、病虫根、过长根剪除，并对树冠进行修剪，保持植株地上部分和地下部分的平衡。

7)苗木的栽植。苗木的种植与正常的苗木种植方法相同，只是注意各工序必须紧凑，尽量缩短暴露时间，随掘、随运、随栽、随浇水。

8)养护管理。同正常栽植乔木、灌木的养护管理措施。

知识链接

影响树木成活的因素

一株正常生长的树木，其根系与土壤密切结合，使树体的养分和水分代谢的平衡得以维持。由于挖掘，根系与原有土壤的密切关系被破坏，大量的吸收根常因此而损失，根部与地上部代谢的平衡也就被破坏。而根系的再生，在一定的条件下需要一段时间。由此可见，如何使移来的树木与新环境迅速建立正常关系，及时恢复树体以水分代谢为主的平衡，是栽植成活的关键，否则，就有死亡的危险。而这种新平衡建立得快慢，与树种根系的再生能力、苗木质量、树龄、栽植技术、栽植季节以及与影响生根和蒸腾为主的内外界因素都有密切关系。

二、园林树木

园林树木是指一切可供园林绿化应用的木本植物，包括各种乔木、灌木、木质藤木和竹类等。根据树木在园林绿化中的应用，园林树木可分为行道树类、庭荫树类、孤植树类、丛林类、绿篱类、花灌木类及垂直绿化类等。

1. 行道树类

行道树是指列植于道路系统两侧树木的总称。包括公路、铁路、城市街道、园路及住宅区等道路绿化的树木。行道树的栽植，在城市或村镇都具有十分重要的意义。

(1)行道树种选择原则。生长迅速，分枝点高适应性强。分枝点高，不妨碍车辆通行；萌芽性强，耐修剪整形，冬季落叶迟而且延续期短；树冠整齐匀称，姿态优美，树干通直，根际不滋生新枝，便于庇荫；寿命较长，对烟尘、风害、病虫害及水旱灾害抗性强；无刺，深根性，花果无毒，无臭气，不污染环境或招致虫蝇；种苗来源丰富，尽量选用适应性强、移植易成活大苗。

(2)常用的行道树种。常用的行道树种有常绿树种、落叶树种、单子叶树种三大类。

1)常绿树种：榕树、桉树、樟树、广玉兰、珊瑚树、木麻黄、杨梅、女贞等。

2)落叶树种：悬铃木、杨树、槐树、重阳木、合欢、三角枫、复叶槭、乌桕、喜树、银杏、薄壳山核桃、栾树、泡桐、枫杨白蜡树、鹅掌楸、七叶树、榉树、水杉、池杉等。

3)单子叶树种：棕榈、椰子、蒲葵等。

(3)行道树栽植要求。

1)定干高度。在交通干道上栽植的行道树要考虑到车辆通行时对净空高度的要求，并为公共交通创造靠边停驶接送乘客的方便，定干高度不宜低于3.5m，通行双层大巴的交通街道的行道树定干高度还要相应提高。非机动车和人行道之间的行道树考虑到行人来往通行的需要，定干高度不宜低于2.5mm。

2)定植株距。行道树定植株距，应根据行道树树种壮年期冠幅和生长速度确定，最小种植株距应为4.0m；速生树不得小于5～6m，慢生树不得小于6～8m。

知识链接

定植配置方式

(1)树池式。在人行道狭窄或行人过多的街道上多采用树池种植行道树。树池形状一般为矩形,其边长一般不小于1.5m,长方形树池短边一般不小于1.2m;正方形和长方形树池因较易和道路及建筑物取得协调,故应用较多。圆形树池则常用于道路圆弧转弯处。

(2)栽植带式。栽植带是在人行道和车行道之间留出一条不加铺装的种植带。栽植带宽度最低不小于1.5m,除栽植一行乔木用来遮阴外,在行道树之间还可以种植花灌木和地被植物,以及在乔木与铺装带之间种植绿篱来增强防护效果。宽度为2.5m的栽植带可栽植一行乔木,并在靠近车行道一侧栽植一行绿篱;5m宽的种植带则可交错栽植两行乔木,靠近车行道一侧以防护为主,靠近人行道一侧则以观赏为主。中间空地可栽植花灌木、花卉及其他地被植物。

2. 庭荫树类

以遮阴为主要目的的树木,又称绿荫树、庇荫树。早期多在庭院中孤植或对植以遮蔽烈日、创造舒适、凉爽的环境。后发展到栽植于园林绿地以及风景名胜区等远离庭院的地方。选择树种的要求如下:

(1)生长健壮、树冠高大、枝叶茂密荫浓。

(2)荫质良好、荫幅大。

(3)无不良气味、无毒。

(4)少病虫害。

(5)根蘖较少,且生长较快、适应性强、管理简易、寿命较长。

(6)树形成花果有较高的观赏价值。

3. 孤植树类

在园林中为了庇荫或艺术构图上的需要,常有两种孤植树的配置:一为庇荫用的孤植树,其选用树种的原则,已在庭荫树一项述及;二为艺术构图上的需要,常以孤植树作为局部主景或焦点。

(1)孤植树的要求。生长快,适应力强,适宜孤植;体形雄伟,姿态优美,枝干富有线条美;开花繁茂,结果丰硕,或色彩艳丽,气味芳香;季相变化多,且与四周环境有强烈对比等条件。

(2)适宜作孤植树的树种。适宜作孤植树的树种有白皮松、鸡爪槭、元宝枫、银杏、樱花、槐树、合欢、海棠、碧桃、梅花、雪松、罗汉松、七叶树、鹅掌楸、紫薇、白玉兰、广玉兰、紫叶李、乌桕、石楠、柳杉等。

4. 丛林类

丛林类泛指适于风景区及大型园林绿化地中成丛或成片种植,以构成群丛或树林之美的树木。丛林类树种,要求主干和树冠均较发达,适应性或抗逆性一般较强。在庭园中多用于配置疏林、树群,或作背景、障景用。在创造山林自然风光和幽静环境时尤不可少,世界四大公园树种——雪松、金松、金钱松、南洋杉均属本类。

丛林类树种中有针叶树种和阔叶树种两大类,如雪松、桧柏、柳杉、白皮松、黑松、黄山松、赤松、水杉、池杉、水松、金钱松、落羽杉、香樟、广玉兰、木荷、榉、榆、白杨、麻栎、刺槐等。

5. 绿篱类

篱垣又称绿篱、植篱或树篱,其功能与作用是划分范围和防范,或用来分隔空间和作为屏障以及美化环境等。

(1)树种要求。

1)耐整形修剪,萌发性强,分枝丛生,枝叶茂密。

2)能耐阴、耐寒。

3)外界机械损伤抗性强;能耐密植,生长力强。

(2)篱垣的分类。

1)按高度分为高篱(1.2m 以上)、中篱(1～1.2m)和矮篱(0.4m 左右)。

2)按树种习性分为常绿绿篱和落叶绿篱。

3)按形式分为自然式和规则式。

4)按观赏性质分为花篱、果篱、刺篱、绿篱等。

篱垣通常都是双行带状密植,并严格按照设计意图勤加修剪,可成各种式样，以求整齐、美观，即为整形式绿篱。但是对于花篱、果篱、刺篱、树篱等，一般不作重修剪，只是处理个别枝条，勿使伸展过远，并注意保持必要的密度，即可任其生长，成为自然式绿篱。

（3）景观应用。篱垣在现代园林中应用日益广泛，其作用主要在间隔防护范围和装饰园景等方面。铁栏木栅是住户周围的常见设施，具有隔离与防范作用。绿篱则是利用绿色植物组成生命的、可以不断生长壮大的、富有田园气息的篱笆。除防护作用外还有装饰园景、分隔空间、屏障视线、遮挡疵点或小品等作用。

6. 花灌木类

花灌木以观花为主，造型多样、生机盎然，能创造出五彩缤纷的景色，是园林景观重要的组成部分。花灌木使用量大，种类很多，是香化、美化、彩化的重要素材，其应用广泛，观赏价值高。

（1）景观应用。配置于行道树、庭荫树、丛林等景观树下或于树前作为装点；或配置于庭院中，组成相应的组合利于不同季节观花观果；或制作成其他形状点缀于草坪、庭院中。如各种类、规格的黄杨球点缀于草坪、庭院，效果极佳。

（2）花灌木树型种类。花灌木树型可分为：大型灌木类，如丁香、珍珠梅、黄刺玫、金银木等；中型灌木类，如紫薇、紫荆、木香、棣棠等；小型灌木类，如月季、郁李、小檗等。

7. 垂直绿化类

垂直绿化又叫立体绿化，是为了充分利用空间，在墙壁、阳台、窗台、屋顶、棚架等处栽种的攀缘植物，以增加绿化覆盖率，改善居住环境。垂直绿化在克服城市家庭绿化面积不足，改善环境等方面有独特的作用。

（1）垂直绿化植物种类。

1）缠绕类：适用于栏杆、棚架等，如紫藤、金银花等。

2）攀缘类：适用于篱墙、棚架和垂挂等，如葡萄、铁线莲等。

3）钩刺类：适用于栏杆、篱墙和棚架等，如蔷薇、爬蔓月季、木香等。

4）攀附类：适用于墙面等，如爬山虎、扶芳藤、常春藤等。

(2)垂直绿化植物造景。垂直绿化要考虑其周围的环境进行合理配置,在色彩和空间大小、形式上协调一致,并努力实现品种丰富、形式多样的综合景观效果;丰富观赏效果,合理搭配;草、木本混合播种,丰富季相变化,远近期结合,开花品种与常绿品种相结合。依照品种丰富、形式多样的原则配置。垂直绿化常用的形式,见表7-1。

表7-1　垂直绿化常用形式

绿化形式	说　明	典型实例
点缀式	以观叶植物为主,点缀观花植物,实现色彩丰富的效果	地锦中点缀凌霄;紫藤中点缀牵牛
花境式	几种植物错落配置,观花植物中穿插观叶植物,呈现植物株形、姿态、叶色、花期各异的观赏景致	大片地锦中有几块爬蔓月季,杠柳中有茑萝、牵牛等
整齐式	体现有规则的重复韵律和同一的整体美,成线成片,但花期和花色不同	红色与白色的爬蔓月季、蔷薇等。应力求在花色的布局上达到艺术化,创造美的效果
悬挂式	在攀缘植物覆盖的墙体上悬挂花木,丰富色彩,增加立体美的效果。需用钢筋焊铸花盆套架,用螺栓固定,托架形式应讲究艺术构图,花盆套圈负荷不宜过重,应选择适应性强、管理粗放、见效快、浅根性的观花观叶品种。布置要简洁、灵活、多样,富有特色	盆栽花灌小球中配以早小菊,紫叶草、红鸡冠、石竹等
垂吊式	自立交桥顶、墙顶或平屋檐口处,放置种植槽,种植花色艳丽或叶色多彩、飘逸的下垂植物,让枝蔓垂吊于外,既充分利用了空间,又美化了环境。材料可用单一品种,也可用季相不同的多种植物混栽	用木本的凌霄、木香、蔷薇、紫藤、地锦等,配以草本的菜豆、牵牛花等。容器底部应有排水孔,式样轻巧、牢固,不怕风雨侵袭

三、园林花卉

园林花卉是指用于各类园林景观中的草本花卉。它是园林工程建设中应用数量最多的植物类型，也是各种临时性活动造景的重要材料。

花卉在园林中最常见的应用方式即是利用其丰富的色彩、变化的形态等来布置出不同的景观，主要形式有花坛、花境、花丛、花群以及花台等，而一些蔓生性的草本花卉又可用以装饰柱、廊、篱以及棚架等。

1. 花坛

花坛是指在一定范围的畦地上按照整形式或半整形式的图案栽植观赏植物以表现花卉群体类的园林设施。一般多设于广场、庭园广阔空间的中央或建筑物的出入口处和道路的中央、两侧及周围等处，花坛要求经常保持鲜艳的色彩和整齐的轮廓，因此多选用植株低矮、生长整齐、花期相对集中、株丛紧密而花色艳丽（或观叶）的花卉种类来布置，一般还要求便于经常更换以及移栽布置，一、二年生花卉是布置花坛的主要材料。花坛可分为以下几类：

(1)立体花坛。立体花坛是指运用一年生或多年生小灌木或草本植物种植在二维或三维的立体构架上，形成植物艺术造型，是一种园艺技术和园艺艺术的综合展示。它通过各种不尽相同的植物特性，神奇地表现和传达各种信息、形象，同时，立体花坛作品表面的植物覆盖年至少要达到80%。因此，通常意义上的修剪、绑扎植物形成的造型并不属于立体花坛。立体花坛常包括造型花坛、标牌花坛等。标牌花坛是用植物材料组成的竖向牌式花坛，一般为落地斜面矩形，或借助建筑材料搭成骨架，使图案成为距地面垂直或成斜面。

常用矮生花材有红绿草、小叶红、大叶红、佛甲草、长春花、新几内亚凤仙、万寿菊、孔雀草、彩叶草、雪叶菊、矮牵牛、藿香蓟、福禄考、三色堇、美女樱、百日草、一串红、千日红等。

(2)花丛花坛。花丛花坛主要是突出开花时的整体观赏效果，为表现出不同花卉的种成品种的群体美及相互配合所显示出的绚丽色彩与优美外貌，要求其中的每一品种在用量上都达到一定规模。这类花坛一般图案简洁，所选用的花材种类不宜过多，但是轮廓鲜明，色彩明快。适宜选用花色鲜艳亮丽、花朵繁茂、盛开时能达到只见花不见枝叶的良好覆盖效果的花卉种类。常用的花丛花坛的材料有三色堇、金鱼草、福禄考、石竹类、百日草、一串红、万寿菊、孔雀草、美女樱、翠菊、藿香蓟、地被菊、早小菊等。

花丛花坛的中心宜选用较高大而整齐的花卉材料，如美人蕉、毛地黄、高秆金鱼草等，也可用低矮并耐修剪的树木，如雪松、云杉、黄杨、龙柏等。花坛的边缘常用矮小、耐修剪的灌木或常绿低矮的草本作为镶边栽植，如紫叶小檗、韭兰、沿阶草、天门冬等，都要求修剪整齐。

(3)模纹花坛。模纹花坛的色彩以图案纹样为依据，用植物色彩突出纹样，使之清晰而精美。多选择枝叶细小、株丛紧密、萌蘖性强、耐修剪、生长缓慢的多年生观叶植物。植株矮小或通过修剪可控制在 5～10cm，耐移植，易栽培，缓苗快的材料为最佳素材。通过修剪可使图案纹样清晰，并维持较长的观赏期。不宜用枝叶粗大的材料。观花植物花期短，不耐修剪，可少量作点缀，以植株低矮、花小而密者为佳。

模纹花坛中常用的矮生观花、观叶植物(高 20～25cm)有万寿菊、彩叶草、矮牵牛、藿香蓟、百日草、一串红、秋海棠、鸡冠花、三色堇、长春花、金鱼草、千日红、美女樱、翠菊、香雪球、雏菊、半支莲等，这些低矮的花卉因花期相对较短可作模纹花坛图案的点缀，或与草坪、地被、彩石、装饰材料等配置成精美的模纹图案。

2. 花境

花境是模拟自然界中林地边缘地带多种野生花卉交错生长的状态，运用艺术手法设计的一种花卉应用形式，以宿根花卉为主，配以花灌木、一二年生花卉、球根花卉等，表现植物的个体美及植物组合的群体美。

(1)花境的基本构图。花境的基本构图单位是一组花丛，每组花通常由 5～10 种花卉组成，有的多达 35 种花卉组成花境，花丛由主花材形成基调，次花材作为补充，由各种花卉共同形成季相景观，季相设计多为 2～3 季，一般同种花卉集中栽植，平面上看是各种花卉块状混植，立面上看高低错落。所以，在选材上必须考虑物种多样化才能使不同季节花开花落，立面观赏层次丰富。

(2)花境材料选择。以植物选材，花境可分为宿根花卉花境、混合式花境、专类花卉花境三类。

> 花境也是花卉应用的一种重要的形式，它追求“虽由人作，宛自天开”的艺术手法。而设计其艳丽的色彩和丰满的群体形象给人留下深刻的印象。

宿根花卉花境的材料是全部由可露地过冬的宿根花卉组成，管理相对较简便。混合式花境在绿化中应用较多，主要以耐寒的宿根花卉为主，配置少量的花灌木、球根花卉或一、二年生花卉，这种花境季相分明，色彩丰富，质感差异较大。专类花卉花境是由同一属不同种类或同一种不同品种植物为主要种植材料的花境，制作专类花境用的宿根花卉要求花期、株形、花色等有较丰富的变化，从而体现花境的特点，如鸢尾类花境、百合花类境、菊花花境等。

3. 花丛和花群

花丛和花群同样是将草花散生于草坡上形成景观的一种方式。常布置于开阔草坪的周围，使林缘、树丛树群与草坪之间起联系和过度的效果，也可布置于自然曲道路转折处或点缀于小型院落及铺装场地之中。花丛和花群大小不拘，简繁适宜，株少为丛，丛连成群。

宿根及球根花卉宜用作花丛和花群，主要有心叶藿香蓟、三色苋、金鱼草、雏菊、金盏菊、翠菊、风铃草、长春花、凤尾鸡冠、矢车菊、醉蝶花、蛇目菊、波斯菊、硫华菊、草紫薇、五彩石竹、石竹梅、毛地黄、花菱草、天人菊、矮凤仙、半边莲、香雪球、紫茉莉、花烟草、月见草、美丽月见草、二月兰、矮牵牛等。

4. 花台和花池

花台是指四周用砖石砌的高出地面的用来栽植灌木类花木的台子。花台或依墙而筑，或正位建中，常在庭前、廊前或栏杆前布置。花台上还可点缀以山石，配置花草。

花台、花池的布置形式及所用花卉材料等均因环境风格与造景目的而异。在古典园林及民族式建筑庭院内，通常以松、竹、梅、杜鹃、牡丹为主，配以山石小草布置成“盆景式”景观，重在风韵与姿态，而不重色彩。若以草本花卉为主来布置，选择基本与花坛相同，只是因其面积较小，为免于繁乱，所选用的花卉种类不宜过多。宿根花卉中常用的有玉簪、芍药、萱草、鸢尾、兰花、葱兰、韭兰等。另外，迎春、杜鹃、凤尾竹、南天竹等也适合于花台、花池布置。

四、园林草坪

1. 园林草坪的分类

草坪主要由绿色的禾本科多年生草本植物组成。这种草本植物的覆盖度很大，形成郁闭像绿毯一样致密的地面覆盖层。草坪必须有茂密的覆盖度，才能在卫生保健、体育游戏、水土保持、美观，以及促进土壤有机质的分解与生产化等方面起到良好的效果。

(1)根据气候类型不同分类。

1)冷季型草多用于长江流域附近及以北地区，主要包括高羊茅、黑麦草、早熟禾、白三叶、剪股颖等种类。

2)暖季型草多用于长江流域附近及以南地区，在热带、亚热带及过度气候带地区分布广泛，主要包括狗牙根、百喜草、结缕草、画眉草等。

(2)根据草坪在园林中的应用分类。

1)游憩草坪。可开放供人入内休息、散步、游戏等户外活动之用。一般选用叶细、韧性较大、较耐踩踏的草种。

> 在观赏草坪以及游憩草坪中适量混种一些植株低矮、花叶细小而适应强、有自播繁衍能力的草本花卉来装饰点缀，形成缀花草坪。较常用野生花卉混合种植，且以宿根花卉为主，间以一、二年生草本花卉。

2)观赏草坪。不开放，不能入内游憩。一般选用颜色碧绿均一，绿色期较长，能耐炎热、又能抗寒的草种。

3)运动场草坪。根据不同体育项目的要求选用不同草种，有的要选用草叶细软的草种，有的要选用草叶坚韧的草种，有的要选用地下茎发达的草种。

4)交通安全草坪。主要设置在陆路交通沿线，尤其是高速公路两旁，以及飞机场的停机坪上。

5)保土护坡的草坪。用以防止水土被冲刷，防止尘土飞扬。主要选用生长迅速、根系发达或具有匍匐性的草种。

(3)根据草坪植物在园林中的组合不同分类。

1)单播草坪。用一种植物材料的草坪。

2)混播草坪。由多种植物材料组成的草坪。

3)缀花草坪。以多年生矮小禾草或拟禾草为主，混有少量草本花卉的草坪。

(4)根据园林规划的形式不同分类。

1)自然式草坪。充分利用自然地形或模拟自然地形起伏，创造原野草地风光，这种大面积的草坪有利于修剪和排水。不论是经过修剪的草坪或是自然生长的草地，只要在地形面貌上，是自然起伏的，在草地上和草地周围布置的植物是自然式的，草地周围的景物布局、草地上的道路布局、草地上的周界及水体均为自然式时，这种草地或草坪，就是自然式草地或草坪。

2)规则式草坪。草坪的外形具有整齐的几何轮廓，多用于规则式园林中，如花坛、路边、衬托主景等。凡是地形平整，或为具有几何形的坡地，阶地上的草地或草坪与其配合的道路、水体、树木等布置均为规则式时，则称为规则式草地或草坪。如足球场、网球场、飞机场、规则式广场上的草坪、街道上的草坪，多为规则式草地。

(5)根据草地与树木在园林中的组合情况分类。

1)空旷草坪。空旷草坪是指草地上不栽植任何乔灌木或在周边少量种一些的草坪。这种草地主要是供体育游戏、群众活动用的草坪，平时供游人散步、休息，节日可作演出场地。在视觉上比较单一，一片空旷，在艺术效果上具有单纯而壮阔的气势，缺点是遮阴条件较差。

2)稀树草坪。当草坪上稀疏的分布一些单株乔灌木，株行距很大，当这些树木的覆盖面积（郁闭度）为草坪总面积的20%～30%时，称为稀树草坪。其主要是供大量人流活动游憩用的草坪，又有一定的蔽荫条件，有时则为观赏草坪。

2. 常用园林草坪植物

(1)草坪植物的分类。

1)按草皮来源区分。

①天然草皮。这类草皮取自于天然草地上。一般是将自然生长的草地修剪平整，然后平铲为不同大小、不同形状的草皮，以供出售或自己铺设草坪。这类草皮管理比较粗放，一般用于铺植水土保持地或道路绿化。

②人工草皮。人工种子直播或用营养繁殖体建成的草皮。人工草皮成本要比天然草皮的高，管理较精细，但草皮质量好，整齐美观，能满足不同客户的需要。

2)按不同的区域区分。

①冷季型草皮。由冷季型草坪草繁殖生产的草皮就称为冷季型草皮，也叫作“冬绿型草皮”。这类草皮的耐寒性较强，在部分地区冬期常绿，但夏季不耐炎热，在春、秋两季生长旺盛，非常适合在我国北方地区铺植。如早熟禾草皮、高羊茅草皮、黑麦草草皮等。

②暖季型草皮。由暖季型草坪草繁殖生产的草皮，也叫作“夏绿型草皮”。这类草皮冬期呈休眠状态，早春开始返青，复苏后生长旺盛。进入晚秋，一经霜害，其草的茎叶就会枯萎退绿，如天鹅绒草皮、狗牙根草皮、地毯草草皮等。

3)按培植年限的不同区分。

①一年生草皮。指草皮的生产与销售在同一年进行。一般来说，是春季播种，经过3～4个月的生长后，就可于夏季出圃。

②越年生草皮。指在第一年夏末播种，于第二年春天出售的草皮，越年生产草皮既可以减少杂草的危害，降低养护成本；又可以在早春就出售草皮，满足春季建植草坪绿地的需要。

4)按草皮的使用目的区分。

①观赏草皮。这类草皮主要是在园林绿地中专门用于供欣赏的

装饰性草坪。观赏草坪是一种封闭式草坪，一般不允许游人入内游憩或践踏，专供观赏用，因此，铺植此类草坪的草皮管理要求比较精细，严格控制杂草生长和病虫害危害，以防降低观赏价值。所选草种多是低矮、纤细、绿期长的草坪植物，以细叶草类为最佳。

②休闲草皮。指用来铺植休息性质草坪的草皮，这种草坪的绿地中没有固定的形状，面积可大可小，管理粗放，通常允许人们入内游憩活动。这种性质的草坪一般利用自然地形排水，内部可配植乔木、灌木、花卉及地被植物或小品景观。选用的草皮草种多具有生长低矮，叶片纤细、叶质高、草姿美的特性。

③运动场草皮。指供体育活动的场所。生产运动场草皮的草种耐践踏性特别强，弹性好并能耐频繁修剪。如草地早熟禾草皮、高羊茅草皮等。

④水土保持草皮。指在坡地、水岸、公路、堤坝、陡坡等地铺植的草皮。这类草皮的作用主要是保持水土，因此，一般所选草种需适应性强、根系发达、草层紧密、耐旱、耐寒、抗病虫害能力强等。

5)按栽培基质的不同区分。

①普通草皮。指以壤土为栽培基质的草皮。它具有生产成本比较低的特点，但因为每出售一茬草皮，就要带走一层表土，如此下去，就会使土壤的生产能力大大减弱，因此对土壤破坏力比较大。这也是草皮生产中有待解决的问题。

②轻质草皮。又叫无土草皮，主要采用轻质材料或容易消除的材料如河沙、泥炭、半分解的纤维素、蛭石、炉渣等为栽培基质的草皮。具有重量轻、便于运输、根系保存完好、移植恢复生长快等的特点，而且能保护土壤耕作层，所以，将是我国发展优质草皮的一个方向。

6)按草皮植物的组合不同区分。

①单纯草皮。又称为单一草皮，是指由一种草本植物组成的草皮，单一草皮具有整齐美观、低矮稠密、叶色一致的特点，需要的养护管理比较精细。在我国北方一般选用冷季型草坪草来生产草皮，而对暖季型草坪草的应用还不多，目前也只有结缕草等几个少数的草种。

但在南方，生产草皮时不仅可用暖季型草坪草。还可用一些抗热性比较强的冷季型草坪草。

②混合草皮。指由多种草本植物混合建植而形成的草皮。在我国北方主要是草地早熟禾、紫羊茅和多年生黑麦草，而在南方则主要以狗牙根、地毯草或结缕草为主体草种，混入多年生黑麦草等作为保护草种。混播草皮的适应性和抗撕拉性都很强，非常适合于管理比较粗放的草坪绿地。

另外，还可以根据繁殖材料的不同，分为种子草皮和营养体草皮。而种子草皮又可以依据草种的不同，分为以各草种的名称命名的不同种类的草皮，如早熟禾草皮、黑麦草草皮、狗牙根草皮等。

(2)园林草坪植物的选择。近年来，随着人们物质和文化生活水平的不断提高，人们对草坪绿地欣赏水平和需求档次越来越高，多追求立体美、多层次化、多功能和兼用型，将绿化和美化相结合，具有观叶或观花及绿化和美化等功能。

草坪植物是一大类具有独特和用途的草本植物，作为优良的草坪植物，必须具备的特点见表 7-2。

表 7-2　　草坪植物的特点

种　类	特　点
优良禾本科草坪植物	(1)外观形态。茎叶密集，色泽一致，叶色翠绿，绿期长。 (2)草姿美。草姿整齐美观，枝叶细密，形成的草坪似地毯。 (3)有旺盛的生命力。繁殖力强，生长蔓延速度快，成坪块。 (4)良好的适应性。抗逆性好，抗寒性、抗旱性、再生力和侵占能力强，能耐修剪，耐磨能力强
非禾本科草坪植物	(1)植株低矮，按株高分优、良、一般，分为 30cm 以下、50cm 左右、70cm 左右几种，一般不超过 1m。 (2)绿叶期较长，植丛能覆盖地面，具有一定的防护作用。 (3)生长迅速，繁殖容易，管理粗放。 (4)适应性强，抗干旱、抗病虫害、抗瘠薄，有利于粗放管理

(3)草坪的等级划分，详见表 7-3。

表 7-3 草坪的等级划分

草坪等级	特　　点
一级草坪	亦称高级草坪或观赏型草坪。该草坪特性具有细叶结缕草般纤细的叶和滚木球场草坪的外观。这种草坪的感观效果主要取决于两个因素:一是草坪应是由具纤细叶子的翦股颖属和羊茅属的草坪植物构成;二是草坪需得到精细管理和频繁的修剪,使草坪面维持在地毯绒般的高度。 这类草坪为典型的装饰草坪,主要建在房前屋后用于观赏,很少践踏。 构成装饰草坪的草坪植物通常有细弱翦股颖、匍茎翦股颖、绒毛翦股颖、匍匐紫羊茅、羊茅、硬羊茅等种类
二级草坪	亦称利用型草坪,利用型草坪多为由多年生黑麦草与其他种禾草构成的草坪,在外观上它无法与高级型草坪相媲美,作为非观赏而重利用的草坪则是适当的。 这类草坪的基本特点是能承受诸如车轮碾压、高密踏压和多用途利用的较大强度使用。更为可贵的是它较耐粗管理,一般不易损坏,即便损坏也因种价较低和建植容易得到恢复。其不足之点是晚春草坪生长过快,整个夏季需频繁修剪;坪面质地较差,若要维持天鹅绒草坪的外观,则需加强养护管理的投入力度。 这类草坪通常由密生型草坪植物组成,主要有翦股颖或羊茅属与粗糙的草坪植物混播组合。常使用的草种有肯塔基草地早熟禾、粗茎早熟禾、林地早熟禾、一年生早熟禾、多年生黑麦草、洋狗尾草等
三级草坪	亦称利用过度的损坏型草坪。这类草坪极易与一级、二级草坪相区分。其基本特征是优良草坪植的比重降低,草坪盖度变小,出现秃斑或裸地。回视感观为苔藓、劣质禾草、宽叶杂草或裸地占主导地位。 此类草坪如损坏严重,改造的办法是清理地面,重新建坪。如部分损坏且程度较轻,可进行局部改良。对面积较大主要控制裸地扩大的草坪,可在晚春首先割除藓类和杂草,三周后用补播的方法进行改良。重建和修补是改良三级草坪的直接方法。若找出草坪恶化的原因,对制定重建和修补改良的方案是十分重要的

知识链接

草坪的等级评价

草坪诊断时,在勘查的基础上,草坪专家可用定性或定量的方法,从草坪的草种组成、表现特性、利用程度、养护管理水平等方面综合评价草坪的等级。通常草坪可分为不加利用的观赏型草坪(一级)、应用适当的利用型草坪(二级)和利用过渡的损坏型草坪(三级)。

第二节　乔木和灌木栽植工程施工

一、乔木和灌木栽植的要求

1. 栽植基础

(1)绿化栽植或播种前应对该地区的土壤理化性质进行化验分析，采取相应的土壤改良、施肥和置换客土等措施，绿化栽植土壤有效土层厚度应符合表 7-4 规定。

表 7-4　　绿化栽植土壤有效土层厚度

项次	项目	植被类型		土层厚度/cm	检验方法
1	一般栽植	乔木	胸径≥20cm	≥180	挖样洞，观察或尺量检查
			胸径＜20cm	≥150(深根) ≥100(浅根)	
		灌木	大、中灌木、大藤本	≥90	
			小灌木、宿根花卉、小藤本	≥40	
		棕榈类		≥90	
		竹类	大径	≥80	
			中、小径	≥50	
		草坪、花卉、草本地被		≥30	
2	设施顶面绿化	乔木		≥80	
		灌木		≥45	
		草坪、花卉、草本地被		≥15	

(2)栽植基础严禁使用含有害成分的土壤，除有设施空间绿化等特殊隔离地带，绿化栽植土壤有效土层下不得有不透水层。

(3)园林植物栽植土应包括客土、原土利用、栽植基质等，栽植土应符合下列规定：

1)土壤 pH 值应符合本地区栽植土标准或按 pH 值 5.6～8.0 进行选择。

2)土壤全盐含量应为 0.1%～0.3%。

3)土壤堆积密度应为 1.0～1.35g/cm^3。

4)土壤有机质含量不应小于 1.5%。

5)土壤块径不应大于 5cm。

6)栽植土应见证取样，经有资质检测单位检测并在栽植前取得符合要求的测试结果。

7)栽植土验收批及取样方法应符合下列规定：

①客土每 500m^3 或 2000m^2 为一检验批，应于土层 20cm 及 50cm 处，随机取样 5 处，每处 100g 经混合组成一组试样；客土 500m^3 或 2000m^2 以下，随机取样不得少于 3 处。

②原状土在同一区域每 2000mm^2 为一检验批，应于土层 20cm 及 50cm 处，随机取样 5 处，每处取样 100g，混合后组成一组试样；原状土 2000m^2 以下，随机取样不得少于 3 处。

③栽植基质每 200m^3 为一检验批，应随机取 5 袋，每袋取 100g，混合后组成一组试样；栽植基质 200m^3 以下，随机取样不得少于 3 袋。

(4)绿化栽植前场地清理应符合下列规定：

1)有各种管线的区域、建(构)筑物周边的整理绿化用地，应在其完工并验收合格后进行。

2)应将现场内的渣土、工程废料、宿根性杂草、树根及其他有害污染物清除干净。

3)对清理的废弃构筑物、工程渣土、不符合栽植土理化标准的原状土等应做好测量记录、签认。

4)场地标高及清理程度应符合设计和栽植要求。

5)填垫范围内不应有坑洼、积水。

6)对软泥和不透水层应进行处理。

(5)栽植土回填及地形造型应符合下列规定：

1)地形造型的测量放线工作应做好记录、签认。

2)造型胎土、栽植土应符合设计要求并有检测报告。

3)回填土壤应分层适度夯实,或自然沉降达到基本稳定,严禁用机械反复碾压。

4)回填土及地形造型的范围、厚度、标高、造型及坡度均应符合设计要求。

5)地形造型应自然顺畅。

6)地形造型尺寸和高程允许偏差应符合表 7-5 的规定。

表 7-5　　地形造型尺寸和高程允许偏差

项次	项　目		尺寸要求	允许偏差/cm	检验方法
1	边界线位置		设计要求	±50	经纬仪、钢尺测量
2	等高线位置		设计要求	±10	经纬仪、钢尺测量
3	地形相对标高/cm	≤100	回填土方自然沉降以后	±5	水准仪、钢尺测量每 1000m² 测定一次
		101～200		±10	
		201～300		±15	
		301～500		±20	

(6)栽植土施肥和表层整理应符合下列规定:

1)栽植土施肥应按下列方式进行:

①商品肥料应有产品合格证明,或已经过试验证明符合要求。

②有机肥应充分腐熟方可使用。

③施用无机肥料应测定绿地土壤有效养分含量,并宜采用缓释性无机肥。

2)栽植土表层整理应按下列方式进行:

①栽植土表层不得有明显低洼和积水处,花坛、花境栽植地 30cm 深的表土层必须疏松。

②栽植土的表层应整洁,所含石砾中粒径大于 3cm 的不得超过 10%,粒径小于 2.5cm 不得超过 20%,杂草等杂物不应超过 10%;土块粒径应符合表 7-6 的规定。

表 7-6　　**栽植土表层土块粒径**

项次	项　目	栽植土粒径/cm
1	大、中乔木	≤5
2	小乔木、大中灌木、大藤本	≤4
3	竹类、小灌木、宿根花卉、小藤本	≤3
4	草坪、草花、地被	≤2

③栽植土表层与道路(挡土墙或侧石)接壤处，栽植土应低于侧石3～5cm；栽植土与边口线基本平直。

④栽植土表层整地后应平整略有坡度，当无设计要求时，其坡度宜为0.3%～0.5%。

2. 栽植穴、槽的挖掘

(1)栽植穴、槽挖掘前，应向有关单位了解地下管线和隐蔽物理设情况。

(2)树木与地下管线外缘及树木与其他设施的最小水平距离，应符合相应的绿化规划与设计规范的规定。

(3)栽植穴、槽的定点放线应符合下列规定：

1)栽植穴、槽定点放线应符合设计图纸要求，位置应准确，标记明显。

2)栽植穴定点时应标明中心点位置。栽植槽应标明边线。

3)定点标志应标明树种名称(或代号)、规格。

4)树木定点遇有障碍物时，应与设计单位取得联系，进行适当调整。

(4)栽植穴、槽的直径应大于土球或裸根苗根系展幅40～60cm，穴深宜为穴径的3/4～4/5。穴、槽应垂直下挖，上口下底应相等。

(5)栽植穴、槽挖出的表层土和底土应分别堆放，底部应施基肥并回填表土或改良土。

(6)栽植穴、槽底部遇有不透水层及重黏土层时，应进行疏松或采取排水措施。

(7)土壤干燥时应于栽植前灌水浸穴、槽。

(8)当土壤密实度大于 1.35g/cm^3 或渗透系数小于 10^{-4} cm/s 时，应采取扩大树穴，疏松土壤等措施。

3. 植物材料

(1)植物材料种类、品种名称及规格应符合设计要求。

(2)严禁使用带有严重病虫害的植物材料，非检疫对象的病虫害危害程度或危害痕迹不得超过树体的 5%～10%。自外省市及国外引进的植物材料应有植物检疫证。

(3)植物材料的外观质量要求和检验方法应符合表 7-7 的规定。

表 7-7　植物材料外观质量要求和检验方法

<table>
<tr><th>项次</th><th colspan="2">项　目</th><th>质量要求</th><th>检验方法</th></tr>
<tr><td rowspan="5">1</td><td rowspan="5">乔木灌木</td><td>姿态和长势</td><td>树干符合设计要求，树冠较完整，分枝点和分枝合理，生长势良好</td><td rowspan="6">检查数量：每 100 株检查 10 株，每株为 1 点，少于 20 株全数检查。
检查方法：观察、量测</td></tr>
<tr><td>病虫害</td><td>危害程度不超过树体的 5%～10%</td></tr>
<tr><td>土球苗</td><td>土球完整，规格符合要求，包装牢固</td></tr>
<tr><td>裸根苗根系</td><td>根系完整，切口平整，规格符合要求</td></tr>
<tr><td>容器苗木</td><td>规格符合要求，容器完整、苗木不徒长、根系发育良好不外露</td></tr>
<tr><td>2</td><td colspan="2">棕榈类植物</td><td>主干挺直，树冠匀称，土球符合要求，根系完整</td></tr>
<tr><td>3</td><td colspan="2">草卷、草块、草束</td><td>草卷、草块长宽尺寸基本一致，厚度均匀，杂草不超过 5%，草高适度，根系好，草芯鲜活</td><td>检查数量：按面积抽查 10%，4m^2 为一点，不少于 5 个点。≤30m^2 应全数检查。
检查方法：观察</td></tr>
</table>

续表

项次	项　目	质量要求	检验方法
4	花苗、地被、绿篱及模纹色块植物	株型茁壮，根系基本良好，无伤苗，茎、叶无污染，病虫害危害程度不超过植株的5%～10%	检查数量：按数量抽查10%，10株为1点，不少于5个点。≤50株应全数检查。 检查方法：观察
5	整型景观树	姿态独特、曲虬苍劲、质朴古拙，株高不小于150cm，多干式桩景的叶片托盘不少于7～9个，土球完整	检查数量：全数检查。 检查方法：观察、尺量

(4)植物材料规格允许偏差和检验方法有约定的应符合约定要求，无约定的应符合表7-8规定。

表7-8　　植物材料规格允许偏差和检验方法

项次	项　目			允许偏差/cm	检查频率		检验方法
					范　围	点数	
1	乔木	胸径	≤5cm	-0.2	每100株检查10株，每株为1点，少于20株全数检查	10	量测
			6～9cm	-0.5			
			10～15cm	-0.8			
			16～20cm	-1.0			
		高度	—	-20			
		冠径	—	-20			
2	灌木	高度	≥100cm	-10			
			<100cm	-5			
		冠径	≥100cm	-10			
			<100cm	-5			
3	球类苗木	冠径	<50cm	0			
			50～100cm	-5			
			110～200cm	-10			
			>200	-20			

续表

项次	项目			允许偏差/cm	检查频率		检验方法
					范围	点数	
3	球类苗木	高度	<50cm	0	每100株检查10株，每株为1点，少于20株全数检查	10	量测
			50～100cm	−5			
			110～200cm	−10			
			>200cm	−20			
4	藤本	主蔓长	≥150cm	−10			
		主蔓径	≥1cm	0			
5	棕榈类植物	株高	≤100cm	0			
			101～250cm	−10			
			251～400cm	−20			
			>400cm	−30			
		地径	≤10cm	−1			
			11～40cm	−2			
			>40cm	−3			

4. 苗木的运输和假植

(1)苗木装运前应仔细核对苗木的品种、规格、数量、质量。外地苗木应事先办理苗木检疫手续。

(2)苗木运输量应根据现场栽植量确定，苗木运到现场后应及时栽植，确保当天栽植完毕。

(3)运输吊装苗木的机具和车辆的工作吨位，必须满足苗木吊装、运输的需要，并应制订相应的安全操作措施。

(4)裸根苗木运输时，应进行覆盖，保持根部湿润。装车、运输、卸车时不得损伤苗木。

(5)带土球苗木装车和运输时排列顺序应合理，捆绑稳固，卸车时应轻取轻放，不得损伤苗木及散球。

(6)苗木运到现场，当天不能栽植的应及时进行假植。

(7)苗木假植应符合下列规定：

1)裸根苗可在栽植现场附近选择适合地点，根据根幅大小，挖假植沟假植。假植时间较长时，根系应用湿土埋严，不得透风，根系不得失水。

2)带土球苗木的假植，可将苗木码放整齐，土球四周培土，喷水保持土球湿润。

5. 苗木修剪

(1)苗木栽植前的修剪应根据各地自然条件，推广以抗蒸腾剂为主体的免修剪栽植技术或采取以疏枝为主，适度轻剪，保持树体地上、地下部位生长平衡。

(2)乔木类修剪应符合下列规定：

1)落叶乔木修剪应按下列方式进行：

①具有中央领导干、主轴明显的落叶乔木应保持原有主尖和树形，适当疏枝，对保留的主侧枝应在健壮芽上部短截，可剪去枝条的1/5～1/3。

②无明显中央领导干、枝条茂密的落叶乔木，可对主枝的侧枝进行短截或疏枝并保持原树形。

③行道树乔木定干高度宜2.8～3.5m，第一分枝点以下枝条应全部剪除，同一条道路上相邻树木分枝高度应基本统一。

2)常绿乔木修剪应按下列方式进行：

①常绿阔叶乔木具有圆头形树冠的可适量疏枝；枝叶集生树干顶部的苗木可不修剪；具有轮生侧枝，作行道树时，可剪除基部2～3层轮生侧枝。

②松树类苗木宜以疏枝为主，应剪去每轮中过多主枝，剪除重叠枝、下垂枝、内膛斜生枝、枯枝及机械损伤枝；修剪枝条时基部应留1～2cm木橛。

③柏类苗木不宜修剪，具有双头或竞争枝、病虫枝、枯死枝应及时剪除。

(3)灌木及藤本类修剪应符合下列规定：

1)有明显主干型灌木，修剪时应保持原有树形，主枝分布均匀，主枝短截长度宜不超过1/2。

2)丛枝型灌木预留枝条宜大于30cm。多干型灌木不宜疏枝。

3)绿篱、色块、造型苗木,在种植后应按设计高度整形修剪。

4)藤本类苗木应剪除枯死枝、病虫枝、过长枝。

(4)苗木修剪应符合下列规定:

1)苗木修剪整形应符合设计要求,当无要求时,修剪整形应保持原树形。

2)苗木应无损伤断枝、枯枝、严重病虫枝等。

3)落叶树木的枝条应从基部剪除,不留木橛,剪口平滑,不得劈裂。

4)枝条短截时应留外芽,剪口应距留芽位置上方0.5cm。

5)修剪直径2cm以上大枝及粗根时,截口应削平应涂防腐剂。

(5)非栽植季节栽植落叶树木,应根据不同树种的特性,保持树型,宜适当增加修剪量,可剪去枝条的1/2～1/3。

6. 树木栽植

(1)树木栽植应符合下列规定:

1)树木栽植应根据树木品种的习性和当地气候条件,选择最适宜的栽植期进行栽植。

2)栽植的树木品种、规格、位置应符合设计规定。

3)带土球树木栽植前应去除土球不易降解的包装物。

4)栽植时应注意观赏面的合理朝向,树木栽植深度应与原种植线持平。

5)栽植树木回填的栽植土应分层踏实。

6)除特殊景观树外,树木栽植应保持直立,不得倾斜。

7)行道树或行列栽植的树木应在一条线上,相邻植株规格应合理搭配。

8)绿篱及色块栽植时,株行距、苗木高度、冠幅大小应均匀搭配,树形丰满的一面应向外。

9)树木栽植后应及时绑扎、支撑、浇透水。

10)树木栽植成活率不应低于95%;名贵树木栽植成活率应达到100%。

(2)树木浇灌水应符合下列规定:

1)树木栽植后应在栽植穴直径周围筑高10～20cm围堰,堰应筑实。

2)浇灌树木的水质应符合现行国家标准《农田灌溉水质标准》(GB 5084—2005)的规定。

3)浇水时应在穴中放置缓冲垫。

4)每次浇灌水量应满足植物成活及生长需要。

5)新栽树木应在浇透水后及时封堰,以后根据当地情况及时补水。

6)对浇水后出现的树木倾斜,应及时扶正,并加以固定。

(3)树木支撑应符合下列规定:

1)应根据立地条件和树木规格进行三角支撑、四柱支撑、联排支撑及软牵拉。

2)支撑物的支柱应埋入土中不少于30cm,支撑物、牵拉物与地面连接点的连接应牢固。

3)连接树木的支撑点应在树木主干上,其连接处应衬软垫,并绑缚牢固。

4)支撑物、牵拉物的强度能够保证支撑有效;用软牵拉固定时,应设置警示标志。

5)针叶常绿树的支撑高度应不低于树木主干的2/3,落叶树支撑高度为树木主干高度的1/2。

6)同规格同树种的支撑物、牵拉物的长度、支撑角度、绑缚形式以及支撑材料宜统一。

(4)非种植季节进行树木栽植时,应根据不同情况采取下列措施:

1)苗木可提前环状断根进行处理或在适宜季节起苗,用容器假植,带土球栽植。

2)落叶乔木、灌木类应进行适当修剪并应保持原树冠形态,剪除部分侧枝,保留的侧枝应进行短截,并适当加大土球体积。

3)可摘叶的应摘去部分叶片,但不得伤害幼芽。

4)夏季可采取遮阴、树木裹干保湿、树冠喷雾或喷施抗蒸腾剂,减少水分蒸发;冬季应采取防风防寒措施。

5)掘苗时根部可喷布促进生根激素,栽植时可加施保水剂,栽植后树体可注射营养剂。

6)苗木栽植宜在阴雨天或傍晚进行。

(5)干旱地区或干旱季节,树木栽植应大力推广抗蒸腾剂、防腐促根、免修剪、营养液滴注等新技术,采用土球苗,加强水分管理等措施。

(6)对人员集散较多的广场、人行道、树木种植后,种植池应铺设透气铺装,加设护栏。

7. 水湿生植物栽植

(1)主要水湿生植物最适栽培水深应符合表 7-9 的规定。

表 7-9 主要水湿生植物最适栽培水深

序号	名　称	类　别	栽培水深/cm
1	千屈菜	水湿生植物	5～10
2	鸢尾(耐湿类)	水湿生植物	5～10
3	荷花	挺水植物	60～80
4	菖蒲	挺水植物	5～10
5	水葱	挺水植物	5～10
6	慈菇	挺水植物	10～20
7	香蒲	挺水植物	20～30
8	芦苇	挺水植物	20～80
9	睡莲	浮水植物	10～60
10	芡实	浮水植物	＜100
11	菱角	浮水植物	60～100
12	荇菜	漂浮植物	100～200

(2)水湿生植物栽植地的土壤质量不良时,应更换合格的栽植土,使用的栽植土和肥料不得污染水源。

(3)水景园、水湿生植物景点、人工湿地的水湿生植物栽植槽工程应符合下列规定:

1)栽植槽的材料、结构、防渗应符合设计要求。

2)槽内不宜采用轻质土或栽培基质。

3)栽植槽土层厚度应符合设计要求,无设计要求的应大于 50cm。

(4)水湿生植物栽植的品种和单位面积栽植数应符合设计要求。

(5)水湿生植物的病虫害防治应采用生物和物理防治方法,严禁药物污染水源。

(6)水湿生植物栽植后至长出新株期间应控制水位,严防新生苗(株)浸泡窒息死亡。

(7)水湿生植物栽植成活后单位面积内拥有成活苗(芽)数应符合表 7-10 的规定。

表 7-10 水湿生植物栽植成活后单位面积内拥有成活苗(芽)数

项次	种类、名称		单位	每 m^2 内成活苗(芽)数	地下部、水下部特征
1	水湿生类	千尾类	丛	9～12	地下具粗硬根茎
		鸢尾(耐湿类)	株	9～12	地下具鳞茎
		落新妇	株	9～12	地下具根状茎
		地肤	株	6～9	地下具明显主根
		萱草	株	9～12	地下具肉质短根茎
2	挺水类	荷花	株	不少于 1	地下具横生多节根状茎
		雨久花	株	6～8	地下具匍匐状短茎
		石菖蒲	株	6～8	地下具硬质根茎
		香蒲	株	4～6	地下具粗壮匍匐根茎
		菖蒲	株	4～6	地下具较偏肥根茎
		水葱	株	6～8	地下具横生粗壮根茎
		芦苇	株	不少于 1	地下具粗壮根状茎
		茭白	株	4～6	地下具匍匐茎
		慈姑、荸荠、泽泻	株	6～8	地下具根茎
3	浮水类	睡莲	盆	按设计要求	地下具横生或直立块状根茎
		菱角	株	9～12	地下根茎
		大漂	丛	控制在繁殖水域以内	根浮悬垂水中

知识拓展

水生花卉

因与水的相对位置不同，可以分为以下五大类：

(1)浅水植物。生长于水深不超过0.5m的浅沼地上，如菖蒲、石菖蒲、泽泻、慈姑、水葱、香蒲、旱伞草等。

(2)挺水植物。一般在水深0.5～1.5m条件下生长，荷花、王莲及莼菜是为代表。

(3)沉水性植物类是根着生于水底的泥中，整个植物体全部浸泡在水里面，无任何部分露出水面，或仅有花朵刚刚露出水面，如水鳖、水蕴藻、眼子菜等。还有一类是没有根，但茎细长，整个植物体都浸在水中。

(4)漂浮植物。无论水深浅，均在水面漂浮生长，常见的有凤眼莲(水葫芦)、水浮莲(大藻)及各种浮萍。

(5)浮水植物。其根部悬浮于水中或者生于水底，只有叶及花漂浮于水面上。如田子草、青萍、水萍、布袋莲等。

8. 竹类栽植

(1)竹苗选择应符合下列规定：

1)散生竹应选择一、二年生、健壮无明显病虫害、分枝低、枝繁叶茂、鞭色鲜黄、鞭芽饱满、根鞭健全、无开花枝的母竹。

2)丛生竹应选择竿基芽眼肥大充实、须根发达的1～2年生竹丛；母竹应大小适中，大竿竹竿径宜为3～5cm；小竿竹竿径宜为2～3cm；竿基应有健芽4～5个。

(2)竹类栽植最佳时间应根据各地区自然条件确定。

(3)竹苗的挖掘应符合下列规定：

1)散生竹母竹挖掘。

①可根据母竹最下一盘枝杈生长方向确定来鞭、去鞭走向进行挖掘。

②母竹必须带鞭，中小型散生竹宜留来鞭20～30cm，去鞭30～40cm。

③切断竹鞭截面应光滑，不得劈裂。

④应沿竹鞭两侧深挖 40cm，截断母竹底根，挖出的母竹与竹鞭结合应良好，根系完整。

2)丛生竹母竹挖掘。

①挖掘时应在母竹 25～30cm 的外围，扒开表土，由远至近逐渐挖深，应严防损伤竿基部芽眼，竿基部的须根应尽量保留。

②在母竹一侧应找准母竹竿柄与老竹竿基的连接点，切断母竹竿柄，连蔸一起挖起，切断操作时，不得劈裂竿柄、竿基。

③每蔸分株根数应根据竹种特性及竹竿大小确定母竹竿数，大竹种可单株挖蔸，小竹种可 3～5 株成墩挖掘。

(4)竹类的包装运输应符合下列规定：

1)竹苗应采用软包装进行包扎，并应喷水保湿。

2)竹苗长途运输应篷布遮盖，中途应喷水或于根部置放保湿材料。

3)竹苗装卸时应轻装轻放，不得损伤竹竿与竹鞭之间的着生点和鞭芽。

(5)竹类修剪应符合下列规定：

1)散生竹竹苗修剪时，挖出的母竹宜留枝 5～7 盘，将顶梢剪去，剪口应平滑；不打尖修剪的竹苗栽后应进行喷水保湿。

2)丛生竹竹苗修剪时，竹竿应留枝 2～3 盘，应靠近节间斜向将顶梢截除；切口应平滑呈马耳形。

(6)竹类栽植应符合下列规定：

1)竹类材料品种、规格应符合设计要求。

2)放样定位应准确。

3)栽植地应选择土层深厚、肥沃、疏松、湿润、光照充足，排水良好的壤土(华北地区宜背风向阳)。对较黏重的土壤及盐碱土应进行换土或土壤改良并符合相关要求。

4)竹类栽植地应进行翻耕，深度宜 30～40cm，清除杂物，增施有机肥，并做好隔根措施。

5)栽植穴的规格及间距可根据设计要求及竹蔸大小进行挖掘，丛生竹的栽植穴宜大于根蔸的 1～2 倍；中小型散生竹的栽植穴规格应比鞭根长 40～60cm，宽 40～50cm，深 20～40cm。

6)竹类栽植，应先将表土填于穴底，深浅适宜，拆除竹苗包装物，将竹蔸入穴，根鞭应舒展，竹鞭在土中深度宜 20～25cm；覆土深度宜比母竹原土痕高 3～5cm，进行踏实及时浇水，渗水后覆土。

(7)竹类栽植后的养护应符合下列规定：

1)栽植后应立柱或横杆互连支撑，严防晃动。

2)栽后应及时浇水。

3)发现露鞭时应进行覆土并及时除草松土，严禁踩踏根、鞭、芽。

9. 设施空间绿化

(1)建筑物、构筑物设施的顶面、地面、立面及围栏等的绿化，均应属于设施空间绿化。

(2)设施顶面绿化施工前应对顶面基层进行蓄水试验及找平层的质量进行验收。

(3)设施顶面绿化栽植基层(盘)应有良好的防水排灌系统，防水层不得渗漏。

(4)设施顶面栽植基层工程应符合下列规定：

1)耐根穿刺防水层按下列方式进行：

①耐根穿刺防水层的材料品种、规格、性能应符合设计及相关标准要求。

②耐根穿刺防水层材料应见证抽样复验。

③耐根穿刺防水层的细部构造、密封材料嵌填应密实饱满，粘结牢固无气泡、开裂等缺陷。

④卷材接缝应牢固、严密符合设计要求。

⑤立面防水层应收头入槽，封严。

⑥施工完成应进行蓄水或淋水试验，24h 内不得有渗漏或积水。

⑦成品应注意保护，检查施工现场不得堵塞排水口。

2)排蓄水层按下列方式进行：

①凹凸形塑料排蓄水板厚度、顺槎搭接宽度应符合设计要求，设计无要求时，搭接宽度应大于 15cm。

②采用卵石、陶粒等材料铺设排蓄水层的其铺设厚度应符合设计要求。

③卵石大小均匀；屋顶绿化采用卵石排水的，粒径应为3～5cm；地下设施覆土绿化采用卵石排水的，粒径应为8～10cm。

④四周设置明沟的，排蓄水层应铺至明沟边缘。

⑤挡土墙下设排水管的，排水管与天沟或落水口应合理搭接，坡度适当。

3)过滤层按下列方式进行：

①过滤层的材料规格、品种应符合设计要求。

②采用单层卷状聚丙烯或聚酯无纺布材料，单位面积质量必须大于150g/m^2，搭接缝的有效宽度应达到10～20cm。

③采用双层组合卷状材料：上层蓄水棉，单位面积质量应达到200～300g/m^2；下层无纺布材料，单位面积质量应达到100～150g/m^2；卷材铺设在排(蓄)水层上，向栽植地四周延伸，高度与种植层齐高，端部收头应用胶粘剂粘结，粘结宽度不得小于5cm，或用金属条固定。

4)栽植土层应符合相关规定。

(5)设施面层不适宜做栽植基层的障碍性层面栽植基盘工程应符合下列规定：

1)透水、排水、透气、渗管等构造材料和栽植土(基质)应符合栽植要求。

2)施工做法应符合设计和规范要求。

3)障碍性层面栽植基盘的透水、透气系统或结构性能良好，浇灌后无积水，雨期无沥涝。

(6)设施顶面栽植工程植物材料的选择和栽培方式应符合下列规定：

1)乔灌木应首选耐旱节水、再生能力强、抗性强的种类和品种。

2)植物材料应首选容器苗、带土球苗和苗卷、生长垫、植生带等全根苗木。

3)草坪建植、地被植物栽植宜采用播种工艺。

4)苗木修剪应适应抗风要求,修剪应符合相关规定。

5)栽植乔木的固定可采用地下牵引装置,栽植乔木的固定应与栽植同时完成。

6)植物材料的种类、品种和植物配置方式应符合设计要求。

7)自制或采用成套树木固定牵引装置、预埋件等应符合设计要求,支撑操作使栽植的树木牢固。

8)树木栽植成活率及地被覆盖度应符合相关规定。

9)植物栽植定位符合设计要求。

10)植物材料栽植,应及时进行养护和管理,不得有严重枯黄死亡、植被裸露和明显病虫害。

(7)设施的立面及围栏的垂直绿化应根据立地条件进行栽植,并符合下列规定:

1)低层建筑物、构筑物的外立面、围栏前为自然地面,符合栽植土标准时,可进行整地栽植。

2)建筑物、构筑物的外立面及围栏的立地条件较差,可利用栽植槽栽植,槽的高度宜为50～60cm,宽度宜为50cm,种植槽应有排水孔;栽植土应符合相关规定。

3)建筑物、构筑物立面较光滑时,应加设载体后再进行栽植。

4)垂直绿化栽植的品种、规格应符合设计要求。

5)植物材料栽植后应牵引、固定、浇水。

10. 坡面绿化

(1)土壤坡面、岩石坡面、混凝土覆盖面的坡面等,进行绿化栽植时,应有防止水土流失的措施。

(2)陡坡和路基的坡面绿化防护栽植层工程应符合下列规定:

1)用于坡面栽植层的栽植土(基质)理化性状应符合相关规定。

2)混凝土格构、固土网垫、格栅、土工合成材料、喷射基质等施工做法应符合设计和规范要求。

3)喷射基质不应剥落;栽植土或基质表面无明显沟蚀、流失;栽植土(基质)的肥效不得少于3个月。

(3)坡面绿化采取喷播种植时,应符合下列规定:

1)喷播宜在植物生长期进行。

2)喷播前应检查锚杆网片固定情况,清理坡面。

3)喷播的种子覆盖料、土壤稳定剂的配合比应符合设计要求。

4)播种覆盖应均匀无漏,喷播厚度均匀一致。

5)喷播应从上到下依次进行。

6)在强降雨季节喷播时应注意覆盖。

11. 重盐碱、重黏土土壤改良

(1)土壤全盐含量大于或等于0.5%的重盐碱地和土壤重黏地区的绿化栽植工程应实施土壤改良。

(2)重盐碱、重黏土地土壤改良的原理和工程措施基本相同,也可应用于设施面层绿化。土壤改良工程应有相应资质的专业施工单位施工。

(3)重盐碱、重黏土地的排盐(渗水)、隔淋(渗水)层工程应符合下列规定:

1)排盐(渗水)管沟、隔淋(渗水)层开槽按下列方式进行:

①开槽范围、槽底高程应符合设计要求,槽底应高于地下水标高。

②槽底不得有淤泥、软土层。

③槽底应找平和适度压实,槽底标高和平整度允许偏差应符合表7-11的规定。

2)排盐管(渗水管)敷设按下列方式进行:

①排盐管(渗水管)敷设走向、长度、间距及过路管的处理应符合设计要求。

②管材规格、性能符合设计和使用功能要求,并有出厂合格证。

③排盐(渗水)管应通顺有效,主排盐(渗水)管应与外界市政排水管网接通,终端管底标高应高于排水管管中15cm以上。

④排盐(渗水)沟断面和填埋材料应符合设计要求。

⑤排盐(渗水)管的连接与观察井的连接末端排盐管的封堵应符合设计要求。

⑥排盐(渗水)管、观察井允许偏差应符合表7-11规定。

表 7-11　　排盐(渗水)隔淋(渗水)层铺设厚度允许偏差

项次	项目		尺寸要求/cm	允许偏差/cm	检查数量		检验方法
					范围	点数	
1	槽底	槽底高程	设计要求	±2	1000m²	5～10	测量
		槽底平整度	设计要求	±3		5～10	
2	排盐管(渗水管)	每 100m 坡度	设计要求	≤1	200m	5	测量
		水平移位	设计要求	±3	200m	3	量测
		排盐(渗水)管底至排盐(渗水)沟底距离	12cm	±2	200m	3	量测
3	隔淋(渗水)层	厚度	16～20 11～15 ≤10	±2 ±1.5 ±1	1000m²	5～10	量测
4	观察井	主排盐(渗水)管入井管底标高	设计要求	0 −5	每座	3	测量 量测
		观察井至排盐(渗水)管底距离		±2			
		井盖标高		±2			

3)隔淋(渗水)层按下列方式进行：

①隔淋(渗水)层的材料及铺设厚度应符合设计要求。

②铺设隔淋(渗水)层时，不得损坏排盐(渗水)管。

③石屑淋层材料中石粉和泥土含量不得超过 10%，其他淋(渗水)层材料中也不得掺杂黏土、石灰等粘结物。

④排盐(渗水)隔淋(渗水)层铺设厚度允许偏差应符合表 7-11 的要求。

(4)排盐(渗水)管的观察井的管底标高、观察井至排盐(渗水)管底距离、井盖标高允许偏差应符合表 7-11 的规定。

(5)排盐隔淋(渗水)层完工后，应对观察井主排盐(渗水)管进行通水检查，主排盐(渗水)管应与市政排水管网接通。

(6)雨后检查积水情况。对雨后 24h 仍有积水地段应增设渗水井

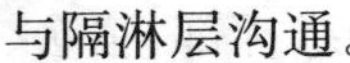

与隔淋层沟通。

12. 施工期植物养护

(1)园林植物栽植后到工程竣工验收前，为施工期间的植物养护时期，应对各种植物精心养护管理。

(2)绿化栽植工程应编制养护管理计划，并按计划认真组织实施，养护计划应包括下列内容：

1)根据植物习性和墒情及时浇水。

2)结合中耕除草，平整树台。

3)加强病虫害观测，控制突发性病虫害发生，主要病虫害防治应及时。

4)根据植物生长情况应及时追肥、施肥。

5)树木应及时剥芽、去蘖、疏枝整形。草坪应适时进行修剪。

6)花坛、花境应及时清除残花败叶，植株生长健壮。

7)绿地应保持整洁；做好维护管理工作，及时清理枯枝、落叶、杂草、垃圾。

8)对树木应加强支撑、绑扎及裹干措施，做好防强风、干热、洪涝、越冬防寒等工作。

(3)园林植物病虫害防治，应采用生物防治方法和生物农药及高效低毒农药，严禁使用剧毒农药。

(4)对生长不良、枯死、损坏、缺株的园林植物应及时更换或补栽，用于更换及补栽的植物材料应和原植株的种类、规格一致。

二、乔木和灌木栽植施工步骤

乔木和灌木栽植的施工工艺：施工准备→定点放线→挖种植穴→起苗→苗木装运→苗木假植→修剪→栽植→养护管理→验收与移交。

1. 施工准备

绿化种植施工前必须做好各项施工的准备工作，以确保工程顺利进行。

(1)施工现场准备。对施工现场内有碍栽植施工的市政设施、房屋等进行拆除和迁移。按照施工平面图需要搭建现场指挥部、宿舍、食堂、临时仓库、种植材料堆放场地，达到施工现场临时设施标准。根据设计图纸要求，调查清楚施工现场的土质情况，确定是否需要客土，估算客土量及客土来源。施工现场准备工作应在栽植前三个月以上的时期内进行。

1)对8°以下的平缓耕地或半荒地，应符合植物种植必需的最低土层厚度要求(表7-12)。为便于蓄水保墒，通常翻耕30～50cm深度。并视土壤情况，合理施肥以改变土壤肥性。平地整地要有一定倾斜度，以利排除过多的雨水。

表7-12　　绿地植物种植必需的最低土层厚度

植被类型	草木花卉	草坪地被	小灌木	大灌木	浅根乔木	深根乔木
土层厚度/cm	30	30	45	60	90	150

2)对工程场地宜先清除杂物、垃圾，随后换土。种植地的土壤含有建筑废土及其他有害成分，如强酸性土、强碱土、盐碱土、重黏土、砂土等，均应根据设计规定，采用客土或改良土壤的技术措施。

3)对低湿地区，应先挖排水沟降低地下水位防止返碱。通常在种植前一年，每隔20m左右就挖出一条深1.5～2.0m的排水沟，并将掘起来的表土翻至一侧培成垅台，经过一个生长季，土壤受雨水的冲洗，盐碱减少，杂草腐烂了，土质疏松，不干不湿，即可在垅台上种树。

4)对新堆土山的整地，应经过一个雨期使其自然沉降，才能进行整地植树。

5)对荒山整地，应先清理地面，刨出枯树根，搬除可以移动的障碍物，在坡度较平缓，土层较厚的情况下，可以采用水平带状整地。

(2)技术准备。施工前认真做好设计图纸的审查工作，熟悉设计图纸的内容、设计意图及艺术水平的要求，并同设计人员、监理人员进行技术交底，确保植物配置符合当地环境要求。对难成活、环境条件要求高的树木进行重点分析，并做出合理的施工计划。充分地分析各种树木生长习性，以便掌握栽植技术，确保成活率。

(3)材料准备。按照设计图纸规定的树木种类、质量、规格的要求做市场调查,确定各类苗木的来源地,与苗木生产单位取得联系,签订供货合同。苗木的采购尽可能在当地,或与当地生长条件相似的地区内选择,这样既能缩短运输时间、提高苗木成活率,又能减少投资。苗木的选择除了根据设计提出对规格和树形的要求外,要注意选择长势健壮、无病虫害、无机械损伤、树形端正、根须发达的苗木。苗木选定后要挂牌或在根部划出明显标记以免挖错。起苗时间和栽植时间最好能紧密配合,做到随起随栽。

2. 定点放线

进行栽植放线前必须认真领会设计意图,并按设计图纸放线。由于树木栽植方式各不相同,定点放线的方法也有很多种,常用的有自然式栽植放线、整形式栽植放线、等距弧线栽植放线等。

(1)自然式栽植放线。自然式栽植的特点是植株间距不等,是不规则栽植,如公园绿地的种植设计。具体方法有以下几种:

1)坐标定点法。根据植物配置的疏密度先按一定的比例在设计图及现场分别打好方格,在图上用尺量出树木在某方格的纵横坐标尺寸,再按此位置用皮尺量在现场相应的方格内。

2)仪器测放。用经纬仪或小平板仪依据地上原有基点或建筑物、道路将树群或孤植树依照设计图上的位置依次定出每株的位置。

3)目测法。对于设计图上无固定点的绿化种植,如灌木丛、树群等可用上述两种方法画出树群树丛的栽植范围,其中每株树木的位置和排列可根据设计要求在所定范围内用目测法进行定点,定点时应注意植株的生态要求并注意自然美观。定好点后,多采用白灰打点或打桩,标明树种、栽植数量(灌木丛树群)、坑径。

4)交会法。交会法适用于范围较小,现场内建筑物或其他标记与设计图相符的绿地。以建筑物的两个固定位置为依据,根据设计图上与该两点的距离相交合定出栽植位置,位置确定后必须做好标记。孤植树可钉木桩,写明树种、挖穴规格。

(2)整形式栽植放线。

1)成片整齐种植的放线法。先以绿地的边界、园路广场和小建筑物等的平面位置作为依据，量出每株树的位置，钉上木桩，标明树种名称。

2)行道树的定点。以路牙或道路中心为依据，按设计的株距每隔10株钉一木桩作为定位和栽植的依据。定点时如遇到电杆、管道、涵洞、变压器等障碍物应躲开，不应局限于设计的尺寸，应遵照树木与障碍物距离的有关规定。

(3)等距弧线栽植放线。如果树木栽植为一弧线，例如，街道曲线转弯处的行道树，放线时可从弧的开始到末尾以路牙或中心线为准，每隔一定距离分别画出与路牙垂直的直线，在此直线上，按设计要求的树与路牙的距离定点，把这些点连接起来就成为近似道路弧度的弧线，于此线上再按株距要求定出各点来。

3. 挖种植穴

在栽植苗木之前应以所定的灰点为中心沿四周往下挖坑(穴)，栽植坑的大小，应按苗木规格的大小而定，带土球的种植穴应比土球大16～20cm，裸根苗的种植穴应保证根系充分舒展，穴的深度一般比土球的高度稍深些(10～20cm)，一般应在施工计划中事先确定。根据树种根系类型确定穴深。种植穴、槽的规格，可参见表7-13～表7-17。种植穴的形状一般为圆形或正方形，但无论何种形状，其穴口与穴底口径应一致，不得挖成上大下小或锅底形，以防根系不能舒展或填土不实。如图7-1所示。

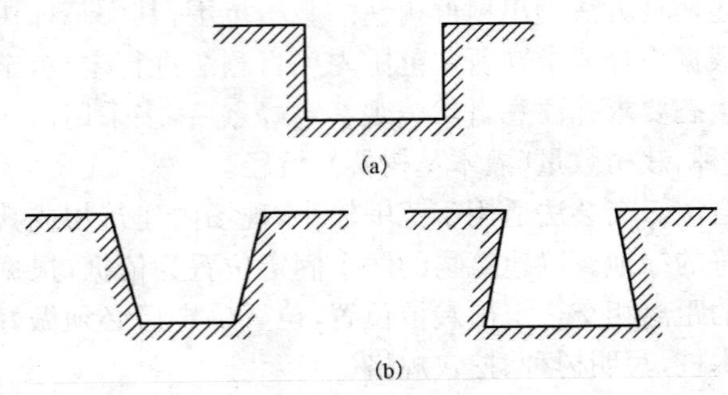

图7-1 挖穴

(a)正确；(b)错误

表 7-13　　常绿乔木类栽植穴规格　　cm

树　高	土球直径	栽植穴深度	栽植穴直径
150	40～50	50～60	80～90
150～250	70～80	80～90	100～110
250～400	80～100	90～110	120～130
400 以上	140 以上	120 以上	180 以上

表 7-14　　落叶乔木类栽植穴规格　　cm

胸　径	栽植穴深度	栽植穴直径	胸　径	栽植穴深度	栽植穴直径
2～3	30～40	40～60	5～6	60～70	80～90
3～4	40～50	60～70	6～8	70～80	90～100
4～5	50～60	70～80	8～10	80～90	100～110

表 7-15　　花灌木类种植穴规格　　cm

冠径	种植穴深度	种植穴直径
200	70～90	90～110
100	60～70	70～90

表 7-16　　竹类种植穴规格　　cm

种植穴深度	种植穴直径
盘根或土球深 20～40	比盘根或土球大 40～50

表 7-17　　绿篱类种植槽规格　　cm

苗高 \ 深×宽 \ 种植方式	单　行	双　行
50～80	40×40	40×60
100～120	50×50	50×70
120～150	60×60	60×80

栽植穴的形状应为直筒状，穴底挖平后把底土稍耙细，保持平底状。穴底不能挖成尖底状或锅底状。为避免后来灌水渗漏太快，在新土回填的地面挖穴，穴底要用脚踏实或夯实。在斜坡上挖穴时，应先将坡面铲成平台，然后挖栽植穴，而穴深则按穴口的下沿计算。

挖穴时挖出的坑土若含碎砖、瓦块、灰团太多，就应另换好土栽树。若土中含有少量碎块，则可除去碎块后再用。如果挖出的土质太差，也要换成客土。

栽植穴挖好之后，一般即可开始种树。但若种植土太瘦瘠，就先要在穴底垫一层基肥。基肥一定要用经过充分腐熟的有机肥，如堆肥、厩肥等。基肥层以上还应当铺一层壤土，厚 5cm 以上。

4. 起苗

起苗又称掘苗，起掘苗木是植树工程的关键工序之一。起苗的质量好坏直接影响树木的成活率和最终绿化成果。因此，操作时必须认真仔细，按规定标准满足根系，不使其破损。起苗的方法有多种，主要有裸根法和带土球法。

(1)裸根法。裸根法适用于处于休眠状态的落叶乔木、灌木和藤本。这种方法操作简便，节省人力、物力。但由于根系受损，水分散失，影响了成活率。因此，起苗时应尽量保留根系，留些宿土。对不能及时运走的苗木，应埋土假植，土壤要湿润。

裸根苗木若运输距离比较远，为免根系失水过多，影响栽植成活率，需要在根蔸里填塞湿草，或在其外包裹塑料薄膜保湿，掘苗后，装车前应进行粗略修剪，以减少树苗水分蒸腾，提高移栽成活率。

(2)带土球法。带土球法是指将苗木的根部带土削成球状，经包装后起出。为利于苗木成活和生长，土球内须根完好，水分不易散失。但这种方法费工费料，适用于常绿树、名贵树木和较大的乔木灌木。掘苗时，常绿苗应当带有完整的根团土球，土球散落的苗木成活率会降低。带土球苗的掘苗规格，见表 7-18。土球的大小一般可按树木胸径的 10 倍左右确定。对于特别难成活的树种要考虑加大土球，土球的包装方法，如图 7-2 所示。土球高度一般可比宽度少 5～10cm。一般的落叶树苗也多带有土球，但在秋季和早春起苗移栽时，也可裸根起苗。

表 7-18 带土球苗的掘苗规格

苗木高度/cm	土球规格/cm		苗木高度/cm	土球规格/cm	
	横 径	纵 径		横 径	纵 径
<100	30	20	301～400	70～90	60～80
101～200	40～50	30～40	401～500	90～110	80～90
201～300	50～70	40～60			

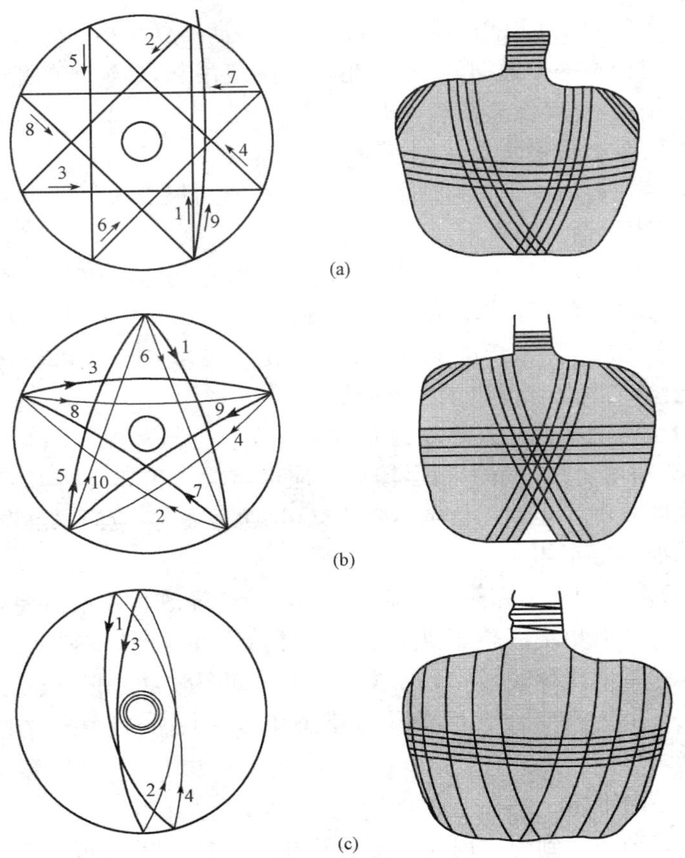

图 7-2 土球包装方法示意图

(a)井字包；(b)五角包；(c)橘子包

5. 苗木装运

苗木运输也是影响树木成活率的重要因素。实践证明,“随起、随运、随栽”是保障成活率的有力措施。因此,应该争取在最短的时间内将苗木运到施工现场。条件允许时,尽量做到傍晚起苗,夜间运苗,早晨栽植。苗木在装卸、运输过程中,为避免造成损伤应采取有效措施。

(1)裸根苗的装车。

1)装运乔木时,应将树根朝前,树梢向后,顺序安(码)放。

2)车后厢板,应铺垫草袋、蒲包等物,以防碰伤树根、干皮。

3)树梢不得拖地,必要时要用绳子围绕吊起,捆绳子的地方也要用蒲包垫上,不要使其勒伤树皮。

4)装车不得超高,压得不要太紧。

5)装完后用苫布将树根盖严、捆好,以防树根失水。

(2)带土苗木的装车。

1)2m 高以下的苗木可以立装,2m 高以上的苗木应斜放或平放。土球朝前,树梢朝后,挤严捆牢,不得晃动。

2)土球直径大于 60cm 的苗木只装一层,小土球可以码放 2～3 层,土球之间必须排码紧密以防摇摆。

3)土球上不准站人或放置重物。

(3)苗木运输。苗木在运输途中应经常检查苫布是否掀起,防止根部风吹日晒。短途运苗中不要休息;长途运输时,应洒水淋湿树根,选择阴凉处停车休息。

(4)苗木卸车。卸车时要爱护苗木,轻拿轻放。裸根苗要顺序拿放,不准乱抽,更不能整车推下。带土球苗木卸车时,不得提拉树干,而应双手抱着土球轻轻放下。较大的土球卸车时,可用一块结实的长木板从车厢上斜放至地上,将土球推倒在木板上,顺势慢慢滑下,绝不可滚动土球。

6. 苗木假植

凡是苗木运到施工现场后在几天内不能按时栽植,或是栽后有剩余的,都要进行假植。

(1)裸根苗木可进行短期假植。临时可用苫布或草袋盖严,或在栽植处附近，选择合适地点，先挖一条浅横沟，长 2～3m。然后稍斜立一排苗木，紧靠苗根再挖一条同样的横沟，并用挖出来的土将第一排树根埋严，挖完后再码一排苗，依次埋根，直至全部苗木假植完。

(2)若植树施工期较长，则应对裸根苗妥善假植。事先在不影响施工的地方，挖好深 30～40cm，宽 1.5～2m，长度视需要而定的假植沟，将苗木分类排码。树冠最好向顺风方向斜放沟中，依次错后码放一层苗木，根部埋一层土，全部假植完毕以后，还要仔细检查，一定要将根部埋严实，不得裸露，若土质干燥还应适量灌水，既要保证树根潮湿，而土壤又不可过于泥泞，以免影响以后操作。

(3)对于带土球苗木假植时，可将苗木的树冠捆扎收缩起来，使每一棵树苗都是土球挨土球，树冠靠树冠，密集地挤在一起。然后，在土球层上面盖一层壤土，填满土球间的缝隙，再对树冠及土球均匀地洒水，使上面湿透，以后仅保持湿润就可以了；或者，把带着土球的苗木临时性地栽到一块绿化用地上，土球埋入土中 1/3～1/2 深，株距则视苗木假植时间长短和土球、树冠的大小而定。一般土球与土球之间相距 15～30cm 即可。苗木成行列式栽好后，浇水保持一定湿度即可。

7. 修剪

种植前应进行苗木根系修剪，宜将劈裂根、病虫根、过长根剪除，并对树冠进行修剪，保持地上地下平衡。

(1)乔木修剪。

1)具有明显主干的高大落叶乔木应保持原有树形，适当疏枝，对保留的主侧枝应在健壮芽上短截，可剪去枝条 1/5～1/3。

2)无明显主干、枝条茂密的落叶乔木，对干径 10cm 以上树木，可疏枝保持原树形；对干径为 5～10cm 的苗木，可选留主干上的几个侧枝，保持原有树形进行短截。

3)枝条茂密具圆头形树冠的常绿乔木可适量疏枝。树叶集生树干顶部的苗木可不修剪。具轮生侧枝的常绿乔木用作行道树时，可剪除基部 2～3 层轮生侧枝。

4)常绿针叶树不宜修剪，只剪除病虫枝、枯死枝、生长衰弱枝、过密的轮生枝和下垂枝。

5)用作行道树的乔木,定干高度宜大于 3m,第一分枝点以下枝条应全部剪除,分枝点以上枝条酌情疏剪或短截,并应保持树冠原形。

6)珍贵树种的树冠宜作少量修剪。

(2)灌木及藤蔓类修剪。

1)带土球或湿润地区带宿土裸根苗木及上年花芽分化的开花灌木不宜做修剪,当有枯枝、病虫枝时应予剪除。

2)枝条茂密的大灌木,可适量疏枝。

3)对嫁接灌木,应将接口以下砧木萌生枝条剪除。

4)分枝明显、新枝着生花芽的小灌木,应顺其树势适当强剪,促生新枝,更新老枝。

5)用作绿篱的乔灌木,可在种植后按设计要求整形修剪。苗圃培育成型的绿篱,种植后应加以整修。

6)攀缘类和蔓性苗木可剪除过长部分。攀缘上架苗木可剪除交错枝、横向生长枝。

(3)苗木修建质量。

1)剪口应平滑,不得劈裂。

2)枝条短截时应留外芽,剪口应距留芽位置以上 1cm。

3)修剪直径 2cm 以上大枝及粗根时,截口必须削平并涂防腐剂。

8. 栽植

树木的栽植要根据各类树木的生长习性做到适时种植。种植的顺序是先乔木,再灌木,而后是地被植物。在乔木栽植时是先常绿乔木,后落叶乔木。

(1)散苗。将苗木按定点的标记放至穴内或穴边,行道树应与道路平行散放。对常绿树,树形最好的一面应朝向主要的观赏面。对有特殊要求的苗木,应按规定对号入穴,不要搞错。散苗后再与设计图核对,无误后方可进行下道工序。

(2)栽植。在栽植填土前核对根系、土球与种植穴的规格是否符合规范的标准,合格后向栽植穴内填土至合适的高度,并踏实。

1)裸根乔、灌木栽植。将苗木放入栽植穴内,使其居中、立起扶正,然后分层回填土,在填入一半时,用手将苗向上提一提,使根系充分舒展开，然后将土踏实，继续填土，再踏实，直到填满栽植穴，使土面盖住树木的根颈部位，并随即做好围堰（即水盆）。

2）带土球苗的栽植。栽植带土球苗，须先量好穴的深度与土球高度是否一致，如有差别应及时挖深或填土，绝不可盲目入穴，以免来回搬动土球。土球入穴后，应先在土球底部四周垫少量土将土球固定，注意使树干直立。然后将包装材料剪开，并尽量取出（易腐烂的包装物可以不取）。随即填入好的表土至穴的一半，用木棍于土地四周夯实，再继续用土填满栽植穴并夯实，注意夯实时不要砸碎土球。最后做好围堰。

9. 养护管理

植树工程按设计定植完成后，一般应有专人负责，以巩固绿化成果，提高植树成活率，加强后期养护管理工作。

（1）立支撑柱。较大苗木应立支柱支撑，多风地区尤应注意；沿海多台风地区，往往需埋水泥预制柱以固定高大乔木，防止被风吹倒。支柱一般采用木杆或竹竿，长度视树高而定，以能支撑树高 1/3～1/2 处即可。立支柱的方式有单支式、双支式和三支式三种，一般常用三支式，支法有斜支和立支两种，为不影响交通，行道树立支柱，一般不用斜支法。支柱与树干间应用草绳隔开并将两者捆紧，如图 7-3 所示。

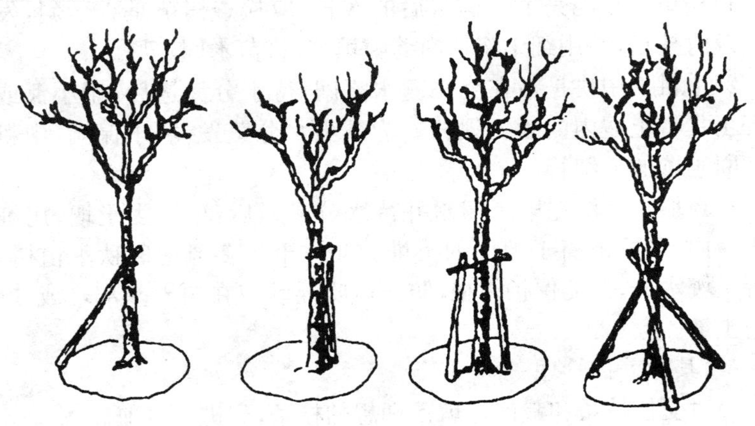

图 7-3 立支撑柱

(2)浇水。树木定植后24h内必须浇上第一遍水,定植后第一次灌水称为头水。水要浇透,使泥土充分吸收水分,灌头水主要目的是通过灌水将土壤缝隙填实,保证树根与土壤紧密结合以利根系发育,故亦称压水。水灌完后应做一次检查,由于踩不实树身会倒歪,要注意扶正,树盘被冲坏时要修好。之后应连续灌水,尤其是大苗,在气候干旱时,灌水极为重要,千万不可疏忽。常规做法为定植后必须连续灌三次水,之后视情况适时灌水。第一次连续三天灌水后,要及时封堰(穴),以免蒸发和土表开裂透风。即将灌足水的树盘撒上细面土封住,称为封堰。树木栽植后的浇水量,见表7-19。

表7-19　树木栽植后的浇水量

乔木及常绿树胸径/cm	灌木高度/m	绿篱高度/m	树堰直径/cm	浇水量/kg
—	1.2~1.5	1~1.2	60	50
—	1.5~1.8	1.2~1.5	70	75
3~5	1.8~2	1.5~2	80	100
5~7	2~2.5	—	90	200
7~10	—	—	110	250

(3)扶正封堰。

1)扶正。在浇完第一遍水后的次日,应检查树苗是否歪斜,发现后应及时扶正,并用细土将堰内缝隙填严,将苗木固定好。

2)中耕。中耕是指在浇三遍水之间,待水分渗透后,用小锄或铁耙等工具将土堰内的表土锄松。为减少水分蒸发,利于保墒,中耕可以切断土壤的毛细管。

3)封堰。在浇完第三遍水并待水分渗入后,可铲去土堰,用细土填于堰内,形成稍高于地面的土堆。北方干旱多风地区秋季植树,为保持土壤水分,并能保护树根,防止风吹摇动应在树干基部堆成30cm高的土堆。

(4)其他养护管理。

1)对受伤枝条和栽前修剪不理想的枝条,应进行复剪。

2)对绿篱进行造型修剪。

3)防治病虫害。

4)进行巡查、围护、看管,防止人为破坏。

5)清理场地,做到工完场净,文明施工。

10. 验收与移交

绿化栽植工程验收包括施工中间环节的验收和竣工验收。凡验收的绿化栽植工程均应遵照技术规范的各项规定和设计要求进行。

特别提示

绿化栽植工程验收注意事项

一般分两次进行,即栽植竣工后和后期养护结束时。验收前,施工单位应将相关资料准备好,包括工程中间验收记录、设计图纸及变更洽商资料、竣工图纸、施工过程有关大事记和需说明的情况、外地来苗检验报告以及其他化验资料、工程决算、施工总结报告。填写申请验收报告,由建设单位或上级主管单位组织验收。验收合格后,由验收单位出具验收合格证,双方签字盖章并办理移交手续。至此,此项种植工程宣告结束。

第三节　大树移植工程施工

一、大树移植技术

1. 大树移植的概念

大树移植是指移植胸径在20cm以上的落叶乔木,或胸径在15cm以上的常绿乔木,或冠幅在3m以上的灌木,或树龄在20年以上,且维持树木冠形完整或基本完整的大型树木。

2. 大树移植的特点

(1)移植成活困难。

(2)移植周期长。

(3)移植工程量大。

(4)有许多限制因子。

(5)绿化效果快速。

3. 大树移植的时间

大树移植最好选择在树木休眠期进行,一般以春季萌动前和秋季落叶后为最佳时期。

早春时期,树木还处于休眠期,移植后,树液开始流动,树木开始生长、发芽,树叶还尚未全部长成,树木的蒸腾还未达到最旺盛时期,挖掘时损伤的根系很容易愈合和再生,且经过从早春到晚秋的正常生长,树木移植时受伤的部分可以复原,给树木顺利越冬创造了有利条件。

盛夏季节,由于树木的蒸腾量大,此时移植对大树成活不利,但在必要时可选择阴雨天进行,移植时必须加大土球,加重修剪,并注意遮阴保湿,尽量减少树木的蒸腾量,也可成活,但费用较高。在北方的雨季和南方的梅雨期,可带土球移植一些针叶树种。

深秋及冬季,树木地上部分处于休眠状态,也可进行大树移植。在严寒的北方,必须对移植的树木进行土面保护。南方地区,尤其在一些气温不太低、湿度较大的地区,一年四季均可移植,落叶树还可裸根移植。

> “种树无时,只要树不知”,即只要移植时带有足够大的土球,操作规程正确,注意养护管理,移植工作终年皆可进行。

我国幅员辽阔,南北气候相差很大,具体的移植时间应视当地的气候条件以及需移植的树种不同而有所选择。

4. 大树移植的原理

大树移植的基本原理包括近似生境原理和树势平衡原理。

(1)近似生境原理。移植后的生境优于原生生境,移植成功率较高。树木的生态环境是一个比较综合的整体,主要指光、水、气、热等小气候条件和土壤条件。如果把生长在高山上的大树移入平地,把生长在酸性土壤中的大树移入碱性土壤,其生态差异太大,移植成功率会比较低。因此,定植地生境最好与原植地类似。移植前,需要对大树原植地和定植地的生境条件进行测定,根据测定结果改善定植地的生境条件，以提高大树移植的成活率。

(2)树势平衡原理。树势平衡是指树木的地上部分和地下部分须保持平衡。移植大树时，如对根系造成伤害，就必须根据其根系分布的情况，对地上部分进行修剪，使地上部分和地下部分的生长情况基本保持平衡。因为，供给根发育的营养物质来自于地上部分，对枝叶修剪过多不但会影响树木的景观，也会影响根系的生长发育。如果地上部分所留比例超过地下部分所留比例，可通过人工养护弥补这种不平衡性，如遮阴减少水分蒸发，叶面施肥，对树干进行包扎阻止树体水分散发等。

5. 大树移植的注意事项

(1)要选择接近新栽地生境的树木。野生树木主根发达、长势过旺的，适应能力也差，不易成活。

(2)不同类别的树木，移植难易不同。一般灌木比乔木移植容易；落叶树比常绿树容易；扦插繁殖或经多次移植须根发达的树比播种未经移植直根性和肉质根类树木容易；叶型细小比叶少而大者容易；树龄小比树龄大的容易。

(3)一般慢生树选 20～30 年生；速生树种则选用 10～20 年生；中生树可选 15 年生，果树、花灌木为 5～7 年生，一般乔木树高在 4m 以上，胸径 12～25cm 的树木则最合适。

知识链接

大树的选择

根据园林设计图纸、园林绿化施工要求和适地适树原则，选定树种及树种所要求的规格、树高、冠幅、胸径、树形(需要注明观赏面和原有朝向)、长势等，到郊区或苗圃进行调查，要按照“近似生境原理”，从光、水、气、热等小气候条件和土壤条件等多方面进行综合考察比较，将生境差异控制在树种可适生的区间内。在选定大树的朝阳(南)方向的胸径处做好标记，立卡编号，挂牌登记，分类管理。选树工作宜在移植前 1～3 年进行。

(4)应选择生长正常的树木以及没有感染病虫害和未受机械损伤的树木。

(5)选树时,还必须考虑移植地点的自然条件和施工条件,移植地的地形应平坦或坡度不大,过陡的山坡,根系分布不正,不仅操作困难且容易伤根,不易起出完整的土球,因而,应选择便于挖掘处的树木,最好使起运工具能到达树旁。

二、大树移植的要求

1. 大树的规格

树木的规格符合下列条件之一的均应属于大树移植:

(1)落叶和阔叶常绿乔木:胸径在 20cm 以上。

(2)针叶常绿乔木:株高在 6m 以上或地径在 18cm 以上。

2. 大树移植的准备工作

(1)移植前应对移植的大树生长、立地条件、周围环境等进行调查研究,制定技术方案和安全措施。

(2)准备移植所需机械、运输设备和大型工具必须完好,确保操作安全。

(3)移植的大树不得有明显的病虫害和机械损伤,应具有较好观赏面。植株健壮、生长正常的树木,并具备起重及运输机械等设备能正常工作的现场条件。

(4)选定的移植大树,应在树干南侧做出明显标识,标明树木的阴、阳面及出土线。

(5)移植大树可在移植前分期断根、修剪,做好移植准备。

3. 大树的挖掘及包装

(1)针叶常绿树、珍贵树种、生长季移植的阔叶乔木必须带土球(土台)移植。

(2)树木胸径 20～25cm 时,可采用土球移栽,进行软包装。当树木胸径大于 25cm 时,可采用土台移栽,用箱板包装,并应符合下列要求:

1)挖掘高大乔木前应先立好支柱,支稳树木。

2)挖掘土球、土台应先去除表土,深度接近表土根。

3)土球规格应为树木胸径的6～10倍,土球高度为土球直径的2/3,土球底部直径为土球直径的1/3;土台规格应上大下小,下部边长比上部边长少1/10。

4)树根应用手锯锯断,锯口平滑无劈裂并不得露出土球表面。

5)土球软质包装应紧实无松动,腰绳宽度应大于10cm。

6)土球直径1m以上的应做封底处理。

7)土台的箱板包装应立支柱,稳定牢固,并应符合下列要求:

①修平的土台尺寸应大于边板长度5cm,土台面平滑,不得有砖石等突出土台。

②土台顶边应高于边板上口1～2cm,土台底边应低于边板下口1～2cm;边板与土台应紧密严实。

③边板与边板、底板与边板、顶板与边板应钉装牢固无松动;箱板上端与坑壁、底板与坑底应支牢、稳定无松动。

(3)休眠期移植落叶乔木可进行裸根带护心土移植,根幅应大于树木胸径的6～10倍,根部可喷保湿剂或蘸泥浆处理。

(4)带土球的树木可适当疏枝;裸根移植的树木应进行重剪,剪去枝条的1/2～2/3。针叶常绿树修剪时应留1～2cm木橛,不得贴根剪去。

4. 大树移植的吊装运输

(1)大树吊装、运输的机具、设备应符合相关规定。

(2)吊装、运输时,应对大树的树干、枝条、根部的土球、土台采取保护措施。

(3)大树吊装就位时,应注意选好主要观赏面的方向。

(4)应及时用软垫层支撑、固定树体。

5. 大树移栽

(1)大树的规格、种类、树形、树势应符合设计要求。

(2)定点放线应符合施工图规定。

(3)栽植穴应根据根系或土球的直径加大60～80cm,深度增加

20～30cm。

(4)种植土球树木，应将土球放稳，拆除包装物；大树修剪应符合相关要求。

(5)栽植深度应保持下沉后原土痕和地面等高或略高，树干或树木的重心应与地面保持垂直。

(6)栽植回填土壤应用种植土，肥料应充分腐熟，加土混合均匀，回填土应分层捣实、培土高度恰当。

(7)大树栽植后设立支撑应牢固，并进行裹干保湿，栽植后应及时浇水。

(8)大树栽植后，应对新植树木进行细致的养护和管理，应配备专职技术人员做好修剪、剥芽、喷雾、叶面施肥、浇水、排水、搭荫棚、包裹树干、设置风障、防台风、防寒和病虫害防治等管理工作。

三、大树移植的方法

目前，常用的大树移植挖掘和包装方法主要有软材包装移植法、木箱包装移植法、移树机移植法及冻土移植法等。

1. 软材包装移植法

软材包装移植法适用于挖掘圆形土球，树木胸径为 10～15cm 或稍大一些的常绿乔木，土球的直径和高度应根据树木胸径的大小确定。土球规格见表 7-20。

表 7-20　土球规格

土球规格 树木胸径/cm	土球直径/cm	土球高度/cm	留底直径
10～12	胸径 8～10 倍	60～70	土球直径的 1/3
13～15	胸径 7～10 倍	70～80	

软材包装移植法的步骤为：掘苗→吊装运输→卸车→栽植。

(1)卸车。卸车应使用吊车，以利于确保安全和质量，卸车后，如不能立即栽植，应将苗木立直、支稳，严禁苗木斜放或倒地。

(2)栽植。

1)挖穴:树坑的规格应大于土球的规格,一般坑径比土球直径大40cm,坑深比土球高度高20cm。遇土质不好时,应加大树坑规格并进行换土。

2)施底肥:需要施用底肥时,将腐熟的有机肥与土拌匀,施入坑底和土球周围。

3)入穴:入穴时,应按原生长时的南北向就位。树木应保持直立,土球顶面应与地面平齐。可事先用卷尺分别量取土球和树坑尺寸,如不相适应,应进行调整。

4)支撑:树木直立平稳后,立即进行支撑。为了保护树干不受磨伤,应预先在支撑部位用草绳将树干缠绕一层,避免支柱与树干直接接触,并用草绳将支柱与树干捆绑牢固,严防松动。

5)拆包:将包装草绳剪断,尽量取出包装物,实在不好取时可将包装材料压入坑底。如发现土球松散,严禁松解腰绳和下部包装材料,为避免影响水分渗入腰绳以上的所有包装材料应全部取出。

6)填土:应分层填土、分层夯实,操作时不得损伤土球。

7)筑土堰:在坑外缘取细土筑一圈高30cm的灌水堰,用锹拍实,以备灌水。

8)灌水:大树栽后应及时灌水,第一次灌水量不宜过大,主要起沉实土壤的作用,第二次水量要足,第三次灌水后即可封堰。

2. 木箱包装移植法

木箱包装移植法适用于胸径15～30cm的大树,如雪松、华山松、白皮松、桧柏、龙柏、云杉,铅毛柏等常绿树。大树箱板式包装和吊运,如图7-4所示。

(1)移植时间。利用木箱包装相对保留了较多根系,而且土壤与根系接触紧密,水分供应较为正常,因此,除新梢生长旺盛期外,一年四季均可进行移植。但为了保证成活率,应该选择适宜季节进行移植。

(2)机具的准备。掘苗前应准备好所需的材料、工具、机械,见表7-21。

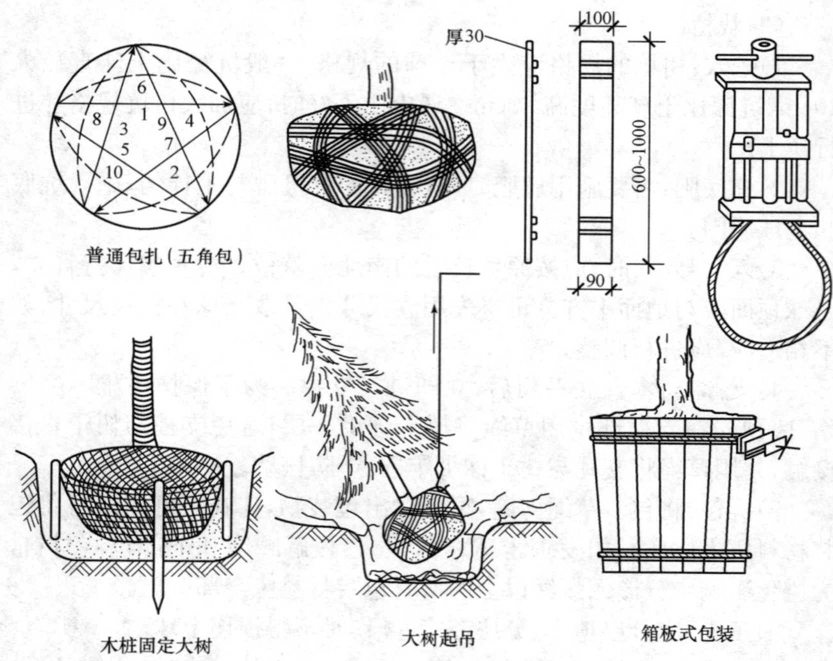

图 7-4　大树箱板式包装和吊运图

表 7-21　木箱包装移植法所需的材料、工具和机械

<table>
<tr><th colspan="2">名　称</th><th>规　格</th><th>用　途</th></tr>
<tr><td rowspan="2">木板</td><td>大号</td><td>上板长 2.0m,宽 0.2m,厚 3cm;
底板长 1.75m,宽 0.3m,厚 5cm;
边板上缘长 1.85m,下缘长 1.75m,厚 5cm;
用 3 块带板(长 50mm,宽 10～15cm)钉成高 0.8m 的木板,共 4 块</td><td>包装土球用</td></tr>
<tr><td>小号</td><td>上板长 1.65m,宽 0.2m,厚 5cm;
底板长 1.45m,宽 0.3m,厚 5cm;
边板上缘长 1.5m,下缘长 1.4m,厚 5cm;
用 3 块带板(长 50m,宽 10～15cm)钉成高 0.6m 的木板,共 4 块</td><td>—</td></tr>
</table>

续表

名 称	规 格	用 途
方木	10cm×(10～15)cm×15cm,长1.5～2.0m,需8根	吊运做垫木
木墩	10个,直径0.25～0.30m,高0.3～0.35m	支撑箱底
垫板	8块,厚3cm,长0.2～0.25m,宽0.15～0.2m	支撑横木、垫木墩
支撑横木	4根,10cm×15cm方木,长1.0m	支撑木箱侧面
木杆	3根,长度为树高	支撑树木
铁腰子	约50根,厚0.1cm,宽3cm,长50～80cm;每根打孔10个,孔距5～10cm	用于加固木箱钉钉
铁钉	约500个,长3～3.5cm	钉铁腰子
蒲包片	约10个	包四角、填充上下板
草袋片	约10个	包树干
扎把绳	约10根	用于捆木杆起吊牵引
尖锹	3～4把	用于挖沟
平锹	2把	用于削土台,掏底
小板镐	2把	用于掏底
紧线器	2个	用于收紧箱板
钢丝绳	2根,粗1.2～1.3cm,每根长10～12m,附卡子4个	用于捆木箱
尖镐	2把,一头尖、一头平	用于刨土
斧子	2把	钉铁皮,砍树根
小铁棍	2根,直径0.6～0.8cm、长0.4m	用于拧紧线器
冲子、剁子	各1把	用于剁铁皮,铁皮打孔
鹰嘴钳子	1把	用于调卡子
千斤顶	1台,油压	用于上底板
吊车	1台,载重量视土台大小而定	用于装卸用
货车	1台,车型、载重量视树大小而定	用于运输树木
卷尺	1把,3m长	用于量土台

(3)掘苗和包装。

1)挖土台。虽然土台大有利于树木成活率,但给起运带来很大困难。所以,应在确保成活率的前提下,尽可能减小土台大小。土台的规格见表7-22。

表 7-22　土台规格

树木胸径/cm	15～18	18～24	25～27	28～30
木箱规格/m(上边长×高)	1.5×0.6	1.8×0.70	2.0×0.70	2.2×0.80

①画线。画线时以树木为中心,以边长尺寸加大5cm画正方形,作为土台的范围。同时做出南北方向的标记。

②挖沟。沿正方形外线挖沟,沟宽应满足操作要求,一般为0.6～0.8m,一直挖到规定的土台厚度。

③去表土。可将根系很少的表层土挖去以减轻质量,并以出现较多树根处开始计算土台厚度,可使土台内含有较多的根系。

④修平。挖掘到规定深度后,用锹修平土台四壁,并使四面中间部位略为凸出。如遇粗根可用手锯锯断,并使锯口稍陷入土台表面,不可外凸。修平后的土台尺寸应稍大于边板规格,以便续紧后使箱板与土台靠紧。土台应呈上宽下窄的倒梯形,与边板形状一致。

2)立边板。为防止土台坍塌,土台修好后,应立即上箱板。先将边板沿土台四壁放好,使每块箱板中心对准树干中心,并使箱板上边低于土台顶面1～2cm,作为吊装时土台下沉的余量。两块箱板的端头应沿土台四角略为退回。随即用蒲包片将土台四角包严,两头压在箱板下。然后在木箱边板距上、下口15～20cm处各绕钢丝绳一道。

3)上紧线器。在上下两道钢丝绳各自接头处装上紧线器并使其处于相对方向中间板带处,同时,紧线器从上向下转动。先松开紧线器,收紧钢丝绳,使紧线器处于有效工作状态。紧线器在收紧时,必须两个同时进行,收紧速度下绳应稍快于上绳。当紧到一定程度时,可用木棍锤打钢丝绳,当发出嘣嘣的弦音表示已经收紧,即可停止。

4)钉箱。箱板被收紧后,即可在四角钉上铁腰子8～10道。每条铁腰子上至少要有两对铁钉钉在带板上。钉子稍向外侧倾斜以增加拉力。四角铁皮钉完后用小锤敲击铁皮，发出当当的弦音时表示铁皮已紧固，即可松开紧线器，取下钢丝绳。

5)支树干。为保证树木直立，应用三根木杆支撑树干并绑牢。

6)掏底与上底板。掏底是指用小板镐和小平铲将箱底土台大部掏挖空的做法。

①掏底应分次进行，每次掏底宽度应等于或稍大于欲钉底板每块木块的宽度。掏够一块木板宽度，应立即钉上一块底板。底板间距一般为 10～15cm，应排列均匀。

②上底板之前，应按量取所需底板长度，并在每块底板两头钉铁皮。

③上底板时，先将一端贴紧边板，将铁皮钉在木箱带板上，底面用圆木墩顶牢；另一头用油压千斤顶顶起与边板贴紧，用铁皮钉牢，撤下千斤顶，支牢不墩。两边底板上完后，再继续向内掏挖。

④在掏挖箱底中心部位前，应将箱板的上部分别用横木支撑，使其固定以避免箱体移动，确保操作人员安全。支撑时，先于坑边挖穴，穴内置入垫板，将横木一端支垫，另一端顶住木箱中间带板并用钉子钉牢。

⑤掏中心底时要特别注意安全，操作人员身体严禁伸入箱底，并派人在旁监视，当风力达到四级以上时，应停止操作。底部中心也应略凸成弧形。粗根应锯断并稍陷入土内。掏底过程中，如发现土质松散，应及时用窄板封底；如有土脱落时，马上用草袋、蒲包填塞，再上底板。

7)上盖板。于木箱上口钉木板拉结，称为上盖板。上盖板前，将土台上表面修成中间稍高于四周，并于土台表面铺一层蒲包片。树干两侧应各钉两块木板，其间距为 15～20cm。

3. 移树机移植法

在国内外已经生产出专门移植大树的移植机。适宜移植胸径 25cm 以下的带土球的乔木，可以连续完成挖穴、起树、运输、栽植等全部移植作业。树木移植机分自行式和牵引式两类，目前各国大量发展

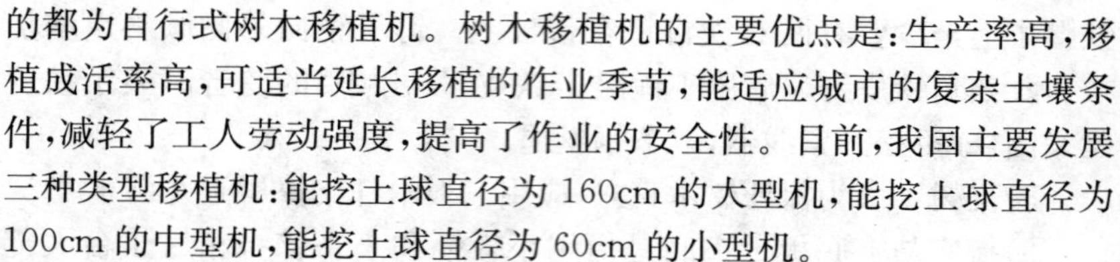

的都为自行式树木移植机。树木移植机的主要优点是：生产率高，移植成活率高，可适当延长移植的作业季节，能适应城市的复杂土壤条件，减轻了工人劳动强度，提高了作业的安全性。目前，我国主要发展三种类型移植机：能挖土球直径为160cm的大型机，能挖土球直径为100cm的中型机，能挖土球直径为60cm的小型机。

4. 冻土移植法

在我国北方寒冷地区较多采用，宜移植耐严寒的乡土树种。在土壤冻结期或者在土壤冻得不深时挖掘土球，并可泼水促冻，不必包装，利用冻结河道或泼水冻结的平土地，只用人畜即可拉运的一种方法，具有节约经费、土球坚固、根系完好、便于成活、易于运输等优点。

大树挖掘的方法

(1)多次移植。在专门培养大树的苗圃中多采用多次移植法，速生树种的苗木可以在头几年每隔1～2年移植一次，待胸径达6cm以上时，可每隔3～4年再移植一次。而慢生树待其胸径达3cm以上时，每隔3～4年移一次，长到6cm以上时，则隔5～8年移植一次，这样树苗经过多次移植，大部分的须根都聚生在一定的范围，因而再移植时可缩小土球的尺寸和减少对根部的损伤。

(2)预先断根法。预先断根法适用于一些野生大树或一些具有较高观赏价值的树木的移植，一般是在移植前1～3年的春季和秋季，以树干为中心，2.5～3倍胸径为半径或以较小于移植时土球尺寸为半径画一个圆或方形，再在相对的两面向外挖30～40cm宽的沟，对较粗的根应用锋利的锯或剪，齐平内壁切断，然后用沃土填平，分层踩实，定期浇水，这样便会在沟中长出许多须根。到第二年的春季或秋季再以同样的方法挖掘另外相对的两面，到第三年时，在四周沟中均长满了须根，这时便可移走。挖掘时应从沟的外缘开挖，断根的时间可按各地气候条件有所不同。

(3)根部环剥皮法。同上述法挖沟，但不切断大根而采取环状剥皮的方法，剥皮的宽度为10～15cm，这样也能促进须根的生长。这种方法由于大根未断，树身稳固，可不加支柱。

四、大树的装卸与运输

大树的装卸与运输为大树吊运移植中的重要环节之一。吊运的成功与否，直接影响到树木的成活、施工的质量以及树形的美观等。吊装及运输设备的起吊和装运能力要具备相应的承载能力。吊装前应先撤去支撑，用草绳将树冠捆拢以减少吊运时的损伤。

1. 装车

目前，我国常用的装卸设备是汽车起重机，它机动灵活，行动方便，装卸简捷。

> 树木装进汽车时，使树冠向着汽车尾部，土块靠近驾驶室，树干包上柔软材料放在木架或竹架上，用软绳扎紧，土块下垫一块木衬垫，然后用木板将土球夹住或用绳子将土球缚紧于车厢两侧。

吊运软材料包装的或带冻土球的树木时，由于钢丝绳容易勒坏土球，最好用粗麻绳。先将双股绳的一头留出 1m 多长结扣固定，再将双股绳分开，在土球由上向下 3/5 的位置上绑紧，然后将大绳的两头扣在吊钩上，在绳与土球接触处用木块垫起；轻轻起吊后，再用脖绳套在树干下部，也扣在吊钩上即可起吊。这些工作做好后，再开动起重机就可将树木吊起装车。

木箱包装吊运时，用两根钢索将木箱两头围起，钢索放在距木板顶端 20～30cm 的地方（约为木板长度的 1/5），把 4 个绳头结在一起挂在起重机的吊钩上，并在吊钩和树干之间系一根绳索，使树木不致被拉倒，还要在树干上系 1～2 根绳索，以便在起运时用人力来控制树木的位置，以防损伤树冠，有利于起重机工作。在树干上束绳索处，必须垫上柔软材料，以免损伤树皮。

2. 运输

通常一辆汽车只装一株树，在运输前，应先进行行车道路的调查，以免中途遇故障无法通过，行车路线一般都是城市划定的运输路线，应了解其路面宽度、路面质量、横架空线、桥梁及其负荷情况、人流量等，行车过程中押运员应站在车厢尾，一面检查运输途中土球绑扎是否松动、树冠是否扫地、左右是否影响其他车辆及行人,同时要手持长竿,不时挑开横架空线,以免发生危险。在行车过程中行车要稳,车速宜慢,遇到路面状况不好时要降速行驶。

3. 卸车

大树运至施工现场后,应进行吊卸。吊卸的方式同吊装大致相同。如是木箱包装的,若不能马上栽植,应将树木吊卸在栽植穴附近,并在木箱下垫方木,以便栽植时穿绳用。

4. 大树的定植。

将大树轻轻地斜吊放置到早已准备好的种植穴内,穴内要留土台。撤除缠扎树冠的绳子,并以人工配合机械,将树干立起扶正,初步支撑。树木立起后,要仔细审视树形和环境的关系,转动和调整树冠的方向,使树姿和周围环境相配合,并应尽量地符合原来的朝向。然后,撤除土球外包扎的绳包或箱板,分层填土分层筑实,把土球全埋入地下。在树干周围的地面上,也要做出拦水围堰。最后,要灌一次透水。

5. 定植后的养护

定植之后的大树必须加强养护管理。“三分种,七分管”,故应把大树移植后的精心养护看成是确保移植成活和林木健壮生长不可或缺的重要环节,不可小视。

知识链接

大树的养护

已经定植的大树,必须在1～2年内加强管理,并采取一些保证成活的技术措施加以养护,才能最后移植成功。大树的养护工作包括:设立支撑;浇水及控水;地面覆盖;树体保湿;输液促活;施肥打药;调整树形;防寒抗冻等。

(1)刚栽上的大树为确保其不会歪斜,要用结实的木杆搭在树干上构成三脚架,把树木牢固地支撑起来。

(2)在养护期中,要注意平时的浇水,发现土壤水分不足,就要及时浇灌。在夏天,为增加环境湿度,降低蒸腾作用,要多对地面和树冠喷洒清水。

(3)可在浇灌的水中加入0.02%的生长素,使根系提早生长健全,以促进新根生长。

(4)移植后第一年秋天,就应当施一次追肥。第二年早春和秋季,也至少要施肥2～3次,肥料的成分以氮肥为主。

(5)为保持树干的湿度,减少从树皮蒸腾的水分,应对树干进行包裹。裹干时,可用浸湿的草绳从树基往上密密地缠绕树干,一直缠裹到主干顶部。接着,再将调制的黏土泥浆厚厚地糊满草绳裹着的树干。此后,可经常用喷雾器为树干喷水保湿。

五、大树移植施工步骤

大树移植的施工工艺:施工准备→土台挖掘→木箱包装→吊装运输→卸车定植→植后养护。

1. 施工准备

(1)大树移植的准备工作。

(2)挖掘现场准备。

1)大树的挖掘,移植胸径25cm的华山松是多次移植过的大树,大部分的须根都聚生在一定的范围,因而,在移植时能够保证土球的质量和减少对根部的损伤。

2)编号定向。为使移植施工有计划地顺利进行,把栽植穴及欲移植的大树均编上一一对应的号码,使其移植时可对号入座,以减少现场混乱及事故。并用油漆涂抹在树木南向胸径处,确保在定植时仍能保持它按原方向栽植,以满足它对庇荫及阳光的要求。

3)清理现场及安排运输路线。在起挖华山松之前,把树干周围2～3m以内的碎石、瓦砾堆、灌木丛及其他障碍物清除干净,并将地面大致整平,为顺利移植大树创造条件。并按照树木移植的先后次序,合理安排运输路线,以使每棵树都能顺利运出。

(3)栽植现场准备。

1)周边情况。确保栽植现场周边的建筑物、架空线、地下管网等满足运输机械及吊装机械的作业面需求,能够顺利施工。

2)清理场地。在施工范围内,根据设计要求做好场地的清理工作。如拆除原有构筑物、清除垃圾、清理杂草、平整场地等。

3)施工用水。做好现场水通的准备,具备大树移植工程施工要求,能够保证大树栽植后马上就能灌足水。

2. 土台挖掘

树木的规格符合下列条件之一的均应属于大树移植。落叶和阔叶常绿乔木:胸径在 20cm 以上;针叶常绿乔木:株高在 6m 以上或地径在 18cm 以上。

首先,确定土台的规格大小。根据大树移植施工技术规范标准,胸径为 25m 的华山松可确定土台为梯形台,上大下小,外包装木箱上边长 2.0m,高为 0.7m。

土台确定后,先用草绳将树冠围拢,树干缠绕上草绳。清除树干基部周围 2～3m 以内的杂物。以树干为中心,以 2.1m 为边长,划一正方形作土台的雏形,然后铲除正方形范围内的浮土,深度以不伤根部为宜。从土台往外开沟挖掘,沟宽 60～80cm。土台挖到 0.7m 深度后,用铁锹、铲子、锯等将四壁修理平整,使土台每边较箱板长 5cm,土台侧壁中间略突出。土台修好后,应立即安装箱板。

3. 木箱包装

土台修好后,须马上进行支撑,避免树木歪倒。然后进行箱板的安装,安装箱板时先是安装侧面木板,防止土台散坨。侧面箱板安装后,继续下挖约 0.3m,以工人操作方便为宜,向内掏挖,并上底板,边向内掏挖,边上底板。同时,在底板四角用支墩支牢,避免发生危险。底板全部上完后,再上上板。

4. 吊装运输

首先将机车在方便作业的平整场地上调稳,并且在支腿下面垫木块。

用一根长约 6.5m、粗 10mm 的钢丝绳在木箱的下端 1/3 处拦腰围住，将钢丝绳两端绳套扣在起重机的吊钩上，轻轻起吊，缓慢操作，待木箱离地前停车。用草绳缠绕一段树干，并在其外侧绑扎上小木块包裹起来，然后用一根粗绳系在包裹处，粗绳的另一端扣在吊车的吊钩上，目的是防止树木起吊时树冠倒地。

继续起吊，当树身倾倒后，用 1～2 根粗麻绳拴在分枝点处，以便吊装的过程中可以人为地控制树木的方向，避免树冠损伤，便于装车。

树木装进汽车时，使树冠向着汽车尾部，方箱靠近驾驶室。木箱上口与运输车辆后轴相齐，木箱下部用方木垫稳。为避免树冠拖地损伤，在车尾部用木棍绑成支架将大树支起，并在树干和支架间垫上麻袋片或蒲包等柔软的材料，用绳扎牢。然后将方箱缚紧于车厢上，捆木箱的钢丝绳应用紧线器绞紧。

特别提示

汽车运输树木注意事项

采用汽车运输，每车装一株，并设置专人跟车押运。开车前，押运人员须仔细地检查装车情况，重点检查捆木箱的绳索是否绞紧、树冠是否扫地、支架与树干接触部位是否垫软物扎牢、树冠是否超宽等。检查完毕后按照既定方案进行运输。在运输途中，汽车司机应注意观察道路情况、横架空线、桥梁、高速公路收费站、建筑物、行人车辆等，押运人员随时检查木箱是否松动、树干是否发生滑动摩擦、高空架线等，如发现问题，应马上靠边停车进行处理，以保证大树运输的质量。

5. 卸车定植

(1)在大树挖掘的同时或者之前，即在大树定植前，应完成种植穴的挖掘等工作。

(2)按照施工图纸的要求进行定点放线，并做好树木栽植中心标记。根据土球的规格确定挖掘种植穴的要求，由于为木箱包装移植，所以种植穴的形状与木箱一致，确定种植穴的规格为 2.5m×2.5m×1.0m(长×宽×高)。挖掘时种植穴的位置要求非常准确，要严格按照定点放线的标记进行。以标记为中心，以 2.5m 为边长划一方形，在线的内侧向下挖掘，按照深度1.0m垂直刨挖到底，不能挖成上大下小的锅底坑。由于现场的土壤质地良好，在挖掘种植穴时，将上部的表层土壤和下部的底层土壤分开堆放，表层土壤在栽植时填在树的根部，底层土壤回填上部。若土壤为不均匀的混合土时，也应该将好土和杂物分开堆放，可堆放在靠近施工场地内一侧，以便于换土及树木栽植操作。

(3)种植穴挖好后，要在穴底堆一个0.8m×0.5m×0.2m的长方形土台。如果种植穴土壤中混有大量的灰渣、石砾、大块砖石等，则应配置营养土，用腐熟、过筛的堆肥和部分土壤搅拌均匀，施入穴底铺平，并在其上覆盖6～10cm种植土，以免“烧根”，其余营养土置于种植穴附近待用。

吊卸栽植注意事项

大树运至施工现场后，立即进行吊卸栽植。按照选树的编号，对号栽植。将车辆开至指定位置停稳，解开捆绑大树的绳索。用两根长钢丝绳将树木兜底，每根绳索的两端分别扣在吊车的吊钩上，将树木直立且不伤干枝。检查大树土台完好后，先行拆下方箱中间三块底板。起吊入坑，树木就位前，按原南向标记对好方向，使其满足树木的生长需求，分层回填夯实至平地，每层回填土厚0.3m。在树干周围的地面上，做出拦水围堰进行浇水。

6. 植后养护

(1)设立支撑。定植时用木杆做支撑，是大树栽植操作时的保障措施，在定植完毕后必须及时对树体支撑进行重新固定，以防地面土层湿软、大树遭风袭导致歪斜、倾倒，同时保证其不漏风，有利于根系生长。一般采用三支柱式进行大树的稳固。支架与树干之间可用草绳、麻袋、蒲包等透气软质材料进行包裹，以免磨伤树皮。

(2)浇水及控水。大树移植后应立即浇1次透水，以保证树根与土壤密接，促进根系发育。一般春季栽植后，应视土壤墒情每隔5～7天浇一次水，连续浇3～5次水；生长季节移植的大树则应缩短间隔时间、增加浇水次数；如遇特别干旱天气，进一步增加浇水频次。浇水要掌握“不干不浇，浇则浇透”的原则，不能一味地追求浇多，如浇水量过大，会导致土壤的透气性差、土温低和有碍根系呼吸等情况影响生根，严重时还会出现沤根、烂根现象。

(3)地面覆盖。地面覆盖的作用主要是减缓地表蒸发，防止土壤板结，以利通风透气。通常采用麦秸、稻草、锯末等覆盖树盘，但最好的办法是采用“生草覆盖”，亦即在移植地种植豆科牧草类植物，在覆盖地面的同时，既改良了土壤，又抑制了杂草，一举多得。

(4)树体保湿。

1)包裹树干。为了保持树干湿度，减少树皮水分蒸发，可用浸湿的草绳从树干基部缠绕至顶部，再用调制好的泥浆涂糊草绳，以后时常向树干喷水，使草绳始终处于湿润状态。

2)架设荫棚。随着炎热季节的到来，气温不断回升，树体的蒸发量逐渐增加，此时对树木进行架设荫棚，既避免了阳光直射灼伤树皮，又保持了棚内的空气流动以及水分、养分的供需平衡。为了不影响树木的光合作用，荫棚可采用70%的遮阴网。天气逐渐转凉后，可适时拆除荫棚。实践证明，在条件允许的情况下，搭荫棚是生长季节移植大树最有效的树体保湿和保活措施。

3)树冠喷水。移植后如遇晴天，可用高压喷雾器对树体实施喷水，每天喷水2～3次，1周后，每天喷水1次，连喷15天即可。为防止树体喷水时造成移植穴土壤含水量过高，应在围堰上覆盖塑料薄膜。

4)喷抑制剂。抑制剂具有抑制植物蒸腾的功效。

(5)施肥打药。移植后的大树萌发新叶后，可结合浇水进行施肥，也可根据需要喷施叶面肥等。叶面肥喷施时间要选择在晴天或阴天的7～9时和17～19时进行，此时段的树叶活力强，吸收能力好。

植后的大树因起苗、修剪造成了各种伤口，加之新萌的树叶幼嫩，树体抵抗力弱，故较易感染病虫害，若不注意防范，很可能置树木于死地。可用多菌灵或托布津、敌杀死等农药根据需要混合喷施，达到防治目的。

(6)防寒抗冻。

1)北方的林木，特别是带冻土移植的树木，必须注意根系保护，移植后要用泥炭土、腐殖土或树叶、秸秆、地膜等对定植穴树盘进行土面保温，早春土壤解冻时，再及时把保温材料撤除，以利于土壤解冻、提高地温、促进根系生长。

2)正常季节移植的树木，要在封冻前浇足浇透封冻水，并及时进行干基培土(培土高度为30～50cm)。

3)9～10月份进行干基涂白，涂白高度为1.0～1.2m。涂白剂配方为：新鲜生石灰5kg＋盐2.5kg＋硫磺粉0.75kg＋油100mg＋水20kg。

4)立冬前用草绳将树干及大枝缠绕包裹，既保湿又保温。

5)对新植的抗寒性较差的大树，移植当年的冬季必须搭防风障进行防寒保护。新植大树的防寒抗冻措施不容忽视，尤其是南树北移的树种，更应格外注意，以防前功尽弃。

6)遇有冰雪天气，要及时扫除穴内积雪，特别寒冷时，还可采用覆盖草木灰等办法避寒。

知识链接

大树移植后成活分析

(1)移植后导致树死的原因分析。大树移植是一项专业工程，大树移植后成活率的高低与工程中的每一个环节都紧密相关，造成大树移植后死亡的主要原因包括如下内容：

1)树种、树木选择不适宜。

2)土壤条件不适宜。

3)修剪不合时宜。

4)栽植技术不合理。

(2)促进移植树木成活的先进技术介绍。

1)伤口涂抹剂的使用。

2)树体吊针液的使用。

3)保水剂的使用。

4)基因激活剂的使用。

5)生根液的使用。

第四节 草坪工程施工

一、草坪

1. 草坪的概念

用多年生矮小草本植株密植，并经人工修剪成平整的人工草地称为草坪。草坪是园林绿化的重要组成部分，不仅可绿化、美化环境，而且在保护环境、实现生态平衡等方面起着重要的作用。在园林布局中，草坪不仅可以作为主景，而且能与其他构景要素结合，组成各种不同类型的园林景观，为人们提供良好的户外活动场地。

2. 草坪的分类

(1)游憩草坪。这类草坪在绿地中没有固定的形状，面积较大，管理粗放，允许人们入内游憩活动。应选用叶细、耐踩踏、韧性大的草种。

(2)观赏草坪。专供欣赏的草坪称为观赏草坪，亦称装饰性草坪。这类草地一般不允许入内践踏，栽培管理要求精细，严格控制杂草，因此，栽培面积不宜过大。一般选用叶色均一、绿期长、茎叶密集的优良草种。

(3)运动场草坪。供开展不同体育活动的草坪称为运动场草坪，亦称体育草坪。如足球场草坪、网球场草坪、滚球场草坪、高尔夫球场草坪、儿童游戏场草坪等。应选能经受坚硬鞋底的踩践，并能耐频繁地修剪刈割，有较强的根系和快速复苏蔓延能力的种类。

(4)固土护坡草坪。栽种在坡地和水岸的草地称为固土护坡草地，亦称护坡护岸草地。主要选用生长迅速、根系发达并具有匍匐性的草种。

(5)缀花草坪。以禾草植物为主，混栽少量草本花卉的草坪称为缀花草坪。

(6)混合草坪。由两种以上草坪植物混合组成的草坪。

(7)疏林草坪。树林与草坪相结合的草地称为疏林草坪。

(8)交通安全草坪。设在陆路交通沿线,以高速公路两旁及飞机场中铺设的草地为多。这类草坪要求能抗干旱、适应性强和养护管理粗放。通常宜选择耐磨、防护能力强、根系发达以及能迅速恢复的草坪植物,实行混合栽种。

3. 草坪的功能

(1)净化大气,减少污染。主要表现在它能稀释、分解、吸收大气中的有害物质。大片的草坪地被植物,好像一座庞大的天然"吸尘器",连续不断地接收、吸附、过滤着空气中的尘埃。

(2)保持水土,改善生态环境。有致密的地表覆盖层和在表土中絮结的草根层,因而具有良好的固土作用。

草坪还可以促进体育事业的发展。许多重要的高尔夫球、足球、曲棍球、板球和马球的比赛场地,都需要栽植当地生长最优良的草坪植物,以提高比赛成绩,减少运动员受伤的机会。

(3)保护视力,减小噪声。绿色的草坪能缓和阳光的辐射,减轻和消除人们眼睛的疲劳,草坪的叶和茎具有良好的吸声效果,能在一定程度上吸收和减弱噪声。

(4)改善生产、生活条件。平坦舒适的绿色草坪,能给人提供一个优美的娱乐活动和休憩的良好场所。

(5)增加覆盖,美化环境。在树木下层栽种地被与草坪植物,与乔木、灌木、草本花卉组成多层次的绿色空间。

二、草坪种植的要求

1. 草坪和草本地被播种

(1)应选择适合本地的优良种子;草坪、草本地被种子纯净度应达到95%以上;冷地型草坪种子发芽率应达到85%以上,暖地型草坪种子发芽率应达到70%以上。

(2)播种前应做发芽试验和催芽处理,确定合理的播种量,不同草种的播种量可按照表 7-23 进行播种。

表 7-23　　不同草种播种量

草坪种类	精细播种量/(g/m²)	粗放播种量/(g/m²)
剪股颖	3～5	5～8
早熟禾	8～10	10～15
多年生黑麦草	25～30	30～40
高羊茅	20～25	25～35
羊胡子草	7～10	10～15
结缕草	8～10	10～15
狗牙根	15～20	20～25

(3)播种前应对种子进行消毒,杀菌。

(4)整地前应进行土壤处理,防治地下害虫。

(5)播种时应先浇水浸地,保持土壤湿润,并将表层土耧细耙平,坡度应达到 0.3‰～0.5‰。

(6)用等量砂土与种子搅拌均匀进行撒播,播种后应均匀覆细土 0.3～0.5cm 并轻压。

(7)播种后应及时喷水,种子萌发前,干旱地区应每天喷水 1～2 次,水点宜细密均匀,浸透土层 8～10cm,保持土表湿润,不应有积水,出苗后可减少喷水次数,土壤宜见湿见干。

(8)混播草坪应符合下列规定:

1)混播草坪的草种及配合比应符合设计要求。

2)混播草坪应符合互补原则,草种叶色相近,融合性强。

3)播种时宜单个品种依次单独撒播,应保持各草种分布均匀。

2. 草坪和草本地被植物分栽

(1)分栽植物应选择强匍匐茎或强根茎生长习性草种。

(2)各生长期均可栽植。

(3)分栽的植物材料应注意保鲜,不萎蔫。

(4)干旱地区或干旱季节,栽植前应先浇水浸地,浸水深度应达

10cm 以上。

(5)草坪分栽植物的株行距,每丛的单株数应满足设计要求,设计无明确要求时,可按丛的组行距 15～20cm×15～20cm,成品字形;或以 $1m^2$ 植物材料可按 1∶3～1∶4 的系数进行栽植。

(6)栽植后应平整地面,适度压实,立即浇水。

3. 铺设草块、草卷

(1)掘草块、草卷前应适量浇水,待渗透后掘取。

(2)草块、草卷运输时应用垫层相隔、分层放置,运输装卸时应防止破碎。

(3)当日进场的草卷、草块数量应做好测算并与铺设进度相一致。

(4)草卷、草块铺设前应先浇水浸地细整找平,不得有低洼处。

(5)草地排水坡度适当,不应有坑洼积水。

(6)铺设草卷、草块应相互衔接不留缝,高度一致,间铺缝隙应均匀,并填以栽植土。

(7)草块、草卷在铺设后应进行滚压或拍打与土壤密切接触。

(8)铺设草卷、草块,应及时浇透水,浸湿土壤厚度应大于 10cm。

4. 运动场草坪的栽植

(1)运动场草坪的排水层、渗水层、根系层、草坪层应符合设计要求。

(2)根系层的土壤应浇水沉降,进行水夯实,基质铺设细致均匀,整体紧实度适宜。

(3)根系层土壤的理化性质应符合相关规定。

(4)铺植草块,大小厚度应均匀,缝隙严密,草块与表层基质结合紧密。

(5)成坪后草坪层的覆盖度应均匀,草坪颜色无明显差异,无明显裸露斑块,无明显杂草和病虫害症状,茎密度应为 2～4 枚/cm^2。

(6)运动场根系层相对标高、排水坡降、厚度、平整度允许偏差应符合表 7-24 的规定。

表 7-24　运动场根系层相对标高、排水坡降、厚度、平整度允许偏差

项次	项　目	尺寸要求/cm	允许偏差/cm	检查数量		检验方法
				范围	点数	
1	根系层相对标高	设计要求	+2,0	500m²	3	测量(水准仪)
2	排水坡降	设计要求	≤0.5%			
3	根系层土壤块径	运行型	≤1.0	500m²	3	观察
4	根系层平整度	设计要求	≤2	500m²	3	测量(水准仪)
5	根系层厚度	设计要求	±1	500m²	3	挖样洞(或环刀取样)量取
6	草坪层草高修剪控制	4.5～6.0	±1	500m²	3	观察、检查剪草记录

5. 草坪和草本地被的播种

草坪和草本地被的播种、分栽，草块、草卷铺设及运动场草坪成坪后应符合下列规定：

(1)成坪后覆盖度应不低于95%。

(2)单块裸露面积应不大于 $25cm^2$。

(3)杂草及病虫害的面积应不大于5%。

三、草坪种植施工步骤

草坪种植的施工工艺：草种的选择→土地的耕翻→草坪的栽植→灌水→施肥→修剪→除杂草及病害防治→更新复壮。

1. 草种的选择

(1)根据地理环境选择。一般来说，冷季型草坪草适应在干冷、湿冷的地方生长；暖季型草坪草适应在暖干、暖湿的环境；在过渡带地区，有的冷季型草坪草在夏季易感病虫害或不能安全越夏，而暖季型草坪草有的不能安全越冬，有的能正常生长，但在北方其绿期比在南方要短。还要考虑建坪的微环境。

草种的选用方法

在遮阴情况下，可选用耐阴草种或混合草种。钝叶草、细羊茅则可在树荫下生长。多年生黑麦草、草地早熟禾、狗牙根、日本结缕草不耐阴，高羊茅、匍匐剪股颖、马尼拉结缕草在强光照条件下生长良好，但也具有一定的耐阴性。

(2)根据使用目的选择。草坪的使用目的多种多样，常见的有观赏草坪、运动场草坪、游憩草坪等。

(3)根据草坪草特性选择。草坪草在抗旱、抗寒、抗病、耐热、耐践踏、耐酸碱、再生性和需肥量等多方面的特性都有不同。

(4)根据土壤条件选择。土壤肥力好坏直接影响草坪草的生长，一般在贫瘠的土壤上种植一些耐贫瘠、耐粗放管理的草种，土壤酸碱度对草坪草的影响很大，一般适宜 pH 值为 6～7。

2. 土地的耕翻

铺设草坪和栽植其他植物不同，在建造完成后，地形和土壤条件很难再改变。要想得到高质量的草坪，应在铺设前对场地进行处理。

(1)清理。

1)在有树木的场地上，要全部或者有选择地把树和灌丛移走，也要清除掉影响下一步草坪建植的岩石、碎砖瓦块以及所有对草坪草生长的不利因素。

2)种草前两周用 0.2～0.4mL/m^2 草甘膦等灭生性的内吸传导型除草剂消灭多年生杂草，避免与草坪草争养分、水分。

3)对于木本植物进行清理，包括树木、灌丛、树桩及埋藏树根的清理。

4)对裸露石块、砖瓦等进行清除，而且在 35cm 以内表层土壤中，不应有大的砾石瓦块。

(2)耕翻。

1)清除杂物后，做一次去高填低的平整，平整后撒施基肥，然后进行一次耕翻，使土壤疏松，通气良好有利于草坪草的根系发育，也便于播种或栽草。

2）面积大时，可先用机械犁耕，再用圆盘犁耕，最后耙地。面积小时，用旋耕机耕一两次也可达到同样的效果，一般耕深10～15cm。

3）在耕翻过程中，若发现局部地段土质欠佳或混杂的杂土过多，则应客土，为确保新建草坪的平整，在客土或耕翻后应灌一次透水或滚压两遍，使土壤坚实度不同的地方呈现出高低不平，方便在平整时加以调整。

4）耕翻时要注意土壤的含水量，土壤过湿或太干都会破坏土壤的结构。看土壤水分含量是否适于耕作，可用手紧握一小把土，然后用大拇指使之破碎，如果土块易于破碎，则说明适宜耕作。土太湿会在压力下形成泥条，太干则会很难破碎。

（3）排水及灌溉系统。草坪与其他场地一样，需要考虑排除地面水，因此，最后平整地面时，要结合考虑地面排水问题，为避免积水，不能有低凹处。做成水平面也不利于排水。草坪多利用缓坡来排水，一般采用0.3%～0.5%的坡度。地形过于平坦的草坪、地下水过高或聚水过多的草坪、运动场的草坪等，应设暗管或明沟排水。最完善的排水设施是用暗管组成系统与自由水面和排水管网相连接。草坪的灌溉系统大多采用喷灌。所以，在场地最后平整前，应将喷灌管网埋设完毕。

（4）施肥。在土壤养分贫乏和pH值不合适时，在种植前有必要施用底肥和土壤改良剂。施肥量一般应根据土壤测定结果来确定，土壤施用肥料和改良剂后，要通过耙、旋耕等方式把肥料和改良剂翻入土壤一定深度并混合均匀。

在细整地时一般还要对表层土壤少量施用氮肥和磷肥，以促进草坪幼苗的发育。苗期浇水频繁，速效氮肥容易淋洗，一般不把它翻到深层土壤中，同时要对灌水量进行适当控制，以免氮肥在未被充分吸收前出现淋失。施用速效氮肥时，一般种植前施氮量为50～80kg/hm^2，对较肥沃土壤可适当减少，较瘠薄土壤可适当增加。如有必要，出苗两周后再追施25kg/hm^2。施用氮肥要十分小心，用量过大会将子叶烧坏，导致幼苗死亡。喷施时要等到叶片干后进行，施后应立即喷水。如果施的是缓效性氮肥,施肥量一般是速效氮肥用量的2～3倍。

草坪植物栽种注意事项

草坪植物是低矮的草本植物,没有粗大的主根,与乔木和灌木相比,根系浅。所以,在土层厚度不足以种植乔木和灌木的地方仍能建造草坪。草坪植物根系的80%分布在40cm以上的土层中,而且其50%以上是在地表以下20cm的范围内。虽然有些草坪植物能耐干旱、耐瘠薄,但种在15cm厚的土层上会生长不良,应加强管理。为了使草坪保持优良的质量,减少管理费用,应尽可能使土层厚度达到40cm左右,不小于30cm;可在小于30cm的地方应加厚土层。

3. 草坪的栽植

草坪的栽植包括播种法、栽植法、铺栽法和草坪植生带铺栽法。

(1)播种法。

1)播种要求。播种法一般适用于结籽量大而且种子容易采集的草种。如野牛草、羊茅草、结缕草、剪股颖、早熟禾等都可用种子繁殖。其优点是施工投资最小,从长远看,实生草坪植物的生命力较其他繁殖法强;缺点是杂草容易侵入,养护管理要求较高,形成草坪的时间比其他方法更长。

种子的选择注意事项

播种前选择种子,一般要求纯度在90%以上,发芽率在50%以上。有的种子发芽率低并不是因为质量不好,而是各种形态、生理原因所致。为了提高发芽率,达到苗全、苗壮的目的,播种前可对种子进行处理。例如细叶苔草的种子用流动的水冲洗数小时;结缕草种子用0.5%的氢氧化钠溶液浸泡48h,用清水冲洗后再播种;野牛草种子可用机械的方法搓掉硬壳等。

2)播种时间。一般暖季型草种为春播,适宜春末、夏初播种;冷季型草种为秋播。

3)播种方法。

①撒播法。撒播种草坪草时要求把种子均匀地撒于坪床上,并把它们混入6mm深的表土中。播深取决于种子大小,种子越小,播种越浅。播种过深或过浅都会导致出苗率低。播种过深,在幼苗进行光合作用和从土壤中吸收营养元素之前,胚胎内储存的营养不能满足幼苗的营养需求而导致幼苗死亡;播种过浅,没有充分混合时,种子会被地表径流冲走、被风刮走或发芽后干枯。撒播应先在场地上灌水浸地,水渗透稍干后,将处理好的草种掺上2～3倍的细砂土,做回纹或纵横向后退撒播,最好是先纵向撒一半,再横向撒另一半,然后用笤帚轻扫一遍,最后用石磙子碾压1～2遍(潮而黏的土不宜碾压)。草坪播种顺序,如图7-5所示。

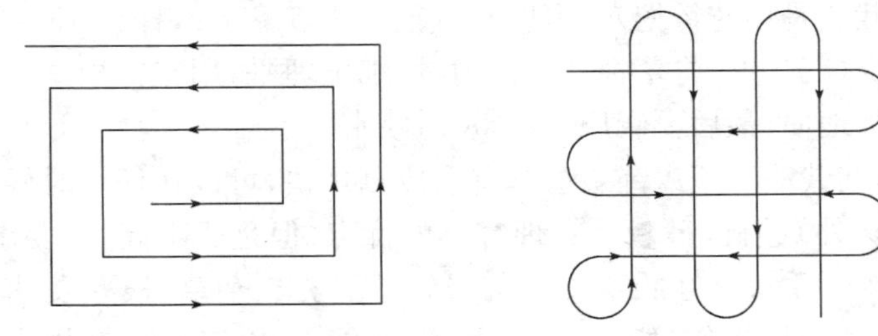

图7-5 草坪播种顺序

②喷播法。喷播是一种把草坪草种子、覆盖物、肥料等混合后加入液流中进行喷射播种的方法。喷播机上安装有大功率、大出水量单嘴喷射系统,把预先混合均匀的种子、粘结剂、覆盖物、肥料、保湿剂、染色剂和水的浆状物,通过高压喷到土壤表面。施肥、播种与覆盖一次操作完成,特别适宜陡坡场地,如高速公路、铁路、飞机场、水库的护坡等大面积草坪的建植。喷播法中混合材料选择及其配比是保证播种质量效果的关键。喷播使种子留在表面,不能与土壤混合和进行滚压,通常需要在上面覆盖植物才能获得满意的效果。当气候干旱、土壤水分蒸发太大、太快时,应及时喷水。

4)管理。播种后应及时喷水,水点要细密、均匀,从上而下慢慢浸透地面。第1～2次喷水量不宜太大;喷水后应检查,如发现草籽被冲出时,应及时覆土埋平。两遍水后则应加大水量,经常保持土壤潮湿,喷水不可间断。故根据天气情况每天或隔一天喷一次水,幼苗长至3～6cm时停止喷水,但要经常保持土壤湿润,及时除杂草。另外,还必须注意围护,防止有人践踏,否则会造成出苗严重不齐。

(2)栽植法。栽植法繁殖简单,节省草源,$1m^2$ 的草块可栽 5～$10m^2$ 或更多一些。我国北方种植匍匐性强的草种多采用此法,包括条栽和穴栽两种方法。栽植法施工在全年的生长时间均可进行,如果栽植过晚,当年就不能覆满地面,最佳时间是生长季中期。

条栽法适于草源丰富、平整好的场地内,以20～25cm为行距拉线,开深5～6cm的沟,把撕开的草块前后搭接成排埋入沟内,然后填土,踩实灌水。

穴栽法是用花铲挖穴,深度和直径均为5～7cm,株距15～20cm,按梅花形(三角形)将草根栽入穴内,用细土埋平,用花铲拍紧,并随时顺势搂平地面,最后再碾压一次,及时喷水。

(3)铺栽法。草皮铺栽法具有形成草坪快,可以在任何时候(北方封冻期除外)进行,且栽后管理容易的优点,但是成本高,并要求有丰富的草源。质量良好的草皮均匀一致、无病虫、杂草,根系发达,在起卷、运输和铺植操作过程中不会散落,并能在铺植后1～2周内扎根。起草皮时,厚度应该越薄越好,所带土壤以1.5～2.5cm为宜,草皮中无或有少量枯草层形成。也可以把草皮上的土壤洗掉以减轻质量,促进扎根,减少草皮土壤与移植地土壤质地差异较大而引起土壤层次形成的问题。

(4)草坪植生带铺栽法。植生带是用再生棉制成有一定拉力、透水性良好、极薄的无纺布,把草种、肥料按一定的数量比例,用机器撒在无纺布上,在上面再覆盖一层无纺布,经黏合碾压成卷,规格为50～$100m^2$/卷,幅宽1m左右。

用铺植生带进行铺栽时,首先挖5cm深的槽将植生带边缘埋下加固,顺序打开植生带卷平铺在坪床上,边缘交接处要重叠1～2cm,在种子带上均匀覆土 0.5～1cm，为防止日晒后龟裂，所用覆盖的土壤要掺些砂子，以不漏出种子带为宜，然后用磙子镇压。

4. 灌水

(1)灌水时间。草坪在生长季节，根据不同时期的降水量及不同的草种适时灌水是极为重要的，一般可分为以下三个时期：

1)返青到雨期前。这一阶段气温高，蒸腾量大，需水量大，是一年中最关键的灌水时期。根据土壤保水性能的强弱及雨期来临的时期可灌水 2～4 次。

2)雨期基本停止灌水。这一时期空气湿度较大，草的蒸腾量下降，而土壤含水量已提高到足以满足草坪生长需要的水平。

另外，在返青时灌返青水，在我国北方地区封冻前灌封冻水也都是必要的。草种不同，对水分的要求不同，不同地区的降水量也有差异。所以，必须根据气候条件与草坪植物的种类来确定灌水时期。

3)雨期后至枯黄前。雨期后至枯黄前这一时期降水量少，蒸发量较大，而草坪仍处于生命活动较旺盛阶段，与前两个时期相比，这一阶段草坪需水量显著提高，如不能及时灌水，不但影响草坪生长，还会引起提前枯黄进入休眠。这一阶段，可根据情况灌水 4～5 次。

(2)灌水方法。

1)地面漫灌是最简单的方法，其优点是简单易行；缺点是耗水量大，水量不够均匀，坡度大的草坪不能使用。采用这种灌溉方法的草坪表面应相当平整且具有一定的坡度，理想的坡度是 0.5%～1.5%。

2)喷灌是使用喷灌设备令水像雨水一样淋到草坪上。其优点是能在地形起伏变化大的地方或斜坡使用，灌水量容易控制，用水经济，便于自动化作业；缺点是建造成本高，但此法仍为目前国内外采用最多的草坪灌水方法。

3)地下灌溉是靠毛细管作用从根系层下面设的管道中的水由下向上供水。这种方法可避免土壤紧实，并使蒸发量及地面流失量减到最低程度。节水是此法最突出的优点；缺点是设备投资大，维修困难，因此使用灌水的草坪甚少。

草坪植物的水分补给

草坪植物的含水量占鲜重的75%～85%，叶面的蒸腾作用要耗水，根系吸收营养物质必须有水作媒介，营养物质在植物体内的输导也离不开水，一旦缺水，草坪生长衰弱，覆盖度下降，甚至使叶片枯黄而提前进入休眠期，所以草坪建成后必须合理灌溉。

5. 施肥

(1)施肥时间。根据草坪管理者多年的实践经验得出，当温度和水分状况均适宜草坪草生长的初期或期间是最佳的施肥时间，而当有环境胁迫或病害胁迫时应尽量减少或避免施肥。

1)对于暖季型草坪草来说，在打破春季休眠之后，应以晚春和仲夏时节施肥较为适宜。

2)第一次施肥可选用速效肥，为防止草坪草受到冻害，在夏末秋初施肥要小心。

3)对于冷季型草坪草而言，春、秋季施肥较为适宜，仲夏应少施肥或不施。晚春施用速效肥应十分小心，这时速效氮肥虽促进了草坪草快速生长，但有时会导致草坪抗病性下降而不利于越夏。此时如选用适宜释放速度的缓释肥可能会帮助草坪草经受住夏季高温高湿的胁迫。

(2)施肥次数。

1)根据草坪养护管理水平确定施肥次数。草坪施肥的次数或频率常取决于草坪养护管理水平，并应考虑以下因素：

①对于每年只施用一次肥料的低养护管理草坪，冷季型草坪草每年秋季施用，暖季型草坪草在初夏施用。

②对于中等养护管理的草坪，冷季型草坪草在春季与秋季各施肥一次，暖季型草坪草在春季、仲夏、秋初各施用一次即可。

③对于高养护管理的草坪，在草坪草快速生长的季节，无论是冷季型草坪草还是暖季型草坪草至少每月施肥一次。

④当施用缓效肥时，施肥次数可根据肥料缓效程度及草坪反应作适当调整。

为使草坪良好生长，延长草坪的利用期，保持草坪的绿色度，增强草坪的园林绿化效果，充分满足草坪植物的营养需求，需对草坪进行施肥。施肥以施氮肥为主，其次是磷、钾肥。

2)遵循少量多次的施肥方法。少量多次的施肥方法在那些草坪草生长基质为砂性土壤、降水丰沛、易发生氮渗漏的种植地区或季节非常实用。特别适宜在下列情况下采用：

①在保肥能力较弱的砂质土壤上或雨量丰沛的季节。

②以沙为基质的高尔夫球场和运动场。

③夏季有持续高温胁迫的冷季型草坪草种植区。

④处于降水丰沛或湿润时间长的气候区。

⑤采用灌溉施肥的地区。

6. 修剪

(1)修剪的原则。修剪的原则是每次修剪量一般不能超过茎叶组织纵向总高度的1/3，不能伤害根茎。一般草坪一年最少剪4～5次，修剪频率也决定于草坪的修剪高度。修剪高度越低则频率越高，如修剪高度为5cm的草坪每周修剪一次，而修剪高度为0.32cm的高尔夫球场则每天都要进行修剪。

(2)修剪的作用。

1)修剪的草坪显得均一、平整而更加美观，提高了草坪的观赏性。草坪若不修剪，草坪草容易生长得参差不齐，会降低其观赏价值。

2)在一定的条件下，修剪可以维持草坪草在一定的高度下生长，增加分蘖，促进横向匍匐茎和根茎的发育，增加草坪密度。

3)修剪可抑制草坪草的生殖生长，提高草坪的观赏性和运动功能。

4)修剪可以使草坪草叶片变窄，提高草坪草的质地，使草坪更加美观。

5)修剪能够抑制杂草的入侵，减少杂草种源。

6)正确的修剪还可以增加草坪抵抗病虫害的能力。修剪有利于改善草坪的通风状况，降低草坪冠层温度和湿度，从而减少病虫害发生的概率。

(3)修剪的技术要求。

1)修剪应选择晴天草坪干燥时进行,不得在雨天或有露水时修剪草坪,应安排在施肥、灌水作业之前。

2)修剪机具务必运行完好,刀片锋利。

3)进场前进行场地清理,清除垃圾异物。

4)应经常变换剪草方式,一是不要总朝向一个方向;二是不要重复同一车辙。

5)修剪作业完毕后应清理现场,将全部修剪废弃物等清出。

6)遇病害区作业,应对机具进行药物消毒,清理出的带病草未集中销毁。

7)冷季型草坪夏季管理,修剪作业后应按顺序安排施肥、灌水、打药防病。

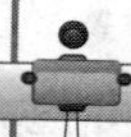

知识链接

草坪修剪后注意事项

修剪是草坪养护的重点,能控制草坪的高度,促分蘖,增加叶片密度,抑制杂草的生长。

(1)草坪修剪完毕,要将剪草机置于平整地面,拔掉火花塞进行清理。

(2)放倒剪草机时要从空气滤清器的另一侧抬起,确保放倒后空气滤清器置于发动机的最高处,防止机油倒灌淹灭火花塞火花,造成无法启动。

(3)清除发动机散热片和启动盘上的杂草、废渣和灰尘,但不要用高压水雾冲洗发动机,可用真空气泵吹洗。

(4)清理刀片和机罩上的污物,清理甩绳式剪草机的发动机和工作头。

(5)每次清理要及时彻底,为以后清理打下良好的基础。清理完毕后,检查剪草机的启动状况,一切正常后入库存放于干净、干燥、通风、温度适宜的地方。

7. 除杂草及病害防治

(1)除杂草。建植所选用的草坪草种称为目的草。目的草之外生长的草(包括单子叶、双子叶)统称为杂草。杂草会与草坪草争夺养分和水分、肥料和阳光，而使草坪草生长衰弱。除杂草的方法是合理的肥水管理，促进草坪草生长，增强与杂草的竞争力。多次修剪，抑制杂草生长。

(2)病害防治。

1)以预防为主，综合防治。

①选择抗病性强的草种。华北地区应选择抗病性较强的冷季型草，冷季型草的抗病表现顺序为：羊胡子草(大、小)＞高羊茅＞多年生黑麦草＞草地早熟禾＞剪股颖。在购买冷季型草籽时应选择抗病性强的品种。选择多个抗病性品种进行组合混播也是很好的措施，单一品种草会毁掉整个草坪。江南应选择抗病性较强的结缕草、地毯草、假俭草及黑麦草、高羊茅等。最常用的选择是采用黑麦草和结缕草混播建植，不仅可达到冬夏常绿的效果，而且能提高整体草坪的抗性。

②改善草坪营养环境。健壮的草坪可以抵御任何草坪病害，合理的养护措施是病害防治的关键。

③控制致病环境。高温和高湿两者结合是真菌繁衍的必要条件，在高温难以操控的条件下，严格控制环境湿度是防病的技术关键。对于冷季型草，进入夏季，在夜间气温超过20℃情况下，严格控制环境湿度。严禁在阴天和傍晚进行草坪灌水作业，尤其是喷灌，叶子、茎干及地面水湿是真菌蔓延的最佳途径。

2)草坪病害的药物防治。草坪养护中，药物防治病害是必要手段。杀菌剂按功能机理可分为保护剂和治疗剂。保护剂在草坪未发病前施用，消灭病菌或阻止病菌侵染；治疗剂在草坪染病后施用，以内吸形式进入植物体内，起到杀菌作用。

知识链接

草坪的虫害防治

草坪虫害相对于草坪病害而言，对草坪的危害较轻，也较容易防治，但如果防治不及时，也会对草坪造成大面积的危害。按其危害部分的不同，草坪害虫可分为危害草坪草根部及根茎部的地下害虫和危害草坪草茎叶部的地上害虫两大类。叶部害虫通过修剪结合喷洒杀虫剂进行处理，防治相对简单。比较难的是地下害虫，如蛴螬、线虫、蝼蛄的防治。地下害虫常用对危害区灌药方法解决。

虫害对草坪的危害关键在于虫口密度，小的虫口密度对草坪不会产生危害，因此常被人们忽视。园林绿地草坪治理虫害的原则是尽量不用农药治虫，尽可能减少农药对环境的污染及对游人的伤害。在必须使用农药治虫时，应选择游人稀少的时候，并需采取有效的安全措施。

8. 更新复壮

根据草坪衰弱状况，选择不同的更新方法。出现斑秃的，可挖去枯死株，补栽或补播；对有匍匐茎的，在施肥后进行封闭管理，等待郁闭。断根法是用特制的钉筒（钉长 10cm 左右）将地面扎成小洞，断其老根，洞内施入肥料，促使新根生长。

第五节　花卉工程施工

一、花坛

1. 花坛概念

花坛是将同期开放的多种花卉，或不同颜色的同种花卉，根据一定的设计意图与方案，栽种于特定规则式或自然式的苗床内，以表现花卉群体美的园林设施。

花坛虽然不是景观中主导的元素，却是最常见的园林小品，在我们身边的室外环境中随处可见。花坛看似简单，但只要精心构思，与周围环境相谐调，就常常能起到烘托、点缀、衬托、填白等强化景观的作用。

2. 花坛分类

（1）按其形态分可分为立体花坛和平面花坛两类。平面花坛又可按构图形式分为规则式、自然式和混合式三种。

(2)按观赏季节可分为春花坛、夏花坛、秋花坛和冬花坛。

(3)按栽植材料可分为一、二年生草花花坛，球根花坛，水生花坛，专类花坛。

(4)按表现形式可分为：花丛花坛，是用中央高、边缘低的花丛组成色块图案，以表现花卉的色彩美；绣花式花坛或模纹花坛，以花纹图案取胜，通常是以矮小的具有色彩的观叶植物为主要材料，不受花期的限制，并适当搭配些花朵小而密集的矮生草花，观赏期特别长。

(5)按花坛的运用方式可分为单体花坛、连续花坛和组群花坛。现在又出现移动花坛，由许多盆花组成，适用于铺装地面和装饰室内。

3. 花坛特点

(1)花坛常栽植在几何形的栽植床内，多应用于规则式园林中。

(2)花坛主要表现花卉组成的平面图案纹样或华丽的色彩美，不表现花卉的个体美。

(3)花卉都有一定的花期，要保证花坛(特别是设置在重点园林绿化地区的花坛)有最佳的景观效果，就必须根据季节和花期经常进行更换。

(4)花坛的种类多，表现内容才丰富。

花卉的种类繁多，色彩艳丽，易繁殖，生育周期短。花卉是园林绿地中经常用作重点装饰和色彩构图的植物材料。因此，在园林绿化中常利用花卉进行花坛、花境、花丛、花台等应用。

二、花境

1. 花境概念

花境是指利用露地宿根花卉、球根花卉及一、二年生花卉，栽植在树丛、绿篱、栏杆、绿地边缘、道路两旁及建筑物前，以带状自然式栽种。它是园林中从规则式构图到自然式构图的一种栽植形式，是根据自然风景中林缘野生花卉自然分散生长的规律，加以艺术提炼，而应用于园林景观中的一种方式。

2. 花境分类

花境可分为单面观赏和双面观赏两种。

花境的作用

近年来，花境作为提高绿地面貌和丰富植物品种的一项有效种植形式，得到越来越广泛的运用，成为绿地中的新亮点。花境改变了传统的呆板的花带设计，运用了更多的植物，层次丰富，四季都有美丽的鲜花，提高了植物景观艺术，并充分发挥了园林植物在绿化中的造景形式。

(1)单面观赏花境。单面观赏花境多布置在道路两侧和建筑、草坪的四周，应把高的花卉种在后面，矮的种在前面，整体上前低后高，仅供一面观赏，高度可以超过游人视线，但不能太多。

(2)双面观赏花境。双面观赏花境多布置在道路的中央，高的花卉种在中间，两侧种植矮些的花卉，中间最高的部分不能超过游人的视线高度，可供两面观赏，没有背景。

3. 花境特点

花境的植床两边是平行的直线或是有几何规则的曲线，构图是沿着长轴的方向演进，是竖向和水平景观的组合。花境中各种花卉的配置比较粗放，不要求花期一致，但要考虑到同一季节中各种花卉的色彩、姿态、体形及数量的协调和对比，还要注意一年中的四季变化，它表现的是观赏植物本身的自然美，以及自然组合的群落美。花境对植物高矮要求不严，只需注意开花时不被其他植株遮挡即可。

> 花境使用的花卉可以多样，但也要注意不能过于杂乱，要求花开成丛，并能显现出季节的变化或某种突出的色调。一般花境可保持3~5年的景观效果。

三、花卉栽植的要求

1. 花卉栽植

(1)花卉栽植应按照设计图定点放线，在地面准确画出位置、轮廓线。花卉栽植面积较大时，可用方格线法，按比例放大到地面。

(2)花卉栽植应符合下列规定:

1)花苗的品种、规格、栽植放样、栽植密度、栽植图案均应符合设计要求。

2)花卉栽植土及表层土整理应符合相关规定。

3)株行距应均匀,高低搭配应恰当。

4)栽植深度应适当,根部土壤应压实,花苗不得沾泥污。

5)花苗应覆盖地面,成活率不应低于95%。

(3)花卉栽植的顺序应符合下列规定:

1)大型花坛,宜分区、分规格、分块栽植。

2)独立花坛,应由中心向外顺序栽植。

3)模纹花坛应先栽植图案的轮廓线,后栽植内部填充部分。

4)坡式花坛应由上向下栽植。

5)高矮不同品种的花苗混植时,应先高后矮的顺序栽植。

6)宿根花卉与一、二年生花卉混植时,应先栽植宿根花卉,后栽一、二年生花卉。

(4)花卉栽植后,应及时浇水,并应保持植株茎叶清洁。

2. 花境栽植

(1)单面花境应从后部栽植高大的植株,依次向前栽植低矮植物。

(2)双面花境应从中心部位开始依次栽植。

(3)混合花境应先栽植大型植株,定好骨架后依次栽植宿根、球根及一、二年生的草花。

(4)设计无要求时,各种花卉应成团成丛栽植,各团、丛间花色、花期搭配合理。

四、平面花坛施工步骤

平面花坛的施工工艺:整地→定点放线→栽植→养护管理。

1. 整地

为了保证花坛的效果,栽培花卉的土壤必须深厚、肥沃、疏松。通常在栽植花卉前对花坛进行整地,将土壤深翻40～50cm,挑出草根、石头及其他杂物。如果栽植深根性花木，还要翻得更深一些。若土质过劣则要进行客土，如土质贫瘠则应施足基肥。

花坛的地面应高出所在地平面，尤其是花坛四周地势较低之处，更应该如此。同时应作边界，以固定土壤。最简易的方法是花坛镶边，可埋砖码成齿牙状，有条件的还可以用水刷石、水磨石、天然石块等修砌。花坛四周最好用花卉材料作边饰或配以精致的矮栏，可增加美观，并能够起到保护的作用。但应注意花坛镶边或围栏，应与花坛本身和四周环境相协调。

花坛边缘石砌筑

(1)基槽施工。沿着已有的花坛边线开挖边缘石基槽；基槽的开挖宽度应比边缘石基础宽 10cm 左右，深度可在 12～20cm 之间。槽底土面要整平、夯实；有松软处要进行加固，不得留下不均匀沉降的隐患。在砌基础之前，槽底还应做一个 3～5cm 厚的粗砂垫层，作基础施工找平用。

(2)矮墙施工。边缘石多以砖砌筑 15～45cm 高的矮墙，其基础和墙体可用 1∶2 水泥砂浆或 M2.5 混合砂浆砌 MU7.5 标准砖做成。矮墙砌筑好之后，回填泥土将基础埋上，并夯实泥土。再用水泥和粗砂配成 1∶2.5 的水泥砂浆，对边缘石的墙面抹面，抹平即可，不可抹光。最后，按照设计，用磨制花岗石石片、釉面墙地砖等贴面装饰，或者用彩色水磨石、干粘石等方法饰面。

(3)花饰施工。对于设计有金属矮栏花饰的花坛，应在边缘石饰面之前安装好。矮栏的柱脚要埋入边缘石，用水泥砂浆浇筑固定。待矮栏花饰安装好后，才进行边缘石的饰面工序。

2. 定点放线

栽花前，应先按照设计图在地面上准确地划出花坛位置和范围的轮廓线。

(1)图案简单的规划式花坛，根据设计图纸，直接用皮尺量好实际距离，并用灰点、灰线做出明显标记；如果花坛面积较大，可用方格法放线，即在设计图纸上画好方格，按比例放大到地面上即可。

(2)模纹花坛，要求图案、线条准确无误，故对放线要求极为严格，可以用较粗的铅丝按设计图纸的式样编好图案轮廓模型，检查无误后，在花坛地面上轻轻压出清楚的线条痕迹；也可用测绳摆出线条的雏形，然后进行移动，达到要求后再沿着测绳撒上白灰。

(3)有连续和重复图案的模纹花坛，因图案是互相连续和重复布置，为保证图案的准确性，可以用硬纸板按设计图剪好图案模型，在地面上连续描画出来。

3. 栽植

(1)从花圃挖起花苗之前，应先灌水浸湿圃地，起苗时根土才不易松散。同种花苗的大小、高矮应尽量保持一致，过于弱小或过于高大的都不要选用。

(2)花卉栽植时间，在春、秋、冬三季基本没有限制，但夏季的栽种时间最好在上午 11 时之前和下午 4 时以后，要避开太阳暴晒。

(3)花苗运到后，应即时栽种，不要放置很久才栽。栽植花苗时，一般的花坛都从中央开始栽，栽完中部图案纹样后，再向边缘部分扩展栽下去。在单面观赏花坛中栽植时，则要从后边栽起，逐步栽到前边。宿根花卉与一、二年生花卉混植时，应先种植宿根花卉，后种植一、二年生花卉；大型花坛，宜分区、分块种植。在单面观赏花坛中栽植时，则要从后边栽起，逐步栽到前边。若是模纹花坛和标题式花坛，则应先栽模纹、图线、字形，后栽底面的植物。在栽植同一模纹的花卉时，若植株稍有高矮不齐，应以矮植株为准，对较高的植株则栽得深一些。立体花坛制作模型后，按上述方法种植。

(4)花苗的株行距应随植株大小高低而确定，以成苗后不露出地面为宜。植株小的，株行距可为 15cm×15cm；植株中等大小的，可为 20cm×20cm 至 40cm×40cm；对较大的植株，则可采用 50cm×50cm 的株行距，五色苋及草皮类植物是覆盖型的草类，可不考虑株行距，密集铺种即可。

(5)栽植的深度，对花苗的生长发育有很大的影响，栽植过深，花苗根系生长不良，甚至会腐烂死亡；栽植过浅，则不耐干旱，而且容易倒伏，一般栽植深度，以所埋之土刚好与根茎处相齐为最好。球根类花卉的栽植深度，应更加严格掌握，一般覆土厚度应为球根高度的1～2倍。

(6)栽植完成后，要立即浇一次透水，使花苗根系与土壤密切接合，并应保持植株清洁。

4. 养护管理

花坛上花苗栽植完毕后，需立即浇一次透水，使花苗根系与土壤紧密结合，提高成活率。平时应注意及时浇水、中耕、除草、剪除残花枯叶，保持清洁美观。如发现有害虫滋生，则应立即根除。若有缺株要及时补栽，个别枯萎的植株要随时更换。对扰乱图形的枝叶要及时修剪。

五、立体花坛施工步骤

立体花坛的施工工艺：骨架的制作→栽植土的固定→放线→栽植→养护管理。

1. 骨架的制作

骨架制作是立体花坛成败的关键，应由结构工程师负责，主要解决构架承受力问题。按设计图的形象、规格做出骨架。骨架制作可分为木制、钢筋或砖木等结构，制作时应考虑承重，应坚固不变形。

本工程骨架为钢筋骨架，用角铁、钢管或钢筋焊接制作而成。造型主框架一般以钢管或铁管作为支撑，造型形体的主要轮廓线用角铁与主框架焊接，焊接处均为满焊，焊角不小于6mm。骨架表面用$\phi 8$～$\phi 10$圆钢筋以网状形式焊接，间距以15～20cm为宜，能起到较好的撑拉、加固作用。骨架制作时要有“凹”“凸”变化，富有立体感。立面图案直接用钢结构焊接出，便于种植植物。所有钢、铁构件均作防腐处理，刷一遍防锈漆和底漆、两遍面漆。骨架整体制作完毕后吊装到位，与预埋件焊接固定，骨架立柱埋入地面深至40～50cm，大型的钢架埋入地面深度应在80cm以上。

2. 栽植土的固定

要求填充物为营养丰富且质量较轻的介质，主要配方是泥炭土：

珍珠岩：其他(有机肥或椰糠或木屑或山泥或棉籽壳等)＝7：2：1。填充物厚度一般为15cm。用蒲包或麻袋、棕皮、无纺布、遮阳网、钢丝网等将填充物固定在底膜上，然后用细铅线按一定间隔编成方格将其固定。

喷灌设施的安装与填充介质同步进行。喷灌设施分喷雾和滴管两种。喷雾用于表面，起保湿作用，每平方米布置一个喷头。内部安装滴管，从下向上间距逐渐减少，最下部为60cm，向上以10cm递减，滴头间距为30cm。同时，装置自动控制系统及雨量传感器，可以自动调节湿度。

3. 放样

按图纸设计的图案，将线条用线绳间隔一定距离缠绕在铁钉上，插入土中勾出轮廓。也可先用硬纸板做出设计的纹样，再画到坛面上。

4. 栽植

立体花坛的主体植物材料一般为五色草。所栽植的小草由蒲包的缝隙中插进去，插入之前先用铁钎子钻一小孔，也可用竹签或尖头的小木棍开洞。插入时注意草苗根系要舒展，然后用土填严，并用手压实。一般应按照先里后外、先左后右、先上后下的顺序进行栽植。用五色草组成的线条宽度不宜太小，至少要栽植两到三行，一行太单薄，不易区分纹理。栽植密度以不见蒲包为宜。

5. 养护管理

养护管理包括浇水、定期修剪、病虫害防治、施肥、补种植物及环境配置物清洁等方面。在立体花坛花苗栽植完毕后，需立即浇一次透水，使花苗根系与土壤紧密结合，提高成活率。以人工浇水和喷雾相结合，正常情况一般2天浇水一次。有些立体花坛骨架较高，需采用现代浇灌技术自动化浇水。植物修剪方面，一般10～15天修剪一次；喷施矮壮素的植物，25天修剪一次，促进其分枝，使图案纹理清晰，整洁美观。病虫害的防治主要是对蚜虫、螟虫、青虫等进行适时防治。施肥一般施三元复合肥，防止叶枯和脱叶。及时补种植物，清除枯枝烂叶，防止立体花坛空秃。保持环境配置物清洁，无杂草，无空秃。立体花坛的应用时间较长，必须根据季节和花期经常进行更换，每次更换都要按照绿化施工养护中的要求进行。

六、花境施工步骤

花境的施工工艺：整床→放线→栽植→养护管理。

1. 整床

因花境施工后可以应用多年，所用的植物材料为多年生花卉，故在苗木栽种前需对场地进行深翻，一般要求深达 40～50cm，对土质差的地段要进行客土。但应注意表层肥土及生土要分别放置，若土壤过于贫瘠，要施足基肥。若种植喜酸性的植物，需混入泥炭土或腐叶土，再把表土填回，然后整平床面，稍加填压。

2. 放线

根据设计图和地面坐标系统的对应关系，用测量仪器把花境中主花境中心点坐标测设到地面上，再把纵横中轴线上的其他中心点的坐标测设下来，将各中心点连线即在地面上放出了花境的纵横轴线。用白粉或砂在植床内将各种植物的栽植范围进行放线。

3. 栽植

栽植时，需先栽植株较大的花卉，再栽植株较小的花卉；先栽宿根花卉，后栽一、二年生草花和球根花卉。栽植密度以植株覆盖植床为宜，若栽植小苗，则可种植密些，花前再适当疏苗；若栽植成苗，则应按设计密度栽好。栽后保持土壤湿度，直到成活。

4. 养护管理

花境栽植后日常管理非常重要，每年早春要进行中耕、施肥和补栽，有时还要更换部分植株，或播种一、二年生花卉。对于不需人工播种、自然繁衍的种类，也要进行定苗、间苗，不能任其生长。在生长季中，要经常注意中耕、除草、除虫、施肥、浇水等。对于枝条柔

> 花境实际上是一种人工群落，只有精心地养护管理才能保持较好的景观。

软或易倒伏的种类，必须及时搭架、捆绑固定。晚秋把散落在地面上的落叶及经腐熟的基肥施入土壤。另外，有的花卉需要掘起放入室内过冬，有的需要在苗床采取防寒措施越冬。

第六节　屋顶花园工程施工

一、屋顶花园的概述

1. 屋顶花园的概念

屋顶花园是指在各类建筑物、构筑物、桥梁（立交桥）等的屋顶、露台、天台、阳台等处进行造园，种植树木花卉的统称。这是屋顶花园的广义定义，它与露地造园和植物种植的最大区别在于把植物种植于人工的建筑物或者构筑物之上，种植土壤不与大地土壤垂直相连。

2. 屋顶花园的分类

（1）休闲屋面。在屋顶进行绿色覆盖的同时，建造园林小品、花架、廊、亭，营造出休闲娱乐、高雅舒适的空间，给人们提供一个释放工作压力、排解生活烦恼、修身养性、畅想未来的优美场所。

（2）生态屋面。即在屋面上覆盖绿色植被，并配有给排水设施，使屋面具备隔热保温、净化空气、阻噪吸尘、增加氧气的功能，从而提高人居生活品质。生态屋面不但能有效增加绿地面积，更能有效维持自然生态平衡，减轻城市热岛效应。

（3）种植屋面。以种植瓜果蔬菜为主要目的的屋顶。屋顶光照时间长，昼夜温差大，远离污染源，所种的瓜果蔬菜含糖量比地面提高5％以上。

（4）复合屋面。集休闲屋面、生态屋面、种植屋面于一体的屋面处理方式。在一个建筑物上既有休闲娱乐的场所，又有生态种植的形式，这是针对不同样式的建筑所采用的综合性屋面处理模式。

3. 屋顶花园的设计原则

（1）以植物造景为主，把生态功能放在首位。

(2)确保营建屋顶花园所增加的荷重不超过建筑结构的承重能力,屋面防水构造能安全使用。

(3)因为屋顶花园相对于地面的公园、游园等绿地来讲面积较小,必须精心设计,才能取得较为理想的艺术效果。

(4)尽量降低造价。从现有条件来看,只有较为合理的造价,才可能使屋顶花园得到普及。

4. 影响屋顶花园的施工因素

(1)建筑空间。

1)空间分布。建筑的空间分布直接影响了屋顶的温度、采光、通风等,也影响了屋顶花园的景观构成要素,需要根据建筑的空间分布对屋顶花园进行良好的空间设计。屋顶花园的空间设计还应当考虑好有关空间功能、交通组织、防灾等方面的要求。

2)场地条件。在地面造园可以利用自然地形进行总体布局,场地高程亦可按总体要求进行挖池堆山,模拟自然山水。屋顶和室内空间的造园所处场地环境受建筑物平面、立面和层高等条件限制很大,所占面积一般均较小,形状多为工整的几何形,很少出现不规则平面。竖向地形上变化更小,几乎均为等高平面。地形改造只能在屋顶结构楼板上,堆砌微小地形,而且水池不能下挖,只能高出楼面,局限性很大。

(2)建筑结构。

1)建筑承重。屋顶花园的荷载由活荷载和静荷载两部分组成。根据屋顶花园的使用功能不同,活荷载的大小也有很大区别。例如,观赏型屋顶花园往往设在不上人的屋顶,活荷载很小,只考虑可能有的雨雪荷载及植物生长和楼面维护检修时所增加的荷载,约 50kg/m^2;而公共性的楼面花园,人流量较大,活荷载较大,大约在 350kg/m^2 左右。上人的屋面,当兼作其他用途时,应按相应楼面活荷载采用。屋顶花园活荷载不包括花圃土石等材料自重。

静荷载包括楼面结构层的质量,找平层、防水层、排水层的荷载,以及花园铺装、土壤、植物、园林小品及水体等的荷载,通常取其较大的平均值作为平均荷载值。应当结合建筑结构布置,合理安排花园的荷载分布，比如栽有乔木等的地方最好设计安排在承载柱子上。对于常见植物屋顶所承受的荷载可参照表 7-25。种植区土层厚度的荷载可参照表 7-26。

表 7-25 常见植物屋顶所承受的荷载

种植种类	荷载/(kN/m²)
地被草坪	0.05
低矮灌木和小丛木本植物	0.10
长成灌木和 1.5m 高的灌木	0.20
3m 高的灌木	0.30

表 7-26 种植区土层厚度的荷载

类别	地被	花卉及小灌木	大灌木
植物生存种植土最小厚度/cm	15	30	45
植物生育种植土最小厚度/cm	30	45	60
排水层厚度/cm	—	10	15
平均荷载(生存)/(kN/m²)	1.50	3.00	4.50
平均荷载(生育)/(kN/m²)	3.00	4.50	6.00

2)屋面防渗。由于植被下面长期保持湿润，并且有酸、碱、盐的腐蚀作用，会对防水层造成长期破坏，同时，屋顶植物的根系会侵入防水层，破坏房屋屋面、楼面的结构，造成渗漏，因此对于屋顶花园，防漏是一个难点。

(3)植物的种植。

1)栽培基质。传统的壤土不仅质量大，而且容易流失。如果土层太薄，极易迅速干燥，对植物的生长发育不利；如果土层厚一些，满足了植物生长，但对屋顶结构不利。因此，宜选用质量小的人工基质来代替壤土。

2)植物搭配。屋顶花园面积一般都不大，绿化花木的生长又受屋顶特定的环境所限制，可供选择的品种有限。一般宜以草坪为主，适当搭配灌木、盆景,避免使用高大乔木,还要重视芳香和彩色植物的应用,做到高矮疏密,错落有致,色彩搭配和谐、合理。

3)养护管理。屋顶花园建成后的养护,主要是指花园主体景物的各种草坪、地被、花木的养护管理,以及屋顶上的水电设施和屋顶防水、排水等工作。由于高层住宅房顶一般没有楼梯,只有小出入口,很难上去操作,因此,公共屋顶花园一般应由有园林绿化种植管理经验的专职人员来管理。

屋顶花园的作用

(1)保证特定范围内居住环境的生态平衡和良好生活环境。

(2)对建筑构造层的保护。

(3)屋顶绿化可以通过储水减少屋面泄水,减轻城市排水系统的压力。

(4)绿化屋顶具有储水功能。

(5)屋顶绿化可以使自然降水渗入地下。

二、屋顶花园绿化要求

1. 屋顶绿化建议性指标

不同类型的屋顶绿化应有不同的设计内容,屋顶绿化要发挥绿化的生态效益,应有相宜的面积指标作保证。屋顶绿化的建议性指标,见表 7-27。

表 7-27 屋顶绿化建议性指标

屋顶绿化分类		指标
花园式屋顶绿化	绿化屋顶面积占屋顶总面积	≥60%
	绿化种植面积占绿化屋顶面积	≥85%
	铺装园路面积占绿化屋顶面积	≤12%
	园林小品面积占绿化屋顶面积	≤3%

续表

屋顶绿化分类		指标
简单式屋顶绿化	绿化屋顶面积占屋顶总面积	≥80%
	绿化种植面积占绿化屋顶面积	≥90%

2. 屋顶承重安全

屋顶绿化应预先全面调查建筑的相关指标和技术资料，根据屋顶的承重，准确核算各项施工材料的质量和一次容纳游人的数量。

3. 屋顶防护安全

屋顶绿化应设置独立出入口和安全通道，必要时应设置专门的疏散楼梯。还应在屋顶周边设置高度在 80cm 以上的防护围栏以防止高空物体坠落和保证游人安全，同时要注重植物和设施的固定安全。

4. 屋顶绿化的特殊性

(1)屋顶绿化需要考虑建筑物的承重能力。在建筑物上种植植物，种植层的质量必须在建筑物的可容许荷载以内，否则，建筑物可能出现裂纹并引起屋顶漏水，严重的还可能造成坍塌事故。

(2)屋顶绿化需要考虑快速排水。建筑结构层为非渗透层，雨水和绿化洒水必须尽快排出。如果屋面长期积水，轻则会造成植物烂根枯萎，重则可能会导致屋顶漏水。

(3)屋顶绿化需要保护建筑屋面和防水层。植物根系具有很强的穿透能力，如果不设法阻止植物根系破坏建筑屋面和防水层，就可能会造成防水层受损而影响其使用寿命，还可能造成屋顶漏水。

屋顶的种植环境比较恶劣。由于屋顶上日晒、风吹、水分过快蒸发、干旱等种植环境不同于地面，所以选择植物品种时需要选择喜日照、抗风性强、耐旱等耐性强的植物品种。

(4)屋顶绿化需要考虑项目完成后的日常维护保养。屋顶绿化不同于地面绿化，可能建在数层高楼房的屋顶，所以必须考虑后期的维护保养的问题，如定期浇水、修剪、除虫和施肥等。建议较高楼层的屋顶绿化面积较大时，采用自动喷洒装置或自动地中滴灌装置；考虑到城市缺水的问题，还可以将屋顶绿化浇水系统与建筑物的中水系统或者雨水收集处理系统相连，用中水或者收集的雨水作为绿化浇灌用水，可以起到节约优质饮用水的作用。

三、屋顶花园绿化植物选择

(1)遵循植物多样性和共生性原则，以生长特性和观赏价值相对稳定、滞尘控温能力较强的本地常用和引种成功的植物为主。

(2)以低矮灌木、草坪、地被植物和攀缘植物等为主，原则上不用大型乔木，有条件时可少量种植耐旱小型乔木。

(3)应选择须根发达的植物，不宜选用根系穿刺性较强的植物，防止植物根系穿透建筑防水层。

(4)选择易移植、耐修剪、耐粗放管理、生长缓慢的植物。

(5)选择抗风、耐旱、耐高温的植物。

(6)选择抗污性强，可耐受、吸收、滞留有害气体或污染物质的植物。

(7)华北地区屋顶绿化部分植物种类，见表 7-28。

表 7-28　推荐华北地区屋顶绿化部分植物种类

种类		特性	种类	特性
乔木	油松	阳性，耐旱、耐寒；观树形	玉兰*	阳性，稍耐阴；观花、叶
	华山松*	耐阴；观树形	垂枝榆	阳性，极耐旱；观树形
	白皮松	阳性，稍耐阴；观树形	紫叶李	阳性，稍耐阴；观花、叶
	西安桧	阳性，稍耐阴；观树形	柿树	阳性，耐旱；观果、叶
	龙柏	阳性，不耐盐碱；观树形	七叶树*	阳性，耐半阴；观树形、叶
	桧柏	偏阴性；观树形	鸡爪槭*	阳性，喜湿润；观叶
	龙爪槐	阳性，稍耐阴；观树形	樱花*	喜阳；观花
	银杏	阳性，耐旱；观树形、叶	海棠类	阳性，稍耐阴；观花、果
	栾树	阳性，稍耐阴；观枝叶果	山楂	阳性，稍耐阴；观花

续表

种类		特性	种类	特性
灌木	珍珠梅	喜阴;观花	碧桃类	阳性;观花
	大叶黄杨*	阳性,耐阴,较耐旱;观叶	迎春	阳性,稍耐阴;观花、叶、枝
	小叶黄杨	阳性,稍耐阴;观叶	紫薇*	阳性;观花、叶
	凤尾丝兰	阳性;观花、叶	金银木	耐阴;观花、果
	金叶女贞	阳性,稍耐阴;观叶	果石榴	阳性,耐半阴;观花、果、枝
	红叶小檗	阳性,稍耐阴;观叶	紫荆*	阳性,耐阴;观花、枝
	矮紫杉*	阳性,观树形	平枝栒子	阳性,耐半阴;观果、叶、枝
	连翘	阳性,耐半阴;观花、叶	海仙花	阳性,耐半阴;观花
	榆叶梅	阳性,耐寒,耐旱;观花	黄栌	阳性,耐半阴,耐旱;观花、叶
	紫叶矮樱	阳性、观花、叶	锦带花类	阳性;观花
	郁李*	阳性,稍耐阴;观花、果	天目琼花	喜阴;观果
	寿星桃	阳性,稍耐阴;观花、叶	流苏	阳性,耐半阴;观花、枝
	丁香类	稍耐阴;观花、叶	海州常山	阳性,耐半阴;观花、果
	棣棠*	喜半阴;观花、叶、枝	木槿	阳性,耐半阴;观花
	红端木	阳性;观花、果、枝	蜡梅*	阳性,耐半阴;观花
	月季类	阳性;观花	黄刺玫	阳性,耐寒,耐旱;观花
	大花绣球*	阳性,耐半阴;观花	猬实	阳性;观花
地被植物	玉簪类	喜阴,耐寒、耐热;观花、叶	大花秋葵	阳性;观花
	马蔺	阳性;观花、叶	小菊类	阳性;观花
	石竹类	阳性,耐寒;观花、叶	芍药*	阳性,耐半阴;观花、叶
	随意草	阳性;观花	鸢尾类	阳性,耐半阴;观花、叶
	铃兰	阳性,耐半阴;观花、叶	萱草类	阳性,耐半阴;观花、叶
	莢果蕨*	耐半阴;观叶	五叶地锦	喜阴湿;观叶;可匍匐栽植
	白三叶	阳性,耐半阴;观叶	景天类	阳性耐半阴,耐旱;观花、叶
	小叶扶芳藤	阳性,耐半阴;观叶;可匍匐栽植	京8常春藤*	阳性,耐半阴;观叶;可匍匐栽植
	砂地柏	阳性,耐半阴;观叶	苔尔曼忍冬*	阳性,耐半阴;观花、叶;可匍匐栽植

* 为在屋顶绿化中,需一定小气候条件下栽植的植物。

四、屋顶花园绿化施工步骤

屋顶花园施工工艺：施工准备→施工放样→闭水测试→防水层施工→绝缘层施工→防护层施工→排水层施工→过滤层施工→种植层施工→种植植物。

1. 施工准备

(1)现场准备。在工程进场施工前派有关人员进驻施工现场进行现场的准备，查看原排水系统，重点是各排水管、排水口的具体位置、高程，并与屋顶花园设计排水系统的各控制点、控制线、标高进行比较、复核。一般适合做屋顶花园的屋顶会有给水系统，可以作为施工过程中的用水水源。如果没有，则要从现有供水管网接入，采用48mm钢管接至现场。场区内用水采用DN25水管，局部地方采用软管，确保施工便捷，达到工程施工的要求。

(2)技术准备。组织全体技术人员认真阅读屋顶花园施工图纸等有关文件和技术资料，并会同设计、监理人员进行技术交底，了解设计意图和设计要求，明确施工任务，编制详细的施工组织设计，学习有关标准及施工验收规范。

(3)材料准备。屋顶花园的施工材料按需要量准备好，按工程的进度先后次序依次进场，施工完一层，需要进行下一层施工时，施工材料再进场。如果同时施工，至少要在防护层做好之后剩余材料才能进场。

2. 屋顶花园植物种植区结构施工程序

(1)结构层。进行屋顶花园结构层设计时保证屋顶荷载值在安全范围内，存在两种情况：一种情况是建筑处于设计阶段，先确定花园的质量，根据花园的质量加强屋顶的结构系统，或是增加支柱以承担荷载，这种情况所需的额外费用少。另一种情况是已经建成的建筑，屋顶的负载能力已经确定，可以从相关人员那里获得原始结构计算和图纸的副本，了解屋顶的结构和荷载范围，再进行屋顶花园的设计。两种情况都要保证在允许的荷载范围内选择材料和做法。已经竣工的楼顶，设计者应在了解建筑结构和荷载范围的基础上进行设计的。

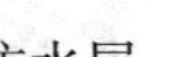

(2)防水层。

1)做防水实验和保证良好的排水系统。施工的第一步是做防水处理,即在真正开工建造屋顶花园景观之前,必须进行两次防水处理。首先,要检查原有的防水性能。步骤为:封闭出水口,再灌水,进行96h(4天4夜)的严格闭水试验。闭水试验中,要仔细观察房间的渗漏情况,保证96h不漏。防水层是保证屋顶不漏的关键层。屋顶防漏还要结合排水,必须处理好屋顶的排水系统;在屋顶花园工程中,种植池、水池和道路场地施工时,应遵照原屋顶排水系统进行规划设计,不应封堵、隔绝或改变原排水口和坡度。特别是大型种植池排水层下的排水管道,要与屋顶排水口配合,注意相关的标准差,使种植池内的多余水能顺畅排出。

2)不损伤原防水层。实施二次防水处理,先取掉屋顶的架空隔热层,取隔热层时,不得撬伤原防水层。取后要清扫、冲洗干净,以增强附着力。一般情况下,不允许在已建成的屋顶防水层上打孔洞、穿管线、预埋铁件、埋设支柱。因此,在新建房屋的屋顶上建屋顶花园时,应注意园林设计部门提供屋顶花园的有关技术资料。将欲留孔洞和预埋件等资料提供给结构设计单位,由其将有关要求反映到建筑结构的施工图中,以便建筑施工中实现屋顶花园打孔洞和穿管线等各项技术要求。如果在旧建筑物上增建屋顶花园,无论是哪种做法的屋面防水层,均不得在屋顶上穿洞打孔、埋设铁件和支柱。即使一般设备装置也不能在屋顶上“生根”,只能采取其他措施使它们“浮摆”在屋面上。

3)重视防水层的施工质量。按照《屋面工程技术规范》规定:屋面的防水等级分为Ⅰ、Ⅱ级,防水合理使用年限分别规定为25年、15年。一般建筑防水等级Ⅱ级,屋顶花园要求达到Ⅱ级,特殊地方应该达到Ⅰ级。目前国内主要采用的防水材料有三种:防水卷材(柔性防水)、防水混凝土(刚性防水)、防水涂膜(柔性防水)。

4)注意材料质量和节点构造。防水卷材应选择高温不流淌、低温不碎裂、不易老化、防水效果好的防水材料。屋顶防水层无论采用哪种形式和材料,均构成整个屋顶的防水排水系统,一切所需要的管道、烟道、排水孔、预埋铁件及支柱等屋顶的设施,均应在做屋顶防水层时妥善处理好其节点构造,特别要注意与土壤的连接部分和排水沟水流终止的部分。混凝土防水层往往因这些细小的构造节点处理不当,而造成整个屋顶防水的失败。另外,按常规设置纵横分格缝的方法,构造复杂,容易渗漏。安装防水板时,当一块防水板宽度不够,需几块并排安放时,应注意板与板之间的空隙也会为植物的根生长提供潜在的空间。

特别提示

屋面花园建造的前提与准备工作

屋面的薄弱部分,如出气孔道周围、女儿墙周边,应加强处理。尤其是女儿墙周边,防水层应延伸上翻至墙上几十厘米,超过将来花坛上层的位置,否则此处极易渗漏。防水层的厚度、层数都应严格按照国家相关规定、规范施工,至少应是“一布两油”,即2层热涂油质材料,中间1层作“筋”的防水布料。防水处理竣工后应以高强度等级水泥砂浆抹面,保护防水层。应避免在潮湿条件下施工,屋面未干透也不宜施工。防水层做好后应及时养护,蓄水后不得断水。屋顶花园的各项园林工程和建筑小品只有在确认屋顶防水工程完整无损的条件下才实施。

(3)绝缘层。

1)绝缘(保温、隔热)层在这里未作基本要求,主要是考虑到某些建筑本身使用功能不需要,如车库、仓库、高架桥等。而且屋顶花园由于本身的水分蒸发、比热较大、植物遮阳及光合作用等,具有一定的隔热、散热效果,在部分只考虑隔热的南方地区,不采用绝缘层勉强行得通。但近年来,公众意识到需要大力节约能源,因此,许多国家和地区都采取法律措施,要求新建的建筑都必须安装隔热材料。而屋顶是热传导的主要发生地,所以,屋顶花园的基层构造中应该增加绝缘层,对于一些寒冷地区这是必不可少的。按要求做绝缘层,可采用倒置式屋面保温层做法。

2)虽然屋顶花园具有一定的厚度,但屋顶花园的土壤及其他材料几乎没有稳定的隔热效果。在寒冷地区,如果屋顶花园中缺少绝缘层,采暖房间的热量会流失、传递给种植层,给植物带来季节上的错觉,造成植物死亡。绝缘层的做法和材料根据具体情况不同会有一定

差异，它可以是一个单独的构造层，也可以和其他的构造层合用，例如兼做找坡层或防水层，甚至是排水层。

(4)防护层。

1)为了防止防水层(主要针对黏性防水层)在施工期间受到损害，以及园林工具、维修设备等可能对其造成的破坏，在防水层的上方安装的一层保护材料。

2)要求材料必须是坚韧、结实而且耐用的，同时，防护材料必须松散地铺设(而非紧密附着)在防水层的上方。

3)防护板被及时安装到位以后，不管上面是否建有屋顶花园，上方通常会浇筑一层坚固的混凝土保护层，以保护整个屋顶，提供一个光滑的排水面。但是在气候寒冷的地区，由于冬季周而复始的冻结和融化过程容易导致混凝土的剥落和破裂，混凝土保护层还可以用混凝土防水层代替，以简化构造层次。同时屋顶花园下方的混凝土板也提供了一处理想的构造层，它可以接受上方种植层和排水材料渗漏下来的水分，并进行排水或蓄水处理等。

(5)排水层。

1)将来自排水层之上无用的水(降雨、浇洒植物)疏导到排水沟、排水管道，引至建筑排水系统，防止造成淤积。要求材料具有抗腐蚀性和通畅的排水空隙。

2)排水层中的水可以通过有坡度的表面径流汇向集中落水口，适用于种植区；也可以通过铺设在排水层中带孔的排水管(表面必须包裹滤布)集中排向落水管，适用于铺地、通道等多种情况。

排水层的做法

(1)传统做法通常用卵石和碎渣，不做过滤层。首先保证排水层总厚度为 50～80mm。排水层必须保持一定的厚度，才不会因为少量泥砂的沉积就出现淤积。同时，考虑到材料本身较重和屋顶有限的荷载，所以排水层又不宜过厚。做法是：下部铺 20～40mm 厚的粗卵石，有利于顺畅的排水；上部铺粒径为5～10mm的小卵石或碎渣，厚度为20～40mn，较小的空隙有利于挡泥砂，同时还能产生毛细现象，为种植层补充一定的水分。简而言之，传统排水层做法的原则是保证一定的排水层厚度，材料上细下粗。这种做法的缺点是种植土易流失，一段时间后空隙被泥沙堵塞出现排水不畅，而且材料自重过大等，给建筑承载造成一定压力。

(2)在常用的是草坪格、植草板和蓄排水板。草坪格和植草板最先是为在有车通行的地方铺设草皮而设计的，将植草区域变为可承重表面(如停车场、消防通道、人行道等)，后来才被引入屋顶花园的排水层设计中。

(3)现行的种植屋面国家标准图集中采用的是陶粒、蛭石等价格相对较低的轻型排水材料(部分地区仍在采用非常低廉的卵石)，这也是比较经济可行的。

(6)过滤层。

1)对从种植层流出的夹杂少许土壤、护根物、植物残体的多余水分进行过滤，以免进入排水管道。一是防止堵塞管道；二是防止种植层中土壤的养分流失。

2)过滤层材料要求是：轻质，防腐，便宜，易于安装而耐用。

3)常用材料由聚丙烯纤维或聚酯纤维制成，国内一般采用聚酯无纺布，统称为土工布。它具有不同的厚度，能满足屋顶花园的不同需求。其铺设方法与防水卷材有相似之处，顺水流方向重叠至少20cm，与垂直面交接处应该向上翻起高出土壤表面，或用板条等压紧边缘。

(7)种植层。

1)由于屋顶花园所处位置的特殊性，土壤必须肥沃、轻质、排水好、湿润、耐久、稳固而且廉价。

2)理论上最佳的种植层成分组成是：40%的分级挑选过的不含任何杂质的粗砂；40%的多孔材料(直径为3～15mm的多孔页岩、蛭石、珍珠岩等)；10%的腐殖泥或泥炭(后者更佳)；8%的经硝化处理的植物残体；2%的过磷酸钙。这样的配方具有质量较轻、保水能力强、固定性好、体积稳定、透气性好、无病虫害、养料丰富而长效等优点。种植层表面还应该覆盖一层有机护根物，厚度为 2～3cm，它可以起到绝缘的作用，减少土壤受外界温度的影响；此外，它还有助于抑制杂草的生长和减缓土壤中水分的蒸发。更为关键的是，它的缓慢腐烂还可以逐渐补充有机物，从而使种植层更为疏松，同时，也增强了土壤的保水能力。

第八章　园林供电施工

第一节　园林供电概述

一、园林照明

1. 园林照明方式

园林照明设计与规划必须掌握园林照明方式，见表 8-1。

表 8-1　园林照明方式

序号	园林照明方式	内　容
1	一般照明	是不考虑局部的特殊需要，为整个被照场所而设置的照明。这种照明方式的一次投资少，照度均匀
2	局部照明	对于景区（点）某一局部的照明。当局部地点需要高照度并对照度方向有要求时，宜采用局部照明，但在整个景（区）点不应只设局部照明而无一般照明
3	混合照明	由一般照明和局部照明共同组成的照明。在需要较高照度并对照射方向有特殊要求的场合，宜采用混合照明。此时，一般照明照度按不低于混合照明总照度的 5%～10%选取，且最低不低于 20lx（勒克斯）

2. 园林照明质量

良好的视觉效果不仅是单纯地依靠充足的光通量，还需要有一定的光照质量要求。园林照明质量主要由以下几个因素决定：

（1）照明均匀度。对于园林环境中彼此亮度不相同的表面，当视

觉从一个面转到另一个面时，眼睛被迫经过一个适应过程。当适应过程经常反复时，就会产生视觉疲劳。在考虑园林照明时，除满足景色的需要外，还应注意周围环境中的亮度分布应均匀。

(2)照度。照度是决定物体明亮程度的间接指标。在一定范围内，照度增加，视觉能力也相应提高。园林工程中各类建筑物、道路、庭园等设施的一般照明照度，见表 8-2。

表 8-2　　园林工程中各类设施一般照明的推荐照度　　lx

照明地点	推荐照度
国际比赛足球场	1000～1500
综合性体育正式比赛大厅	750～1500
足球、游泳池、冰球场、羽毛球、乒乓球、台球	200～500
篮、排球场，网球场	150～300
绘图室、字画商店、百货商场	100～200
阅览室、报告厅、会议室、展览厅	75～150
一般性商业建筑、旅游饭店、酒吧、咖啡厅、舞厅、餐厅	50～100
更衣室、浴室	15～30
库房	10～20
厕所、盥洗室、热水间、楼梯间、走道	5～20
广场	5～15
停车场	3～10
庭园道路	2～5
住宅小区道路	0.2～1

(3)眩光限制。眩光是指由于亮度分布不适当或亮度的变化幅度太大，或由于在时间上相继出现的亮度相差过大所造成的观看物体时感觉不适或视力降低的视觉条件，是影响照明质量的主要特征。防止产生眩光的方法包括：

1)注意照明灯具的最低悬挂高度。

2)力求使照明光源来自优越方向。

3)使用发光表面面积大、亮度低的灯具。

知识链接

园林照明的色温与色调

(1)光源的发光颜色与温度有关。当光源的发光颜色与黑体加热到某一温度所发出的颜色相同时的温度,称为该光源的颜色温度,简称色温。色温是电光源技术参数之一,用绝对温标K来表示。

(2)园林工程照明中,电光源的选择还应考虑光源的颜色特性,即色调。

1)暖色能使人感觉距离近些,而冷色则使人感觉距离远些,故暖色是前进色,冷色则是后褪色。

2)暖色里的明色有柔软感,冷色里的明色有光滑感;暖色的物体看起来密度大些、坚固些,而冷色的物体则看起来轻一些。在狭窄的空间宜选冷色里的明色,以造成宽敞、明亮的感觉。

3)一般红色、橙色有兴奋作用,而紫色则有抑制作用。

二、园林灯光

1. 园林灯光的概念

灯光可以照亮周围的事物,但夜晚的园林并不需要将所有一切全都照亮,使之形同白昼。而园林照明却并非单纯将园地照亮这一功能,其利用夜色的朦胧与灯光的变幻,可以使园林呈现出一种与白昼迥然不同的旨趣。在各种灯光的装饰下,造型优美的园灯在白天也有特殊的装饰作用。

知识链接

园灯的构造

园灯主要由灯罩、灯柱、基座及基础四部分组成。

(1)灯罩。保护光源,变直接发光源为散射光或反射光,用乳白玻璃灯罩或有机玻璃制成,可避免刺目的眩光。

(2)灯柱。支撑光源及确定光源的高度,常用的有钢筋混凝土灯柱、金属灯柱、木灯柱等。

(3)基座。固定并保护灯柱,使灯柱近人流部分不受撞击,一般可用天然石块加工而成,或用混凝土、砖块、铸铁等制成。

(4)基础。稳定基座,使其不下沉,可用素混凝土或碎砖、三合土等材料。

园灯可使用不同的材料,设计出不同造型。园灯如果选用合适,能在以山水、花木为主体的自然园景中起到很好的点缀作用。园灯的造型有几何形与自然形之分。选用几何造型可以突出灯具的特征而形成园景的变化;采用自然造型则能与周围景物相和谐而达到园景的统一。

2. 园林灯光的类型

(1)投光器。将光线由一个方向投射到需要照明的物体上,可产生欢快、愉悦的气氛。使用一组小型投光器,并通过精确的调整,使之形成柔和、均匀的背景光线,可以勾勒出景物的外形轮廓,就成了轮廓投光灯。

投射光源可采用一般的白炽灯或高强放电灯。为免游人受直射光线的影响,应在光源上加装挡板或百叶板,并将灯具隐蔽起来。

(2)低照明器。低照明器主要用于草坪、园路两旁、墙垣之侧或假山、岩洞等处渲染特殊的灯光效果。低照明器的光源高度设置在视平线以下,可用磨砂或乳白玻璃罩护光源,或者为避免产生眩光而将上部完全遮挡。

(3)杆头式照明器。杆头式照明器的照射范围较大,光源距地较远,主要用于广场、路面或草坪等处,渲染出静谧、柔和的气氛。杆头式照明器过去常用高压汞灯作为光源,现在为了高效、节能,广泛采用钠灯。

(4)埋地灯。埋地灯外壳由金属构成,内用反射型灯泡,上面装隔热玻璃。埋地灯常埋置于地面以下,主要用于广场地面,有时为了创造一些特殊的效果,也用于建筑、小品、植物的照明。

(5)水下照明彩灯。水下照明彩灯主要由金属外壳、转臂、立柱以及橡胶密封圈、耐热彩色玻璃、封闭反射型灯泡、水下电缆等组成，有红、黄、绿、琥珀、蓝、紫等颜色，可安装于水下 30～1000mm 处，是水景照明和彩色喷泉的重要组成部分。

3. 园林灯光照明类型

(1)环境照明。环境照明不是专为某一物体或某一活动而设，主要提供一些必要光亮的附加光线，让人们感受到或看清周围的事物。

1)环境照明的光线应该是柔和地弥漫在整个空间，具有浪漫的情调，所以，通常应消除特定的光源点。

2)可以利用匀质墙面或其他物体的反射使光线变得均匀、柔和，也可以采用地灯、光纤、霓虹灯等，以形成一种充满某一特定区域的散射光线。

3)可用特殊灯具，以适宜的光色予以照明。

4)隐藏灯具，避免眩光。

5)可根据需要考虑其经济性。

(2)重点照明。重点照明是指为强调某些特定目标而进行的定向照明。为了使园林充满艺术韵味，在夜晚可以用灯光强调某些要素或细部，即选择定向灯具将光线对准目标，使这些物体打上一定强度的光线，而让其他部位隐藏在弱光或暗色之中，从而突出意欲表达的物体，产生特殊的景观效果。重点照明设计应符合下列要求：

1)明、暗要根据需要进行设计，有时需要暗光线营造气氛。

2)照度要有差别，不可均一，以造成不同的感受。

3)需将阴影夸大，从而起到突出重点的作用。

4)可根据需要考虑其经济性。

重点照明须注意灯具的位置。使用带遮光罩的灯具以及小型的、便于隐藏的灯具可减少眩光的刺激，同时，还能将许多难于照亮的地方显现在灯光之下，产生意想不到的效果，使人感到愉悦和惊异。

(3)工作照明。工作照明是为特定活动所设，应符合下列要求：

1)所提供的光线应该无眩光、无阴影，以便使活动不受夜色的影响。

2)要注意对光源的控制,即在需要时光源能够很容易地被打开,而在不使用时又能随时关闭,恢复场地的幽邃和静谧。

(4)安全照明。为确保夜间游园、观景的安全,需要在广场、园路、水边、台阶等处设置灯光,让人能够清晰地看清周围的高差障碍;在墙角、屋隅、丛树之下布置适当的照明,可给人以安全感。安全照明的设计应符合下列要求:

1)有必要的亮度。

2)光线连续、均匀。

3)可单独设置,也可与其他照明一并考虑。

4)照明方案经济。

4. 园林灯光应用

为了突出不同位置的园景特征,灯光的使用也要有所区别。园林工程中的灯光运用形式大致可分为场地照明、道路照明、建筑照明、植物照明和水景照明,见表 8-3。

表 8-3　　灯光运用形式

灯光运用形式	场所特点	灯光布置要求
场地照明	范围较大,人流聚集	(1)广场周围应选择发光效率高的高杆直射光源,可以使场地内光线充足,便于人的活动。 (2)可用适当数量的地灯加以补充。 (3)灯光布置应符合工作照明和安全照明要求。 (4)广场上还应布置一些聚光灯之类的光源,以便在举行活动时使用
道路照明	道路类型丰富,用途各异	(1)对于园林中可能会有车辆通行的主干道和次要道路,需要采用具有一定亮度且均匀的连接照明,以使行人及部分车辆能够准确识别路上的情况,所以应根据安全照明要求设计。 (2)对于游憩小路则除了需要照亮路面外,还希望营造出一种幽静、祥和的氛围,因而,用环境照明的手法可使其融入柔和的光线之中。

续表

灯光运用形式	场所特点	灯光布置要求
道路照明	道路类型丰富，用途各异	(3)采用低杆园灯的道路照明应避免直射灯光耀眼，通常可用带有遮光罩的灯具，将视平线以上的光线予以遮挡；或使用乳白灯罩，使之转化为散射光源
建筑照明	造型优美，轮廓分明	(1)采用泛光灯进行夜间照明，呈现建筑的优美造型。 (2)建筑轮廓灯多采用霓虹灯或成串的白炽灯。 (3)建筑内的照明除使用一般的灯具外，还可选用传统的宫灯、灯笼
植物照明	自　　然	(1)运用低照明器将阴影和被照亮的花木组合在一起。 (2)利用不同灯光组合，体现园林植物的质感。 (3)将灯具安置在树枝之间，创造“月光效果”
水景照明	形式多样	(1)大型的喷泉使用红色、橘黄、蓝色和绿色的光线进行投射，可产生欢快的气氛。 (2)小型水池运用一些更为自然的光色可使人感到亲切。 (3)位于水面以上的灯具应将光源甚至整个灯具隐于花丛之中或者池岸、建筑的一侧，即将光源背对着游人，以避免眩光刺眼。 (4)跌水、瀑布中的灯具可以安装在水流的下方，这不仅能将灯具隐藏起来，而且可以照亮潺潺流水，显得十分生动。 (5)静态水池照明应将灯具抬高，使之贴近水面，并增加灯具数量，使之向上照亮周围的花木，以形成倒影

三、园林供电光源的选择

园林工程中，常用照明电光源的额定功率范围及适用场所，见表 8-4。

表 8-4 园林常用照明电光源额定功率范围及适用场合

光源名称 特性	白炽灯 （普通照明灯泡）	卤钨灯	荧光灯	荧光高压汞灯	高压钠灯	金属卤化物灯	管形氙灯
额定功率范围	10～1000	500～2000	6～125	50～1000	250～400	400～1000	1500～100000
适用场所	彩色灯泡：可用于建筑物、商店橱窗、展览馆、园林构筑物、孤植树、树丛、喷泉、瀑布等装饰照明。水下灯泡：可用于喷泉、瀑布等处装饰用。聚光灯：舞台照明、公共场所等作强光照明	适用于广场、体育场建筑物等照明	一般用于建筑物室内照明	广泛用于广场、道路、园路、运动场所等作大面积室外照明	广泛用于道路、园林绿地、广场、车站等处照明	主要可用于广场、大型游乐场、体育场照明及高速摄影等方面	有“小太阳”之称，特别适合于作大面积场所的照明，工作稳定，点燃方便

第二节　园林供电线路施工

一、施工现场临时电源设施安装与维护

园林工程现场施工时，施工人员的日常生活、照明以及现场设备都需要用电作为动力源。为保证施工现场工作人员的生活及工作能够顺利进行，需要在施工现场配备临时的用电设施。

1. 施工现场低压配电线路架设

施工现场的低压配电线路，绝大多数是三相四线制供电，可提供380V和220V两种电压，供不同负荷选用。施工现场的低压配电线路，一般采用架空敷设，基本要求如下：

(1)电杆应完好无损，不得有倾斜、下沉和杆基积水等现象。

(2)不得架设裸导线。线路与施工建筑物的水平距离不得小于10m；与地面的垂直距离不得小于6m；跨越建筑物时与其顶部的垂直距离不得小于2.5m。

(3)各种绝缘导线均不得成束架空敷设。无条件做架空线路的工程地段，应采用护套电缆线。

(4)配电线路禁止敷设在树上或沿地面明敷设。埋地敷设必须穿管。

(5)建筑施工用的垂直配电线路，应采用护套缆线，每层不少于在两处固定。

(6)暂时停用的线路应及时切断电源，竣工后随即拆除。

2. 配电箱安装

配电箱是为施工现场临时用电设备设置的电源设施，凡是用电场所，无论负荷大小，均应按用电情况安装适宜的配电箱。配电箱的安装应符合下列要求：

(1)动力和照明用的配电箱应分别设置，且箱内必须装设零线端子板。

(2)施工现场用的配电箱结构简单,可不装测量仪表。

(3)配电箱可以立放在地上,也可挂在墙上、柱上,要具备防雨、防水的功能,室内外均可使用,箱体外要涂防腐油。放置地点既要方便使用,又要较为隐蔽。箱体应有接地线并设有明显的标记。

(4)配电箱盘面上的配线应排列整齐,横平竖直,绑扎成束,并用长钉固定在盘板上。盘后引出或引入的导线应留出适当的余量,以利检修。

3. 照明设备安装

园林工程施工现场常用的电光源有白炽灯、荧光灯、卤钨灯、荧光高压汞灯和高压钠灯。可根据对照明的要求和使用的环境进行选择。

照明设备安装应符合下列要求:

(1)施工现场的照明线路,除护套缆线外,应分开设置或穿管敷设;便携式局部照明灯具用的导线,宜使用橡胶套软线,接地线或接零线应在同一护套内。

(2)灯具与地面的垂直距离不应低于2.5m;投光灯、碘钨灯与易燃物应保持一定的安全距离;流动性碘钨灯采用金属支架安装时应保持稳固并采取接地或接零保护。

(3)每个照明回路的灯和插座数不宜超过25个,且应有15A以下的熔丝保护。

(4)插座接线应符合下列要求:

1)单相两孔插座:面对插座的右极接相线,左极接零线。

2)单相三孔及三相四孔的保护接地线或保护接零线均应在上孔。

3)交流、直流或不同电压的插座安装在同一场所时,应有明显区别,且插头与插座不能相互插入。

(5)螺口灯头的中心触点应接相线,螺纹接零线。

(6)每套路灯的相线上应装熔断器,线路入灯具处应做防水弯。

(7)接线时应注意使三相电源尽量对称。

园林电气设备的安装要求

(1)露天使用的电气设备,应采取妥善的防雨措施,使用前须测绝缘,合格后方可使用。

(2)每台电动机均应装设控制和保护设备,不得用一个开关同时控制两台及以上的电气设备。

(3)电焊机一次电源线宜采用橡胶套电缆,长度一般不应大于3m。露天使用的电焊机应有防潮措施,机下用干燥物件垫起,机上设防雨罩。

(4)施工现场移动式用电设备及手持式电动工具,必须装设漏电保护装置,而且要定期检查,以保持其动作灵敏可靠。其电源线必须使用三芯(单相)或四芯(三相)橡胶套电缆;接线时,护套应进入设备的接线盒并固定。

二、架空线路及杆上电气设备安装

1. 材料、设备进场验收

(1)钢筋混凝土电杆和其他混凝土制品的进场验收。

1)在工程规模较大时,钢筋混凝土电杆和其他混凝土制品通常是分批进场的,所以要按批查验合格证。

2)外观检查要求钢筋混凝土电杆和其他混凝土制品表面平整,无缺角露筋,每个制品表面有合格印记;钢筋混凝土电杆表面光滑,无纵向、横向裂纹,杆身平直,弯曲不大于杆长的1/1000。

(2)镀锌制品和外线金具的进场验收。

1)镀锌制品(支架、横担、接地极、防雷用型钢等)和外线金具应按批查验合格证或镀锌厂出具的质量证明书。对进入现场已镀好锌的成品,只要查验合格证书即可;对进货为未镀锌的钢材,经加工后,出场委托进行热浸镀锌后再进现场,这样就既要查验钢材的合格证,又要查验镀锌厂出具的镀锌质量证明书。

2)电气工程使用的镀锌制品,在许多产品标准中均规定为热浸镀锌工艺制成。热浸镀锌的工艺镀层厚,制品的使用年限长,虽然外观质量比镀锌工艺差一些,但电气工程中使用的镀锌横担、支架、接地极和避雷线等以使用寿命为主要考虑因素,况且室外和埋入地下时较多,故要求使用热浸镀锌的制品。外观检查要求镀锌层覆盖完整、表面无锈斑,金具配件齐全,无砂眼。

3)当对镀锌质量有异议时,按批抽样送有资质的试验室检测。

(3)裸导线的进场验收。

1)裸导线应查验合格证。

2)外观检查应包装完好,裸导线表面无明显损伤,不松股、扭折和断股(线),测量线径符合制造标准。

2. 电杆埋设

架空线路的杆型、拉线设置及两者的埋设深度,在施工设计时是依据所在地的气象条件土壤特性、地形情况等因素综合考虑确定的。埋设深度是否足够,涉及线路的抗风能力和稳固性,太深会浪费材料。

单回路的配电线路,电杆埋设深度不应小于表 8-5 所列数值。一般电杆的埋深基本上(除 15m 杆外)可为电杆高度的 1/10 加 0.7m;拉线坑的深度不宜小于 1.2m。

电杆坑、拉线坑的深度允许偏差,应不深于设计坑深 100mm、不浅于设计坑深 50mm。

表 8-5　　电杆埋设深度

杆高/m	埋深/m
8	1.50
9	1.60
10	1.70
11	1.80
12	1.90
13	2.00
15	2.30

3. 横担安装

(1)横担安装技术要求。

1)横担的安装应根据架空线路导线的排列方式而定,具体要求如下:

①钢筋混凝土电杆使用U形抱箍安装水平排列导线横担。在杆顶向下量200mm,安装U形抱箍,用U形抱箍从电杆背部抱过杆身,抱箍螺扣部分应置于受电侧,在抱箍上安装好M形抱铁,在M形抱铁上再安装横担,在抱箍两端各加一个垫圈用螺母固定,先不要拧紧螺母,留有调节的余地,待全部横担装上后再逐个拧紧螺母。

②电杆导线进行三角排列时,杆顶支持绝缘子应使用杆顶支座抱箍。由杆顶向下量取150mm,使用Q形支座抱箍时,应将角钢置于受电侧,将抱箍用M16mm×70mm方头螺栓穿过抱箍安装孔,用螺母拧紧固定。安装好杆顶抱箍后,再安装横担。横担的位置由导线的排列方式来决定,导线采用正三角排列时,横担距离杆顶抱箍为0.8m;导线采用扁三角排列时,横担距离杆顶抱箍为0.5m。

2)横担安装应平整,安装偏差不应超过下列规定数值:

①横担端部上下歪斜:20mm。

②横担端部左右扭斜:20mm。

3)带叉梁的双杆组立后,杆身和叉梁均不应有鼓肚现象。叉梁铁板、抱箍与主杆的连接应牢固,局部间隙不应大于50mm。

4)导线水平排列时,上层横担距杆顶距离不宜小于200mm。

5)10kV线路与35kV线路同杆架设时,两条线路导线之间垂直距离不应小于2m。

6)高、低压同杆架设的线路,高压线路横担应在上层。架设同一电压等级的不同回路导线时,应把线路弧垂较大的横担放置在下层。

7)同一电源的高、低压线路宜同杆架设。为了维修和减少停电,直线杆横担数不宜超过4层(包括路灯线路)。

(2)绝缘子的安装规定。

1)安装绝缘子时,应清除表面灰土、附着物及不应有的涂料,还应根据要求进行外观检查和测量绝缘电阻。

2)安装绝缘子采用的闭口销或开口销不应有断裂缝等现象。工程中使用闭口销比开口销具有更多的优点，当装入销口后，能自动弹开，不需将销尾弯成45°，拔出销孔时也比较容易。它具有销住可靠、带电装卸灵活的特点。当采用开口销时应对称开口，开口角度应为30°～60°。工程中严禁用线材或其他材料代替闭口销、开口销。

3)绝缘子在直立安装时，顶端顺线路歪斜不应大于10mm；在水平安装时，顶端宜向上翘起5°～15°，顶端顺线路歪斜应不大于20mm。

4)转角杆安装瓷横担绝缘子，顶端竖直安装的瓷横担支架应安装在转角的内角侧(瓷横担绝缘子应装在支架的外角侧)。

5)全瓷式瓷横担绝缘子的固定处应加软垫。

4. 电杆组立

立杆的方法很多。立杆前应检查所用工具。立杆过程中要有专人指挥，随时检查立杆工具受力情况，遵守有关规定。常用的立杆有汽车起重机立杆、人字抱杆立杆、三脚架立杆、倒落式立杆等。下面仅介绍杆身调整方法和误差要求。

(1)调整方法。一人站在相邻未立杆的杆坑线路方向上的辅助标桩处(或其延长线上)，面对线路向已立杆方向观测电杆，或通过垂球观测电杆，指挥调整杆身，或使与已立正直的电杆重合。如为转角杆，观测人站在与线路垂直方向或转角等分角线的垂直线(转角杆)的杆坑中心辅助桩延长线上，通过垂球观测电杆，指挥调正杆身，此时横担轴向应正对观测方向。

调整杆位，一般可用杠子拨，或用杠杆与绳索联合吊起杆根，使其移至规定位置。调整杆面，可用转杆器弯钩卡住，推动手柄使杆旋转。

(2)杆身调整误差。

1)直线杆的横向位移不应小于50mm；电杆的倾斜不应使杆梢的位移大于半个杆梢。

2)转角杆应向外角预偏,紧线后不应向内角倾斜,向外角的倾斜不应使杆梢位移大于一个杆梢。转角杆的横向位移不应大于50mm。

3)终端杆立好后应向拉线侧预偏,紧线后不应向拉线反方向倾斜,向拉线侧倾斜不应使杆梢位移大于一个杆梢。

4)双杆立好后应正直,位置偏差不应超过下列数值:

①双杆中心与中心桩之间的横向位移:50mm。

②迈步:30mm。

③两杆高低差:20mm。

④根开:±30mm。

5. 导线架设

导线架设时,线路的相序排列应统一,对设计、施工、安全运行都是有利的,高压线路面向负荷,从左侧起,导线排列相序为 L_1、L_2、L_3 相;低压线路面向负荷,从左侧起,导线排列相序为 L_1、N、L_2、L_3 相。电杆上的中性线(N)应靠近电杆,如线路沿建筑物架设时,应靠近建筑物。

导线架设应符合下列技术要求:

(1)架空线路应沿道路平行敷设,并宜避免通过各种起重机频繁活动地区。应尽可能减少同其他设施的交叉和跨越建筑物。

(2)6~10kV 接户线的最小截面为:

1)铝绞线:25mm^2;

2)铜绞线:16mm^2。

(3)接户线对地距离,不应小于下列数值:

1)6~10kV 接户线:4.5m;

2)低压绝缘接户线:2.5m。

(4)跨越道路的低压接户线,至路中心的垂直距离,不应小于下列数值:

1)通车道路:6m;

2)通车困难道路、人行道:3.5m。

(5)架空线路的导线与建筑物之间的距离,不应小于表 8-6 所列数值。

表 8-6　　导线与建筑物间的最小距离　　m

线路经过地区	线路电压	
	6～10kV	<1kV
线路跨越建筑物垂直距离	3	2.5
线路边线与建筑物水平距离	1.5	1

注:架空线不应跨越屋顶为易燃材料的建筑物,对于耐火屋顶的建筑物也不宜跨越。

(6)架空线路的导线与道路行道树间的距离,不应小于表 8-7 所列数值。

表 8-7　　导线与街道行道树间的最小距离　　m

线路经过地区	线路电压	
	6～10kV	<1kV
线路跨越行道树在最大弧垂情况的最小垂直距离	1.5	1
线路边线在最大风偏情况与行道树的最小水平距离	2	1

(7)架空线路的导线与地面的距离,不应小于表 8-8 所列数值。

表 8-8　　导线与地面的最小距离　　m

线路经过地区	线路电压	
	6～10kV	<1kV
居民区	6.5	6
非居民区	5.5	5
交通困难地区	4.5	4

注:1. 居民区指工业企业地区、港口、码头、市镇等人口密集地区。

2. 非居民区指居民区以外的地区,均属非居民区;有时虽有人,有车到达,但房屋稀少,亦属非居民区。

3. 交通困难地区——车辆不能到达的地区。

(8)架空线路的导线与山坡、峭壁、岩石之间的距离,在最大计算风偏情况下，不应小于表 8-9 所列数值。

表 8-9　导线与山坡、岩石间的最小净空距离　m

线路经过地区	线路电压	
	6～10kV	<1kV
步行可以到达的山坡	4.5	3
步行可以到达的山坡、峭壁和岩石	1.5	1

(9)架空线路与甲类火灾危险的生产厂房，甲类物品库房及易燃、易爆材料堆场，以及可燃或易燃液(气)体贮罐的防火间距，不应小于电杆高度的 1.5 倍。

6. 导线连接

架空线路导线连接，必须可靠地将导线连接起来，连接后的握着力与母体导线拉断力比，应符合设计要求的静载和动载的握着力，确保架空配电线路正常运行。导线连接质量直接影响导线的机械强度和电气性能，所以，必须严格按照工艺标准，精心操作，认真仔细做好接头。

(1)架空导线连接方式。

1)跳线处接头，常规采用线夹连接法。

2)其他位置接头，通常采用钳接(压接)法、单股线缠绕法和多股线交叉缠绕法，特殊地段和部位利用爆炸压接法。

(2)架空导线连接要求。

1)不同金属、不同规格、不同绞向的导线，严禁在挡距内连接。

2)在一个挡距内，每根导线不应超过 1 个接头。跨越线(道路、河流、通信线路、电力线路)和避雷线均不允许有接头。

3)接头距导线的固定点不应小于 500mm。

4)导线接头处的机械强度不应低于原导线强度的 90%，电阻不应超过同长度导线的 1.2 倍。

(3)导线采用压接法的操作要求。

1)接续管的型号与导线的规格必须匹配。

2)导线端头处理应先将导线压接的端头部位用绑线扎紧并将导线端部锯齐。

3)穿线与压接。

①先用钢刷清除压接管内以及导线和压条表面的氧化膜，涂一度中性凡士林。

②将导线穿入管内夹上压条，将两端导线头伸出管外 20～30mm，导线端头的绑线不应拆除。

③压接后的接续管弯曲度不应大于管长的 2%。压接或校正调直后的接续管不得有裂纹。

④压接后接续管两端附近的导线不应有灯笼、抽筋等现象。

⑤压接后接续管两端的出口处、合缝处及外露部分均应涂刷油性涂料。

⑥压接后尺寸的允许误差为：铜钳接管 ±0.5mm，铝钳接管 ±1.0mm。

4)导线打绕接点。

①铝绞线、钢芯铝绞线的打绕接点，可采用并沟线夹连接。连接处须包缠铝包带。

②并沟线夹的标号与导线标号必须相同，线夹内的导线表面应清除氧化膜，并涂一层中性凡士林。

⑧拧紧线夹时应用锤子敲打几遍再拧紧螺栓，直至拧不动为止。

④线夹内导线不得有破股或叠股现象。

⑤线夹两端应留出线头 30mm 左右。

⑥当两根导线截面不同时，应按大截面导线选用线夹，在小截面导线上用铝包带缠到与大截面导线相同的粗度。

(4)导线连接做法。

1)压接管。根据导线截面选择压接管，调整压接钳上支点螺钉，使之适合压接深度。压接接管选择及压接尺寸如图 8-1 和表 8-10 所示。

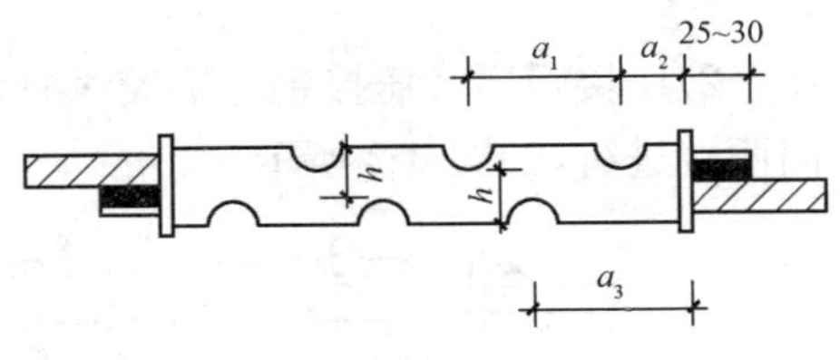

图 8-1　压接部位尺寸

表 8-10　　　　导线压接规格表

导线名称	安装导线型号	钳压部位尺寸/mm			钳压处高度 h/mm	钳压口数	钳压管型号	钳压模型号
		a_1	a_2	a_3				
钢芯铝绞线	LGJ-16	28	14	28	12.5	12	QLG-16	—
	LGJ-25	32	15	31	14.5	14	QLG-25	—
	LGJ-35	34	42.5	93.5	17.5	14	QLG-35	QMLG-35
	LGJ-50	38	48.5	105.5	20.5	16	QLG-50	QMLG-50
	LGJ-70	46	54.5	123.5	25.0	16	QLG-70	QMLG-70
	LGJ-95	54	61.5	142.5	29.0	20	QLG-95	QMLG-95
	LGJ-120	62	67.5	160.5	33.0	24	QLG-120	QMLG-120
	LGJ-150	64	70	166	36.0	24	QLG-150	QMLG-150
	LGJ-185	66	74.5	173.5	39.0	26	QLG-185	QMLG-185
	LGJ-240	62	68.5	161.5	43.0	2×14	QLG-240	QMLG-240
铝绞线	LJ-16	28	20	34	10.5	6	QL-16	QML-16
	LJ-25	32	20	36	12.5	6	QL-25	QML-25
	LJ-35	36	25	43	14.0	6	QL-35	QML-35
	LJ-50	40	25	45	16.5	8	QL-50	QML-50
	LJ-70	44	28	50	19.5	8	QL-70	QML-70
	LJ-95	48	32	56	23.0	10	QL-95	QML-95
	LJ-120	52	33	59	26.0	10	QL-120	QML-120
	LJ-150	56	34	62	30.0	10	QL-150	QML-150
	LJ-185	60	35	65	33.5	10	QL-185	QML-185

2)压接顺序。压接钢芯铝绞线时,压接的顺序是从中间开始分别向两端进行,如图 8-2 所示。

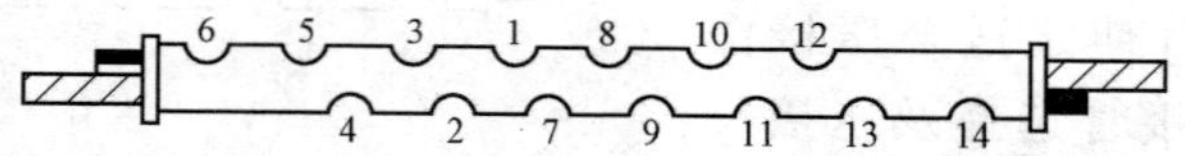

图 8-2　钢芯铝绞线压接顺序

压接铝绞线时，压接顺序从导线接头端开始，按顺序交错向另一端进行，如图8-3所示。

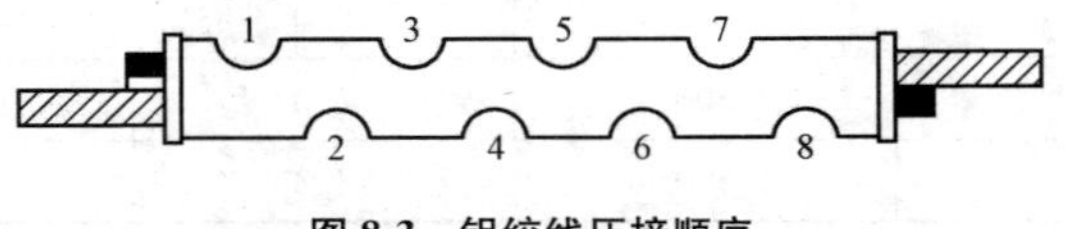

图8-3　铝绞线压接顺序

当压接240mm^{2}钢芯铝绞线时，可用两根压接管串联进行，两压接相距不小于15mm。每根压接管压接顺序都是从内端向外端交错进行，如图8-4所示。

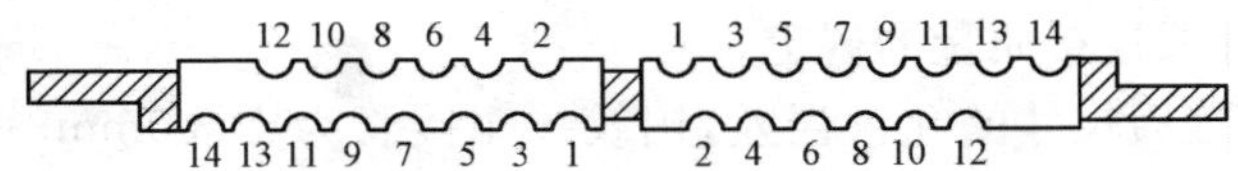

图8-4　240mm^{2}钢芯铝绞线压接顺序

钳压后导线端头露出长度不应小于20mm。压接后的接线管弯曲度不应大于管长的2%。压接后或校正后的接线管不应有裂纹。

3)单股线的缠绕。适用于单股直径2.6～5.0mm的裸铜线。缠绕前先把两线头拉直，除去表面铜锈。

4)多股线交叉缠绕法。适用于35mm^{2}以下的裸铝或铜导线。缠绕前先按表8-11的规定量好接头长度，把接头处导线拆开拉直并用砂纸打光洁，做成伞骨架形状，然后将两根多股导线相互交叉插到一起，束合成一块，中间段用绑线缠紧，再用本身股线一一缠绕，每股剩余下来的线头和下一股交叉后作为被裹的线压在下面，最后一股缠完后拧成小辫。缠绕时应缠紧并排列整齐。

表8-11　多股线交叉缠绕的接头长度和绑线直径

导线直径成截面面积	接头长度/mm	绑线直径/mm	中间绑线长度/mm
ϕ2.6～ϕ3.2	80	1.6	—
ϕ4.0～ϕ5.0	120	2.0	—
16mm^2	200	2.0	50

续表

导线直径成截面面积	接头长度/mm	绑线直径/mm	中间绑线长度/mm
25mm²	250	2.0	50
35mm²	300	2.3	50
50mm²	500	2.3	50

5)爆炸压接法。爆炸压接法是利用炸药爆炸时产生的高温高压气体,使接线管(压接管)产生塑性变形,把导线牢固地连接起来。炸药的配制用量要按计算确定值严格控制,不能使导线发生损伤(如断股、折裂等)。

(5)导线连接质量的规定。

1)压接后尺寸的允许误差,铝绞线钳接管为±1.0mm;钢芯铝绞线钳接管为±0.5mm。

2)10kV 及以下架空线路的导线,采用缠绕方法连接时,连接部分的线缠绕紧密、牢固,不应有断股、松股等,以及连接处严禁有损伤导线的缺陷。

3)压接后接线管两端出口处、合缝处及外露部分,应涂刷电力复合脂。导线的压接管在压接或校直后严禁有裂纹。

4)钳压后导线露出的端头绑扎线不应拆除。

7. 杆上电气设备安装

电杆上电气设备安装应牢固可靠;电气连接应接触紧密;不同金属连接应有过渡措施;瓷件表面光洁,无裂缝、破损等现象。

(1)杆上变压器及变压器台的安装。

1)水平做倾斜不大于台架根开的 1/100。

2)一、二次引线排列整齐、绑扎牢固。

3)油枕、油位正常,外壳干净。

(2)熔断器、断路器及开关安装。

1)跌落式熔断器的安装,要求各部分零件完整;转轴光滑灵活;铸件不应有裂纹;砂眼锈蚀;瓷件良好,熔丝管不应有吸潮膨胀或弯曲现象;熔断器安装牢固、排列整齐,熔管轴线与地面的垂线夹角为 15°～

30°；熔断器水平相间距离不小于 500mm；操作时灵活可靠；接触紧密；合熔丝管时上触头应有一定的压缩行程；上、下引线压紧；与线路导线的连接紧密可靠。

2）杆上断路器和负荷开关的安装，其水平倾斜不大于担架长度的 1/100；引线连接紧密，当采用绑扎连接时，长度不小于 150mm；外壳干净，不应有漏油现象，气压不低于规定值；操作灵活，分、合位置指示正确可靠；外壳接地可靠，接地电阻值符合规定。

3）杆上隔离开关的瓷件良好，操作机构动作灵活，隔离刀刃合闸时接触紧密，分闸后应有不小于 200mm 的空气间隙；与引线的连接紧密可靠；水平安装的隔离刀刃，分闸时，宜使静触头带电；三相运动隔离开关的三相隔离刀刃应分、合同期。

4）低压熔断器和开关安装要求各部分接触应紧密，便于操作。低压保险丝（片）安装要求无弯折、压偏、伤痕等现象。

（3）杆上避雷器安装。杆上避雷器的瓷套与固定抱箍之间加垫层；安装排列整齐、高低一致；相间距离为：1～10kV 时，不小于 350mm；1kV 以下时，不小于 150mm。避雷器的引线短而直、连接紧密，采用绝缘线时，其截面要求为：

1）引上线：铜线不小于 $16mm^2$，铝线不小于 $25mm^2$。

2）引下线：铜线不小于 $25mm^2$，铝线不小于 $35mm^2$，引下线接地可靠，接地电阻值符合规定。与电气部分连接，不应使避雷器产生外加应力。

（4）变压器中性点应与接地装置引出干线直接连接。由接地装置引出的干线，以最近距离直接与变压器中性点（N 端子）可靠连接，以确保低压供电系统可靠、安全地运行。

8. 杆上低压配电箱和馈电线路的检查

杆上低压配电箱的电气装置和馈电线路交接试验应符合下列规定：

（1）每路配电开关及保护装置的规格、型号应符合设计要求。

（2）相间和相对地间的绝缘电阻值应大于 0.5MΩ。

（3）电气装置的交流工频耐压试验电压为 1kV，当绝缘电阻值大于 10MΩ 时，可采用 2500V 兆欧表摇测替代，试验持续时间 1min，无击穿闪络现象。

架空线路的定位

架空线路的架设位置既要考虑到地面道路照明、线路与两侧建筑物和树木之间的安全距离以及接户线接引等因素，又要顾及电杆杆坑和拉线坑下有无地下管线，且要留出必要的各种地下管线检修移位时因挖土防电杆倒伏的位置，只有这样才能满足功能要求，才是安全可靠的。因而在架空线路施工时，线路方向及杆位、拉线坑位的定位是关键工作，如不依据设计图纸位置埋桩确认，后续工作是无法展开的。因此，必须在线路方向和杆位及拉线坑位测量埋桩后，经检查确认后，才能挖掘杆坑和拉线坑。

三、动力、照明配电箱（盘）安装

1. 柜（屏、台、箱）类设备的进场验收

（1）应查验动力照明配电箱（盘）等设备的合格证和随带技术文件，实行生产许可证和安全认证制度的产品，有许可证编号和安全认证标志。为了在设备进行交接试验时作对比，成套柜要有出厂试验记录。

（2）配电箱、盘在运输过程中，因受振动使螺栓松动或导线连接脱落脱焊是经常发生的，所以进场验收时要注意检查，以利于采取措施使其正确复位。在外观检查时应验有无铭牌，柜内元器件应无损坏丢失、接线无脱落脱焊，蓄电池柜内壳体无碎裂、漏液，充油、充气设备无泄漏，涂层完整，无明显碰撞凹陷。

2. 安装使用材料的进场验收

（1）型钢表面无严重锈斑，无过度扭曲、弯折变形，焊条无锈蚀，有合格证和材质证明书。

（2）镀锌制品螺栓、垫圈、支架、横担表面无锈斑，有合格证和质量证明书。

(3)其他材料，如铅丝、酚醛板、油漆、绝缘胶垫等均应符合质量要求。

(4)配电箱体应有一定的机械强度，周边平整无损伤。铁制箱体二层底板厚度不小于1.5mm，阻燃型塑料箱体二层底板厚度不小于8mm，木制板盘的厚度不应小于20mm，并应刷漆做好防腐处理。

(5)导线电缆的规格型号必须符合设计要求，有产品合格证。

3. 动力、照明配电箱(盘)安装施工作业条件

(1)土建工作应具备下列条件：

1)屋顶、楼板施工完毕，不得有渗漏。

2)结束室内地面工作。

3)预埋件及预留孔符合设计要求，预埋件应牢固。

4)门窗安装完毕。

5)凡进行装饰工作时有可能损坏已安装设备或设备安装后不能再进行施工的装饰工作全部结束。

(2)必须具有全套正式施工图纸(包括施工说明和有关施工规程、规范、标准、标准图册等)。

(3)凡所使用的设备和器材，均应符合国家或部颁的现行技术标准，并有合格证件；设备应有铭牌。

(4)设备到达现场后应做下列验收检查，并填写设备开箱检查记录：

1)制造厂的技术文件应齐全。

2)型号、规格应符合设计要求，附件备件齐全，元件无损坏情况。

与盘、柜安装有关的建筑物、构筑物的土建工程质量应符合国家现行的建筑工程施工质量及验收规范中的规定。

4. 设备开箱检查

(1)设备开箱检查由安装施工单位执行，供货单位、建设单位、监理单位参加，并做好检查记录。

(2)按设计图纸、设备清单核对设备件数。按设备装箱单核对设备本体及附件，备件的规格、型号。核对产品合格证及使用说明书等技术资料。

(3)柜内电器装置及元件齐全,安装牢固,无损伤,无缺失。

(4)柜(屏、台、盘)体外观检查应无损伤及变形,油漆完整,色泽一致。

(5)开箱检查应配合施工进度计划,结合现场条件,吊装手段和设备到货时间的长短可灵活安排。设备开箱后应尽快就位,缩短现场存放时间和开箱后保管时间。可先进行外观检查,柜内检查待就位后进行。

5. 设备搬运

(1)柜(屏、台)搬运,吊装由起重工作业,电工配合。

(2)设备吊点、柜顶设吊点者,吊索应利用柜顶吊点;未设有吊点者,吊索应挂在四角承力结构处。吊装时宜保留并利用包装箱底盘,避免索具直接接触柜体。

(3)柜(屏、台)室内搬运、位移应采用手动插车,卷扬机、滚杠和简易马凳式吊装架配倒链吊装,不应采用人力撬动方式。

6. 弹线定位

在照明配电箱(盘)安装的施工过程中,配电箱(盘)的设置位置是十分重要的,位置不正确不但会给安装和维修带来不便,安装配电箱还会影响建筑物的结构强度。

根据设计要求找出配电箱(盘)位置,按照箱(盘)外形尺寸进行弹线定位。配电箱安装底口距地一般为1.5m,明装电度表板底口距地不小于1.8m。在同一建筑物内,同类箱盘高度应一致,允许偏差10mm。为了保证使用安全,配电箱与采暖管距离不应小于300mm;与给排水管道不应小于200mm;与煤气管、表不应小于300mm。

7. 配电箱盘安装

园林工程动力、照明配电箱(盘)可以起到对动力、照明电源的供电控制作用,同时,还方便了对电源的检查与维修。动力、照明配电箱(盘)安装应符合下列规定:

(1)箱(盘)不得采用可燃材料制作。

(2)箱体开孔与导管管径适配,边缘整齐,开孔位置正确,电源管应在左边,负荷管在右边。照明配电箱底边距地面为1.5m,照明配电板底边距地面不小于 1.8m。

(3)箱(盘)内部件齐全,配线整齐,接线正确无绞接现象。回路编号齐全,标识正确。导线连接紧密,不伤芯线,不断股。垫圈下螺丝两侧压的导线的截面面积相同,同一端子上导线连接不多于两根,防松垫圈等零件齐全。

箱(盘)内接线整齐,回路编号、标识正确是为方便使用和维修,防止误操作而发生人身触电事故。

(4)配电箱(盘)上电器、仪表应牢固、平正、整洁、间距均匀。铜端子无松动,启闭灵活,零部件齐全。其排列间距应符合表 8-12 的要求。

表 8-12　　电器、仪表排列间距要求

<table>
<tr><th>间　距</th><th colspan="3">最小尺寸/mm</th></tr>
<tr><td>仪表侧面之间或侧面与盘边</td><td colspan="3">60</td></tr>
<tr><td>仪表顶面或出线孔与盘边</td><td colspan="3">50</td></tr>
<tr><td>闸具侧面之间或侧面与盘边</td><td colspan="3">30</td></tr>
<tr><td>上下出线孔之间</td><td colspan="3">40(隔有卡片柜)20(不隔卡片柜)</td></tr>
<tr><td rowspan="3">插入式熔断器顶面或底面与出线孔</td><td rowspan="3">插入式熔断器规格/A</td><td>10～15</td><td>20</td></tr>
<tr><td>20～30</td><td>30</td></tr>
<tr><td>60</td><td>50</td></tr>
<tr><td rowspan="2">仪表、胶盖闸顶间或底面与出线孔</td><td rowspan="2">导线截面/mm²</td><td>10</td><td>80</td></tr>
<tr><td>16～25</td><td>100</td></tr>
</table>

(5)箱(盘)内开关动作灵活可靠,带有漏电保护的回路,漏电保护装置的设置和选型由设计确定,保护装置动作电流不大于 30mA,动作时间不大于 0.1s。

(6)照明箱(盘)内,分别设置中性线(N)和保护线(PE)汇流排,N 线和 PE 线经汇流排配出。

因照明配电箱额定容量有大小,小容量的出线回路少,仅 2～3 个回路,可以用数个接线柱(如绝缘的多孔瓷或胶木接头)分别组合成 PE 线和 N 接线排,但决不允许两者混合连接。

(7)箱(盘)安装牢固,安装配电箱箱盖紧贴墙面,箱(盘)涂层完整，配电箱（盘）垂直度允许偏差为0.15%。

8. 明装配电箱(盘)的固定

在混凝土墙上固定时，有暗配管及暗分线盒和明配管两种方式。如有分线盒，先将分线盒内杂物清理干净，然后将导线理顺，分清支路和相序，按支路绑扎成束。待箱（盘）找准位置后，将导线端头引至箱内或盘上，逐个剥削导线端头，再逐个压接在器具上。同时，将保护地线压在明显的地方，并将箱（盘）调整平直后用钢架或金属膨胀螺栓固定。在电具、仪表较多的盘面板安装完毕后，应先用仪表核对有无差错，调整无误后试送电，并将卡片柜内的卡片填写好部位，编上号。如在木结构或轻钢龙骨护板墙上固定配电箱（盘）时，应采用加固措施。配管在护板墙内暗敷设并有暗接线盒时，要求盒口应与墙面平齐，在木制护板墙处应做防火处理，可涂防火漆进行防护。

9. 暗装配电箱的固定

在预留孔洞中将箱体找好标高及水平尺寸。稳住箱体后用水泥砂浆填实周边并抹平齐，待水泥砂浆凝固后再安装盘面和贴脸。如箱底与外墙平齐时，应在外墙固定金属网后再做墙面抹灰，不得在箱底板上直接抹灰。安装盘面要求平整，周边间隙均匀对称，贴脸（门）平正，不歪斜，螺栓垂直受力均匀。

10. 配电箱盘的检查与调试

(1)柜内工具、杂物等清理出柜，将柜体内外清扫干净。

(2)电器元件各紧固螺栓牢固，刀开关、空气开关等操作机构应灵活，不应出现卡滞或操作力用力过大现象。

(3)开关电器的通断是否可靠，接触面接触良好，辅助接点通断准确可靠。

(4)指示仪表与互感器的变比及极性应连接正确可靠。

(5)母线连接应良好，其绝缘支撑件、安装件及附件应安装牢固可靠。

(6)熔断器的熔芯规格选用是否正确，继电器的整定值是否符合设计要求，动作是否准确可靠。绝缘电阻摇测，测量母线线间和对地电阻，测量二次接线间和对地电阻，应符合现行国家施工验收规范的规定。在测量二次回路电阻时，不应损坏其他半导体元件，摇测绝缘电阻时应将其断开并进行记录。

知识链接

配电箱安装注意事项

(1)配电箱(盘)的标高或垂直度超出允许偏差：由于测量定位不准确或者是地面高低不覃造成，应及时进行修正。

(2)铁架不方正：在安装铁架之前未进行调直找正或安装时固定位置偏移造成的，应用吊线重新找正后再进行固定。

(3)盘面电具、仪表不牢固、平整或间距不均匀，压头木不牢、压头伤线芯，多股导线压头未装压线端子，闸具下方未装卡片框：螺丝不紧的应拧紧，间距应按要求调整均匀，找平整；伤线芯的部分应剪掉重接；多股线应装上压线端子；卡片框应补装。

(4)保护地线截面不够，保护地线串接：应按规范要求纠正。

(5)配线排列不整齐：应按支路绑扎成束，固定美观。

(6)配电箱(盘)缺零部件：应配齐各种安装所需零部件。

(7)铁制箱用电、气焊开长孔：应一管一孔，不应用电、气焊开孔，管入箱应整齐，锁母、护口齐全。

(8)箱体稳注周边缝隙过大：应用水泥砂浆将箱、管注实，牢固。

(9)铁箱内壁焊点锈蚀：应补刷防锈漆。

第三节　园林园灯施工

一、霓虹灯安装

霓虹灯管由玻璃弯管制成，容易破碎，管端部还有高电压，应安装在人不易触及的地方。霓虹灯管安装应符合下列要求：

(1)灯管固定后，与建筑物、构筑物表面的最小距离不宜小于20mm。

(2)安装霓虹灯灯管时，一般用角铁做成框架，框架既要美观，又要牢固，在室外安装时还要经得起风吹雨淋。

(3)安装时，应在固定霓虹灯管的基面上，确定霓虹灯每个单元的位置。灯体组装时要根据字体和图案的每个组成件所在位置安设灯管支持件，其高度不应低于4mm，支持件的灯管卡接口要和灯管的外径相匹配。支持件宜用一个螺钉固定，以便调节卡接口与灯管的衔接位置。灯管和支持件要用绑线绑扎牢靠，每段霓虹灯管其固定点不得少于两处，在灯管的较大弯曲处应加设支持件。霓虹灯管在支持件上装设不应承受应力。

(4)霓虹灯管要远离可燃性物质，其距离至少应在30cm以上；与其他管线间的距离应有150mm以上的间距，并应设绝缘物隔离。

(5)霓虹灯管出线端与导线连接应紧密可靠以防打火或断路。

(6)安装灯管时应用各种玻璃或瓷制、塑料制的绝缘支持件固定。有的支持件可以将灯管直接卡入，有的则可用ϕ0.5的裸细铜线扎紧，如图8-5所示。安装灯管时不可用力过猛，并用螺钉将灯管支持件固定在木板或塑料板上。

(6)在室内或橱窗里安装霓虹灯管时，在框架上拉紧已套上透明玻璃管的镀锌钢丝，组成200～300mm间距的网格，然后将霓虹灯管用ϕ0.5的裸铜丝或弦线等与玻璃管绞紧即可，如图8-6所示。

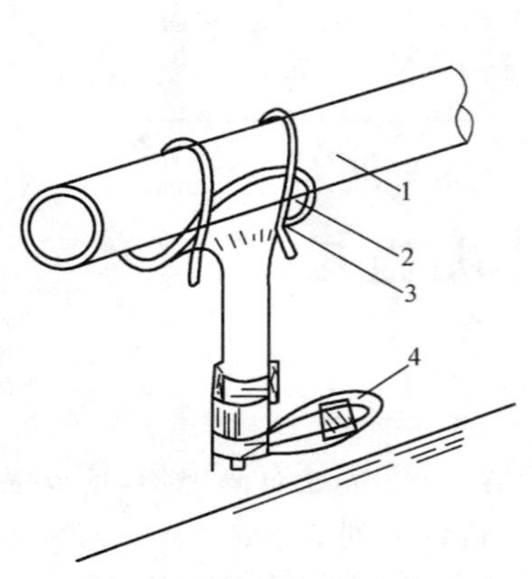

图8-5 霓虹灯管支持件固定

1—霓虹灯管；2—绝缘支持件

3—ϕ0.5裸铜丝扎紧；4—螺钉固定

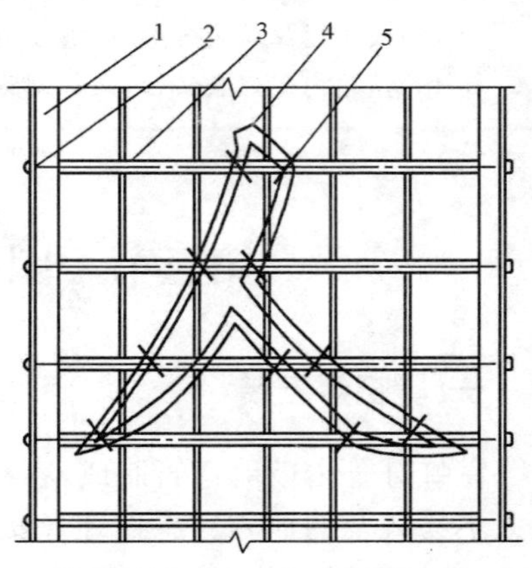

图8-6 霓虹灯管绑扎固定

1—型钢框架；2—ϕ1.0镀锌钢丝

3—玻璃套管；4—霓虹灯管；5—ϕ0.5铜丝扎紧

2. 变压器安装

霓虹灯变压器应紧靠灯管安装，一般隐蔽在霓虹灯板之后，可以减短高压接线，但要注意切不可安装在易燃品周围。具体应符合下列规定：

（1）变压器应安装在角钢支架上，其支架宜设在牌匾、广告牌的后面或旁侧的墙面上，支架如埋入固定，埋入深度不得少于120mm；如用胀管螺栓固定，螺栓规格不得小于M10。角钢规格宜在∟35×35×4以上。

（2）变压器要用螺栓紧固在支架上，或用扁钢抱箍固定。变压器外皮及支架要做接零（地）保护。

（3）变压器在室外明装其高度应在3m以上，距离建筑物窗口或阳台也应以人不能触及为准，如上述安全距离不足或将变压器明装于屋面、女儿墙、雨篷等人易触及的地方，均应设置围栏并覆盖金属网进行隔离、防护，确保安全。

（4）为防雨、雪和尘埃的侵蚀，可将变压器装于不燃或难燃材料制作的箱内加以保护，金属箱要做保护接零（地）处理。

3. 低压电路安装

（1）对于容量不超过4kW的霓虹灯，可采用单相供电，对超过4kW的大型霓虹灯，需要提供三相电源，霓虹灯变压器要均匀分配在各相上。

（2）在霓虹灯控制箱内一般装设有电源开关、定时开关和控制接触器。

（3）控制箱一般装设在邻近霓虹灯的房间内。为防止在检修霓虹灯时触及高压，在霓虹灯与控制箱之间应加装电源控制开关和熔断器，在检修灯管时，先断开控制箱开关再断开现场的控制开关，以防止造成误合闸而使霓虹灯管带电的危险。

（4）霓虹灯通电后，灯管内会产生高频噪声电波，它将辐射到霓虹灯的周围，会严重干扰电视机和收音机的正常使用。为了避免这种情况发生，只要在低压回路上接装一个电容器就可以了。

4. 高压线连接

(1)霓虹灯专用变压器的二次导线和灯管间的连接线,应采用额定电压不低于 15kV 的高压尼龙绝缘线。霓虹灯专用变压器的二次导线与建筑物、构筑物表面之间的距离均不应大于 20mm。

(2)高压导线支持点间的距离,在水平敷设时为 0.5m;垂直敷设时,支持点间的距离为 0.75m。

(3)高压导线在穿越建筑物时,应穿双层玻璃管加强绝缘,玻璃管两端须露出建筑物两侧,长度各为 50～80mm。

知识链接

饰景照明灯具安装

安装雕塑、雕像的饰景照明灯具时,应根据被照明目标的位置及其周围的环境确定灯具的位置:

(1)处于地面上的照明目标,孤立地位于草地或空地中央。此时灯具的安装,尽可能与地面平齐,以保持周围的外观不受影响和减少眩光的危险。也可装在植物或围墙后的地面上。

(2)坐落在基座上的照明目标,孤立地位于草地或空地中央。为了控制基座的亮度,灯具必须放在更远一些的地方。基座的边不能在被照明目标的底部产生阴影,也是非常重要的。

(3)坐落在基座上的照明目标,位于行人可接近的地方。通常不能围着基座安装灯具,因为从透视上说距离太近。只能将灯具固定在公共照明杆上或装在附近建筑的立面上,但必须注意避免眩光。

二、彩灯安装

(1)安装彩灯时,应使用钢管敷设,严禁使用非金属管作为敷设支架。

(2)管路安装时,首先按尺寸将镀锌钢管切割成段,端头套丝,缠上油麻,将电线管拧紧在彩灯灯具底座的丝孔上,勿使漏水,这样将彩灯一段一段连接起来。然后按画出的安装位置线就位,用镀锌金属管卡将其固定,固定在距灯位边缘100mm处,每管设一卡就可以了。固定用的螺栓可采用塑料胀管或镀锌金属胀管螺栓。不得打入木楔用木螺钉固定,否则容易松动脱落。

(3)管路之间应用不小于$\phi 6$的镀锌圆钢进行跨接连接。

(4)彩灯装置的配管本身也可以不进行固定,而固定彩灯灯具底座。在彩灯灯座的底部原有圆孔部位的两侧,顺线路的方向开一长孔,以便安装时进行固定位置的调整和管路热胀冷缩时有自然调整的余地,如图8-7所示。

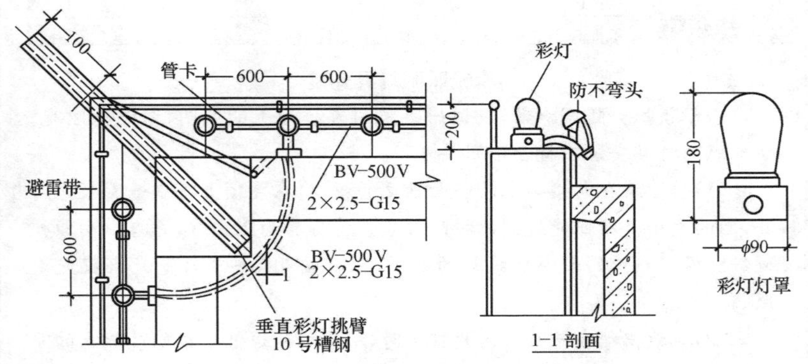

图8-7 固定式彩灯装置做法

(5)在彩灯安装部位,顺线路的敷设方向拉通线定位。根据灯具位置及间距要求,沿线打孔埋入塑料胀管。把组装好的灯底座及连接钢管一起放到安装位置,用膨胀螺钉将灯座固定。

(6)彩灯穿管导线应使用橡胶铜导线敷设。

(7)彩灯装置的钢管应与避雷带(网)进行连接,并应在建筑物上部将彩灯线路线芯与接地管路之间接以避雷器或放电间隙,借以控制放电部位,减少线路损失。

(8)较高的主体建筑,垂直彩灯的安装一般采用悬挂方法,安装较方便。但对于不高的楼房、塔楼、水箱间等垂直墙面也可采用镀锌管沿墙垂直敷设的方法。

(9)彩灯悬挂敷设时要制作悬具,悬具制作的主要材料是钢丝绳、拉紧螺栓及其附件，导线和彩灯设在悬具上。

(10)悬挂式彩灯多用于建筑物的四角无法装设固定式的部位。采用防水吊线灯头连同线路一起悬挂于钢丝绳上，悬挂式彩灯导线应采用绝缘强度不低于500V的橡胶铜导线，截面不应小于4mm²。灯头线与干线的连接应牢固，绝缘包扎紧密。导线所载灯具质量的拉力不应超过该导线的允许机械强度，灯的间距一般为700mm，距地面3m以下的位置上不允许装设灯头。

旗帜照明灯具安装

由于旗帜会随风飘动，应该始终采用直接向上的照明，以避免眩光，旗帜照明灯具安装应符合下列要求：

(1)对于装在大楼顶上的一面独立的旗帜，在屋顶上布置一圈投光灯具，圈的大小是旗帜能达到的极限位置。将灯具向上瞄准，并略微向旗帜倾斜。根据旗帜的大小及旗杆的高度，可以要用3～8只宽光束投光灯照明。

(2)当旗帜插在一个斜的旗杆上时，从旗杆两边低于旗帜最低点的平面上分别安装两只投光灯具，这个最低点是在无风情况下确定来的。

(3)当只有一面旗帜装在旗杆上，也可以在旗杆上装一圈PAR密封型光束灯具。为了减少眩光，这种灯组成的圆环离地至少2.5m高，并为了避免烧坏旗帜布料，在无风时，圆环离垂挂的旗帜下面至少有40cm。

(4)对于多面旗帜分别升在旗杆顶上的情况，可以用密封光束灯分别装在地面上进行照明。为了照亮所有的旗帜，不论旗帜飘向哪一方向，灯具的数量和安装位置取决于所有旗帜覆盖的空间。

三、园灯安装步骤

1. 灯架、灯具安装

(1)按设计要求测出灯具(灯架)安装高度，在电杆上画出标记。

(2)将灯架、灯具吊上电杆(较重的灯架、灯具可使用滑轮、大绳吊上电杆)，穿好抱箍或螺栓，按设计要求找好照射角度，调好平整度后，将灯架紧固好。

(3)成排

灯具其仰角应保持一致，排列整齐。

2. 配接引下线

(1)将针式绝缘子固定在灯架上，将导线的一端在绝缘子上绑好回头，并分别与灯头线、熔断器进行连接。将接头用橡胶布和黑胶布半幅重叠各包扎一层。然后将导线的另一端拉紧，并与路灯干线背扣后进行缠绕连接。

(2)每套灯具的相线应装有熔断器，且相线应接螺口灯头的中心端子。

(3)引下线与路灯干线连接点距杆中心应为400～600mm，且两侧对称一致。

(4)引下线凌空段不应有接头，长度不应超过4m，超过时应加装固定点或使用钢管引线。

(5)导线进出灯架处应套软塑料管，并做防水弯。

3. 试灯

全部安装工作完毕后，送电、试灯，并进一步调整灯具的照射角度。

第九章　园林建筑小品施工

第一节　园门

一、园门的概念与类型

1. 园门的概念

园门是指园林景墙上开设的门洞，也称景门。园门有导游、点景和装饰的作用，一个成功的园门往往给人以“引人入胜”、“别有洞天”的感受。

2. 园门的类型

园门的形式大体上可分为直线型、曲线型和混合型三种。

> 园门在形式处理上虽然不需过分渲染，但却要求精巧雅致。如苏州沧浪亭中的汉瓶门本属曲线烦琐，但由于白色的造型同园中绿色芭蕉取得了恰当的对比效果，却显得和谐自然。

(1) 直线型。直线型园门是指如方门、六方门、八方门、长八方门、执圭门以及把曲线门程式化各种式样的门，如图 9-1 所示。

(2)曲线型。曲线型园门是我国古典园林中常用的园门形式。主要有圈门、月门、汉瓶门、葫芦门、剑环门、梅花门、如意门和贝叶门等，如图 9-1 所示。

(3)混合型。以直线型为主体，在转折部位加入曲线段进行连接，或将某些直线变成曲线即为混合型园门，如图 9-2 所示。

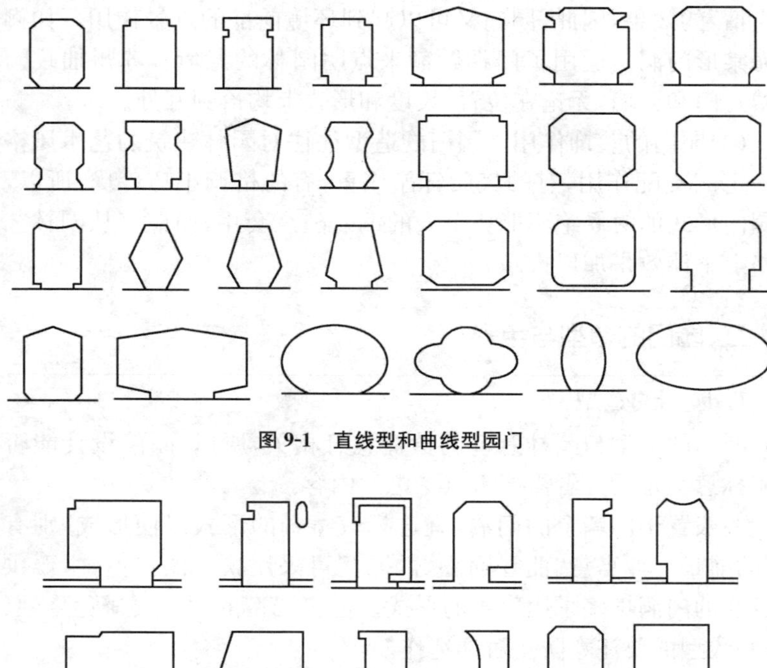

图 9-1　直线型和曲线型园门

图 9-2　混合型园门

3. 园门的作用

(1)园门的导游作用。园门的导游作用是指为游人集散与联系服务,有效的组织游览路线、发挥导游的作用,使游人在游览过程中不断获得生动的画面。园门在建筑设计中不仅具有交通及通风、采光作用,在空间处理上,它可以把两个相邻的空间既分隔开来又联系在一起。在造园艺术中往往利用园门的这种分隔空间和联系空间的作用,构成园林空间的渗透和空间的流动,并形成明显的层次以达到园内有园,景外有景,丰富多彩的形式。

(2)园门的点景作用。园门是给游人的最初印象,能影响人们对园林整体或局部的感受,不仅能引导出入和造景的功能,还易产生“触景生情”的效果,因此,园门又可以起到环境前部的点景作用。如狮子林海棠形门洞是运用了门楣题额来点明园林的意境。苏州拙政园的晚翠月门和云墙,无论在位置、尺度和形式上均恰到好处。

(3)园门的装饰作用。园门的造型往往对园林建筑的艺术风格起着一定的支配作用,有的气质轩昂庄重,有的格调小巧玲珑,所以,选择园门形式的时候绝不能凭个人的偏爱随意套用,而应多从园林艺术风格上整体效果加以推敲。

二、园门的造型与色彩

1. 园门的造型

园门的造型与园林意境的营造息息相关,所以,园门设计能否体现园林意境是设计者需要重点考虑的内容。

一般置于围墙上的门洞,宜选择较宽阔的形式以便形成“别有洞天”的前景。如寓意“曲径通幽”的园门可采用狭长的造型;主要供游人过往的门洞也多采用狭长的形式。但直线型的园门要避免生硬、单调;曲线型的要注意防止矫揉造作。

特别提示

门洞形式的选择

在现代园林中,由于服务对象不同,往往人流量较大,应考虑这一因素来选择相应的门洞形式。如广州流花公园在分割浏览空间的短墙上开设宽阔的八角形门洞,不仅满足了大量人流通过的要求,并同现代大公园的风景容量相协调。

各种造型的园门均能产生和谐的景观,如图 9-3～图 9-6 所示。

2. 园门的色彩

园林中,造型别致、形态各异的园门,以粉墙为纸,竹石为绘,构成一幅幅风吹影动、花影移墙的立体画面,生动而又有动感和生活气息。一般园门色彩处理分为以下三种:

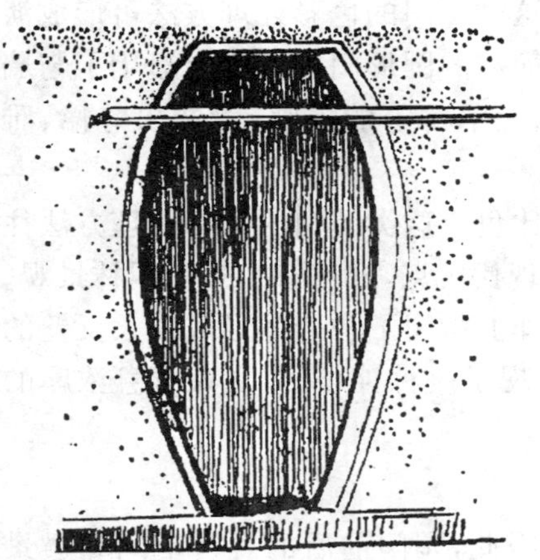
图 9-3　桂林杉湖瓶形门洞

图 9-4　杭州三潭印月三叶形门洞

图 9-5　杭州灵隐花格边饰圆形门洞

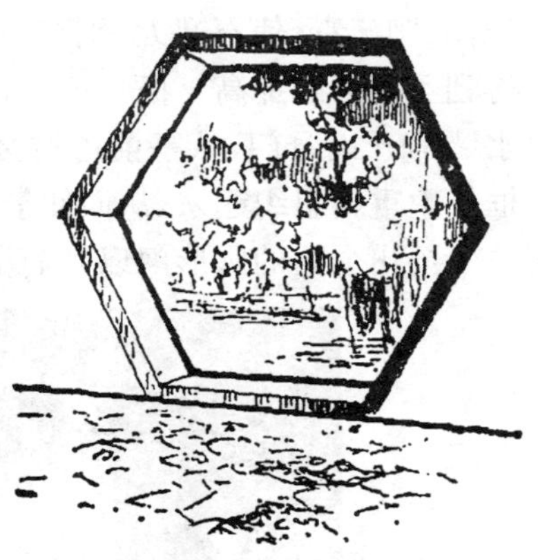
图 9-6　上海南丹公园六角形门洞

(1)园门的边框与墙体相近或一致。这类园门的色彩处理方法可形成自然、质朴、浑然天成的园林意境。如粉墙、青瓦的圆形月洞门，门的边框与墙体色彩接近，但与芭蕉、翠竹形成反差，会给游人留下深刻印象。

(2)园门的边框运用中性色。这种园门的色彩处理方法可形成淡泊、宁静的园林意境。如苏州艺圃简洁的圆形门在色彩上运用了与墙体色彩接近的中性色——灰色,加上翠竹等的掩映,营造出静谧、雅致、淡泊的园林意境。

(3)园门的边框与墙体形成对比色。这类园门的色彩处理方法往往会形成或文人气息浓厚,或富有现代气息,或富有生气的园林景观。如扬州寄啸山庄的园门,在色彩处理上运用了和墙体形成较大反差的黑色,园门的色彩和形式与云墙表现了一种神秘的、文人气息浓厚的园林意境。

3. 园门的造景艺术

孤立的园门观赏效果并不好,因此,园门前后的观赏空间和透景视距的处理是非常讲究的,与环境配合构成各种不同的艺术效果时,能大大增强欣赏效果。

利用园门构成"对景"、"框景",如图 9-7 所示,可以形成"轻纱环碧,弱柳窥青,伟石迎人,别有一壶天地"的优美意境,从而欣赏效果也得到了显著的提高。扬州瘦西湖柳堤上的吹台小亭从组景出发,在临水墙面开设月门,从亭前透过月门向外眺望,对岸的白塔和五亭桥在框景中重新组织起来,从而使景色得以艺术再现。

扬州个园的圆形门以其简洁的造型在翠竹和"墨石"的掩映下,营

图 9-7 园门的"对景"、"框景"

造出了“春来江水绿如蓝”的艺术效果。

园门的艺术作用

在中国园林建筑空间的巧妙组合中，园门起到了至关重要的作用。如苏州留园，从入口便苦心经营，园门、粉墙、青瓦，构筑可谓简洁，入门后是一个小厅，过厅东行，先进一个过道，空间为之一收；而在过道尽头是一个横向长方厅，光线透过漏窗，厅内亮度较前厅稍明。从长方厅西行，又是一个过道，过道内左右交错地布置了两个开敞小庭院，院中亮度又有增强。这种随着人的移动而光线由暗渐明，空间时收时放的布置，营造了游人扑朔迷离的兴趣。过门厅继续西行，便见题额“长留天地间”的古木交柯门洞。门洞东侧开一个月洞空窗、细竹摇翠，指示出眼前即到佳境。

第二节　景墙工程施工

一、景墙

1. 景墙的概念

景墙是指园林中的墙垣，通常用于界定和分隔空间的设施，或称为园墙，有连续式景墙和独立式景墙两种类型，如图 9-8 和图 9-9 所示。

图 9-8　连续式景墙

图 9-9　独立式景墙

隔断是指园林环境中包括室内和室外的功能性和装饰性的小品设施，它是在“博古来”及落地罩等形式上发展起来的，是分隔空间和组织空间的有效手段之一。

2. 景墙的设计

景墙设计多与地方的风土人情相联系。好的景墙犹如一幅画卷，能艺术地展示该地独有的人文信息。如某公园门口的景墙，墙面用泥浆混草梗涂抹，上面点缀着的人物形象和精美的饰品，颜色对比强烈，形成的一个独具特色景点。

用作景墙的材料多种多样，有传统的砖瓦结构，也有现代的玻璃以及木制隔栅等材料。如某公园，采用传统的砖瓦结构，景墙上饰有传统的松鹤延年等吉祥图案。景墙将公园分隔成前场和后园两部分，体现出刚柔并济、动静结合的设计理念。

3. 景墙的表现艺术

连续式景墙大多位于园林内部景区的分界线上，起到分隔、组织和引导游览的作用，或者位于园界的位置对园地进行围合，构成明显的园林环境范围。而园界上的景墙除了要符合园林本身的要求以外，还要与城市道路融为一体，并为城市街景添色。在连续式景墙中，如运用植物材料表现，可取得良好的环境效果。

独立式园林景墙一般可分为磨砖景墙、石景墙、木景墙和竹景墙等形式。磨砖景墙给人一种古朴的感觉，并传递着古老的信息，一般多出现在古典园林或仿古园林的入口；石景墙给人以浑厚和沉重的感觉，一般使用在纪念性园林的前部并传递着纪念主题的作用；木景墙给人以轻快和细腻的感觉，为起到“障景”的效果，一般设置在私家园林或庭院园林的入口后面；竹景墙常常设置在园林内部的某一景区入口处，并对该景区有点题的作用。

4. 景墙的基本构造

景墙一般由基础、墙身和压顶三部分组成。

传统景墙的墙体厚度都在 330mm 以上，且因景墙较长，因此墙基需要稍加宽厚。一般墙基埋深约为 500mm，厚为 700～800mm，可用条石、毛石或砖砌筑。现代园林大多用“一砖”墙，厚 240mm，其墙基厚度可以酌减。

可直接在基础之上砌筑墙身，也可砌筑一段高 800mm 的墙裙。墙裙可用条石、毛石、清水砖或清水砖贴面。砌筑的平整度以及砖缝较为讲究。直接砌筑的墙体或墙裙之上的墙体通常用砖砌，也有为追求自然野趣而通体用毛石砌筑的。

传统园墙的墙体之上通常都用墙檐压顶。墙檐是一条狭窄的两坡屋顶，中间还筑有屋脊。北方的压顶墙檐直接在墙顶用砖逐层挑出，上加小青瓦或琉璃瓦，做成墙帽。江南则往往在压顶墙檐之下做“抛仿”，也就是一条宽 300～400mm 的装饰带。

现代景墙的基础和墙身的做法与传统的做法基本相似，但有时因砖墙较薄而在一起距离内加筑砖柱墩。压顶大多作简化处理，不再有墙檐。

景墙的整体高度一般在 3.60m 左右，如图 9-10 所示。

图 9-10　现代景墙

知识链接

景墙的作用

(1)景墙是中国传统建筑中组织院落空间环境的重要手段。

(2)景墙具有构成景观和引导旅游的作用。

(3)景墙在空间中主要起围合与分隔作用，但它又可通过景窗与外界空间取得渗透与联系。桂林盆景园在一块不大的空间里，采用景墙分隔，并巧妙地在围墙上设置不同形状的景窗，通过这样的处理，既在虚实对比、空间渗透上产生良好的构图效果，也能使园景清新活泼，并能引导游人逐步融入丰富的观赏路线。

(4)景墙还可以通过形、光、色、质等要素来增添空间的美感和情趣，创造一系列起承转合、收放有序、变换无穷的空间，使人们在充分领略空间的转换中得到乐趣。

(5)景墙还能防止侵犯、自然灾害的发生，起到安全防护的作用。而且高于地面46cm、宽度在30.5cm左右的低矮景墙，还兼有休息座椅的功能。

二、景墙上的洞门与景窗

园林景墙尤其是园林内部的围墙，通常要开设洞门、空窗、漏窗等。通过它们可以增加景深变化，扩大空间，使方寸之地小中见大。

1. 洞门的形式

洞门的形式概括起来可以分为几何形和仿生形两种。

(1)几何形主要有圆形、横长方、直长方、圭角、多角形、复合形等，如图9-11所示。

(2)仿生形有海棠、桃、李、石榴果形，葫芦、汉瓶、如意形等，如图9-12所示。

2. 洞门的做法

如果洞门跨度小于1.2m，可整体预制安装或用砖砌平拱作过梁；如果跨度大于1.2m，洞顶须放钢筋混凝土门过梁或按加筋砖过梁设计并验算。

用砖砌平拱作过梁时，一般用竖砖作平拱砌筑。

加筋砖过梁的最小构造高度≥门窗洞跨度的1/4。底层砂浆层厚度≥20mm，内放3根$\phi6$～$\phi8$的钢筋伸进砌体支座内，长度≥240mm。当门洞较宽时，为确保安全和不产生裂缝，应在门洞顶加放一道厚度为120mm的钢筋混凝土过梁。

北方洞门还常用清水砖砌筑拱券，当跨径≤1.5m时，拱顶厚100mm；当跨径为1.5～2.4m时，拱顶厚200mm。门洞净高宜大于或等于2.2m，以便于通行，避免产生心理上的碰头感觉。

洞门边框可用灰青色方砖镶砌，并于其上刨成挺秀的线脚，使其与白墙辉映衬托，形成素洁的色调；也可用水磨石、斩假石、大理石、水

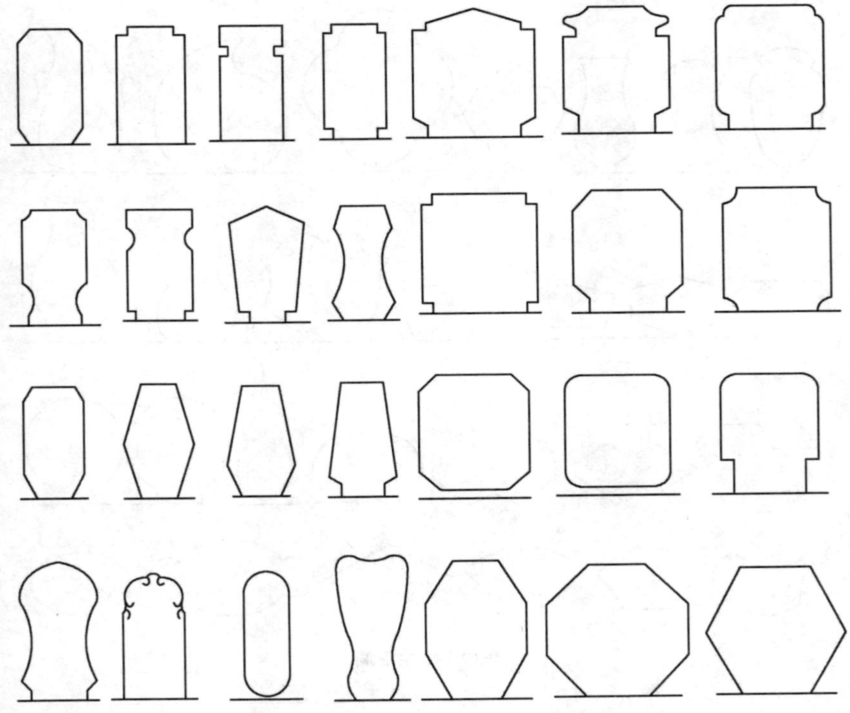

图 9-11 几何形洞门

泥砂浆抹灰及预制钢筋混凝土做框。若是采取方砖做框，为承找自重需在方砖背面做燕尾榫卯口，并用木块做成榫头插进卯口，木块之后端则砌入墙内，面缝用油灰嵌缝，同时，用猪血拌砖屑灰嵌补面上隙洞，待其干后再用砂纸打磨光滑即成。

3. 景窗的形式

现代公园绿地的园墙上更多使用空窗。它既是一个精致的窗宕，又可作非景框，并能使空间互相穿插、渗透，扩大了空间效果和景深。空窗多设计成为横长或直长形、方形等。

为便于游人观景眺望，景窗的高度应以人的视点高度为准，同时，也要兼顾与建筑、墙面及四周环境的协调。窗框下缘一般离地面 1.2～

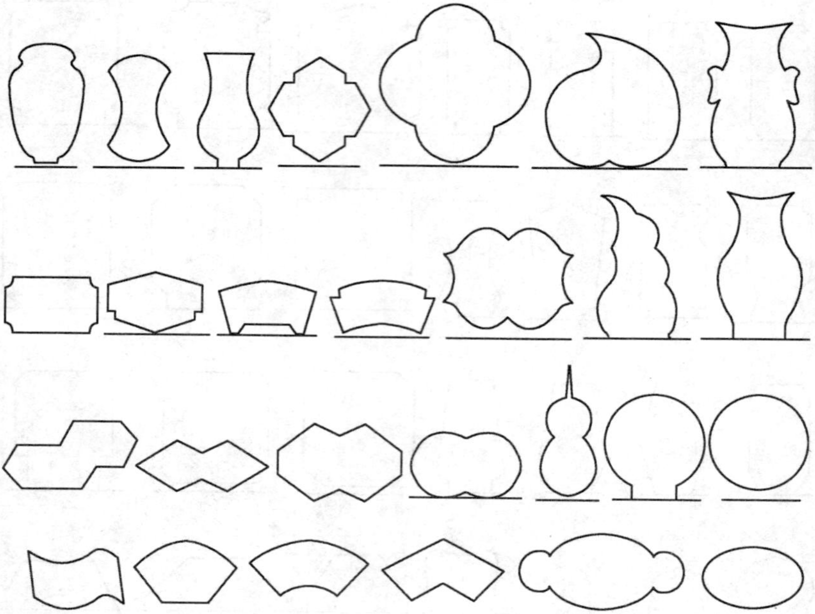

图 9-12　仿生形洞门

1.5m 为宜，窗高约 1.0m，窗宽约 1.2m。其构造、做法与洞门较为相似，尤其是空窗。

漏窗的表现形式

传统漏窗的花格是利用望砖或筒瓦构成直线或弧线图案，较为复杂的图案则改用木片外粉纸筋做成；也有以琉璃为窗格的，但这种漏窗尺寸较小。现代园林中也有用钢丝网水泥砂浆予以仿古预制而成的，可以成批生产。

现代公园绿地中的景窗有用扁铁、金属、有机玻璃、水泥等材料予以组合、创作的，更丰富了景窗的内容与表现形式。

三、铝塑板景墙

传统景墙采用的材料大多是木材、砖石、钢筋混凝土等，现代景墙也有采用玻璃等材料。近年来也出现了铝塑板景墙，实景效果很漂亮，给人耳目一新的感觉。

1. 铝塑板的定义

铝塑板是铝塑复合板的简称，铝塑板是由内外两面铝合金板、低密度聚乙烯芯层与黏合剂复合为一体的轻型墙面装饰材料。

2. 铝塑板的组成

铝塑板是由多层材料复合而成，上下层为高纯度铝合金板，中间为无毒低密度聚乙烯（PE）芯板，其正面还粘贴一层保护膜。室外使用时，铝塑板正面涂覆氟碳树脂（PVDF）涂层；室内使用时，其正面可采用非氟碳树脂涂层。

3. 铝塑板的特点

铝塑板是易于加工成型的好材料，更是为追求效率、争取时间的优良产品，它能缩短工期、降低成本。铝塑板可以切割、裁切、开槽、带锯、钻孔、加工埋头，也可以冷弯、冷折、冷轧，还可以铆接、螺丝连接或胶合粘接等。

知识链接

铝塑板景墙施工常见问题及处理

（1）铝塑板的变色、脱色。铝塑板变色、脱色，主要是板材选用不当造成的。铝塑板分为室内用板和室外用板，两种板材的表面涂层不同，决定了其适用的不同场合。室内所用的板材表面喷涂的树脂涂层适应不了室外恶劣的自然环境，如果用在了室外，自然会加速其老化过程，引起变色、脱色现象。室外铝塑板的表面涂层一般选用抗老化、抗紫外线能力较强的聚氟碳脂涂层，这种板材的价格昂贵。

（2）铝塑板的开胶、脱落。铝塑板开胶、脱落，主要是由于粘结剂选用不当。作为室外铝塑板工程的理想粘结剂，硅酮胶有着得天独厚的优越条件。

(3)铝塑板表面的变形、起鼓。许多工程都会发生铝塑板变形、起鼓的现象，主要问题出在粘贴铝塑板的基层板材上，其次才是铝塑板本身的质量问题。若使用的基层材料是高密度板、木工板等时，这类材料在室外使用时，经过风吹、日晒、雨淋后，必然会产生变形。基层材料变形后，铝塑板面层就会变形。所以，理想的室外基层材料应与经过防锈处理后的角钢、方钢管结成骨架为佳。

(4)铝塑板胶缝整齐。用铝塑板装修建筑物表面时，板块之间一般都有一定宽度的缝隙。为了美观的需要，一般都要在缝隙中充填黑色的密封胶。在打胶时，有些施工人员为了省时，不用纸胶带来保证打胶的整齐、规矩，而是利用铝塑板表面的保护膜作为替代品。由于铝塑板在切割时，保护膜会产生不同程度的撕裂情况，所以用它来做保护胶带的替代品，不可能把胶缝收拾得整整齐齐。

四、景墙施工步骤

景墙的施工工艺：施工准备→基础放样→基槽开挖→基础施工→景墙墙身→墙面装修→养护→竣工验收。

1. 施工准备

(1)现场准备。施工现场准备是为工程创造有利施工条件的保证。对有碍施工的地上建筑物及构筑物、房屋拆除后的基础等施工场地内的一切障碍物予以拆除。场地内若有树木，须报园林部门批准后方可进行移栽或者伐除，能保留的尽量保留，必须移栽的要由专业公司来完成，以确保移植后的成活率，必须伐除的要连根挖起。拆除障碍后，留下的渣土等杂物都应清除出场。同时，确保场地内具备工程施工的用水、用电等条件。

(2)材料准备。根据砂浆、混凝土、普通砖、饰面材料等需要量计划组织其进场，按规定地点和方式储存或者堆放。确认砂浆实际配合比，混凝土等用的砂骨料、石子骨料、水泥送配比实验室，制作设计要求的各种强度等级砂浆、混凝土试验试块,由试验机械确定实际施工配合比。

景墙的材料要求

砖的品种、强度等级必须符合设计要求,并有出厂合格证、试验单。清水墙的砖应色泽均匀,边角整齐。水泥,品种及强度等级应根据砌体部位及所处环境条件选择,一般宜采用普通硅酸盐水泥或矿渣硅酸盐水泥。骨料,由天然岩石或卵石经破碎或自然条件作用而形成的,粒径大于5mm的颗粒,即卵石或碎石,应根据混凝土工程的质量要求,结合本地区的具体情况,经过试验证实能确保工程质量,且经济又较合理时,即可采用。

2. 基础放样

基础放样的任务是把图纸上所设计好的景墙测设到地面上,并用各种标志表现出来,以作为施工的依据。放线时,在施工现场找到放线基准点,按照景墙施工平面图,利用经纬仪、放线尺等工具将横纵坐标点分别测设到场地上,并在坐标点上打桩定点。然后以坐标桩点为准,根据景墙平面图,用白灰在场地地面上放出边轮廓线。然后根据设计图中的标高设计找出标高基准点±0.000,利用水准仪测设定出坐标桩点标高及轮廓线上各点标高,可以确定挖方区、填方区的土方工程量。

3. 基槽开挖

基槽开挖前,对原土地面组织测量并与设计标高比较,根据现场实际情况,考虑降低成本,尽量不外运土方而就地回填消化。基槽开挖以人工挖土为主。基槽开挖时要考虑土侧的放坡,开挖前应对灰线进行复核,确认无误后才可开挖。对该地区的地下物应向挖土人员或挖土机驾驶员交代清楚,避免发生意外事故。

> 如下道工序间隔较长,应在基底标高以上留10~20cm的土不挖,待到做基础前一天再清土,以保证基底土不被扰动或被水浸泡。在冬季时还可以防止基底遭受冻结。

结合施工流水计划确定人工挖土顺序。当地下水位较高时，应选一处做集水坑，让水顺基槽流入坑内然后用潜水泵抽走。基槽挖到底标高处时应留余量，经抄平后清底，以免扰动基土。

4. 基础施工

(1)基础施工前。基础施工前应设置龙门板，在板上标明基础的轴线、底宽、墙身的轴线及厚度、底层地面标高等，并用准线和线坠将轴线及基础底宽放到垫层表面上。砌筑基础前，必须用钢尺校核放线尺寸。用方木或角钢制作皮数杆，并在皮数杆上标明皮数及竖向构造的变化部位。

砌筑前要校核放线情况，在核对检查时要求放线尺寸(长度 L，宽度 B)的允许偏差不超过表 9-1 中的规定。对总尺寸线及局部尺寸线检查后，认为合格，才可对抄平、立皮数杆进行检查。检查时要核对垫层的标高－1.040m，厚度 50mm，凡不符合的要进行纠正。

表 9-1　放线尺寸(长度 L，宽度 B)的允许偏差

L、B/m	允许偏差/mm	L、B/m	允许偏差/mm
$L(B)\leqslant 30$	±5	$60<L(B)\leqslant 90$	±15
$30<L(B)\leqslant 60$	±50	$L(B)>90$	±20

(2)排砖、撂底。基础大放脚的撂底尺寸及收退方法必须符合设计图纸规定。如一层一退，里外均应砌丁砖；如二层一退，第一层为条砖，第二层砌丁砖。排砖时注意大放脚的高度为 240mm，参照皮数杆摆通后再进行砌筑。

(3)收退放脚。对砖基础大放脚摆砖结束后开始砌筑，砌筑时要掌握收退方法，每边各收 100mm。退台的上面一皮砖用丁砖，这样传力效果好，而且在砌筑完毕后填土时也不易将退台砖碰掉。

(4)基础正墙砌筑。当大放脚收退结束，基础正墙(240mm)就应开始砌筑。这时要利用龙门板上的轴线位置，拉线挂线锤在大放脚最上皮砖面定出轴线的位置，为砌正墙提供基准。同时，还应利用皮数杆检查一下大放脚部分的砖面标高是否为－0.800m，皮数是否为 4 皮，如不一致，在砌正墙前应及时修正合格。正墙的第一皮砖应丁砖

排砖砌筑。

(5)检查。当以上各工序结束后，应进行轴线、标高的检查。检查无误后，可以把龙门板上的轴线位置、标高水平线返到基墙上，并用红色鲜明标志，检查合格后，办好隐蔽手续，尽快回填土。

5. 墙体施工

砖墙的施工工艺为抄平、放线、摆砖、立皮数杆、挂线、砌筑等。

(1)抄平。砌墙前确定基础墙顶标高，如标高不同采用水泥砂浆找平。

(2)放线。根据龙门板或轴线控制桩上的标志轴线，利用经纬仪和墨线弹出墙体的轴线、边线及景窗的位置线。

(3)摆砖。在弹好线的基础顶面上按照选定的组砌方式先用砖试摆，该景墙可选用三顺一丁的组砌方法，它是砌三皮顺砖后砌一皮丁砖，上下皮顺砖的竖缝错开 1/2 砖，顺砖皮与丁砖皮上下竖缝则错开 1/4 砖。

(4)立皮数杆。皮数杆一般用 50mm×70mm 的方木做成，上面划有砖的皮数、灰缝厚度、窗等位置的标高，作为墙体砌筑时竖向尺寸的标志。划皮数杆时应从±0.000 开始。

(5)挂线、砌筑。该墙体厚度为 240mm，可以单面挂线。砌筑时以线为准，避免出现墙体一头高、一头低的现象。砌筑时必须错缝搭接，最小错缝长度应有 1/4 砖长或 6cm。灰缝厚度一般为 10mm，最大不超过 12mm，最小不少于 8mm。水平灰缝太厚，在受力时砌体压缩变形增大，还可能使墙体产生滑移，这对墙体结构很不利。如果灰缝过薄，则不能保证砂浆的饱满度，使墙体的粘结力削弱，影响整体性。砌筑时宜采用三一砌筑法。三一砌筑法又称为大铲砌筑法，即一铲灰、一块砖、一挤揉，并随手将挤出的砂浆刮平。也可采用铺浆法，当采用铺浆法时，铺浆长度不宜超过 750mm，施工期间气温超过 30℃时，铺浆长度不宜超过 500mm。

6. 墙面装修

(1)基层处理。饰面石材的镶贴基层应满足平整度和垂直度要求，阴阳角方正，并湿润、洁净。本工程墙体为砖墙，可直接进行抹灰处理。若为混凝土墙面，可采用刷界面处理剂的方法；如果混凝土面较光滑，可先进行凿毛处理，凿毛面积不小于70%，每平方米打点200个以上，再用钢丝刷清扫一遍，并用清水冲洗干净，也可用刷碱清洗后甩浆进行“毛化处理”。

(2)弹线分格。按设计要求统一弹线分格、排砖，一般要求横缝水平，阳角漏窗都需整砖，如按块安格，应采取调整砖缝大小的分格、排砖。按皮数杆弹出水平方向的分格线，同时弹竖直方向的控制线。

(3)做标志块。在镶钻面砖时，应先贴若干块废面砖作为标志块，上下用托线板吊直，作为粘结厚度的依据，横向每隔1.5m左右做一个标志块，用拉线或靠尺校正其平整度。

(4)面砖铺贴。所有的面砖在铺贴前必须泡水，充分浸湿后晾干待用。贴面砖的灰浆用1∶2.5水泥砂浆，灰浆厚度以20mm为宜。面砖铺贴顺序为自下而上，铺贴第一皮后，用直尺检查一遍平整度，如有个别面砖凸出者，可用小木槌或木柄把其向内轻敲几下，使其平整为止。

> 如镶贴面砖完工后，仍发现有污渍处，可用软毛刷蘸10%的稀盐酸溶液刷洗，再用清水洗净，以免产生变色和浸蚀勾缝砂浆。

(5)勾缝。在整幅墙面贴砖完成后，用与面砖同色的彩色水泥砂浆勾缝嵌实。面砖勾缝处残留的浆，必须及时清除干净。

(6)养护。面砖镶贴完后注意养护。

第三节　挡土墙工程施工

一、挡土墙

1. 挡土墙的概念

挡土墙是防止土坡坍塌、承受侧向压力的构筑物，它在园林建筑工程中被广泛地应用于建筑地基、堤岸、码头、河池岸壁、桥梁台座、水榭、假山等工程中。

2. 挡土墙的类型

园林挡土墙的形式主要有重力式挡土墙、悬臂式挡土墙、扶垛式挡土墙、板桩式挡土墙、砌块式挡土墙，如图 9-13 所示。

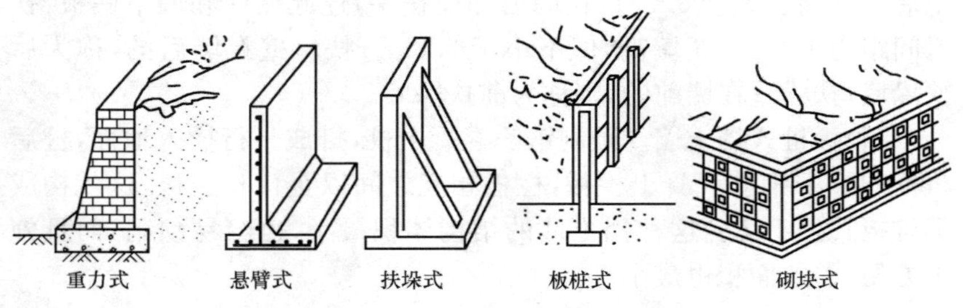

图 9-13　挡土墙的类型

从经济的角度来看，重力式挡土墙适用于侧向压力不太大的地方，墙体高度以不超过1.5m为宜，否则墙体断面增大，将使用大量的砖石材料，其经济性反而不如其他的非重力式挡土墙。

(1)重力式挡土墙。重力式挡土墙指的是依靠墙身自重抵抗土体侧压力的挡土墙。重力式挡土墙可用块石、片石、混凝土预制块作为砌体，或采用片石混凝土、混凝土进行整体浇筑。用不加筋的混凝土时，墙顶宽度至少应为 200mm，以便于混凝土浇筑和捣实。基础宽度则通常为墙高的 1/3 或 1/5。园林中通常都采用重力式挡土墙。重力式挡土墙按墙背常用线形，可分为仰斜式、垂直式、俯斜式、凸折式、衡重式、台阶式等类型。

(2)悬臂式挡土墙。悬臂式挡土墙指的是由立壁、趾板、踵板三个钢筋混凝土悬臂构件组成的挡土墙。其断面通常作 L 形或倒 T 形，墙体材料都是用混凝土。墙高不超过 9m 时，都是经济的。3. 5m 以下的低矮悬臂墙，可以用标准预制构件或者预制混凝土块加钢筋砌筑而成。根据设计要求，悬臂的脚可以向墙内一侧、墙外一侧或者墙的两侧伸出，构成墙体下的底板。如果墙的底板伸入墙内侧，便处于它所支承的土壤下面，也就利用了上面土壤的压力，使墙体自重增加，更加稳固。

(3)扶垛式挡土墙。由底板及固定在底板上的直墙和扶壁构成的、主要依靠底板上的填土重量维持自身稳定的挡土墙。当悬臂式挡土墙设计高度大于6m时，在墙后加设扶垛，连起墙体和墙下底板，扶垛间距为1/2～2/3墙高，但不小于2.5m。扶垛壁在墙后的，称为后扶垛墙；扶垛壁在墙前的，则称为前扶垛墙。

(4)板桩式挡土墙。预制钢筋混凝土桩，排成一行插入地面，桩后再横向插下钢筋混凝土栏板，栏板相互之间以企口相连接，这就构成了桩板式挡土墙。这种挡土墙的结构体积最小，也容易预制，而且施工方便，占地面积也最小。

(5)砌块式挡土墙。按设计的形状和规格预制混凝土砌块，然后将其按一定花式做成挡土墙。砌块一般是实心的，也可做成空心的。但孔径不能太大，否则挡土墙的挡土作用就降低了。这种挡土墙的高度1.5m以下为宜。用空心砌块砌筑的挡土墙，还可以在砌块空穴里充填树胶、营养土，并播种花卉或草籽；待花草长出后，就可形成一道生趣盎然的绿墙或花卉墙。这种与花草种植结合一体的砌块式挡土墙，被称为“生态墙”。

3. 挡土墙的材料

在古代有用麻袋、竹筐取土，或者用铁丝笼装卵石成“石笼”，堆叠成庭院假山的陡坡，以取代挡土墙，也有用连排木桩插板做挡土墙的，这些土、铁丝、竹木材料都不耐用，所以现在的挡土墙常用石块、砖、混凝土、钢筋混凝土等硬质材料构成。

(1)石块。不同大小、形状和地区的石块，都可以用于建造挡土墙。石块一般有两种形式：毛石(或天然石块)和料石。

(2)黏土砖。黏土砖也是挡土墙的建造材料，比起石块它能形成平滑、光亮的表面。砖砌挡土墙应用浆砌法。

(3)混凝土和钢筋混凝土。挡土墙的建造材料还有混凝土，既可现场浇筑又可预制。现场浇筑具有灵活性和可塑性；预制水泥构件则有不同大小、形状、色彩和结构标准。有时为了进一步加固，常在混凝

土中加钢筋，成为钢筋混凝土挡土墙，也可分为现浇和预制两种类型，外表与混凝土挡土墙相同。

(4)木材。粗壮木材也可以作为挡土墙，但是需要进行加压和防腐处理。用木材作挡土墙，能与木结构建筑产生统一感。其缺点是没有其他材料经久耐用，而且还需要定期维护，以防止其风化和受潮湿的侵蚀。木质墙面最易受损害的部位是与土地接触的部分，因此，这一部分应设置在排水良好、干燥的地方，且尽量保持干燥。

建造挡土墙的方法

(1)浆砌法：就是将各石块用粘结材料粘合在一起。

(2)干砌法：就是不用任何粘结材料来修筑挡土墙，此种方法是将各个石块巧妙地镶嵌成一道稳定的砌体，由于重力作用，每块石头相互咬合十分牢固，增加了墙体的稳定性。

4. 挡土墙的构造

以重力式挡土墙为例，园林挡土墙的构造主要包括墙身、基础、填料、排水设施和沉降伸缩缝等。其细部构造如图 9-14 所示。

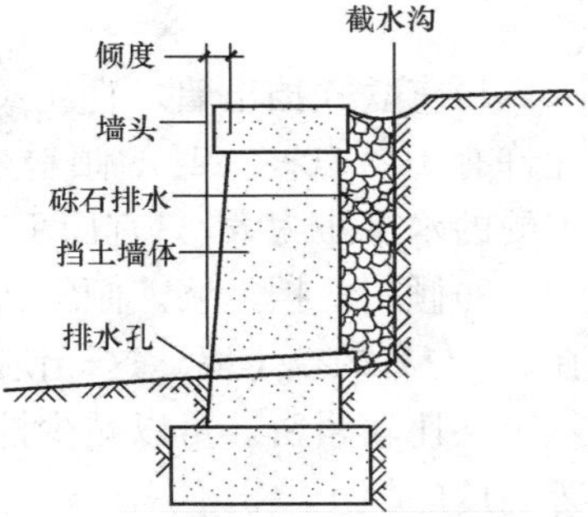

图 9-14　挡土墙的剖面细部构造

(1)墙身。根据墙的用途、高度及墙趾处的地形、地质、水文等条件，在满足材料强度和整体稳定性要求的前提下，按照结构合理、断面经济、施工方便的原则来确定墙身尺寸。

(2)基础。一般挡土墙可直接建造在天然地基上。

1)当地基较弱、地形平坦、墙身较高时，为减小基底应力和提高抗倾覆能力，可采用扩大基础。

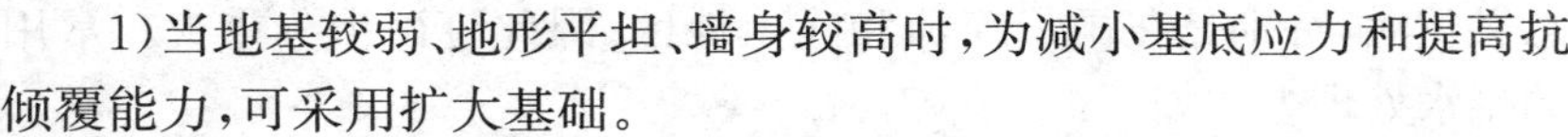

2)地基为软弱土层时，可用沙砾、碎石等材料换填，以扩散基底应

力和增加抗滑能力，或采用桩基础。

3)墙趾处地面横坡较陡，地基为较完整坚硬的岩层时，为减少基坑开挖，可将基础底面做成台阶形。台阶的高宽比不应大于2∶1，宽度不宜小于0.5m。

(3)填料。一般采用当地的土回填并压实，有条件时，尽量选用有一定级配、内摩擦角大、透水性好、遇水后不易膨胀和非冻胀性的材料，如沙砾、碎石等。

(4)挡土墙横截面的选择。在园林中通常采用重力式挡土墙，即借助于墙体的自重来维持土坡的稳定，其截面形式如图9-15所示。

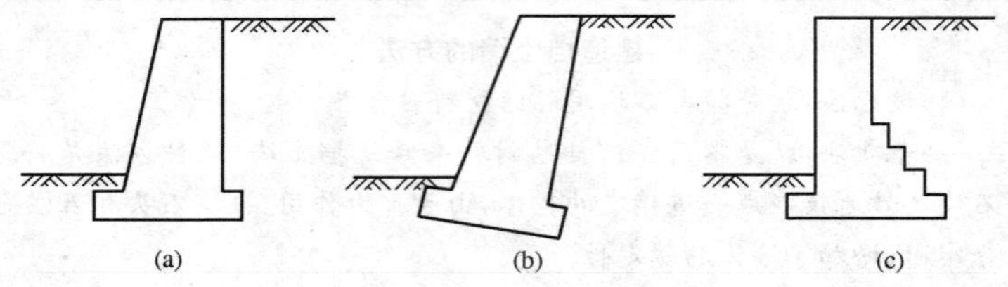

图9-15　重力式挡土墙的截面形式

(a)直立式；(b)倾斜式；(c)台阶式

1)直立式挡土墙。直立式挡土墙指墙面基本与水平面垂直，但也允许有10∶(0.2～1)的倾斜度的挡土墙。直立式挡土墙由于墙背所承受的水平压力大，只宜用于几十厘米到2m左右高度的挡土墙。

2)倾斜式挡土墙。倾斜式挡土墙常指墙背向土体倾斜，倾斜坡度在20°左右的挡土墙。这样使水平压力相对减小，同时，墙背坡度与天然土层比较紧密。可以减少挖方数量和墙背回填土的数量，适用于中等高度的挡土墙。

3)台阶式挡土墙。对于更高的挡土墙，为了适应不同土层深度土压力和利用土的垂直压力增加稳定性，可将墙背做成台阶形。

(5)排水处理。挡土墙后土坡的排水处理对于维持挡土墙的安全意义重大，特别是在雨量充沛和冻土地区，因此应该十分重视。常用的排水处理方式如下：

1)地面封闭处理。在墙后地面上，根据各种填土及使用情况采用不同地面封闭处理以减少地面渗水。在土壤渗透性较大而又无特殊使用要求时，可做200～300mm厚夯实黏土层或种植草皮封闭，还可采用胶泥、混凝土或浆砌毛石封闭。

2)设地面截水明沟。在地面设置一道或数道平行于挡土墙的明沟，利用明沟纵坡将降水和上坡地面径流排除，减少墙后地面渗水。必要时还要设纵、横向盲沟，力求尽快排除地面水和地下水。

知识链接

内外结合处理

(1)盲沟：在墙体之后的填土之中，用乱毛石做排水盲沟，盲沟宽不小于500mm，经盲沟截下的地下水再经墙身的泄水孔排出墙外。

(2)泄水孔：泄水孔一般宽20～40mm，高为一皮砖石的高度(100～200mm)，在墙面水平方向上每隔2～4m设一个泄水孔，竖向上每隔1～2m设一个泄水孔。混凝土挡土墙则可用直径为50～100mm的圆孔作为泄水孔。

(3)暗沟：当墙面不适合留泄水孔时，可以在墙背面刷防水砂浆或填一层厚度为500mm以上的黏土隔水层，并在墙背面盲沟以下设置一道平行于墙体的排水暗沟。暗沟两侧及挡土墙基础上面用水泥砂浆抹面或做出沥青砂浆隔水层，也可以做一层黏土隔水层。墙后积水可以通过盲沟、暗沟再从沟端被引出墙外。

5. 挡土墙的作用

(1)固土护坡，阻挡土层塌落。挡土墙的主要功能是在较高地面与较低地面之间充当泥土阻挡物，以防止陡坡坍塌。当由厚土构成的斜坡坡度超过所允许的极限坡度时，土体的平衡即遭到破坏，会发生滑坡与坍塌。因此，对于超过极限坡度的土坡，就必须设置挡土墙，以保证陡坡的安全。

(2)节省占地，扩大用地面积。在一些面积较小的园林局部，当自然地形为斜坡地时，要将其改造成平坦地，以便能在其上修筑房屋。为了获得最大面积的平地，可以将地形设计为两层或几层台地，这时，上下台地之间若以斜坡相连接，则斜坡本身需要占用较多的面积，坡度越缓，所占面积越大。如果不用斜坡而用挡土墙来连接台地，就可以少占面积，使平地的面积更大些。

> 由于挡土墙是园林空间的一种竖向界面，在这种界面上进行一些造型造景和艺术装饰，就可以使园林的立面景观更加丰富多彩，进一步增强园林空间的艺术效果。因此，挡土墙可以美化园林的立面。

(3)削弱台地高差。当上下台地地块之间高差过大，下层台地空间受到强烈压抑时，地块之间挡土墙的设计可以化整为零，分为几层台阶形的挡土墙，以缓和台地之间高度变化太剧烈的矛盾。

(4)制约空间和空间边界。当挡土墙采用两面甚至三面围合的状态布置时，就可以在所围合之处形成一个半封闭的独立空间。有时，这种半闭合的空间很有用处，能够为园林造景提供具有一定环绕性的良好的外在环境。

二、挡土墙工程施工步骤

挡土墙施工工艺：施工准备→基础放样→基坑开挖→持力层施工→模板工程→混凝土浇筑→养护→栏杆工程→墙背工程。

1. 持力层施工

工程施工前的施工准备工作、基础放样、基槽开挖工作基本与景墙施工相似。应着重注意，在挡土墙放样时要给施工留有充足的作业面。某挡土墙持力层是4层粉质黏土，要求其承载力标准值不得小于200kPa。黏土要严格控制含水率，要严格控制虚铺厚度，虚铺要平整。要注意天气变化，防止雨淋。在夯实过程中应一夯挨一夯顺序进行，在一次循环中同一夯位应连夯两击，下一循环的夯位应与前一循环错开1/2锤底直径，落锤应平稳，夯位应准确。夯实后，应对基坑表面进行修整。

2. 模板工程

(1)放线。先校核基础四周的定位桩，将其轴线投测到混凝土垫层上后，弹出挡土墙中心线和边框线，保证挡土墙各部位形状尺寸和相互位置的正确。

(2)组装模板。组装模板时配件必须装插牢固，支柱和斜撑下的支承面应平整垫实，并有足够的受压面积，能可靠地承受新浇筑混凝土的自重和侧压力以及在施工过程中所产生的荷载。模板构造应简单、装拆方便，并便于钢筋的绑扎与安装，能满足混凝土的浇筑及养护等工艺要求。预留泄水孔的位置必须准确，坡度为 $i=5\%$。

(3)校正模板。模板的垂直度用线锤校验，平整度用水平尺校正，模板要对准边框线，并应校核中心线。模板校正后应及时支撑牢固。

(4)浇筑混凝土。浇筑混凝土时，应派专人看管模板，检查模板支撑情况，要注意防止模板变形。

(5)拆除模板。模板经施工技术人员同意后方可拆除，应按顺序分段进行拆除，严禁猛撬、硬砸，或大面积撬落和拉倒模板。

3. 混凝土工程

混凝土浇筑前要进行坍落度试验，坍落度可在 10～30mm 之间。浇筑时按照每层 250mm 的厚度连续浇筑，各段各层间应相互衔接，每段浇筑长度可控制在 2～3m 内，并做到逐段逐层呈阶梯形向前推进。浇筑时应注意先使混凝土充满模板内边角，然后浇筑中间部分。

> 混凝土入模后，还需要采取一定措施使其密实成型。目前现场常用机械振捣成型方法。混凝土振捣机械按其工作方式分为内部振捣器（插入式振捣器）、表面振捣器（平板式振捣器）、外部振捣器（附着式振捣器）和振动台等。

混凝土灌入模板以后，由于骨料间的摩阻力和水泥浆的粘结力，不能自行填充密实，其内部是疏松的，有一定体积的空洞和气泡，不能达到要求的密实度，从而影响其强度、抗冻性、抗渗性和耐久性。

4. 养护

混凝土浇筑完毕后的 12h 以内对混凝土加以养护。对采用硅酸盐水泥、普通硅酸盐水泥或矿渣硅酸盐水泥拌制的混凝土，其浇水养护时间不得少于 7 天。浇水次数应能保证混凝土表面处于湿润状态。

当温度为15℃左右时，应每天浇水2～4次；炎热及气候干燥时，应适当增加浇水次数，当日平均气温低于5℃时，不得浇水。采用塑料布覆盖方式养护混凝土时，其全部表面用塑料布覆盖严密，并应保证塑料布内有凝结水。夏季塑料薄膜成型后应采取有效防晒措施，否则混凝土易产生裂纹。

(1)加工制作前的准备工作。首先进行图纸审查，检查图纸设计的深度能否满足施工要求，核对图纸上构件的尺寸，检查构件之间有无矛盾之处等；也对图纸进行工艺审核，即审查在技术上是否合理，构造是否便于施工，图纸上的加工要求按加工单位的施工水平能否实现等。根据工艺和图纸要求，准备必要的工艺装备。根据设计图纸算出各种材质、规格的材料净用量，并根据构件的不同类型和供货条件增加一定的损耗率，提出材料预算计划。

(2)零件加工。

1)放样。在钢结构制作中，放样是把零(构)件的加工边线、坡口尺寸、孔径和弯折、滚圆半径等以1∶1的比例从图纸上准确地放制到样板和样杆上，并注明图号、零件号、数量等。

2)画线。画线也称号料，是根据放样提供的零件的材料、尺寸、数量，在钢材上画出切割、刨边、弯曲的加工位置，并标出零件的工艺编号。

3)切割下料。钢材切割下料的方法有气割、机器剪切和锯切等。钢材经剪切后，在离剪切边缘2～3mm范围内会产生严重的冷作硬化，这部分钢材脆性增大，因此，用于钢材厚度较大的重要结构，硬化部分应刨掉。

4)边缘加工。边缘加工分刨边、铲边和铣边三种。刨边是用刨边机切削钢材的边缘，加工质量高，但工效低、成本高。铲边分手工铲边和风镐铲边两种，对加工质量不高、工作量不大的边缘加工可以采用。铣边是用铣边机切削钢材的边缘，工效高、能耗少、操作维修方便、加工质量高，应尽可能用铣边代替刨边。

5)矫正平直。钢材由于运输等原因产生翘曲时，在画线、切割时需矫正平直。

6)滚圆。滚圆是用滚圆机把钢板或型钢变成设计要求的曲线形状或卷成螺旋管。

(3)构件组装栏杆现场焊接连接。

(4)涂敷防腐涂料。在加工验收合格后,应进行防腐涂料涂装。但在构件焊缝连接处,应在现场安装后再补刷防腐涂料。

6. 墙背工程

墙背采用黏土夯实,沿挡土墙全长布置。施工时注意反滤层的施工。反滤层需采用透水性好的卵石、砂砾石等,粒径约为20mm。滤水孔孔径为100mm。

构件组装注意事项

(1)根据图纸尺寸,在平台上画出构件的位置线,焊上组装架及胎膜夹具。组装架离平台不小于50mm,并用卡兰、左右螺旋丝杠或梯形螺纹,作为夹紧调整零件的工具。

(2)每个构件的主要零件位置调整好并检查合格后,把全部零件组装上并进行点焊,使之定形。在零件定位前,要留出焊缝收缩量及变形量。

(3)为了减少焊接变形,应该选择合理的焊接顺序。在保证焊缝质量的前提下,采用适量的电流快速施焊,以减少热影响区和温度差,减小焊接变形和焊接应力。

第四节　亭、花架施工

一、亭

1. 亭的概念

亭是一种中国传统建筑,多建于路旁,供行人休息、乘凉或观景用。亭一般为开敞性结构,没有围墙,顶部可分为六角、八角、圆形等多种形状。

亭，在古时候是供行人休息的地方。“亭者，停也。人所停集也。”(《释名》)园中之亭，应当是自然山水或村镇路边之亭的“再现”。水乡山村，道旁多设亭，供行人歇脚，有半山亭、路亭、半江亭等，由于园林作为艺术是仿自然的，所以许多园林都设亭。但正是由于园林是艺术，因此，园中之亭是很讲究艺术形式的。亭在园景中往往是个“亮点”，起到画龙点睛的作用。从形式来说也就十分美而多样了。《园冶》中说，亭“造式无定，自三角、四角、五角、梅花、六角、横圭、八角到十字，随意合宜则制，惟地图可略式也”。各种形式的亭，以因地制宜为原则，只要平面确定，其形式便基本确定了。

2. 亭的类型

亭是园林中造型最为丰富的一种建筑小品。其形式变幻数不胜数，大致可分为传统样式和现代样式两种。

(1)传统亭。我国历史悠久、地域广袤，不同时期、不同地区具有各自独特的建筑技术传统，致使亭榭构造形成了较大的差异。一般来说，我国北方地区的造型粗壮、风格雄浑，而南方地区的体量小巧、形象俊秀。现在最为常见的是北方园林的清式亭榭和以江南园林为代表的苏式亭榭。传统亭榭的平面有方形、圆形、长方、六角、八角、三角、梅花、海棠、扇面、圭角、方胜、套方、十字等诸多形式；屋顶亦有单檐、重檐、攒尖、歇山、十字脊、“天方地圆”等样式。其中方形、圆形、长方、六角、八角为最常用的基本平面形式，其余都是在这基础上经过变形与组合而成的。亭顶除攒尖以外，歇山顶也相当普遍。

(2)现代亭。近年来，随着现代建筑的发展，出现了许多新型的结构形式。现代亭也有使用网架结构、板式结构、悬挑结构等，但是使用最多的是钢筋混凝土建造的板式亭榭、蘑菇亭榭等，相对而言亭榭因体量不大，其平面大多较为简单，一般以圆形、方形为多，但由于采用了新型结构，也有其他较为复杂的平面。它里面的造型也变化多端。如图 9-16 所示。

图 9-16　现代亭榭

知识链接

亭的作用

在园林中，亭是为数最多的建筑物之一，其作用可概括为两个方面：即“观景”和“景观”。

(1)“观景”：满足人们在活动中驻足休息、纳凉、避雨、纵目眺望。

(2)“景观”：亭子一般小而集中、向上，造型独立而完整，往往在园景中是一个亮点，是园林小品的重要组成部分。

二、花架

1. 花架的概念

花架是指用刚性材料构成一定形状的格架供攀缘植物攀附的园林设施，又称棚架或绿廊。花架可作遮阴休息之用，并可点缀园景。为创造适宜于植物生长的条件和造型的要求，花架设计要了解所配置植物的原产地和生长习性。

2. 花架的类型

花架主要由立柱和顶部格条组成，根据材料、结构和平面形式的不同可有不同的分类。

(1)根据所用材料分类。目前，园林公园绿地中，花架立柱经常可见的有木柱、生铁柱、砖柱、石柱、水泥柱等。无论何种立柱，其下部基础一般都用砖石砌筑或钢筋混凝土浇筑。

如今较常见的为木条，也有为追求特殊的景观效果而使用竹竿、铸铁条、不锈钢格条的。

(2)根据结构形式分类。花架的结构十分简单，主要有简支式和悬臂开展两种。有时为了丰富景观，也可以将数种结构予以组合。

1)简支式花架也称为双柱式，其剖面是在两个立柱上架横梁，梁上承格条。

2)悬臂式或称单柱式，其剖面是在立柱上端置悬臂梁，梁上承格条。由悬臂梁和格条组成的花架，可以是单挑式，也可以是双挑式。

(3)根据平面形式分类。将花架组合，可以构成丰富的平面形式。多数花架为直线形。对其进行组合，就能形成三边、四边乃至多边形。也有将平面设计成弧形，由此可以组合成圆形、扇形、曲线形等。花架的平面形式，如图 9-17 所示。

(4)根据垂直支撑形式分类。花架的垂直支撑形式，如图 9-18 所示。最常见的是立柱式，它可分为独立的方柱、长方、小八角、海棠截面柱等。可由复柱替代独立柱，又有平行柱、V 形柱等以增添艺术效果。也有采用花墙式花架，其墙体可用清水花墙、天然红石板墙、水刷石或白墙等。

3. 花架的材料

花架常用的建筑材料有：竹木材、钢筋混凝土、石材和金属材料等。

(1)竹木材：朴实、自然、价廉、易于加工，但耐久性差。竹材限于强度及断面尺寸，梁柱间距不宜过大。

(2)钢筋混凝土：可根据设计要求浇灌成各种形状，也可做成预制构件，现场安装，灵活多样，经久耐用，使用最为广泛。

(3)石材：厚实耐用，但运输不便，常用块料作为花架柱。

(4)金属材料：轻巧易制，构件断面及自重均小，采用时要注意使用地区和选择攀缘植物种类，以免炙伤嫩枝叶，并应经常油漆养护，以防脱漆腐蚀。

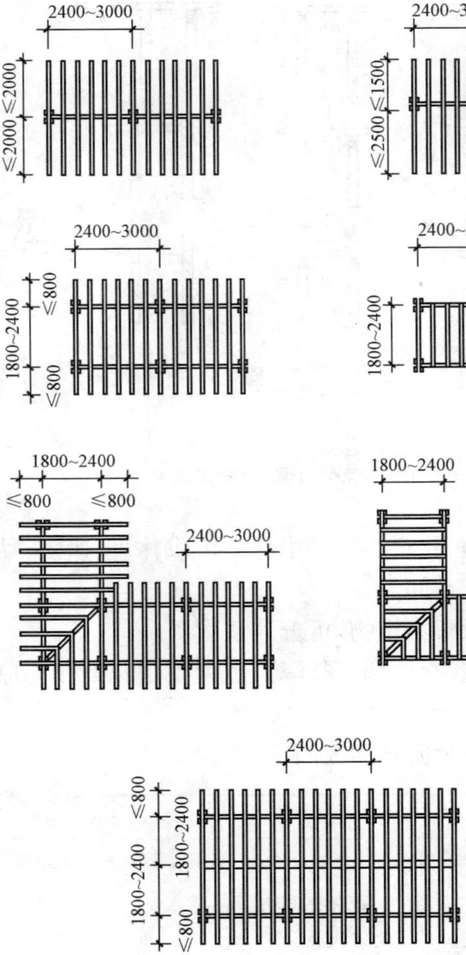

图 9-17　花架的平面形式

4. 花架的应用

(1)花架应用于各种类型的园林绿地中,常设置在风景优美的地方供休息和点景,也可以和亭、廊、水榭等结合,组成外形美观的园林建筑群。

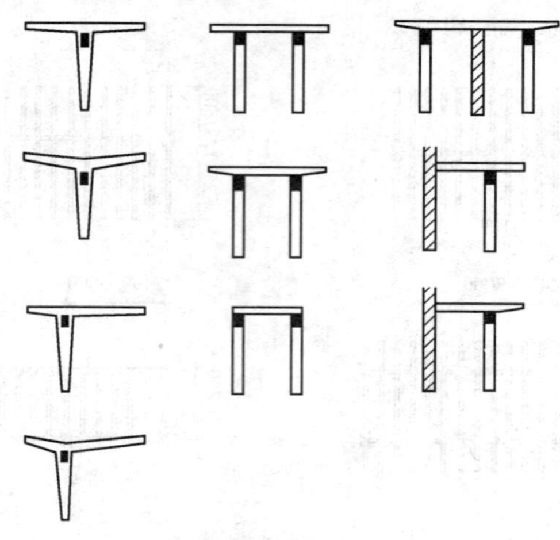

图 9-18 花架的垂直支撑形式

(2)在居住区绿地、儿童游戏场中花架可供休息、遮阴、纳凉;用花架代替廊子,可以联系空间。

(3)用格子垣攀缘藤本植物,可分隔景物。

(4)园林中的茶室、冷饮部、餐厅等,也可以用花架作为凉棚,设置座席。

(5)也可用花架作为园林的大门。

知识链接

花架的作用

(1)花架供人歇足休息、欣赏风景。

(2)花架为攀缘植物生长的创造条件。

三、亭施工步骤

亭的施工工艺:施工准备→放线→地基与基础施工→屋架(亭身)施工→屋面(亭顶)施工→装修施工→成品保养。

1. 施工准备

根据施工方案配备好施工技术人员、施工机械及施工工具，按计划购进施工材料。认真分析施工图，对施工现场进行详细踏勘，做好施工准备。

2. 放线

在施工现场引进高程标准点后，用方格网控制出建筑基面界线，然后按照基面界线外边各加 1～2mm，放出施工土方开挖线。放线时注意区别桩的标志，如角桩、台阶起点桩、柱桩等。

3. 地基与基础施工

(1)备料：按要求准备砖石、水泥、细砂、粒料，以配置适当强度的混凝土；还有 U 形混凝土膨胀剂、加气剂、氯化钙促凝剂、缓凝剂、着色剂等添加剂。基础用混凝土必须采用 42.5 级以上的水泥，水灰比≤0.55；骨料直径不大于 40mm，吸水率不大于 15%。注意按施工图准备好钢筋。

(2)放线：严格根据建筑设计施工图纸定点放线。外沿各边需加宽，用石灰或黄砂放出起挖线，打好边界桩；并标记清楚。为使施工方便，方形地基角度处要校正；圆形地基应先定出中心点，再用线绳以该点为圆心，建筑投影宽的一半为半径，画圆，用石灰标明，即可放出圆形轮廓。

根据现场施工条件性确定挖方方法。开挖时一定要注意基础厚度及加宽要求。挖至设计标高后，基底应整平并夯实，再铺上一层碎石为底座。

基底开挖有时会遇到排水问题，一般可采用基坑排水，这种施工方法简单而经济。在土方开挖过程中，沿基坑边挖成临时性的排水沟，相隔一定距离，在底板范围外侧设置集水井，用人工或机械抽水，使地下水位经常处于土表面以下 60cm 处。如地下水位较高，为降低地下水位应采用深井抽水。

4. 屋架(亭身)施工

传统亭榭主要是将预制木构件运到现场进行安装。在加工构件时,每一个构件都要标上相应的记号。到现场安装时,要依据记号位置进行架构。安装的次序是先里后外,先下后上。为保证建筑构架的端正稳定固定,需要随时测量、校正。

钢筋混凝土亭榭的浇注则应仔细核对钢筋的配置、混凝土的强度与配比、梁柱板等构件的图纸尺寸;检查模板是否已经固定;混凝土浇筑时要注意是否允许有浇筑缝等。

5. 屋面(亭顶)施工

传统亭榭屋顶的构架部分属于大木,在屋面施工之前要仔细阅读技术文件,注意各层铺筑的技术要求及屋脊、宝顶的安装要求顺序铺设,保证质量。

现代亭榭的屋顶施工往往是指亭顶的整体制作,因此要详细了解屋顶和屋身的结构和联系方法,了解安装或浇筑的技术要求,了解施工的顺序和步骤,准备相应的建筑材料,按照设计要求顺序进行。施工中注意安全。

6. 装修施工

传统亭榭所说的装修主要指栏杆和挂落,其加工与其他建筑构件一样,并不在施工现场,所以现场的装修工程只是将成型的栏杆、挂落安装就位。

现代亭榭的装修施工除了装修的传统含义外,还包括装饰的内容,比如仿竹亭的装修是将亭顶屋面进行仿竹处理,屋面进行分垅、抹彩色水泥浆,压光出亮,再分竹节、抹竹芽,将亭顶脊梁做成仿竹杆或仿拼装竹片等,仿树皮亭则在亭顶屋面分段,压抹仿树皮色。

7. 成品保养

施工结束后,还需一段保养期。混凝土亭榭尚未达到一定强度时不得上人踩踏,在此期间主要应注意以下几个方面:

(1)施工中不得污染已做完的成品,对已完工程应进行保护。若施工时污染,应及时清理干净。

(2)拆除架子时,注意不要碰坏亭身和亭屋顶。

(3)其他专业的吊挂件不得吊于已安装好的木骨架上。

(4)在运输、保管和施工过程中必须采取措施应避免装饰材料和饰件以及饰面的构件受损和变质。

(5)认真贯彻合理的施工顺序,以避免工序原因污染、损坏已完成的部分成品。

(6)油漆粉刷时不得将油漆喷滴在已完成的饰面砖上。

(7)对刷油漆的亭子,刷前首先清理好周围环境,防止尘土飞扬、影响油漆质量。

(8)油漆完成后应派专人负责看管,禁止摸碰。

四、木花架施工步骤

木花架施工工艺:选料→加工制作→木花架安装→成品的防腐。

1. 选料

组织设计建设单位、监理单位对省木材市场,产地实地考察确定供货单位并签订供货合同。组织责任心强,经验丰富,技术好的木工班子,对供货单位仓库的库存材料进行筛选,选择材质、质地坚韧、材料挺直、比例匀称、正常无障节、霉变、无裂缝、色泽一致、干燥的木材。

2. 加工制作

根据锯好的木花架半成品料,按规格,同时应进行再次选料,保证用料质量。木花架制作前,先进行放样。木工放样应按设计要求的木料规格,逐根进行榫穴,榫头划墨,画线必须正确。操作木工应按要求分别加工制作,榫要饱满,眼要方正,半榫的长度应比半眼的深度短2～3mm。线条要平直、光滑、清秀、深浅一致。割角应严密、整齐,刨面不得有刨痕、戗槎及毛刺。拼榫完成后,应检查花架方木的角度是否一致,是否有松动现象,整体强度是否牢固。

3. 木花架安装

安装前要预先检查木花架制作的尺寸,对成品加以检查,进行校正规方,如有问题,应事先修理好。预先检查固定木花架的预埋件,数量,位置必须准确,埋设牢固。

安装木柱:先在素混凝土上垫层弹出各木柱的安装位置线及标

高，间距应满足设计要求，将木柱放正、放稳，并找好标高，按设计要求方法固定。

安装木花架：将制作好的木花架木枋按设计图要求安装，用钢钉从枋侧斜向钉入，钉长为枋厚的1～1.2倍，固定完之后及时清理干净。木材的材质和铺设时的含水率必须符合木结构工程施工及验收规范的有关规定。

4. 成品的防腐

木制品及金属制品必须在安装前按规范进行半成品防腐基础处理，安装完成后立即进行防腐施工，若遇雨雪天气必须采取防水措施，不得让半成品受淋至湿，更不得在湿透的成品上进行防腐施工，确保成品防腐质量合格。

木作加工不仅要求制作、接榫严密，更应确保材料质量。构件规格较大，施工时也应注意榫卯，凿眼工序中的稳、准程度，用家具的质量标准要求，体现园林小品的特色。

第五节　廊施工

一、廊

1. 廊的概念

廊是指屋檐下的过道、房屋内的通道或独立有顶的通道。包括回廊和游廊，具有遮阳、防雨、小憩等功能。廊是建筑的组成部分，也是构成建筑外观特点和划分空间格局的重要手段。如围合庭院的回廊，对庭院空间的处理、体量的美化十分关键；园林中的游廊则可以划分景区，形成空间的变化，增加景深和引导游人。中国古代建筑中的廊常配有几何纹样的栏杆、坐凳、鹅项椅（即美人靠）、挂落、彩画；隔墙上常饰以什锦灯窗、漏窗、月洞门、瓶门等各种装饰构件。

古代的私家园林，占地及亭台楼阁的尺度相应比较小，游廊进深一般仅1.1m左右，最窄的只有950mm。现代公园、绿地的游廊尺度也要适当放大，但也须控制在适当的范围内。

2. 廊的类型

园林公园绿地中使用的游廊多为传统形式，但也有多种变化。

(1)半廊。半廊最为常见的是一种靠墙的游廊，屋面为单坡，它一面紧贴墙垣，另一面则向园景敞开，如图 9-19 所示。由于排水的需要，半廊外观靠墙做单坡顶，其内部实际也是两坡，因此结构稍微复杂一点。内、外两柱一高一低，横梁一端插入内柱，另一端架于外柱上，梁上立短柱。外侧横梁端部、短柱之上及内柱顶端架檩条，上架椽，覆望板、屋面。内柱位于横梁之上边一檩条，上架椽子、覆望板，使之形成内部完整的两坡顶。

图 9-19　半廊

(2)空廊。空廊是指无墙的游廊，屋面为两坡。它蜿蜒于园中，将园林空间一分为二，不仅丰富了园景层次，人行其中还可以两面观景。用空廊分隔水池时，廊子低临水面，两面可观水景，人行其上，水流其下，有如"浮廊可渡"，如图 9-20 所示。空廊仅为左右两柱，上架横梁，梁上立短柱，短柱之上及横梁两端架檩条联系两榀梁架，最后檩条上架椽，覆望板、屋面即可。如果进深较宽，檐口较高，则梁下可以支斜撑。这既有加固的作用，同时也有装饰游廊空间的作用。

(3)复廊。若将两条半廊合二为一，或将空廊中间沿脊檩砌筑隔

图 9-20　空廊

墙，墙上开设漏窗，则称“复廊”。复廊两侧往往分属不同的院落或景区，但园景彼此穿透，若隐若现，从而产生无尽的情趣。

（4）爬山廊。游廊随地势起伏，有时可直通二层楼阁，这种游廊常被称作“爬山廊”。爬山廊可以是半廊，也可以是空廊，如图 9-21 所示。爬山廊构造与半廊、空廊完全相同，只是地面与屋面同时作倾斜、转折。跌落式爬山廊的地面与屋面均为水平，低的廊段上檩条一端插在高的一端廊段的柱上，另一端架于柱上，由此形成层层跌落之形。与前空廊、半廊和复廊游廊稍有不同的是，架于柱上的檩条要伸出柱头，使之形成类似悬山的屋顶，为避免檩头遭雨淋而损坏，对伸出部分还需用博风板封护。

图 9-21　爬山廊

(5)复道廊。复道廊分上、下两层,立柱大多上下贯通,少数上下分开。上层结构与空廊或半廊相同,上层柱高仅为下层的0.8倍。

知识链接

廊的作用

作为道路,游廊引领游人通向要去的地方,而且加了顶盖,避免了游人可能遭受的日晒、雨淋困扰,更方便雨雪之中欣赏景致。

与游园道路一样,游廊随地势而起伏,循园景而曲折,它可使人随廊的起伏曲折而上下转折,行走其中能够感觉到园景的变幻,最终达到"步移景异"的观赏效果。

而游廊较园路增添了顶盖,它的体量、造型又可以分隔园景、增加层次、调节疏密、区划空间,成为构成园景的重要要素。

在园林中,廊大多沿墙设置或紧贴围墙,或将个别廊段向外曲折,与墙之间形成大小、形状各不相同的狭小天井,其间植木点石,布置小景。而在有些园林里,由于造景的需要,也有将廊从园中穿越的,两面不依墙垣,不靠建筑,廊身通透,使园景似隔非隔。

二、游廊部分的施工

游廊部分的施工工艺:木结构工程→屋面工程→地仗工程→油饰彩画→地面工程→石加工。

1. 木结构工程

(1)大木制作准备工作。

1)木作施工队在木构件加工制作施工前,熟悉结构连接关系,由技术人员按部位有针对性写出书面技术交底,使施工人员真正明白图纸设计要求后再进行施工。

2)大木制作先排出总丈杆。首先,在规格料上画线,施工时一人画线,一人制作。制作榫卯要严格按线做活,保证位置及几何尺寸正确。

3)大木安装要根据木构件标写的位置号进行安装,按照先内后外,先下后上的顺序安装。所有构件全部安装完毕后进行调整,最后堵住涨眼,使榫卯固定。

(2)檐柱制作。

1)在已经砍刨好的柱料两端画上迎头十字中线。每一端的两条十字中线要垂直平分,两端对应的中线互相平行。

2)把迎头中线弹在柱子长身上。弹线后,要根据柱子材料各面的好坏情况,定出哪一面做正面,哪一面做里面和侧面。

3)用柱高丈杆在一个侧面的中线上点出柱头,柱脚、馒头榫、管脚榫的位置线和枋子口线。

4)根据柱头、柱脚位置线,弹出柱子的升线。升线上端与柱头中线重合,下端位于中线里侧。升线与中线的距离即檐柱侧脚尺寸。为区别中线和升线,要在两条线下分别标出中线和升线符号,柱两侧画法相同,处于转角部位的檐柱要弹出双向升线。

5)升线弹出后,要以升线为准。用方尺画扦围画柱头和柱根线。柱头柱脚都要与升线垂直而不能与中线垂直。柱子的内外两面,在画柱子和柱根时要以中线为准。画柱头、柱根要求方尺尺墩的一个边与升线绝对平行,画扦沿尺苗外缘画线,画扦要与柱身垂直,以保证画线的标准。在画柱头柱跟线的同时,画出柱子的盘头线。

6)画柱子的卯眼线。檐柱两侧有檐枋枋子口,画枋子口时是以垂直地面的升线为口子中来画线,以保证枋子与地面垂直。柱子画完以后,要在内侧下端标写位置号。然后交制作人员进行制作。

(3)木基层制作安装。

1)制作。制作前先检查新构件木材,各种椽子、连檐等的用料不得有透节疤、劈裂和斜木纹的木材,选用通长直顺的木料。椽子要做到浑圆顺直,檐椽上头压掌的合掌而角度正确平整。飞椽椽身必须方正顺直。

2)安装。

①正身椽的安装:下身檐椽安装前,先清扫浮土杂物排椽花,确认无误后开始号线和挑线。以两侧椽头为准,在椽顶面上楞上钉一小钉,然后栓挂通线,此线必须拉紧拴牢,再用一根新椽从一侧向另一侧

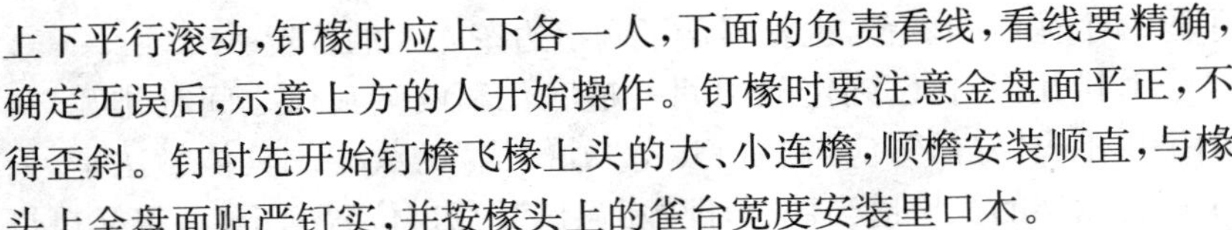

上下平行滚动，钉椽时应上下各一人，下面的负责看线，看线要精确，确定无误后，示意上方的人开始操作。钉椽时要注意金盘面平正，不得歪斜。钉时先开始钉檐飞椽上头的大、小连檐，顺檐安装顺直，与椽头上金盘面贴严钉实，并按椽头上的雀台宽度安装里口木。

②正身飞头的安装：首先挑线然后铺钉，可不用号椽，安装时飞头跟线不会有大的误差，如有轻微小的高低误差可修整飞头后尾解决。主要应注意飞椽的椽身必须与檐椽的椽身上下顺直。钉飞头后尾不得少于 3 根钉，要上中下错开，不得呈直线钉钉，以免将飞椽钉劈裂。然后钉人连檐、铺钉望板。

③在各部位木基层上钉钉，下表面在各方向看，不得有露出钉子和钉子尖，在钉钉子时应随时检查并及时拔掉重钉。

(4)木装修工程。木材的材质、含水率等均要求符合国家及设计部门标准。在制作前必须进行放大样，经设地确认后进行加工制作。所制作的尺寸必须准确。操作式艺为：放样→分档→下料→加工制作→组装→修整。

2. 屋面工程

(1)苫背。

1)泥背：在护板灰完成后，做 2cm 的泥背。泥背用灰与泥再加适量麻刀调匀。进行“拍背”，使得泥背密实。

2)灰背：青灰背反复刷青浆和轧背，赶轧的次数不少于“三浆三轧”。苫完背以后要在脊上抹“扎肩灰”。抹扎肩灰时应栓一道横线，作为两墟扎肩灰交点的标准，线的两端栓在两坡博缝交点上棱。前、后坡扎肩灰各宽 30～50cm，上面以线为准，下脚与灰背抹平。苫背全部结束后要适当“晾背”，再开始挂瓦。晾背对防止木望板槽朽是很有好处的。

(2)屋面瓦施工。

1)分中：在檐头找出整个房屋的横向中点并做出标记。确定屋面中间一趟底瓦中以后，再从两山博缝外皮往里返大约两个瓦口的宽度，并做出标记。瓦口宽度的决定：筒瓦宽略大于 1/2 底瓦宽。决定了这两个瓦口的位置,也就固定了两垄边垄底瓦的位置。

2)排瓦当:在已确定的中间一趟底瓦和两端瓦口之间赶排瓦口,如果排不出“好活”,应调整出几垄“蛐蜒当”的大小。具体做法是,用小锯将相连的瓦口适当截断,即“断瓦口”,瓦口位置确定后,将瓦口钉在连檐上。钉瓦口时应注意退雀台,即应比连檐略退进一些。瓦口钉好后,每垄底瓦的位置也就确定了。

3)号垄:将各垄盖瓦的中点平移到屋脊扎肩灰背上,并做出标记。

(3)挂瓦。

1)审瓦、沾瓦。在挂瓦之前应对瓦件逐块检查,瓦应沾浆。

2)冲垄。冲垄是在大面积挂瓦之前先挂几垄瓦,实际上,“挂边垄”也可以看成是在屋面的两侧冲垄。边垄“冲”好以后,按照边垄的曲线(囊)在屋面的中间将三趟底瓦和两趟盖瓦挂好。挂瓦的人员较多,可以再分段冲垄。这些瓦垄都必须以拴好的“齐头线”,“楞线”和“檐口线”为标准。

3)挂檐头瓦。以左右边垄滴子瓦下楞为准栓通线,控制高低出进,依此线用氐以麻、刀灰瓦檐头滴子瓦。盖好遮心瓦后,按檐头线用色麻刀灰瓦勾头瓦,然后用长钉从勾头上的孔眼内钉入连檐或灰背内,上面应露出钉头 3cm 左右,以备扣安钉帽。

4)挂底瓦。

①开线先在齐头线,楞线和檐线上各拴一根短铅丝(叫作“吊鱼”),“吊鱼”的长度根据线到边垄底瓦翅的距离定,然后“开线”:按照排好的瓦当和脊上号好挂的标记把线的一端固定在脊上。其高低以脊部齐头线为标准。另一端拴一块瓦,吊在房檐下。这条挂瓦用线叫作“瓦刀线”。瓦刀线的高低应以“吊鱼”的底棱为准,如瓦刀线的囊与边垄的囊不一致时,可在瓦刀线的适当位置绑上几个钉子来进行调整。底瓦的瓦刀线应拴在瓦的左侧(挂盖瓦时拴在右侧)。

②挂瓦拴好瓦刀线后,铺灰挂底瓦。用掺灰泥挂,在铺泥后再泼上白灰浆,此做法为“坐浆挂”。底瓦灰(泥)的厚度为 4cm。底瓦窄头朝下,从下往上依次摆放。底瓦的搭接密度做到“三搭头”,底瓦灰

(泥)应饱满,瓦要摆正,不得偏歪。底瓦垄的高低和直顺程度都应以瓦刀线为准。每块底瓦的“瓦翅”,宽头的上棱都要贴近瓦刀线。挂底瓦时注意“喝风”与“不合蔓”的问题。“不合蔓”是指瓦的弧度不一致造成合缝不严,“喝风”是泛指合缝不严,既包括瓦的不合蔓,也包括由于摆放不当造成的合缝不严。在操作中应注意避免由于摆放不当而造成的喝风,对于明显不合蔓的瓦,应尽量选换。

③背瓦翅摆好底瓦以后,要将底瓦两侧的灰(泥)顺瓦翅用瓦刀抹齐,不足之处要用灰(泥)补齐,“背瓦翅”一定要将灰(泥)“背”足、拍实。

④扎缝“背”挂瓦翅后,要在底瓦垄之间的缝隙处(称作“蛐蜒当”)用大麻刀灰塞严塞实,这一过程叫作“扎缝”,扎缝灰应能盖住两边底瓦垄的瓦翅。

3. 地仗工程

地仗:主体木构件、坐凳面一麻五灰地仗;雀替、倒挂、坐凳楣子三道灰。

(1)基层处理。

1)砍斧迹,斧迹间距不大于15mm、深度3mm,并保证不伤其木骨。

2)撕缝,是将木裂缝采用专用工具刀子将木裂棱角缝撕成V字型,以保证地仗灰能够嵌入木缝中。

3)下竹钉、楦缝,楦缝必须在撕缝的基础上,采用竹钉裂缝撑开达到抑制木材干缩而造成的木变形钉制作应根据木构件开裂程度制作不同的竹钉并以桐油浸泡,木裂缝在5～10mm应采取下竹钉做法,下竹钉应从裂缝的两端下起每隔150mm下一个,缝应将裂缝的硬棱撕成八字棱,以便地仗灰填入缝内。木裂缝在10mm以上的应采取揎缝,并达到严实牢固。

4)支浆,是为了使木构件与地仗达充分粘接能力,所采用的以油满加水配制满浆,涂刷在木基层表面。涂刷前将构件表面灰尘清除干净,采用户刷将木构件表面刷严刷到,无遗漏。

(2)地仗。

1)捉缝灰:木构件清理干净后,用铁板打油灰,向构件裂缝里刮油灰，要横刮，挤满挤严，顺裂缝刮净余灰，自然风干。干透后，用金刚石把干油灰的飞翅磨掉，修齐边角，用湿布擦净。

2)扫荡灰：扫荡灰是麻层的垫层，用这道灰找直衬平木件的表面。扫荡灰操作要三人一组，前道工序和后道工序密切配合，分上灰、过板和找灰。先用较干得油灰上下反复上灰，压灰入木骨，然后覆第二遍灰。随着前面上灰，第二个人用板子刮平，刮圆即过板。第三人用铁板找细，检查余灰和落地灰，把木件上的油灰找到要求的平直度，灰厚约 2mm。由灰风干后，用金刚石磨平，湿布擦净。

3)披麻：披麻在地仗层中起到拉接的作用，使得地仗的油灰层不宜开裂，延年耐久。现在木件的扫荡灰上刷 3mm 厚的披麻油浆。把已经加工好的线麻披在油浆上，要横着木纹铺贴麻丝，麻丝层的厚度要均匀一致，虽铺麻随将麻丝压实、压平。压麻的顺序是先压鞅角、边线，后压大面，压到表面没有麻绒为止，反复压完后，在四成油满中掺入六成的水，刷在压实的麻面层上，以刷到不露麻丝为限，随刷随用小钉把压实的麻翻虚，翻找一遍，以防内部有虚麻或干麻。然后在压一次，压实后，挤出多余的油浆，达到不窝浆、无干麻的程度。油浆和麻丝自然风干后，用金刚石磨麻，磨到起麻绒。披麻工序是一麻五灰地仗的主要工序，不允许出现开裂、漏籽、涡浆。线麻要铺均匀一致，麻层中不得有干麻包。

4)压麻灰：披麻后把木件清扫干净，开始上压麻灰，把压麻灰抹在麻层上面反复抹压，使油灰与麻层粘牢附实，然后在上面满覆一道油灰，灰层厚 2mm。完全干透后清扫干净。

5)中灰：用铲刀将表面除铲平整干净，刷底油一道，底油用光油加适量稀料配置，再用铁板满刮克骨中灰一道，不宜过厚，要达到平、直、圆，干透后用金刚石细磨，用湿布擦净。

6)细灰：中灰干后，满上细灰一道，厚度不超过 2mm，接头平整，无线脚。

7)磨细钻生：细灰干后，用金刚石细磨至断斑，磨完后，立即钻生桐油。钻生桐油必须浸透细灰，不得间断，钻完后，表面浮油用麻头擦净，不得有裂纹。

4. 油饰彩画

(1)柱子、坐凳刷绿色调和漆三道,罩面磁漆一道;其余部位为铁红调和漆三道,罩面磁漆一道。

(2)彩画形式为苏式掐箍头彩画,施工前做样板,并做出颜色色标。请甲方、设计审批后施工。

5. 地面工程

(1)砖加工。加工时应先做好合格的"官砖",统一标准后方可进行成批量的加工。加工现场设一名质检员负责收活,以保证合格。方砖:铲面时要选择比较细致的"水面",铲好的面要用磨头磨平,并用"搭尺"检查,要求盒子面,而且表面无"花羊皮"、"斧花"。取任意一肋用直尺板划签"打直",然后"打面",用斧子"过肋"、"磨头"、"磨肋",以此肋为准,用方尺勾出另一肋,再打角、过肋,最后用长制子划签,在平行的另一肋打直、打扁、过肋,四个肋互相垂直,并保证不少于 10mm 的转头肋。两块合面,对角码摞高不超过 10 块。

(2)方砖墁地。

1)冲趟。在两端拴好曳线并各墁一趟砖,即为"冲趟"。

2)样趟。在两道曳线间拴一道卧线,以卧线为标准铺泥墁砖。注意泥不要抹得太平太足,即应打成"鸡窝泥"。砖应平顺,砖缝应严密。

(3)揭趟、浇浆。将墁好的砖揭下来,必要时可逐一打号,以便对号入座。泥的低洼之处可作必要的补垫,然后在泥上泼洒白灰浆。浇浆时要从每块砖的右手位置沿对角线向左上方浇。

(4)上缝。用"木剑"在砖的里口砖棱处抹上油灰(即"挂油灰")。为确保灰能粘住(不"断条"),砖的两肋要用麻刷沾水刷湿,必要时可用矾水刷棱。但应注意刷水的位置要稍靠下,不要刷到棱上。挂完油灰后把砖重新墁好,然后手执锤,木棍朝下,以木棍在砖上连续的戳动前进即为上缝。要将砖"叫"平"叫"实,缝要严,砖棱应跟线。

(5)铲齿缝(墁干活),用竹片将表面多余的油灰铲掉即"起油灰",然后用磨头或砍砖工具斧子将砖与砖之间凸起的部分(相邻砖高低差)磨平或铲平。

(6)刹趟。以卧线为标准,检查砖棱,如有多出,要用磨头磨平。

(7)以后每一行都如此操作,全部墁好后,还要完成以下工作:

1)打点。砖面上如有残缺或砂眼,要用砖药打点齐整。

2)墁水活并擦净。将地面重新检查一下,如有凸凹不平,要用磨头沾水磨平。磨平之后应将地面全部沾水揉磨一遍,最后擦拭干净。

6. 石料加工

石料加工的基本程序:确定荒料;打荒;打大底;小面弹线,大面装线抄平;砍口、齐边;刺点或打道;打扎线;打小面;截头;砸花锤;剁斧;刷细道或磨光。

桐油钻生作法

(1)钻生。在地面完全干透后,在地面上倒桐油,油的厚度可为3cm左右。钻生时要用灰耙来回推搂。钻生的时间因具体情况可长可短,重要的建筑应以钻不进去的程度为止,次要建筑可酌情减少浸泡时间。

(2)起油。多余的桐油要用厚牛皮等物刮去。

(3)呛生。呛生又叫"守生"。在生石灰面中掺入青灰面,拌和后的颜色以近似砖色为宜,然后把灰撒在地面上,厚约3cm左右,2~3天后,即可刮去。

(4)擦净。将地面扫净后,用软布反复擦揉地面。

第六节　园桥施工

一、园桥概述

1. 园桥的概念

园桥是园林中的桥。园桥在造园艺术上的价值,往往超过交通功能。

2. 园桥的类型

园桥的基本形式有平桥、拱桥、亭桥、廊桥及汀步,如图9-22所示。

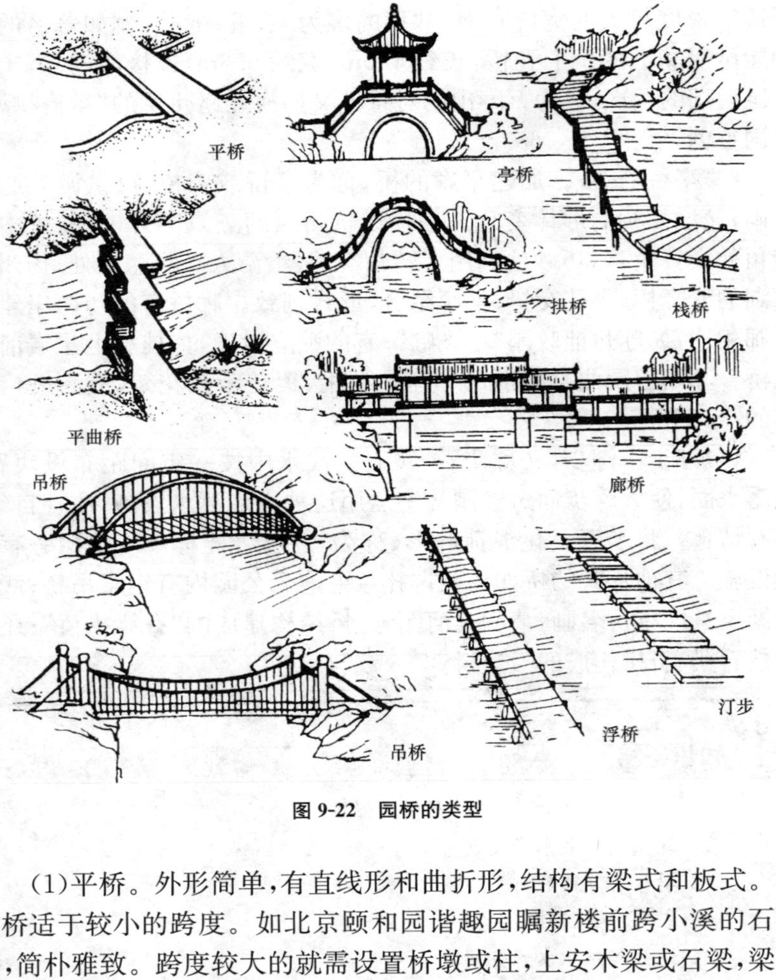

图 9-22　园桥的类型

(1)平桥。外形简单,有直线形和曲折形,结构有梁式和板式。板式桥适于较小的跨度。如北京颐和园谐趣园瞩新楼前跨小溪的石板桥,简朴雅致。跨度较大的就需设置桥墩或柱,上安木梁或石梁,梁上铺桥面板。曲折形的平桥,是中国园林中所特有,不论三折、五折、七折、九折,通称“九曲桥”。其作用不在于便利交通,而是要延长浏览行程和时间,以扩大空间感,在曲折中变换浏览者的视线方向,做到“步移景异”;也有的用来陪衬水上亭榭等建筑物。

(2)拱桥。造型优美,曲线圆润,富有动态感。单拱的如北京颐和园玉带桥,拱券呈抛物线形,桥身用汉白玉,桥形如垂虹卧波。多孔拱桥适于跨度较大的宽广水面，常见的多为三、五、七孔，例如著名的颐和园昆明湖上的十七孔桥，长约 150m，宽约 6.6m，连接南湖岛，丰富了昆明湖的层次，成为万寿山的对景。又如河北赵州桥的“敞肩拱”是中国首创。

(3)亭桥、廊桥。加建亭廊的桥，称为亭桥或廊桥，可供游人遮阳避雨，又增加桥的形体变化。亭桥如杭州西湖三潭印月，在曲桥中段转角处设三角亭，巧妙地利用了转角空间，给游人以小憩之处；扬州瘦西湖的五亭桥，多孔交错，亭廊结合，形式别致。廊桥有的与两岸建筑或廊相连，如苏州拙政园“小飞虹”；有的独立设廊，如桂林七星岩前的花桥。苏州留园曲奚楼前的一座曲桥上，覆盖紫藤花架，成为风格别具的“绿廊桥”。

(4)汀步。汀步，又称步石、飞石。浅水中按一定间距布设块石，微露水面，使人跨步而过。园林中运用这种古老渡水设施，质朴自然，别有情趣。将步石美化成荷叶形，称为“莲步”，桂林芦岩水榭旁有这种设施。其他形式的桥如内蒙古扎兰屯人民公园内有钢索吊桥；武汉东湖风景区有仿名画《清明上河图》虹桥结构建成的“叠梁拱桥”；还有天然石梁、石拱构成的天然桥。

园桥的作用

(1)联系两岸或水面交通。

(2)引导游览路线。

(3)点缀水面精神。

(4)划分和组织水景空间。

(5)增加风景层次等作用。

二、园桥的选址

在大水面上造桥，最好采用曲桥、廊桥、栈桥等比较长的园桥，桥址应选在水面相对狭窄的地方。这样不仅可以缩短建桥的长度，节约工程费用，而且可以利用桥身来分割水体。桥下不通游船时，桥面可设计得低平一些，使人更接近水面。桥下需要通过游船时，则可把部分桥面抬高，做成拱桥样式。在湖中岛屿靠近湖岸的地方，一般也要布置园桥。要根据岛、岸间距离，决定设置长桥还是短桥。在大水面沿边与其他水道相交接的水口处，为增添岸边景色设置拱桥或其他园桥。

对于庭园水池或一些面积较小的人工湖，适宜布置体量较小、造型简洁的园桥。若是用桥来分隔水面，则小曲桥、拱桥、汀步等都可选用。

园路与河渠、溪流交叉处，必须设置园桥把中断的路线连接起来。原则上，桥址应选在两岸之间水面最窄处或靠近较窄的地方。跨越带状水体的园桥，造型可比较简单，有时甚至只搭上一个混凝土平板，就可作为小桥。但其造型还是应有所讲究，要做得小巧别致，富于情趣。

将园桥布置在假山断岩处，做成天桥造型，能够给人奇特有趣的感受，丰富了假山景观。在风景区游览小道延伸至无路的峭壁前，可以架设栈道通过峭壁。栈道实际上也是一种长桥，不仅可布置在山壁边，还可布置在水边。在园林内的水生及沼泽植物景区，也可采用栈桥形式，将人们引入沼泽地游览观景。园桥的选址也是随着造景观景的需要可以灵活确定的。

知识链接

园桥的布置要求

在自然山水园林中，桥的布置同园林的总体布局，道路系统，水体面积占全园面积的比例，水面的分隔或聚合等密切相关。园桥的位置和体型要和景观相协调。大水面架桥，又位于主要建筑附近的，宜宏伟壮丽，重视桥的体型和细部的表现；小水面架桥，则宜轻盈质朴，简化其体型和细部。水面宽广或水势湍急者，桥宜较高并加栏杆；水面狭窄或水流平缓者，桥宜低并可不设栏杆。水陆高差相近处，平桥贴水，过桥有“凌波信步”亲切之感；沟壑断崖上危桥高架，能显示山势的险峻。水体清澈明净，桥的轮廓需考虑倒影；为增加景观变化，地形平坦，桥的轮廓宜有起伏，另外，还要考虑人、车和水上交通的要求。

第七节 园林雕塑、栏杆、标示

一、园林设施安装的要求

1. 座椅(凳)、标牌、果皮箱安装

(1)座椅(凳)、标牌、果皮箱的质量应符合相关产品标准的规定，并应通过产品检验合格。

(2)座椅(凳)、标牌、果皮箱材质、规格、形状、色彩、安装位置应符合设计要求，标牌的指示方向应准确无误。

(3)座椅(凳)、标牌、果皮箱的安装方法应按照产品安装说明或设计要求进行。

(4)安装基础应符合设计要求。

(5)座椅(凳)、果皮箱应安装牢固无松动，标牌支柱安装应直立不倾斜，支柱表面应整洁无毛刺，标牌与支柱连接、支柱与基础连接应牢固无松动。

(6)金属部分及其连接件应做防锈处理。

2. 园林护栏安装

(1)竹木质护栏、金属护栏、钢筋混凝土护栏、绳索护栏等均应属于维护绿地及具有一定观赏效果的隔栏。

(2)护栏高度、形式、图案、色彩应符合设计要求。

(3)金属护栏和钢筋混凝土护栏应设置基础，基础强度和埋深应符合设计要求；设计无明确要求时，高度在 1.5m 以下的护栏，其混凝土基础尺寸不应小于 30cm×30cm×30cm；高度在 1.5m 以上的护栏，其混凝土基础尺寸不应小于 40cm×40cm×40cm。

(4)园林护栏基础采用的混凝土强度不应低于 C20。

(5)现场加工的金属护栏应做防锈处理。

(6)栏杆之间、栏杆与基础之间的连接应紧实牢固。金属栏杆的焊接应符合现行国家相关标准的要求。

(7)竹木质护栏的主桩下埋深度不应小于50cm。主桩的下埋部分应做防腐处理。主桩之间的间距不应大于6m。

(8)栏杆空隙应符合设计要求,设计未提出明确要求的,宜为15cm以下。

(9)护栏整体应垂直、平顺。

(10)用于攀缘绿化的园林护栏应符合植物生长要求。

3. 绿地喷灌的喷头安装与调试

(1)管网应在安装完成试压合格并进行冲洗后,方可安装喷头,喷头规格和射程应符合设计要求,洒水均匀,并符合设计的景观艺术效果。

(2)绿地喷灌工程应符合安全使用要求,喷洒到道路上的喷头应进行调整。

(3)喷头定位应准确,埋地喷头的安装应符合设计和地形的要求。

(4)喷头高低应根据苗木要求调整,各接头无渗漏,各喷头达到工作压力。

二、园林雕塑

1. 雕塑的概念

雕塑是造型艺术的一种,又称雕刻,是雕、刻、塑三种创制方法的总称。它是凝固瞬间形象与神态、内容于寓意丰富的纯艺术造型,以各种可塑的物质材料(如黏土)或可雕刻翻制的物质材料(如石头、木材、金属等)来塑造占有一定空间的可视、可触的各种具体的艺术形象,借以反映现实生活和表现艺术家的思想感情和审美理想,是社会发展形象的历史记载。雕塑又是一种语言,表达人们的主观意念以及对美好生活环境的向往。

2. 雕塑的类型

(1)园林雕塑按功能划分。雕塑按其功能划分,大致可分为纪念性雕塑、主题性雕塑、装饰性雕塑、功能性雕塑以及陈列性雕塑五种。

1)纪念性雕塑。纪念性雕塑是以历史上或现实生活中的人或事件为主题，也可以是某种共同观念的永久纪念，用于纪念重要的人物和重大历史事件。一般这类雕塑多在户外，也有在户内的。如南京雨花台烈士群像、上海虹口公园鲁迅像等。

2）主题性雕塑。主题性雕塑是指某个特定地点、环境、建筑的主题说明，它必须与这些环境有机地结合起来，并点明主题，甚至升华主题，使观众明显地感到这一环境的特性。可具有纪念、教育、美化、说明等意义。主题性雕塑揭示了城市建筑和建筑环境的主题。如敦煌市市区有一座标志性雕塑《反弹琵琶》，取材于敦煌壁画反弹琵琶伎乐飞天像，展示了古时“丝绸之路”特有的风采和神韵，也显示了该城市拥有世界闻名的莫高窟名胜的特色。这一类雕塑紧扣城市的环境和历史，可以看到一座城市的身世、精神、个性和追求。

3）装饰性雕塑。装饰性雕塑是城市雕塑中数量较大的一类，这类雕塑比较轻松、欢快，也被称之为雕塑小品。这里专门把它作为一类来提出，是因为它在人们的生活中越来越重要，人物、动物、植物、器物都可以作为题材。它的主要目的就是美化生活空间，它可以小到一个生活用具，大到街头雕塑，所表现的内容极广，表现形式也多姿多彩。它创造一种舒适而美丽的环境，可净化人们的心灵，陶冶人们的情操，培养人们对美好事物的追求。如北京日坛公园曲池胜春景区中展翅欲飞的天鹅和各地园林中的运动员、儿童及动物形象等。

4）功能性雕塑。功能性雕塑是一种实用雕塑，是将艺术与使用功能相结合的一种艺术，这类雕塑也是从私人空间到公共空间等无所不在。它在美化环境的同时，也丰富了我们的环境，启迪了人们的思维，让人们在生活的细节中真真切切地感受到美。功能性雕塑的首要目的是实用。比如公园的垃圾箱，大型的儿童游乐器具等。

5）陈列性雕塑。陈列性雕塑又称架上雕塑，由此可见尺寸一般不大。它也有室内、外之分，但它是以雕塑为主体充分表现作者自己的想法和感受、风格和个性，甚至是某种新理论、新想法的试验品。它的形式手法更是让人眼花缭乱，内容题材更为广泛，材质应用也更为现代化。

（2）园林雕塑按形式划分。按形式分为圆雕、浮雕、透雕等。

1）圆雕。所谓圆雕是指非压缩的，可以多方位、多角度欣赏的三维立体雕塑，其应用范围极为广泛，也是老百姓最常见的一种雕塑形式。它的手法与形式也多种多样，有写实性的与装饰性的，也有具体的与抽象的，户内与户外的，架上的与大型城雕，着色的与非着色的等；雕塑内容与题材也是丰富多彩，可以是人物，也可以是动物，甚至于静物；材质上更是多彩多姿，有石质、木质、金属、泥塑、纺织物、纸张、植物、橡胶等。

2）浮雕。所谓浮雕是雕塑与绘画结合的产物，用压缩的办法来处理对象，靠透视等因素来表现三维空间，并只供一面或两面观看。浮雕一般是附属在另一平面上的，建筑上使用更多，用具器物上也经常可以看到。近年来，它在城市美化环境中占了越来越重要的地位。浮雕在内容、形式和材质上与圆雕一样丰富多彩。

3）透雕。去掉底板的浮雕则称透雕，也称为镂空雕。把所谓的浮雕的底板去掉，从而产生一种变化多端的负空间，并使负空间与正空间的轮廓线有一种相互转换的节奏。这种手法过去常用于门窗栏杆家具上，有的可供两面观赏。

3. 雕塑的工具

工具是雕刻家从事创作的最直接的助手和伴侣。雕塑的基本工具有：

（1）雕塑刀。为泥塑工具，用于刮、削、贴、挑、压、抹泥塑和造型，又分为三种：第一种为金属工具，由钢、不锈钢、黄铜等制成，刀头分斜三角形、柳叶形、卵叶形和箭镞形，有的边缘为锯齿状。第二种为非金属工具，由竹、木、骨、象牙、牛角、塑料等材料制成。大型的刀具形状有鞋底形、墨鱼骨形、拇指形、斜三角形等；小型刀具形状有菱角形、小脚形、球形、条形等。第三种为刮刀，可切削造型和做衣纹，有各种圆弧形和方形双面刮刀等。

（2）石雕凿。为钢质杆形石雕工具，下端为楔形或锥形，端末有刃口，用锤敲击上端使下端刃部受力，按刃部形状分尖凿、平凿、半圆凿和齿凿，是石雕基本工具。

（3）石雕锤。石雕锤为敲击工具，用以敲击石雕凿或木雕刀雕刻石、木料，分大、中、小 3 号。花锤亦是石雕锤，直接以锤面敲击石块，造成粗犷厚重，浑然一体的雕塑感。剁斧用于直接剁砍石面，砍出工整平行的曲线，能加强雕塑体面的方向感、韵律感。

(4)木雕刀。一般由刀头、刀把和铁箍构成，依刃口形状分平口、斜刃、三角和圆口刀 4 种，按颈状分有曲颈、直颈两种，每一类又各有大、中、小 3 号。

(5)弓把。弓把为雕塑用卡钳。可测量距离，有两个可开合的象牙形卡脚，也可随时改变卡脚的弯度。

(6)比例弓把。比例弓把是雕塑放大用的度量工具。

(7)点型仪。点型仪为三坐标定位仪，用于复制石雕与木雕。在石膏像上找出 3 个基准点，用点型仪上的定位钢针对准并固定，利用点型仪上可滑动的部件和万向关节及指针，可对准雕像上任何一个空间位置，把可移动的部件锁定。把点型仪挪到石块或木料上，钢针对准相应的基准点，指针能把石膏像上的点标于石头或木块上，就能准确地复制成石雕和木雕。

4. 雕塑的艺术布局

雕塑自身具有生活性、历史性、建筑性和视觉条件的特殊性，雕塑的题材形式和手法历来不拘一格，但园林雕塑必须从属于园林环境，因此，雕塑在园林中的布局要全盘考虑，合理安排，根据园林的总体规划，服从园林的主题思想和意境要求。无论是公园里还是庭院中，雕塑的艺术价值都随着对环境的影响得以提高和完善，而空间过于拥挤或过于空旷都会减弱其艺术效果。所以雕塑的体量需与周围环境相统一协调，在建造前应精心选址、合理选题。

(1)园林雕塑的选题与选址。园林景观雕塑是固定陈列在某特定环境之中的园林小品，它限定人们的观赏条件，并将较持久的与环境相互作用、相互影响。

景观雕塑的选题必须服从于整个环境思想的表达，作者赋予雕塑的主题、运用的手法以及雕塑的风格都应与整体环境相协调，这样有利于发挥环境和雕塑各自的作用。好的题材既能使雕塑的形象更丰富，又能加深人们对环境的认识，从而增加环境的感染力，在瞬间打动人心。

雕塑的选址要有利于雕塑主题的表达和观赏以及其形体美的展示。而雕塑的位置及周围环境对其体量的大小、尺度也有影响。因此,雕塑的选址应协调好与游人的视觉关系。

(2)园林雕塑的艺术构思手法。园林雕塑题材广泛,表现手法多种多样,艺术构思别具一格。

1)形象再现的手法。形象的再现是园林雕塑创作中最基本的构思手法,常用于对内容比较具体、含义比较特定的纪念性雕塑。形象选择多种多样,有再现人物的,如南京莫愁湖公园的"莫愁"雕塑(图 9-23);有再现当时事件的,如牡丹江"八女投江"雕塑展现了女英雄投江前的英姿,人物表情坚定,充分表现了革命志士视死如归的大无畏精神(图 9-24)。

图 9-23　"莫愁"雕塑

图 9-24　牡丹江"八女投江"雕塑

5. 园林雕塑在环境景观设计中的特殊作用

(1)表达园林主题。园林雕塑往往是园林表达主题的主要方式,把仅运用园林艺术无法具体表达的主题，运用雕塑艺术表达出来。如杭州花港观鱼的“年年有鱼”雕塑，突出观鱼，借以表达园林主题，如图 9-25 所示。

(2)组织园林景观。园林雕塑是三维空间的艺术品，是景观建设中的重要组成部分，也是环境景观设计手法之一。古今中外许多著名的环境景观都采用了景观雕塑的设计手法。

图 9-25　杭州花港观鱼的“年年有鱼”

现代园林中，许多具有艺术魅力的雕塑艺术品为优美的环境注入了人文因素，雕塑本身又往往成为局部景观，乃至全园的主景。这些雕塑在环境当中于组织景观，美化环境，烘托气氛方面起到了重要的作用。

(3)点缀、装饰环境。园林雕塑中，还有一部分是装饰雕塑。体现在园林装饰上，则常毫不含蓄地追求附属物的外在美，精雕细琢，细腻纤秀，这就从细部丰富了园林总体的审美内容。为装点环境，还可以将雕塑与水景结合共同组成优美的画面。

(4)其他作用。在公园中常设有一些服务性设施，运用雕塑的表现手法，既拥有优美的造型，同时也满足了其使用功能。如公园内的花钵、果皮箱、灯柱、座椅以及大型儿童玩具等。另外，一些雕塑常设在公园的入口，与其他景结合，也可起到一定指示作用。

知识链接

雕塑的作用

雕塑是具有强烈感染力的一种造型艺术，它不仅丰富和美化人们生活空间而且丰富了人们精神生活，反映时代精神的地域文化的特征，许多优秀的雕塑更是成为城市的标志和象征的载体。园林雕塑既能装点城市，美化环境，丰富人们的生活，又能在为当代服务的同时为未来留下不易磨灭的历史性标记。

三、园林栏杆

1. 栏杆的概念

栏杆是由外形美观的立柱和镶嵌图案按一定间隔排成栅栏状的构筑物。在园林环境中起到安全防护、隔离和装饰等作用。在现代园林中，因其造型的简洁、明快、通透、开敞和不阻隔空间、灵活多样的形式特点，丰富了园林景致。

2. 栏杆的类型

（1）栏杆的造型形式。栏杆的式样不胜枚举，但形式虽多，其造型的原则却都相同，即必须与环境协调、统一。如在雄伟的建筑环境内，必须配合坚实而具有庄重感的栏杆；而亭、廊等建筑小品的栏杆，则宜玲珑轻巧，并可结合坐凳，为游人提供安全休息的设施。如图 9-26 所示。

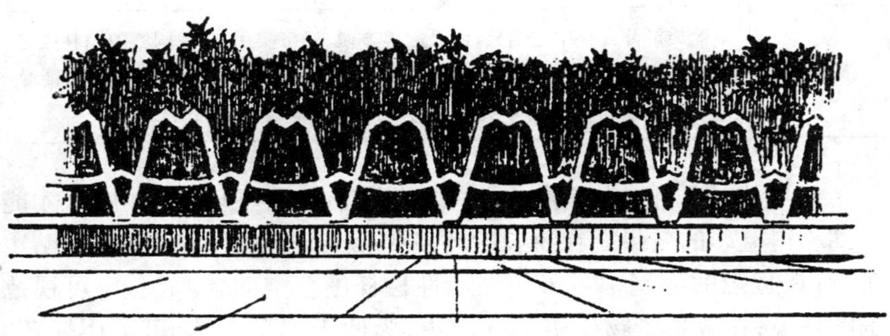

图 9-26　杭州植物园镶边栏杆

（2）不同材料的栏杆形式。为了与环境协调又不失自然气息，尽量使用一些朴素质感的材料，如砖、石、木（仿木）、竹（仿竹）等。各种材料可以单独使用，也可以混合使用，如石制柱墩、钢制的横杆等。恰当地选择所需材料是栏杆设计的重要环节。选材既要考虑满足功能的要求，也要考虑与园林环境的协调统一。

各种形式栏杆选材要求及特点，见表 9-2。

表 9-2　　各种形式栏杆选材要求及特点

栏杆材料	特　点
天然石材	各种岩石由于石质坚硬，受到了一定加工手段的限制。石栏显得较粗犷、朴素、浑厚
人造石材	多由塑性材料仿真制作，由于制作自由，造型比较活泼，形式丰富多样。色彩和质感可随设计要求而定，可获得天然石材的效果
金　属	金属栏杆包括钢栏杆和铸铁栏杆，此类栏杆造型简洁、通透，加工工艺方便，造型丰富多样，可做成一定的纹样图案，但在室外运用时，其表面必须加以防锈蚀处理
木(仿木)、竹(仿竹)	木制栏杆的使用与园林环境结合在绿地中更能反映其朴素的特点。而竹材在南方地区来源丰富，加工方便，其色泽、纹理、质感极富装饰性，但耐久性差；而在北方地区则用仿竹的形式也会取得很好的效果。为了达到自然竹、木材料的装饰效果，广州等地近年来在园林中大量采用塑性材料仿塑竹木栏杆，颇具竹、木材的自然气息，耐久性也强，值得推广
砖栏杆	此类栏杆古朴中透出典雅，且施工方便、经济实用，在我国庭院园林或名胜古迹环境修复中至今都有沿用，但在公共园林中已很少采用，这可能是由于其质感过于简朴或与现代园林材料难于融合的原因所致

(3)不同环境的栏杆形式。栏杆设置要与周围环境相协调，才能得到相得益彰的效果。在狭长的环境中，为充分利用空间宜采用贴边布置；在宽敞的环境中可采用展示性栏杆围合空间，构成一定可视范围的环境；在背景景物优美的环境中，为便于视景连续，可采用轻巧、通透的造型。

在临水的地段，栏杆必须要有一定的高度，以确保安全。为了不致使这一尺度破坏整个庭园空间的比例，我国传统庭园中多采用把栏杆与坐凳结合成美人靠，栏杆从水平方向横分为二，再加上色彩的区别，一黑一白，一虚一实，从而使一大变为二小，也达到了尺度控制的目的。

3. 栏杆安装

(1)在已完工的面层上弹线并标出每根栏杆立柱的位置。用电锤钻在立柱处钻孔，深度为 50mm，其中底层的第一步和第二步深度为 100mm，钻头直径同立柱钢筋直径。

(2)用榔头将立柱钢筋打入钻孔内。立柱钢筋长度为立柱高度加 50(100)mm。

(3)将花饰件穿入立柱钢筋。

(4)用截面 40mm×80mm 和 40mm×100mm 的方木各 1 块(其中 40mm×100mm 的方木按立柱钢筋的间距和数量放样锯凿成缺口)，方木长度同扶手，将立柱钢筋置入方木缺口，再用 12 号铁丝将两块方木临时绑夹在距立柱顶部约 50mm 处，然后整体校正立柱并撑牢。

(5)在立柱顶部弹斜线，再用石墨笔画线，然后用氧割将立柱钢筋顶面吹割成斜面。

(6)焊扶手扁铁，随后在扁铁的弯、翘曲处，用乙炔加热烧红后拨正，并立即烧水冷却、矫正扁铁。然后焊转角扁铁，待扶手两端的连接转角扁铁焊好后，拆除绑夹在立柱钢筋顶部的方木。

(7)焊花饰件。

(8)安装木制或塑料扶手。

4. 栏杆的作用

园林中的栏杆主要功能是安全防护和分离空间，另外，还可以用以装饰园景。

(1)防护功能。园林中的栏杆多为独立设置，并具有较好的防护功能。一般而言，防护功能区的栏杆常设在园地环境的四周与城市道路结合的部位，具有明显范围界定的防护功能，如图 9-27 所示。

(2)分隔空间。园林栏杆是划分园林空间的要素之一，多用于开敞空间或特定局部空间的分隔。在开阔的园林空间中，给人以空旷之感，若以栏杆的形式进行功能性的空间划分，不但不会阻断空间，而且会使空间之间的功能联系更为紧密。园林中各种活动范围，不同的功能区域常以栏杆为界，作为以分隔空间为主要功能的栏杆，常设在各功能区的周边、绿地周围等，如图 9-28 所示。

图 9-27　道路边的栏杆

图 9-28　分隔空间的栏杆

(3)装饰园景。栏杆是装饰性很强的装饰性小品之一,其美观实用、质朴、自然等已是考虑的重要因素,如图 9-29 所示。

图 9-29　顶部为弧线的栏杆颇具韵律美

知识链接

栏杆的作用

栏杆还具有改善城市园林绿地景观效果的作用，通过围栏的空隙将沿街各单位的零星绿地组织到街头绿化中，组成城市街道公共绿地的一部分，从视觉上扩大绿化空间，美化市容。

四、园林标示

1. 园林标示概念

园林标示性小品，是园林中极为常见而且也最易引人注意的指示性标识或宣教设施。大到宣传牌、宣传廊等，小到指路标识，均可以吸引人们视线，使人留足观赏。其位置常设在园林入口、景区交界、道路交叉口处等地段。由于园林是多个造园要素综合营造的优美环境，在标示小品的制作方面也应有多样化的表现方式。

2. 园林标示的类型

(1)导游标示。导游标示是城市综合性公园或各类风景区不可或缺的小品设施，通常位于园林或风景区的入口处，为游人提供必要的信息，以满足各类游人浏览的需要。

1)材料类型。导游标示的材料类型主要有金属标示、石材标示、木质标示、陶瓷标示和塑质标示等，见表 9-3。

表 9-3 导游标示材料类型及特点

标示材料	特　点
金属标示	金属标示除了采用刻字(在金属板上刻文字)、镶块字(凹陷金属板、粘结文字)等比较特殊的工艺以外，还有加工文字和底牌的方法(如抛光底牌或底牌拉道处理等)、改变文字或底牌材质的方法以及借助印刷品的方法
石材标示	石材标示一般采用修饰、加工石料和改变文字两种处理方法。如粗琢底料、喷燃文字、嵌砌金属文字等
木质标示	木质标示一般采用雕刻或粘贴印刷品的方法制作。丙烯板一般以粘贴印刷品的办法制成，所贴印刷品分两种，即纺织印刷品和摄影印刷品。其中包括竹材
陶瓷标示	陶瓷标示采用烧制带有标志的陶瓷进行制作
塑质标示	塑质标示一般使用丙烯板粘贴印刷品的办法制成，有纺织印刷品和摄影印刷品两种贴材方法。 对于城市综合性园林或大型风景区来说，导游标示的使用材料多种多样，不一而足，只要能够与环境之间形成协调、统一的关系，并满足导游功能，采用任何材料、无论对材料处理与否都是可以应用的

2)表现形式。

①园林入口。为使游人对全园浏览有一个概括性的了解，园林入口的标识，主要以导游牌的形式出现。这些标识多用金属材料制成，也可用石材、木材等材料制成。

②景区入口。在园林内部的各景区出入口处，一般也要布置导游牌，并与其他材料结合共同塑造成景观的形式，以更好地展示景区特点引导游人浏览，这些导游牌常用木材、石材等材料制成。

③景点介绍。园林内部的各个景点，尤其是带有历史传说或神话故事的景点，也常以景点的文字或图片来表现。另外，在植物园和动物园中，也对植物或动物进行科普知识介绍。

④方向导识。在大型公园或风景区浏览中，常遇到一些道路的交叉口，在交叉口处设置方向提示小品，以便游人得到明确具体的浏览信息。由于地处道路的交叉口，所以一般提示小品设置在绿地之中。

(2)宣传牌与宣传廊。宣传牌(图 9-31)与宣传廊(图 9-32)属于园林绿地中进行宣传、科普、教育等方面的一种景观设施。在节假日，利用公众场合对游人进行相关知识的普及、教育和介绍。采用寓教于乐的形式，对促进大众素质的提高颇有裨益。

图 9-31　宣传牌

图 9-32　宣传廊

1)一般要求。一般宣传牌设在人流路线以外的绿地之中，且前部应留有一定的场地，与广场结合的宣传牌，其前部的场地应利用广场，不需要单独开辟。宣传牌的两侧或后部适宜与花坛或乔木结合，为方便人们浏览，橱窗的高度控制在视域范围内。

2)材料选择。

①主件材料。主件材料一般选用经久耐用的花岗石类天然石、不锈钢、铝、钛、红杉类坚固耐用木材、瓷砖、丙烯板等。

②构件材料。构件材料除选择与主件相同的材料外，还可采用混凝土、钢材、砖材等。

3)位置选择。宣传牌的位置应选在游人停留较多之处，如园内各类广场、建筑物前、道路交叉口等地段。另外，还可与挡土墙、围墙、花坛、花台以及其他园林环境相结合。

第十章　园林绿化工程施工管理

第一节　园林绿化工程施工现场管理

一、园林绿化工程施工现场管理概念

园林施工现场指从事园林施工活动经批准占用的施工场地。它既包括红线以内占用的园林用地和施工用地，又包括红线以外现场附近经批准占用的临时施工用地。

园林施工现场管理就是运用科学的管理思想、管理组织、管理方法和管理手段，对园林施工现场的各种生产要素，如人（操作者、管理者）、机（设备）、料（原材料）、法（工艺、检测）、环境、资金、能源、信息等，进行合理的配置和优化组合，通过计划、组织、控制、协调、激励等管理职能，保证现场能按预定的目标，实现优质、高效、低耗、按期、安全、文明的生产。

知识链接

施工现场管理的含义

施工现场管理有狭义和广义之分。狭义的现场管理指对施工现场内各作业的协调、临时设施的维修、施工现场与第三者的协调以及现场内的清理整顿等所进行的管理工作。广义的现场管理指项目施工管理。现场管理则主要管理手中的施工项目。它的成本和服务都直接和工程发生关系，而不是为了公司的所有施工项目或其他具体工程的利益进行工作的。

二、园林绿化工程施工现场管理内容

1. 平面布置与管理

(1)施工现场的布置，是要解决园林施工所需的各项设施和永久性建筑之间的合理布置，按照施工部署、施工方案和施工进度的要求，对施工用临时房屋建筑、临时加工预制场、材料仓库、堆场、临时水、电、动力管线和交通运输道路等做出周密规划和布置，解决园林绿化工程所需的各项设施和景观之间的位置关系。合理的现场布置是进行有节奏、均衡连续施工在活动空间上的基本保证，是文明施工的重要内容。由于施工现场的复杂性施工过程不断地发展和变化，现场布置必须根据工程进展情况进行调整、补充、修改。

(2)施工现场平面管理，就是在施工过程中对施工场地的布置进行合理的调节，也是对施工总平面图全面落实的过程。主要工作包括：根据不同时间和不同需要，结合实际情况，合理调整场地；做好土石方的调配工作，规定各单位取弃土石方的地点、数量和运输路线等；审批各单位在规定期限内，对清除障碍物、挖掘道路、断绝交通、断绝水电动力线路等申请报告；对运输大宗材料的车辆，做出妥善安排，避免拥挤和堵塞交通；做好工地的测量工作，包括测定水平位置、高程和坡度、已完工程工程量的测量和竣工图的测量等。

2. 材料管理

全部材料和零部件的供应已列入施工规划，现场管理的主要内容是：确定供料和用料目标；确定供料、用料方式及措施；组织材料及制品的采购、加工和储备，做好施工现场的进料安排；组织材料进场、保管及合理使用；完工后及时退料及办理结算等。

3. 合同管理

现场合同管理是指施工全过程中的合同管理工作。它包括两方面：一是承包商与业主之间的合同管理工作；二是承包商与分包之间的合同管理工作。现场合同管理人员应及时填写并保存有关方面签证的文件。承包商与业主之间的现场合同管理工作的主要内容有：合同分析；合同实施保证体系的建立；合同控制；施工索赔等。承包商与分包商之间的合同管理工作主要是监督和协调现场分包商的施工活动，处理分包合同执行过程中所出现的问题。

现场合同文件的具体内容

现场合同文件包括：业主负责供应的设备、材料进场时间及材料规格、数量和质量情况的备忘录；材料代用议定书；材料及混凝土试块试验单；完成工程记录和合同议事记录；经业主和设计单位签证的设计变更通知单；隐蔽工程检查验收记录；质量事故鉴定书及其采取的处理措施合理化建议及节约分成协议书；中间交工工程验收文件；合同外工程及费用记录；与业主的来往信件、工程照片、各种进度报告；监理工程师签署的各种文件等。

4. 质量管理

现场质量管理是施工现场管理的重要内容，主要包括以下两个方面的工作：

(1)按照工程设计要求和国家有关技术规定，如施工质量验收规范、技术操作规程等，对整个施工过程的各个工序环节进行有组织的工程质量检验工作，不合格的园林材料不能进入施工现场，不合格的分部分项工程不能转入下道工序施工。

(2)采用全面质量管理的方法，进行施工质量分析，找出产生各种施工质量缺陷的原因，随时采取预防措施，减少或尽量避免工程质量事故的发生，把质量管理工作贯穿到工程施工全过程，形成一个完整的质量保证体系。

5. 安全生产管理与文明施工

安全生产管理贯穿于施工的全过程，交融于各项专业技术管理，关系着现场全体人员的生产安全和施工环境安全。现场安全管理的主要内容包括：安全教育；建立安全管理制度；安全技术管理；安全检查与安全分析等。

文明施工是指在施工现场管理中，按照现代化施工的客观要求，使施工现场保持良好的施工环境和施工秩序。文明施工是施工现场管理中一项综合性基础管理工作。

6. 认真填写施工日志

施工现场主管人员，要坚持填写“施工日志”。其包括施工内容、施工队组、人员调动记录、供应记录、质量事故记录、安全事故记录、上级指示记录、会议记录、有关检查记录等。施工日志要坚持天天记，记重点和关键。工程竣工后，存入档案备查。

施工调度

施工调度是现场管理的神经系统，是实现正确施工指挥的重要手段。

工程调度的作用主要有三点：一是施工组织指挥的中枢；二是领导指挥生产的办事机构和参谋；三是一种综合性的技术业务管理部门。

为能较好起到施工指挥中枢的作用，调度必须对辖区工程的施工动态，做到全面掌握。要掌握工程进度是否符合施工组织设计的要求；施工计划能否完成，是否平衡；人力、物力使用是否合理，能否收到较好的经济效益；有无潜力可挖，施工中的薄弱环节在哪里，已出现或可能出现哪些问题。对这些情况调度人员应首先进行综合分析，经过全盘考虑，统筹安排，然后定期或不定期地向领导提出解决已发生或即将发生的各种矛盾的切实可行的意见，供领导决策时参考，再按领导的决策意见，组织实施。这种上来下去的时间越短，工程进展就越顺利，任务完成得也越好，也就是调度的“施工指挥中枢”作用起得越好。

三、园林绿化工程施工现场管理技术

1. 施工现场管理组织的建立

(1)建立精干的施工队组。施工队组的建立要认真考虑专业、工种的合理配合，技工、普工的比例要满足合理的劳动组织，要符合流水施工组织方式的要求，确定建立施工队组（是专业施工队组，或是混合施工队组），要坚持合理、精干高效的原则；人员配置要从严控制二、三线管理人员，力求一专多能、一人多职，同时制定出该工程的劳动力需要量计划。

(2)组织劳动力进场，妥善安排各种教育，做好职工的生活后勤保障准备。施工前，企业要对施工队伍进行劳动纪律、施工质量及安全教育，注意文明施工而且还要做好职工、技术人员的培训工作，使之达到标准后再上岗操作。

(3)向施工队组、工人进行施工组织设计、计划和技术交底。施工组织设计、计划和技术交底的目的是把拟建工程的设计内容、施工计划和施工技术等要求，详尽地向施工队组和工人讲解交代。这是落实计划和技术责任制的好办法。

施工组织设计的内容

施工组织设计、计划和技术交底的内容有工程的施工进度计划、月（旬）作业计划；施工组织设计，尤其是施工工艺、质量标准、安全技术措施、降低成本措施和施工验收规范的要求；新结构、新材料、新技术和新工艺的实施方案和保证措施；图纸会审中所确定的有关部门的设计变更和技术核定等事项。交底工作应该按照管理系统逐级进行，由上而下直到工人班组。交底的方式有书面形式、口头形式和现场示范形式等。

(4)明确现场管理有关人员的职责。现场管理有关人员的职责包括：项目经理的职责、施工经理（项目副经理）的职责、施工工程师的职责、质量控制工程师的职责等。

(5)建立健全各项管理制度。工地的各项管理制度是否建立、健全，直接影响其各项施工活动的顺利进行。为此必须建立、健全工地的各项管理制度。一般内容有：工程质量检查与验收制度；工程技术档案管理制度；园林材料的检查验收制度；技术责任制度；施工图纸学习与会审制度；技术交底制度；职工考勤、考核制度；工地及班组经济核算制度;材料出入库制度;安全操作制度;机具使用保养制度。

2. 技术资料准备

技术资料准备工作是园林施工准备工作的核心,它主要包括熟悉、审查施工图纸和有关设计资料等。

(1)熟悉、审查施工图纸的依据。

1)建设单位和设计单位提供的初步设计或扩大初步设计(技术设计)、施工图设计、建筑总平面图、土方数量设计和城市规划等资料文件。

2)调查、搜集的原始资料。

3)设计、施工验收规范和有关技术规定。

(2)熟悉、审查设计图纸的目的。

1)为了能够按照设计图纸的要求顺利地进行施工,生产出符合设计要求的最终园林产品。

2)为了能够在拟建工程开工之前,使从事园林施工技术和经营管理的工程技术人员充分地了解和掌握设计图纸和设计意图、结构与构造特点和技术要求。

3)通过审查发现设计图纸中存在的问题和错误,使其改正在施工开始之前,为拟建工程的施工提供一份准确、齐全的设计图纸。

(3)熟悉、审查设计图纸的内容。

1)审查拟建工程的地点、园林总平面图同国家、城市或地区规划是否一致,以及园林建筑物或构筑物的设计功能和使用要求是否符合卫生、防火与美化城市方面的要求。

2)审查设计图纸是否完整、齐全,以及设计与资料是否符合国家有关园林工程建设的设计、施工方面的方针和政策。

3)审查设计图纸与说明书在内容上是否一致,以及设计图纸与其各组成部分之间有无矛盾和错误。

4)审查园林总平面图与其他结构图在几何尺寸、坐标、标高、说明等方面是否一致,技术要求是否正确。

5)审查地基处理与基础设计同拟建工程地点的工程水文、地质等条件是否一致，以及建筑物或构筑物与地下建筑物或构筑物、管线之间的关系。

6)明确拟建工程的结构形式和特点，复核主要承重结构的强度、刚度和稳定性是否满足要求，审查设计图纸中的工程复杂、施工难度大和技术要求高的分部分项工程或新结构、新材料、新工艺，检查现有施工技术水平和管理水平能否满足工期和质量要求并采取可行的技术措施加以保证。

7)明确建设期限、分期分批投产或交付使用的顺序和时间，以及工程所用的主要材料、设备的数量、规格、来源和供货日期。

8)明确建设、设计和施工等单位之间的协作、配合关系，以及建设单位可以提供的施工条件。

(4)图纸会审。施工人员参加图纸会审是为了了解设计意图并向设计人员质疑，对图纸中不清楚的部分或不符合国家制定的建设方针、政策的部分，本着对工程负责的态度应予以指出，并提出修改意见供设计人员参考。图纸会审应注意以下几个方面：

1)施工图纸的设计是否符合国家有关技术规范。

2)图纸及设计说明是否完整、齐全、清楚；图中的尺寸、坐标、轴线、标高、各种管线和道路的交叉连接点是否准确；一套图纸的前、后各图纸及结构施工图是否吻合一致，有无矛盾；地下和地上的设计是否有矛盾。

3)施工单位的技术装备条件能否满足工程设计的有关技术要求；采用新结构、新工艺、新技术工程的工艺设计及使用功能要求对园林施工，设备安装，管道、动力、电器安装采取特殊技术措施时，施工单位在技术上有无困难，是否能确保施工质量和施工安全。

4)设计中所选用的各种材料、配件、构件(包括特殊的、新型的)，在组织生产供应时，其品种、规格、性能、质量、数量等方面能否满足设计规定的要求。

5)对设计中不明确或有疑问处，请设计人员解释清楚。

6)指出图纸中的其他问题，并提出合理化建议。

会审图纸应有记录，并由参加会审的各单位会签。对会审中提出的问题，必要时，设计单位应提供补充图纸或变更设计通知单，连同会审记录分送给有关单位。这些技术资料应视为施工图的组成部分并与施工图一起归档。

3. 物资准备

施工现场管理人员需尽早计算出各施工阶段对材料、施工机械、设备、工具等的需用量，并说明供应单位、交货地点、运输方法等，特别是对预制构件，必须尽早从施工图中摘录出构件的规格、质量、品种和数量，制表造册，向预制加工厂订货并确定分批交货清单和交货地点。对大型施工机械及设备要精确计算工作日并确定进场时间，做到进场后立即使用，用毕立即退场，提高机械利用率，节省机械台班费及停留费。

4. 施工现场准备

施工现场的准备工作，主要目的是给施工项目创造有利的施工条件，是保证工程按施工组织设计的要求和安排顺利进行的有力保障。施工现场的准备工作主要包括“三通一平”、临时设施搭设和测量定位等。

(1)施工现场“三通一平”。指在园林工程的用地范围内，平整场地、通电、通水和交通畅通。

(2)园林材料的准备主要是根据施工预算进行分析，按照施工进度计划要求，按材料名称、规格、使用时间、材料储备定额和消耗定额进行汇总，编制出材料需要量计划，为组织备料，确定仓库、场地堆放所需的面积和组织运输等提供依据。

(3)园林安装机具的准备。根据采用的施工方案，安排施工进度，确定施工机械的类型、数量和进场时间，确定施工机具的供应办法和进场后的存放地点和方式，编制施工机具的需要量计划，为组织运输、确定堆场面积提供依据。

(4)生产工艺设备的准备。按照拟建工程生产工艺流程及工艺设备的布置图，提出工艺设备的名称、型号、生产能力和需要量，确定分期分批进场时间和保管方式，编制工艺设备需要量计划，为组织运输、确定堆场面积提供依据。

建立施工准备工作的管理制度

(1)施工准备工作责任制。对于一般园林工程项目,由施工项目经理或项目的主任工程师负责该项目的施工准备;对重大工程或重点工程项目,应根据施工组织总设计或年度施工组织设计规定,由施工、建设和设计等有关单位,共同规划进行准备。

(2)施工准备工作检查制度。施工准备工作不仅是施工项目在开工前必须进行的一项工作,而且随着施工的进展,在各个分部工程施工之前都要相应地进行施工准备。因此,施工准备工作又贯穿于整个施工过程中。

四、园林绿化工程施工现场管理意义

1. 施工现场管理是贯彻执行有关法规的集中体现

园林施工现场管理不仅是一个工程管理问题,也是一个严肃的社会问题。它涉及许多城市建设管理法规,诸如消防安全、交通运输、工业生产保障、文物保护、居民安全、人防建设、居民生活保障、精神文明建设等。

2. 施工现场管理是建设体制改革的重要保证

在从计划经济向市场经济转换过程中,原来的建设管理体制必须进行深入的改革,而每个改革措施的成果,必然都通过施工现场反映出来。在市场经济条件下,在现场内建立起新的责、权、利结构,对施工现场进行有效的管理,既是建设体制改革的重要内容,也是其他改革措施能否成功的重要保证。

3. 施工现场管理是施工企业与社会的主要接触点

施工现场管理是一项科学的、综合的系统管理工作,施工企业的各项管理工作,都通过现场管理来反映。企业可以通过现场这个接触点体现自身的实力,获得良好的信誉,取得生存和发展的压力和动力。

同时，社会也通过这个接触来认识、评价企业。

4. 施工现场管理是施工活动正常进行的基本保证

在园林施工中，大量的人流、物流、财流和信息流汇于施工现场。这些流是否畅通，涉及施工生产活动是否顺利进行，而现场管理是人流、物流、财流和信息畅通的基本保证。

5. 施工现场管理是各专业管理联系的纽带

在施工现场，各项专业管理工作既按合理分工分头进行，而又密切协作，相互影响，相互制约。施工现场管理的好坏，直接关系到各项专业管理的热核经济效果。

施工现场管理的意义

在我国现阶段，工程施工项目存在大量使用农民包工队的现象，施工现场管理是保证园林绿化工程质量的核心环节，强调施工现场的标准化、科学化的管理对于保证和提高园林绿化工程质量具有十分重要的意义。

第二节　园林绿化工程施工组织与管理

一、园林绿化工程施工组织设计

1. 园林绿化工程施工组织设计概念

园林绿化工程施工组织设计是指导一个拟建园林工程进行施工准备和组织实施施工的基本的技术经济文件。它的任务是要对具体的拟建园林工程的施工准备工作和整个施工的过程，在人力和物力、时间和空间、技术和组织上，做出一个全面而合理，符合好、快、省、安全要求的计划安排。

2. 园林绿化工程施工组织设计分类

(1)按设计阶段不同分类。

设计阶段
- 初步设计阶段⟶施工组织规划设计
- 技术设计阶段⟶施工组织总设计
- 施工图设计阶段⟶单位工程施工组织设计

施工阶段
- 投标阶段⟶综合指导性施工组织设计
- 中标后施工阶段⟶实施性施工组织设计

(2)按编制对象范围不同分类。

1)施工组织总设计。施工组织总设计是以一个园林工程项目为编制对象,规划其施工全过程的全局性、控制性施工组织文件,是编制单位施工组织设计的依据。它一般由承包单位的总工程师主持,会同建设、设计和分包单位的工程师共同编制。施工组织总设计的主要内容包括:工程概况,施工部署与施工方案,施工总进度计划,施工准备工作及各项资源需要量计划,施工总平面图,主要技术组织措施及主要技术经济指标等。

2)单位工程施工组织设计。单位工程施工组织设计是以一个单位工程为编制对象,用以指导其施工全过程的各项施工活动的综合性技术经济文件。单位工程施工组织设计一般在施工图设计完成后,在拟建园林工程开工之前,由工程处的技术负责人主持下进行编制。单位工程施工组织设计的主要内容包括:工程概况,施工方案与施工方法,施工进度计划、施工准备工作及各项资源需要量计划,施工平面图,主要技术组织措施及主要技术经济指标等。

3)分部分项工程施工组织设计。分部分项工程施工组织设计也叫分部分项工程作业设计。它是以分部(分项)工程为编制对象,由单位工程的技术人员负责编制,用以具体实施其分部(分项)工程施工全过程的各项施工活动的技术、经济和组织的综合性文件。一般对于工程规模大,技术复杂或施工难度大的园林工程,在编制单位工程施工组织设计之后,常需对某些重要的又缺乏经验的分部(分项)工程再深入编制施工组织设计。分部分项工程施工设计的主要内容包括:工程概况、施工方案、施工进度表、施工平面图以及技术组织措施等。

(3)按编制内容的繁简不同分类。

1)完整的施工组织设计。对于工程规模大、结构复杂、技术要求高,采用新结构、新技术、新材料和新工艺的施工项目,必须编制内容详尽的完整的施工组织设计。

2)简单的施工组织设计。对于工程规模小、结构简单、技术要求和工艺方法不复杂的施工项目,可以编制一个仅包括施工方案、施工进度计划和施工平面布置图等内容的粗略、简单的施工组织设计。

(4)按编制时间不同分类。施工组织设计按编制时间不同可分为投标前编制的施工组织设计(简称标前设计)和签订工程承包合同后编制的施工组织设计(简称标后设计)两种。

(5)按使用时间长短不同分类。施工组织设计按使用时间长短不同分为长期施工组织设计、年度施工组织设计和季度施工组织设计三种。

3. 园林绿化工程施工组织设计内容

园林施工组织设计一般是由园林工程项目的范围、性质、特点及施工条件、景观艺术、建筑艺术的需要来确定的。尽管在编制过程中有深度上的不同,内容上也有所差异,但施工组织设计都应包括工程概况、施工方案、施工进度计划和施工现场平面布置等。

知识链接

园林绿化企业的施工计划

园林绿化企业的施工计划是根据国家或地区工程建设计划的要求,以及企业对园林绿化市场所进行科学预测和中标的结果,结合本企业的具体情况,制定出企业不同时期的施工计划和各项技术经济指标。而施工组织设计是按具体的施工项目的开竣工时间编制的指导施工的文件。对于园林绿化施工企业来说,企业的施工计划与施工组织设计是一致的,并且施工组织设计是企业施工计划的基础。

(1)工程概况是对拟建工程的基本性描述,通过对工程的简要说明了解工程的基本情况,明确任务量、难易程度、质量要求等,便于合理制定施工方法、施工措施、施工进度计划和施工现场布置图。

(2)施工方案是简化的施工组织设计,主要以中、小型的单一专业工程或分部工程为对象而编制的。施工方案是对单一专业工程和分部工程的施工进行安排部署，主要由施工方法和施工措施组成，指导单一工程和分部工程施工的技术经济文件。施工方案通常由施工的基层单位编制。编制时，应根据工程特点、规模大小，在内容上可扩大或简化。施工方案优选是施工组织设计的重要环节之一。

(3)园林工程施工计划涉及的项目较多，内容庞杂，制订科学合理的施工计划的关键是施工进度计划。工程施工进度计划应依据总工期、施工预算、预算定额(如劳动定额，单位估价)以及各分项工程的具体施工方案、施工单位现有技术装备等进行编制。

(4)施工现场平面布置图是用以指导工程现场施工的平面图，它主要解决施工现场的合理工作问题。施工现场平面图的设计主要依据工程施工图、本工程施工方案和施工进度计划。布置图比例一般采用1∶500～1∶200。

二、园林绿化工程施工进度管理

1. 园林绿化工程施工进度管理内容

(1)园林绿化工程施工项目进度管理是根据施工合同确定的开工日期、总工期和竣工日期确定施工进度目标，在保证施工质量、不增加施工实际成本的条件下，确保施工项目的既定目标工期的实现和适当缩短施工工期。

(2)施工项目进度管理的主要内容是编制施工总进度计划并控制其执行，按期完成整个施工项目的任务；编制单位工程施工进度计划并控制其执行，按期完成单位工程的施工任务；编制分部分项工程施工进度计划，并控制其执行，按期完成分部分项工程的施工任务；编制季度、月(旬)作业计划，并控制其执行，完成规定的目标等。

(3)编制施工进度计划，不仅要明确开工日期、计划总工期和计划竣工日期，而且应确定项目分期分批的开、竣工日期。还要具体安排实现进度目标的工艺关系、组织关系、搭接关系、起止时间、劳动力计划、材料计划、机械计划和其他保证性计划。

(4)施工项目进度管理的总目标应进行层层分解，形成实施进度控制、相互制约的目标体系。园林绿化工程施工项目进度管理明确进度计划是关键。对施工进度目标的分解，可按单项工程分解为交工分目标，按承包的专业或按施工阶段分解为完工分目标，按年、季、月计划期分解为时间分目标。

(5)在园林绿化工程施工项目进度管理的过程中，首先，应向发包人或监理工程师提出开工申请报告，按监理工程师开工令指定的日期开工；其次，认真实施施工进度计划，在实施中加强协调和检查，如出现偏差(不必要的提前或延误)及时进行调整，并不断预测未来进度状况。项目竣工验收前抓紧收尾阶段进度控制；全部任务完成后进行进度控制总结，并编写进度控制报告。

2. 园林绿化工程施工进度管理原理

(1)动态控制原理。施工项目进度控制随着施工活动向前推进，根据各方面的变化情况，进行适时的动态控制，以保证计划符合变化的情况。同时，这种动态控制又是按照计划、实施、检查、调整这四个不断循环的过程进行控制的。在项目实施过程中，可分别以整个施工项目、单位工程、分部工程或分项工程为对象，建立不同层次的循环控制系统，并使其循环下去。这样每循环一次，其项目管理水平就会提高一步。

(2)弹性原理。施工项目进度计划工期长、影响进度的原因多，其中有的已被人们掌握，根据统计经验估计出影响的程度和出现的可能性，并在确定进度目标时，进行实现目标的风险分析。在计划编制者具备了这些知识和实践经验之后，编制施工项目进度计划时就会留有余地，即是使施工进度计划具有弹性。在进行施工项目进度控制时，便可以利用这些弹性，缩短有关工作的时间，或者改变它们之间的搭接关系，使检查之前拖延了工期，通过缩短剩余计划工期的方法，仍然达到预期的计划目标。这就是施工项目进度控制中对弹性原理的应用。

(3)系统控制原理。项目施工进度控制本身是一个系统工程，它包括项目施工进度规划系统和项目施工进度实施系统两部分内容。项目经理必须按照系统控制原理，强化其控制全过程。

(4)封闭循环原理。施工项目进度控制是从编制项目施工进度计划开始的,由于影响因素的复杂和不确定性,在计划实施的全过程中,需要连续跟踪检查,不断地将实际进度与计划进度进行比较,如果运行正常可继续执行原计划;如果发生偏差,应在分析其产生的原因后,采取相应的解决措施和办法,对原进度计划进行调整合修订,然后进入一个新的计划执行过程。这个由计划、实施、检查、比较、分析、纠偏等环节组成的过程就形成了一个封闭循环回路,如图 10-1 所示。施工项目进度控制的全过程就是在许多这样的封闭循环中得到有效的不断调整、修正与纠偏,最终实现总目标。

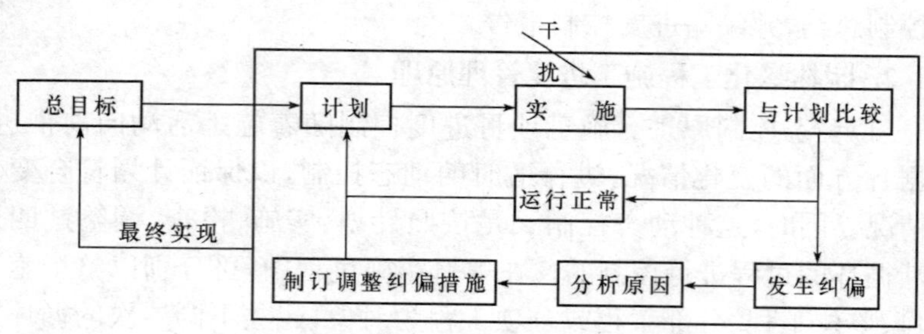

图 10-1　施工项目进度控制的封闭循环

(5)信息反馈原理。施工项目进度控制的过程实质上就是对有关施工活动和进度的信息不断搜集、加工、汇总、反馈的过程。施工项目信息管理中心要对搜集的施工进度和相关影响因素的资料进行加工分析,由领导做出决策后,向下发出指令,指导施工或对原计划做出新的调整、部署;基层作业组织根据计划和指令安排施工活动,并将实际进度和遇到的问题随时上报。每天都有大量的内外部信息、纵横向信息流进流出。因而必须建立健全一个施工项目进度控制的信息网络,使信息准确、及时、畅通,反馈灵敏、有力以及能正确运用信息对施工活动有效控制,才能确保施工项目的顺利实施和如期完成。

(6)网络计划原理。在施工项目进度的控制中利用网络计划技术原理编制进度计划,根据收集的实际进度信息,比较和分析进度计划,又利用网络计划的工期优化,工期与成本优化和资源优化的理论调整计划。网络计划技术原理是施工项目进度控制的完整的计划管理和分析计算理论基础。

知识链接

影响施工进度计划的因素

(1)有关单位的影响。

(2)施工条件的变化。

(3)施工技术的失误。

(4)施工组织管理不利。

(5)意外事件的出现。

三、园林绿化工程施工质量管理

1. 园林绿化工程施工质量管理的特点

由于园林工程施工涉及面广，是一个极其复杂的综合过程，再加上工程位置固定、生产流动、结构类型不一、质量要求不一、施工方法不一、体型大、整体性强、建设周期长、受自然条件影响大等特点。因此，园林施工的质量比一般工业产品的质量更难以控制，主要表现在以下几个方面：

(1)影响质量的因素多。如设计、材料、机械、地形、地质、水文、气象、施工工艺、操作方法、技术措施、管理制度等，均直接影响园林施工的质量。

(2)容易产生质量变异。由于影响园林施工质量的偶然性因素和系统性因素都较多，因此，很容易产生质量变异。如材料性能微小的差异、机械设备正常的磨损、操作微小的变化、环境微小的波动等，均会引起偶然性因素的质量变异；当使用材料的规格、品种有误，施工方法不妥，操作不按规程，机械故障，仪表失灵，设计计算错误等，则会引起系统性因素的质量变异，造成工程质量事故。

(3)容易产生第一、二判断错误。园林施工由于工序交接多，中间产品多，隐蔽工程多，若不及时检查实质，事后再看表面，就容易产生第二判断错误，也就是说，容易将不合格的产品，认为是合格的产品；反之，若检查不认真，测量仪表不准，读数有误，就会产生第一判断错误，也就是说容易将合格产品，认为是不合格的产品。这点，在进行质量检查验收时，应特别注意。

(4)质量检查不能解体、拆卸。园林工程施工建成后，不可能像某些工业产品那样，再拆卸或解体检查内在的质量，或重新更换零件；即使发现质量有问题，也不可能像工业产品那样实行"包换"或"退款"。

(5)质量要受投资、进度的制约。园林施工的质量受投资、进度的制约较大，如一般情况下，投资大、进度慢，质量就好；反之，质量则差。因此，在园林工程施工中，还必须正确处理质量、投资、进度三者之间的关系，使其达到对立的统一。

2. 园林绿化工程施工质量管理的过程

园林工程都是由分项工程、分部工程和单位工程所组成的，而园林工程的建设，则通过一道道工序来完成。所以，园林工程施工的质量管理是从工序质量到分项工程质量、分部工程质量、单位工程质量的系统控制过程；也是一个由对投入原材料的质量控制开始，直到完成工程质量检验为止的全过程的系统过程(图 10-2)。

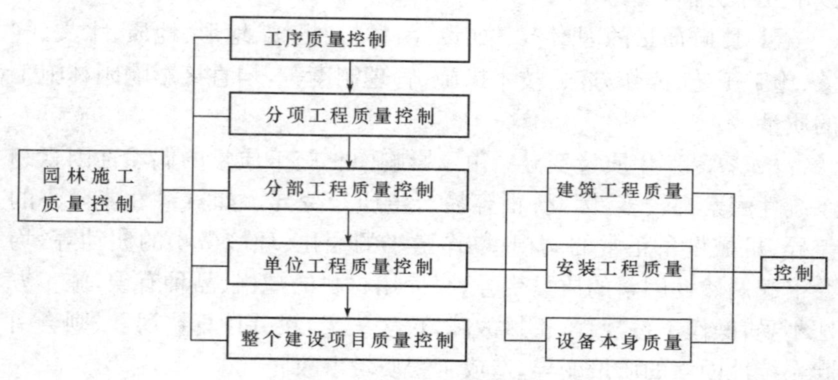

图 10-2　园林工程施工质量控制过程

3. 园林绿化工程施工质量管理阶段

为了加强对园林工程施工的质量管理，明确各施工阶段管理的重点，可把园林工程施工质量分为事前控制、事中控制和事后控制三个阶段(图10-3)。

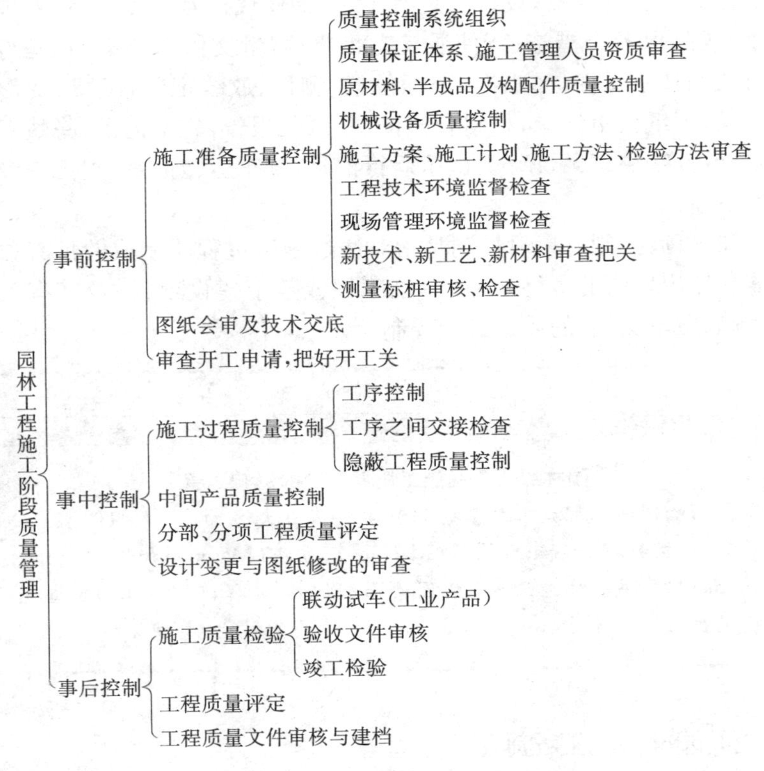

图10-3　园林工程施工阶段质量管理的阶段

(1)事前控制。即对施工前准备阶段进行的质量控制。它是指在各工程对象正式施工活动开始前，对各项准备工作及影响质量的各因素和有关方面进行的质量控制。

(2)事中控制。即对施工过程中进行的所有与施工有关方面的质量控制，也包括对施工过程中的中间产品(工序产品或分部、分项工程产品）的质量控制。

事中控制的策略是：全面控制施工过程，重点控制工序质量。其具体措施是：工序交接有检查；质量预控有对策；施工项目有方案；技术措施有交底，图纸会审有记录；配制材料有试验；隐蔽工程有验收；计量器具校正有复核；设计变更有手续；钢筋代换有制度；质量处理有复查；成品保护有措施；行使质控有否决；质量文件有档案（凡是与质量有关的技术文件，如水准、坐标位置，测量、放线记录，沉降、变形观测记录，图纸会审记录，材料合格证明、试验报告，施工记录，隐蔽工程记录，设计变更记录，调试、试压运行记录，试车运转记录，竣工图等都要编目建档）。

（3）事后控制。事后控制是指对通过施工过程所完成的具有独立功能和使用价值的最终产品（单位工程或整个建设项目）及其有关方面（例如质量文档）的质量进行控制。

园林绿化工程施工质量管理的影响因素

影响园林工程施工质量的因素主要有五大方面，即4M1E，指：人（Man）、材料（Material）、机械（Machine）、方法（Method）和环境（Environment）。事前对这五方面的因素严加控制，是保证园林工程施工质量的关键。

四、园林绿化工程施工成本管理

1. 园林绿化工程施工成本的含义

园林施工成本是指建筑企业以园林施工项目作为成本核算对象的施工过程中所耗费的生产资料转移价值和劳动者的必要劳动所创造的价值的货币形式。园林施工成本也是指某园林工程在施工中所发生的全部生产费用的总和，包括所消耗的主、辅材料，构配件，周转材料的摊销费或租赁费，施工机械的台班费或租赁费，支付给生产工人的工资、奖金以及项目经理部(或分公司、工程处)一级为组织和管理工程施工所发生的全部费用支出。园林施工成本不包括劳动者为社会所创造的价值(如税金和计划利润),也不应包括不构成工程价值的一切非生产性支出。明确这些,对研究园林施工成本的构成和进行园林施工成本管理是非常重要的。

园林施工成本是园林建筑企业的产品成本,也称园林工程成本,一般以项目的单位工程作为成本核算对象,通过各单位工程成本核算的综合来反映工程成本。

知识链接

施工项目成本

施工项目成本是园林绿化企业的主要产品成本,即工程成本,一般以园林建设项目的单项工程作为成本核算对象,通过各单项工程成本核算的综合来反映园林建设项目的施工成本。它是指园林绿化企业以施工项目作为成本核算对象,在现场施工过程中所耗费的生产资料转移价值和劳动者的必要劳动所创造的价值的货币形式。

2. 园林绿化工程施工成本管理的特点

(1)动态跟踪性。项目产品的生产过程不同于工业产品的生产,其成本状况随着生产过程的推进会随客观条件的改变而发生较大的变化。尤其在市场经济的背景下,各种不稳定因素会随时出现,从而影响到项目成本。工程项目要实现预期的成本目标,维护企业的合法权益,争取应有的经济效益,采取有效措施,控制成本。其中包括调整预算、合同索赔、增减账管理等一系列针对性措施。

(2)综合优化性。这种特征是由项目成本管理在园林施工管理中的特定地位所决定的。项目经理部并不是企业的财务核算部门,而是在实际履行工程承包合同中,以为企业创造经济效益为最终目的的施工管理组织。它是为生产有效益的合格项目产品而存在的,不是仅仅为了成本核算而存在于企业之中。因此,园林项目成本管理的过程,必然要求其与项目的工期管理、质量管理、技术管理、分包管理、预算管理、资金管理、安全管理紧密结合起来，从而组成项目成本管理的完整网络。园林工程项目中每一项管理职能，每个管理人员，可以说都参与着工程项目的成本管理，他们的工作都与项目的成本直接或间接、或多或少有关。工程项目只有把所有管理职能、所有管理对象、所有管理要素纳入成本管理轨道，整个园林工程项目才能收到综合优化的功效。否则，仅靠几名成本核算人员从事成本管理，对园林施工项目成本管理就没有更多的实际价值。

(3)事先能动性。由于园林施工项目管理具有一次性的特征，因而其成本管理只能在这种不再重复的过程中进行管理，以避免某一工程项目上的重大失误。这就要求园林施工项目成本管理必须是事先的、能动性的、自为的管理。工程项目一般在项目管理的起始点就要对成本进行预测，制订计划，明确目标，然后以目标为出发点，采取各种技术、经济、管理措施实现目标。现在不少工程项目总结出的“先算后干，边干边算，干完再算”的经验，就鲜明地体现了项目成本管理的事先能动性特点。

(4)内容适应性。项目成本管理的内容是由工程项目管理的对象范围决定的。它与企业成本管理的对象范围既有联系，又有明显的差异。因此，对项目成本管理中的成本项目、核算台账、核算办法等必须进行深入的研究，不能盲目地要求与企业成本核算对口。

3. 园林绿化工程施工成本管理的内容

(1)成本计划。园林施工项目成本计划是项目经理部对园林项目施工成本进行计划管理的工具。成本计划是以货币形式编制工程项目在计划期内的生产费用、成本水平、成本降低率以及为降低成本所采取的主要措施和规划的书面方案，也是建立园林施工项目成本管理责任制、开展成本控制和核算的基础。一般来说，一个园林施工项目成本计划应包括从开工到竣工所必需的施工成本，它是降低园林施工项目成本的指导文件，是设立目标成本的依据。

(2)成本控制。园林施工项目成本控制是指在施工过程中，对影响园林工程项目成本的各种因素加强管理，并采取各种有效措施，将施工中实际发生的各种消耗和支出严格控制在成本计划范围内，随时揭示并及时反馈，严格审查各项费用是否符合标准、计算实际成本和计划成本之间的差异并进行分析，消除施工中的损失浪费现象，发现和总结先进经验。通过成本控制，使之最终实现甚至超过预期的成本节约目标。项目成本控制应贯穿在工程项目从招投标阶段开始直到项目竣工验收的全过程，它是企业全面成本管理的重要环节。

(3)成本核算。园林施工项目成本核算是指园林施工过程中所发生的各种费用和形式项目成本的核算。一是按照规定的成本开支范围对施工费用进行归集，计算出园林工费用的实际发生额；二是根据成本核算对象，采用适当的方法，计算出园林工程项目的总成本和单位成本。园林施工项目成本核算所提供的各种成本信息，是成本预测、成本计划、成本控制、成本分析和成本考核等各个环节的依据。因此，加强项目成本核算工作，对降低项目成本、提高企业的经济效益有积极的作用。

(4)成本分析。园林施工项目成本分析是在成本形成过程中，对园林施工项目成本进行的对比评价和剖析总结工作，它贯穿于园林工程项目成本管理的全过程，也就是说项目成本分析主要利用园林工程的成本核算资料(成本信息)，与目标成本(计划成本)、预算成本以及类似的工程项目的实际成本等进行比较，了解成本的变动情况，同时，也要分析主要技术经济指标对成本的影响，系统地研究成本变动的因素，检查成本计划的合理性，并通过成本分析，深入揭示成本变动的规律，寻找降低园林施工项目成本的途径，以便有效地进行成本控制。

(5)成本考核。成本考核是指在园林施工项目完成后，对园林施工项目成本形成中的各责任者，按施工项目成本目标责任制的有关规定，将成本的实际指标与计划、定额、预算进行对比和考核，评定项目成本计划的完成情况和各责任者的业绩，并以此给以相应的奖励和处罚。通过成本考核，做到有奖有

> 随着施工项目管理在园林绿化施工企业中逐步推广普及，项目成本管理的重要性也日益为人们所认识。可以说，项目成本管理正在成为施工项目管理向深层次发展的主要标志和不可缺少的内容。

惩，赏罚分明，才能有效地调动企业的每一个职工在各自的施工岗位上努力完成目标成本的积极性，为降低园林施工项目成本和增加企业的积累做出自己的贡献。

五、园林绿化工程施工安全管理

1. 园林绿化工程施工安全管理的特点

(1)安全管理的预防性。施工现场露天作业，受自然环境影响大；场地范围广，地形条件复杂，多专业交叉作业，大型机械和用电作业等都容易引发安全事故。因此，必须树立以防为主的思想，尽一切努力，采取各种措施、消除隐患，防止安全事故发生。与此同时，在施工现场作业中强化各种管理措施，防管结合才能杜绝安全事故。

(2)安全管理的长期性。园林工程施工中不安全的因素一般是由园林工程建设生产活动的特点所带来的，只要施工还在进行，施工现场就会有不安全因素存在。不要认为园林工程安全事故少就可以马马虎虎，平时无人过问，其实，在大树移植、土方挖掘、山石堆叠的当时和工程交付使用后都可能发生安全事故。所以，施工现场安全生产管理具有长期性、经常性的特点。因此，不但要认识园林工程安全管理的长期性，而且要落实到具体的行动中。

(3)安全管理的科学性。园林工程施工是建立在现代科学技术基础上的，具有自身的规律性和科学性，在施工过程中的安全防护设备和安全管理措施必须符合其科学的要求。因此，施工现场管理人员只有不断学习有关建设项目施工安全技术的科学知识，总结安全生产的经验教训，不断完善安全生产的规章制度才能掌握安全生产的主动权。

(4)安全管理的群众性。园林工程安全生产是与全体职工的生命安全和健康密切相关的工作，而安全管理不仅是为了消除、减弱物和环境的不安全状态，更主要的是增强劳动者的安全意识、约束劳动者的不安全行为，也就是对劳动者的安全管理。因此，要搞好安全生产，必须充分发动群众，只有人人重视安全，遵守安全管理的规章制度，安全生产才有可靠的保证。

2. 园林绿化工程施工安全生产教育的内容

安全教育，主要包括安全技能教育、安全知识教育、安全生产思想教育和法制教育四个方面的内容。

(1)安全技能教育。就是结合本工种专业特点，实现安全操作、安全防护所必须具备的基本技术知识要求。每个职工都要熟悉本工种、本岗位专业安全技术知识。安全技能知识是比较专门、细致和深入的知识。它包括安全技术、劳动卫生和安全操作规程。国家规定建筑登高架设、起重、焊接、电气、爆破、压力容器、锅炉等特种作业人员必须进行专门的安全技术培训。宣传先进经验，既是教育职工找差距的过程，又是学、赶先进的过程；事故教育可以从事故教训中吸取有益的东西，防止今后类似事故的重复发生。

(2)安全知识教育。企业所有职工必须具备安全基本知识。因此，全体职工都必须接受安全知识教育和每年按规定学时进行安全培训。安全基本知识教育的主要内容是：企业的基本生产概况；施工(生产)流程、方法；企业施工(生产)危险区域及其安全防护的基本知识和注意事项；机械设备、厂(场)内运输的有关安全知识；有关电气设备(动力照明)的基本安全知识；高处作业安全知识；生产(施工)中使用的有毒、有害物质的安全防护基本知识；消防制度及灭火器材应用的基本知识；个人防护用品的正确使用知识等。

(3)安全生产思想教育。安全生产思想教育的目的是为安全生产奠定思想基础。通常从加强思想认识、方针政策和劳动纪律教育等方面进行：

1)思想认识和方针政策的教育。一是提高各级管理人员和广大职工群众对安全生产重要意义的认识。从思想上、理论上认识社会主义制度下搞好安全生产的重要意义，以增强关心人、保护人的责任感，树立牢固的群众观点。二是通过安全生产方针、政策教育。提高各级技术、管理人员和广大职工的政策水平，使他们正确全面地理解党和国家的安全生产方针、政策，严肃认真地执行安全生产方针、政策和法规。

2)劳动纪律教育。主要是使广大职工懂得严格执行劳动纪律对实现安全生产的重要性，企业的劳动纪律是劳动者进行共同劳动时必须遵守的法则和秩序。反对违章指挥，反对违章作业，严格执行安全操作规程，遵守劳动纪律是贯彻安全生产方针，减少伤害事故，实现安全生产的重要保证。

安全生产的意义

安全生产是指在保护劳动者生命安全和健康的前提下，进行生产活动。园林工程施工的生产劳动具有露天作业和手工作业多、体力劳动强度大、多工种平行、立体交叉施工等特点，偶有不慎，极容易发生安全事故。因此，搞好安全生产是强化施工现场管理的重要原则和内容。园林绿化工人只有在可靠的安全措施的环境中才有安全感，才能专心致志地从事施工而无安全问题的后顾之忧，从而提高劳动效率和施工质量。

(4)法制教育。法制教育就是要采取各种有效形式，对全体职工进行安全生产法规和法制教育，从而提高职工遵法、守法的自觉性，以达到安全生产的目的。

六、园林绿化工程施工合同管理

1. 园林绿化工程施工合同管理概念

园林工程施工合同是指发包人与承包人之间为完成商定的园林工程施工项目，确定双方权利和义务的协议。依据工程施工合同，承包方完成一定的种植，建筑和安装工程任务，发包人应提供必要的施工条件并支付工程价款。

园林施工合同管理是指对合同的签订、履行、变更和解除进行监督检查，对合同履行过程中发生的争议或纠纷进行处理，以确保合同依法订立和全面履行。园林工程合同管理贯穿于合同签订、履行、终结直至归档的全过程。

2. 园林绿化工程施工合同管理特点

(1)合同标的特殊性。施工合同的标的是各类园林产品，园林产品是不动产,建造过程中往往受到各种因素的影响。这就决定了每个施工合同的标的物不同于工厂批量生产的产品,具有单件性的特点。所谓“单件性”指不同地点建造的相同类型和级别的园林景观,施工过程中所遇到的情况不尽相同,在甲工程施工中遇到的困难在乙工程不一定发生,而在乙工程施工中可能出现甲工程没有发生过的问题。这就决定了每个施工合同的标的都是特殊的,相互间具有不可替代性。

(2)合同履行期限的长期性。由于园林产品体积庞大、结构复杂、施工周期都较长,施工工期少则几个月,一般都是几年甚至十几年,在合同实施过程中不确定影响因素多,受外界自然条件影响大,合同双方承担的风险高,当主观和客观情况变化时,就有可能造成施工合同的变化,因此施工合同的变更较频繁,施工合同争议和纠纷也比较多。

(3)合同内容的多样性和复杂性。与大多数合同相比较,施工合同的履行期限长、标的额大,涉及的法律关系则包括了劳动关系、保险关系、运输关系、购销关系等,具有多样性和复杂性。这就要求施工合同的条款应当尽量详尽。

(4)合同管理的严格性。合同管理的严格性主要体现在以下几个方面:对合同签订管理的严格性;对合同履行管理的严格性;对合同主体管理的严格性。

3. 园林绿化工程施工合同管理的任务

(1)工程合同管理是园林工程科学管理的重要组成部分和特定的法律形式,它贯穿于园林工程施工市场交易活动的全过程,众多园林工程施工合同的全部履行,是建立一个完善的园林工程施工市场的基本条件。

(2)现代化的园林工程施工市场模式应当是市场的供应、价格、竞争机制健全,市场要素完备,市场保障体系和市场法规完善,市场秩序良好。为了形成高质量的园林工程施工的市场模式,必须培育合格的市场主体,建立市场价格体制,强化市场竞争意识,推动园林工程招标投标,严格履行园林工程施工合同,确保工程质量。

(3)进一步完善和实施法人责任制、招标投标制、工程监理制和合同管理制。现代园林工程管理中的多种制度,是一个相互促进、相互制约的有机组合体，是实现园林工程施工主体运用现代管理手段、法制手段和经济管理手段，为推动项目法人责任制服务。认真做好上述制度的协调工作，是摆在园林工程建设管理工作面前的重要任务。

提高园林工程建设管理水平的意义

全面提高园林工程建设管理水平，培育和发展园林工程经济环境，是一项综合的系统工程，其中合同管理只是一项子工程。因此，加强园林工程施工合同的管理，全面提高工程建设管理水平，必将在建立统一的、开放的、现代化的、机制健全的社会主义园林工程施工市场经济体制中发挥作用。

(4)园林工程施工合同管理是控制工程质量、进度和造价的重要依据。园林工程合同管理，是对园林工程建设项目有关的各类合同，从条件的拟定、协商、签署、履行情况的检查和分析等环节进行的科学管理。通过合同管理实现园林工程项目“三大控制”的任务要求，维护双方当事人的合法权益。

参考文献

[1] 钱剑林. 园林工程[M]. 苏州:苏州大学出版社,2009.

[2] 易新军,陈盛彬. 园林工程施工[M]. 北京:化学工业出版社,2009.

[3] 孟兆祯,毛培琳,黄庆喜等. 园林工程[M]. 北京:中国林业出版社,2005.

[4] 易军. 园林工程材料识别与应用[M]. 北京:机械出版社,2009.

[5] 王作仁. 园林工程监理实务[M]. 北京:机械工业出版社,2008

[6] 曹启坤. 施工员速学手册[M]. 北京:化学工业出版社,2009.

[7] 蒋林君. 园林绿化工程施工员培训教材[M]. 北京:中国建材工业出版社,2012.

[8] 田建林,陈永贵. 园林工程管理[M]. 北京:中国建材工业出版社,2010.